Werner Oswald

Kraftfahrzeuge und Panzer der Reichswehr, Wehrmacht und Bundeswehr

Werner Oswald

Kraftfahrzeuge und Panzer der Reichswehr Wehrmacht und Bundeswehr

Katalog aller Typen und Modelle

5. Auflage

Motorbuch Verlag Stuttgart

Fotos und Bilder: Bundesverteidigungsministerium, Bundesamt für Wehrtechnik und Beschaffung sowie Bundeswehr-Dienststellen (118), Bundesarchiv (103), Archiv Oswald (96), Fisch (35), Friedhelm Hahn (21), Bayer. Kriegsarchiv (7), Dr. Mai (7), Süddeutscher Verlag (7), Albrecht G. Thaer (6), Ing. Hanns Trippel (6), Baum (5), Heinrich Hoffmann (4), Benter (3), Deutsche Presse-Agentur (3), Redaktion Lastauto-Omnibus (3), General Nehring (3), Heinz J. Nowarra (3), Obering. Georg Rieß (3), Joachim Wölfer (3), Basset (2), Bellona Military Vehicle Prints (2), v. Bock u. Polach (2), Breher (2), Jokisch (2), Dr. Kirchberg (2), Engelbert Männer (2), Österreichisches Kriegsarchiv (2), Dr. Radke (2), Brüdern (1), Eckermann (1), Hans-Heinrich von Fersen (1), Pastor Klaus Gnoth (1), van Ingelgom (1), Prof. Dr. Klanner (1), Redaktion Motorrad (1), Dr. Pampel (1), Ing. Günther Papenbroock (1), General Praun (1), Hauptfeldwebel Schulz (1), Ulrich Schwab (1), Jürgen Stoewer (1), Wilh. Wildtraut (1), ferner

Werkbilder: Daimler-Benz (90), Magirus-Deutz (48), Faun (23), MAN (23), Opel (21), Steyr (21), Rheinmetall (18), Henschel bzw. Rheinstahl Sonderfertigung (16), Volkswagenwerk (14), BMW (10), Hanomag (10), Messerschmitt-Bölkow-Blohm (10), sonstige Firmen (84).

Umschlagzeichnung: Carlo Demand
Einband und Umschlagkonzeption: Siegfried Horn
Umbruch und Redaktion: Werner Oswald

ISBN 3-87943-161-2

1. Auflage	**Sommer 1970**
2. Auflage	**Herbst 1970**
3. Auflage	**Frühjahr 1971**
4. Auflage	**Herbst 1971**
5. erweiterte Auflage	**Frühjahr 1973**

Gesamtherstellung: Süddeutscher Verlag GmbH., Graphischer Großbetrieb, München.
Printed in Germany.

Inhalt

Lieber Leser,

dieses Buch, das erstmals im Herbst 1970 der Öffentlichkeit vorgelegt wurde, war das Ergebnis jahrelanger, mühevoller Kleinarbeit. Erstaunlicherweise hatte es bis dahin noch keine umfassende Gesamtdarstellung der jemals beim deutschen Militär verwendeten Kraftfahrzeuge gegeben. Nur speziell über Panzer existierten bereits die Taschenbücher des Herrn Dr. v. Senger und Etterlin sowie etliche Veröffentlichungen des Herrn W. J. Spielberger. Niemand aber kümmerte sich vor dem Erscheinen der mit diesem Buch gebotenen Dokumentation um eine systematische Darstellung der vielen Räderfahrzeuge. Zudem fehlte eine großangelegte Übersicht, welche die Entwicklungen und Zusammenhänge der unerhört vielfältigen Modellreihen offenlegte. Das vorliegende Buch bemühte und bemüht sich um diese Aufgabe.

In reichem Maße fand diese Arbeit Beifall, Dank und Anerkennung. Der alle Erwartungen übertreffende Verkaufserfolg führte dazu, daß in nur zwei Jahren vier Auflagen abgesetzt werden konnten. Vor allem aber hat es die Hilfsbereitschaft ungezählter Leser und interessierter Leute ermöglicht, daß das Buch nun von der 5. Auflage an in neuer Bearbeitung, mit vielen wichtigen Ergänzungen und in wesentlich erweitertem Umfang erscheinen kann. Damit ist wohl eine weitgehende Vollständigkeit der Darstellung erreicht, obgleich natürlich immer noch einige Lücken bestehen. Nach wie vor bitten wir deshalb um die Mitarbeit aller jener Leser, die noch ergänzendes Material zur Verfügung stellen sowie Fehler, Irrtümer oder Zweifel klären können. Vor allem sind wir dankbar für weitere und bessere Originalfotos, besonders von solchen Fahrzeugen, von denen uns bisher nur unzureichendes Bildmaterial zur Verfügung steht.

Nie werden sich allerdings gewisse Differenzen bei den technischen Daten vermeiden lassen, weil man unterschiedliche Angaben bereits in den einschlägigen Unterlagen sowohl der früheren Wehrmacht als auch der Industriefirmen findet. Oft kann heute niemand mehr entscheiden, was richtig und was falsch war. Übrigens stellte sich beim Auswerten der einst für den Dienstgebrauch bestimmt gewesenen Gerätebeschreibungen und Bedienungsanweisungen heraus, daß diesen Handbüchern in bezug auf die Gliederung und Aufzählung der technischen Daten, der Bilder sowie des gesamten Inhalts selbst bei artgleichen Fahrzeugtypen unbegreiflicherweise jede Einheitlichkeit fehlt. Offensichtlich hat die Wehrmacht ganz einfach und völlig unkritisch die jeweiligen Handbücher der Herstellerfirmen nachgedruckt und sie lediglich mit einem gleichlautenden, recht belanglosen Vorwort versehen. Anscheinend saß in der zuständigen Vorschriftenstelle kein einschlägig erfahrener Ingenieur, der in der Lage gewesen wäre, die Handbücher der einzelnen Fahrzeuge auf einen annähernd gemeinsamen Nenner zu bringen. Wenn man sich nur ein einziges Mal die Mühe gemacht hätte, ein Muster-Handbuch zu erstellen, wären die einzelnen Herstellerfirmen ohne weiteres bereit gewesen, die Gerätebeschreibungen und Bedienungsanweisungen ihrer Fahrzeugtypen entsprechend abzufassen. Bemerkt sei schließlich, daß die für das hier behandelte Sachgebiet in Betracht kommenden D-Vorschriften der Wehrmacht gar nicht selten offensichtliche Fehler enthalten, weshalb die dort angeführten Daten trotz ihres amtlichen Aussehens keinen höheren Grad von Glaubwürdigkeit verdienen als manche in Industrieprospekten übliche Angaben.

Bezeichnungen und Abkürzungen weichen in diesem Buch manchmal von der zu Wehrmachtszeiten fallweise offiziell gewesenen Schreibweise ab. Dies geschah bewußt im Interesse einer gewissen Einheitlichkeit, weil eine solche damals entgegen dem sich bei oberflächlicher Betrachtung bietenden Anschein keineswegs gegeben war. Beibehalten wurde der im militärischen Sprachgebrauch eingeführte Begriff „Ketten-Laufwerk", obwohl es logischer und richtiger „Ketten-Fahrwerk" heißen müßte.

Die an verschiedenen Stellen aufgeführten Statistiken und Produktionszahlen stimmen zuweilen nicht überein. Das kommt von der oft unterschiedlichen Herkunft dieser Angaben. Weil sie trotz mancher Differenzen und Fehler interessant sind, sollten sie der vorliegenden Dokumentation nicht vorenthalten bleiben.

Für die Darstellung des militärischen Kraftfahrwesens im ersten Weltkrieg fanden sich nützliche Hinweise in Firmengeschichten, wie sie bei Jubiläen oder anderen Gelegenheiten in den zwanziger und dreißiger Jahren erschienen. Bei solchen Publikationen fällt auf, daß die Firmen damals ausführlich und mit berechtigtem Stolz über ihre Tätigkeit während des ersten Weltkriegs berichteten. Seit 1945 übergehen Firmengeschichten üblicherweise die Jahre des zweiten Weltkriegs mit ein paar Verlegenheitsfloskeln, die als einzigen konkreten Hinweis das schließliche Ausmaß der Zerstörung aufzuzeigen pflegen. Man hat offenbar nach der damaligen Niederlage die unmittelbare Vergangenheit mit mehr Würde beurteilt als dies heute meistens geschieht. Dabei besteht zu derart unterschiedlicher Haltung gar kein Anlaß. Die enormen Leistungen, Anstrengungen, Mühen, Opfer, Entbehrungen sowohl an der Front als auch in der Heimat waren im zweiten Weltkrieg gewiß nicht geringer als im ersten. Und das politische Unvermögen seiner obersten Führer ließ das deutsche Volk mit dramatischer Zwangsläufigkeit den ersten Weltkrieg genauso beginnen und verlieren wie nur 25 Jahre später auch den zweiten.

Der enormen Zustimmung, welche das vorliegende Buch bisher fand, stehen freilich auch vereinzelte Stimmen der Ablehnung gegenüber. Diese stellen nicht etwa Art und Darstellung des sachlichen Inhalts in Frage, sondern sie vertreten vielmehr die Meinung, daß es grundsätzlich von Übel sei, sich überhaupt in irgendeiner Weise mit militärischen Dingen zu beschäftigen. Der Verfasser, selbst gewiß kein Militarist, sieht das anders. Er betrachtet das hier behandelte Thema als ein Stück Technikgeschichte, ein hochinteressantes sogar, jedenfalls als die Dokumentation einer Technik, die nun einmal zu unserer Existenz gehört, egal, ob es uns paßt oder nicht. Es braucht ja einer keineswegs selbst zum Mond hinauf zu wollen, der sich mit den Problemen der Raumfahrt befaßt. Ebenso darf man doch nicht ohne weiteres unterstellen, daß einer den Krieg verherrlicht, weil er sich um Militärfahrzeuge kümmert. Auch ein Berufssoldat kann ein höchst friedlicher und friedliebender Mensch sein, wie es andererseits, zumal in der hohen Politik, einflußreiche Zivilisten gibt, die zwar viel vom Frieden reden, aber keineswegs im gleichen Sinne handeln. Davon abgesehen trat hier wiederum eine recht merkwürdige Erscheinung zutage. Selbst eingefleischte Militaristen pflegen heutzutage fast immer toleranter zu sein als die Fanatiker unter den Pazifisten. Gerade solche Fanatiker kennen nämlich nur jene Toleranz, welche sie von der Gesellschaft für sich erwarten und wie eine Selbstverständlichkeit in Anspruch nehmen.

Sehr herzlich dankt der Verfasser allen Ämtern, Firmen und Personen, welche in irgendeiner Weise, zuweilen sogar unter erheblichem Kosten- und Zeitaufwand, zum Gelingen sowie zum weiteren Ausbau dieses Buches beigetragen haben. Zuvörderst gilt dieser Dank dem Bundesarchiv in Koblenz, dem Militärarchiv in Freiburg, dem Kriegsarchiv in München, dem Presse- und Informationszentrum des Bundesverteidigungsministeriums in Bonn sowie insbesondere Herrn Oberstleutnant Hasso Erb vom Führungsstab Heer und Herrn Ministerialrat Professor Kessler vom Bundesamt für Wehrtechnik und Beschaffung in Koblenz. Eine Fülle brauchbaren und zum Teil noch nie veröffentlichten Materials überließen uns u. a. die Firmen Auto Union, Blumhardt, BMW, Büssing, Daimler-Benz, Dürkoppwerke, Faun, Ford, Hanomag, Henschel bzw. Rheinstahl Sonderfertigung, Hercules, Kässbohrer, Krauss-Maffei, Lauster, Ludewig, Magirus-Deutz, MAN, Messerschmitt-Bölkow-Blohm, NSU, Opel, Rheinmetall, Volkswagenwerk und Zündapp sowie, was mit besonders aufrichtigem Dank anerkannt sei, die Firmen Steyr, Gräf & Stift, Citroën, FN, Breda, Praga, Skoda und Tatra. Zu weit würde es führen, ja fast unmöglich sein, die Namen jener vielen Einzelpersonen zu verzeichnen, welche uns überaus wertvolle Hilfe zukommen ließen. Gewissermaßen stellvertretend seien hier einige wenige Herren genannt: Oberst a. D. Dipl.-Ing. von Bock und Polach, Dr.-Ing. Haesner (früher Phänomen), B. Hülsen (Daimler-Benz), Ingo Kasten (Magirus-Deutz), Professor Dr.-Ing. Rudolf Klanner, Ministerialrat a. D. Kniepkamp, Oberstabsveterinär Dr. Lorck (Sanitätsakademie der Bundeswehr), General a. D. Walther K. Nehring, General a. D. Albert Praun, Oberingenieur Privat (früher Adler), Oberregierungsbaurat a. D. Walter Rau, Oberingenieur Georg Rieß, Oberingenieur Schindler (früher Adler), Ingenieur Hanns Trippel, Regierungsdirektor i. R. Hans Wider, Oberingenieur Zentzytzki (Berlin). Man braucht aber auch nicht zu verschweigen, daß wir bei einigen Werken immer noch keine Unterstützung für unsere Arbeit finden, nämlich bei den Firmen Demag, Eisenwerke Kaiserslautern, MaK Maschinenbau, Mannesmann, Miag, Porsche und Wegmann. Es bleibt zu hoffen, daß bei der künftigen weiteren Ausgestaltung dieses Buches nicht nur die meisten, sondern alle in Betracht kommenden Industriebetriebe verständnisvoll mitwirken mögen.

Gewidmet ist dieses Buch den früheren Soldaten und Kriegsteilnehmern der Wehrmacht sowie den ehemaligen und jetzigen Soldaten der Bundeswehr, soweit sie in irgendeiner Weise mit Kraftfahrzeugen zu tun oder sich dafür interessiert hatten und haben.

8024 Deisenhofen bei München
Postfach 126

(Ing. Werner Oswald)

Personenautos vor, im und nach dem ersten Weltkrieg

In der Zeit zwischen den beiden Kriegen 1870/71 und 1914/18 machte zwar die Industrialisierung aller damals politisch bedeutenden Länder gewaltige Fortschritte, ihre Armeen aber blieben von den Möglichkeiten der modernen Technik merkwürdigerweise nahezu unbeeinflußt. Militärtechnisch begann der erste Weltkrieg fast genauso, wie der 70er-Krieg endete.

Noch hatten es die traditionsgemäß stockkonservativen Heeresleitungen aller Länder jener Zeit nicht begriffen, in wie vielfältiger Weise schon bald nach der Jahrhundertwende das Motorfahrzeug der Kriegführung hätte nutzbar gemacht werden können. Nur zögernd machte man sich mit dem Gedanken vertraut, Nachschubkolonnen mit Lastwagen zu motorisieren, schwere Geschütze mittels Zugmaschinen beweglicher zu machen, Sanitätskraftwagen zur schnelleren Versorgung Verwundeter einzusetzen sowie höhere Kommandeure, ihre Stäbe und Offiziers-Ordonnanzen mit Personenwagen auszurüsten. Im Kampfgeschehen spielte das Automobil selbst während des ersten Weltkriegs noch kaum eine Rolle, sofern man von den wenigen Artilleriefahrzeugen absieht oder von den Tanks, die ab 1916 gelegentlich und später etwas öfter zum Einsatz gelangten.

So blieb der Bedarf an Personenautos im ersten Weltkrieg relativ gering, und es bedurfte dazu noch keiner speziellen Konstruktionen. Für die Erstausstattung der deutschen Feldtruppen ließ sich genügend Fahrzeugmaterial aus den zivilen Beständen requirieren, und im übrigen beschränkte man die Personenwagenfertigung in Deutschland, die 1913 etwa 12 400 Stück betragen hatte, auf den dritten Teil, was für den Ersatzbedarf ausreichte. Um so mehr mag es aus heutiger Sicht überraschen, daß so viele deutsche Fabriken während des ersten Weltkriegs die Produktion von Personenwagen in freilich meist recht bescheidenem Umfang weiterführten: Adler, Audi, Benz, Cyclon, Dürkopp, Fafnir, Hansa, Horch, Mathis, Mercedes, Nacke, NAG, NSU, Opel, Sperber, Stoewer, Wanderer. Zahlenmäßig größter Produzent war Opel mit einem durchschnittlichen Monatsergebnis von 100 Personen- und Sanitätskraftwagen, 100 Dreitonner-Lastkraftwagen, 100 Flugmotoren und 1000 Fahrrädern.

Deutsche Militärautomobile auf einer serbischen Landstraße (1916)

Deutsche Sanitätskolonne in einem Ort bei Verdun (1916)

Bei allen Personenwagen, welche die deutschen Armeen im Weltkrieg 1914/18 verwendeten, handelte es sich um normale Serienmodelle, soweit man damals überhaupt von Serien reden konnte, jedenfalls um normale Modelle in der gleichen Ausführung, wie sie für den zivilen Bedarf zur Verfügung standen. Besonderheiten beschränkten sich auf den feldgrauen Anstrich sowie Gewehr- und Spatenhalterungen, zusätzliche Benzinkanister und ähnliche Dinge. Nur vereinzelt und für spezielle Zwecke wurden größere Umbauten vorgenommen. Die Eignung zum Heeresgebrauch setzte allerdings eine außergewöhnliche Robustheit voraus, denn sehr oft wurden schlechteste Wege befahren, und zudem geschah es gewiß viel häufiger als im zweiten Weltkrieg, daß man die Fahrzeuge in unsinniger Weise überlud. Als ob dies selbstverständlich wäre, hatten Autos, die für den Transport von 5 bis 6 Personen konstruiert waren, 12 oder gar noch mehr Soldaten samt deren Waffen und sonstiger Ausrüstung dahinzuschleppen. Folglich verloren die Truppen ihre wenigen Personenautomobile damals kaum je durch Feindeinwirkung, sondern viel mehr durch Schäden infolge Überbeanspruchung: Die Fahrzeuge brachen oft buchstäblich auseinander.

Aus den Erkenntnissen des ersten Weltkriegs hat die militärische Führung gelernt, daß sich zivile Personenwagen für den Heeresgebrauch und insbesondere für den Gefechtseinsatz nur sehr bedingt eignen. Deshalb begann man in den zwanziger Jahren, die Automobilindustrie zu veranlassen, sich nunmehr mit der Entwicklung und dem Bau von Geländewagen zu beschäftigen, worunter man sich zu jener Zeit vor allem dreiachsige Personen- und Lastwagen vorstellte. Dessenungeachtet blieb man noch weit davon entfernt, die Brauchbarkeit des Automobils für taktische Zwecke zu erkennen. Erst in den dreißiger Jahren dämmerte es einigen fortschrittlich denkenden Offizieren, daß künftige Kriege infolge der Beweglichkeit motorisierter Heere wesentlich anders ablaufen würden als der Weltkrieg 1914/18. Zu jenen Offizieren, die das mit als erste klar voraussahen, gehörten der spätere General Guderian in Deutschland und der spätere General de Gaulle in Frankreich.

Daß man die Wirkungsmöglichkeit motorisierter Truppen nicht schon viel früher auszunutzen wußte, bleibt insofern erstaunlich, weil es ja bereits zu Anfang des ersten Weltkriegs auf französischer Seite ein spektakuläres Beispiel hierfür gegeben hatte. Die Marneschlacht gewannen bekanntlich unsere damaligen Gegner, nachdem sie im September 1914 mit größter Eile über 10 000 Mann – alle in und um Paris befindlichen Truppen – quasi über Nacht mit den städtischen Omnibussen und vor allem mit 1000 Renault Taxameter-Fahrzeugen im Pendelverkehr zum Entsatz an die 100 km entfernte Marne-Front verbrachten. Zwar wurden die hierfür requirierten Autos als »Marne-Taxi« weltberühmt, und gelegentlich hat man ähnliche Operationen hüben wie drüben wiederholt, doch systematische Konsequenzen zogen aus diesem Ereignis weder die deutsche noch die alliierte Heeresleitung.

Wohl gab es im ersten Weltkrieg bereits Kraftfahrtruppen, die im Laufe der Jahre sogar beträchtlichen Umfang annahmen und insgesamt Hervorragendes leisteten, aber ihr Einsatz beschränkte sich eben doch fast ausschließlich auf – allerdings sehr nützliche – Hilfsdienste im Rahmen einer konventionellen Kriegführung.

Bereits dieser beschränkte Einsatz von Kraftfahrzeugen hat auf unserer Seite allerdings, was ja auch bedacht sein will, die materiellen Möglichkeiten schon nahezu erschöpft. In den über 50 Jahren seither hat man ja weithin vergessen, daß die Rohstoff- und Versorgungsschwierigkeiten im ersten Weltkrieg für Deutschland und seine Verbündeten nicht etwa ebenso groß, sondern unvergleichlich viel größer waren als im zweiten. Die Industrialisierung steckte ebenso wie die Entwicklung von Ersatz- oder Ausweichmaterialien noch in den Anfängen. Zudem stand Kaiser

Wilhelm kein Mann zur Seite, der die Rüstungswirtschaft in ähnlich genialer Weise organisiert hätte, wie es damals André Citroën bei den Franzosen und im zweiten Weltkrieg Minister Speer unter Hitler vollbrachte. Die Mittelmächte blieben 1914/18 nahezu völlig auf ihre bescheidenen Eigenvorräte angewiesen, wogegen sich Deutschland im zweiten Weltkrieg mittels der weiträumigen Anfangserfolge doch beträchtlich mehr Bewegungsfreiheit verschafft hatte.

Enorm behindert war das Kaiserheer vor allem durch den äußerst prekären Kraftstoff- und Reifenmangel, womit verglichen die Wehrmacht selbst bis zuletzt kaum jemals in derart große Not geriet. Das wenige hochwertige Benzin aus Galizien, das Österreich vertragsgemäß dem deutschen Heer lieferte, brauchte man für die Zeppeline und Flieger, das vorhandene Dieselöl reichte kaum für die U-Boote. Die Masse der Automobile lief nun mit dubiosen Gemischen aus synthetischem Benzin, Benzol, Alkohol und Kartoffelsprit. Und selbst damit mußte ab 1915/16 extrem sparsam umgegangen werden, zumal die Zahl der Fahrzeuge trotz immer schärferer Einschränkungen immer noch mehr zunahm. Was die Reifen anbelangte, so galten die gängigen Luftpneumatiks bald als beneidenswerter Luxus. Zunächst behalf man sich mit Reifen aus regeneriertem Altgummi und Kunstkautschuk, der jedoch qualitativ bei weitem noch nicht dem in den dreißiger Jahren entwickelten Buna entsprach. Die ohnehin noch arg niedrige Lebensdauer der Reifen, die im (damals ja relativ langsamen) Normalbetrieb etwa 8000 bis 10 000 km betrug, verringerte sich mit solchen Kriegsprodukten auf etwa 2000 bis 2500 km. Ab 1915/16 standen selbst diese kaum mehr zur Verfügung. Nun wurden beim Feldheer — und in der Heimat sowieso — rigoros alle Autos, die als Benzin- und Reifenfresser galten, in Depots stillgelegt. Davon betroffen waren alle schweren Personenautos (mit über 2,5 bis 3 Liter Motorinhalt) und alle luftbereiften leichten Lastwagen der 1,5 to- bis 2 to-Klasse, damals üblicherweise als »Lieferungswagen«. bezeichnet. Nur die Gebirgstruppen behielten ihre leichten Lastwagen, und ansonsten blieben an Fahrzeugen dieser

Dieser 21/75 PS Opel Personenwagen, eingesetzt 1915 bei Ostende, war mit einer scharfkantigen Stahlschiene ausgerüstet, welche den Zweck hatte, über den Weg gespannte Drähte zu zerschneiden oder abzuweisen. Franctireure (heute würde man Partisanen sagen) bereiteten zuweilen solche gefährlichen Hindernisse.

Im Dienste einer Etappenkommission befindet sich dieses deutsche Auto, ein Wanderer Puppchen, auf Patrouillenfahrt in den Vogesen.

Größenordnung lediglich diejenigen des Sanitätsdienstes im Betrieb. Was weiterhin laufen sollte, mußte mehr und mehr zu den verschiedensten Patentbereifungen übergehen. Für Personen- und Sanitätswagen erfand man abenteuerliche Kombinationen aus Holz, Leder, Stahl, Spiralfedern und anderen Behelfen. Desgleichen geschah mit den Lastwagen.

Solche Not an allen Ecken und Enden ermutigte die militärische Führung verständlicherweise kaum zu Operationen größeren Stils, wie sie mittels Kraftfahrzeugen theoretisch denkbar gewesen wären. In der Tat war es ja so, daß im späteren Verlauf des ersten Weltkriegs die meisten Offensiven der Mittelmächte letztlich am zu langsamen und unzureichenden Nachschub scheiterten.

Die materiell haushohe Überlegenheit unserer seinerzeitigen Feinde brachte es mit sich, daß deren Truppen dank großzügiger Ausstattung mit Kraftfahrzeugen beweglicher, geschonter und besser versorgt waren. Im Spätsommer 1918 standen allein an der Westfront den Franzosen etwa 100 000 und den Amerikanern etwa 40 000 Kraftfahrzeuge zur Verfügung, nicht mitgerechnet die Kampfwagenabteilungen mit ihrem Fuhrpark. Für die Engländer fehlt dem Verfasser die entsprechende Zahl, doch insgesamt dürften die Alliierten in Frankreich und Belgien schätzungsweise über 200 000 Kraftfahrzeuge (einschließlich der Krafträder) eingesetzt haben, wobei sie mit Kraftstoff und Reifen ebenfalls sparsam umgehen mußten, aber längst nicht so erbärmliche Not litten wie die Deutschen. Zum Vergleich: Das Kaiserheer führte nach der Mobilmachung 1914 etwa 4000 Kraftfahrzeuge mit, vermehrte diesen Bestand dann sehr rasch, hatte aber an allen Kriegsfronten, den Osten und Südosten mit einbezogen, niemals mehr als 40 000 Kraftfahrzeuge verfügbar, die sich in ungefähr 5400 Krafträder, 12 000 Personenkraftwagen, 3200 Sanitätskraftwagen, 25 000 Lastkraftwagen und 1600 Anhängerfahrzeuge aufgliederten.

Die deutschen Gummivorräte waren im ersten Weltkrieg bald erschöpft. Personen- und Sanitätskraftwagen erhielten ab 1916 „federnde Räder“, deren Radkränze ringsum mit Schraubenfedern versehen waren. Auf dem Bild ein Benz mit federnden Rädern.

Zwar ist dieser Mercedes noch mit Gummireifen ausgerüstet, aber sie sind von unterschiedlicher Art und befinden sich in trostlos abgenutztem Zustand. Drei miserable Reservereifen hat der Fahrer dabei, und vermutlich ist er sogar glücklich über diesen Reichtum!

Kaiser Wilhelm II. besucht den italienischen Kriegsschauplatz

Protos Krankenkraftwagen (mit unbereiften Reserverädern!) stehen zur Lieferung an das Heer bereit

10/30 PS Stoewer C2 Phaeton, Baujahr 1914, aufgenommen während des Winters 1915/16 in Flandern.

10/30 PS NSU Militär-Typ 1914.

Der deutsche Kronprinz in seinem Mercedes Knight (1915)

Der Presto eines Ordonnanz-Offiziers

Opel 35 PS in Osterowo (Rußland)

Ein Mercedes mit werkseigener Landaulet-Karosserie als Stabswagen.

Mercedes Sanitäts-Kraftwagen der Firma Daimler.

Frühgeschichte der Last-, Geschütz- und Zugkraftwagen

Im Jahre 1886 führten Gottlieb Daimler in Cannstatt und Carl Benz in Mannheim ihre ersten Motorwagen vor, doch erst 10 Jahre später begann Daimler damit, auch Lastautomobile zu bauen. Während die Technik der zur Personenbeförderung bestimmten Motorwagen zu jener Zeit sehr rasch voranschritt, wurde die Fortentwicklung motorisierter Nutzfahrzeuge erst nach der Jahrhundertwende mehr als nur nebenbei betrieben. Militärgeschichtlich liefen die Dinge insofern gerade umgekehrt ab, als sich die Heeresleitungen bis in die dreißiger Jahre hinein mit Personenwagen handelsüblicher Bauart begnügten, hingegen schon sehr bald, nämlich bereits in dessen Anfängen, darauf hinwirkten, daß möglichst viele Lastwagen den militärischen Anforderungen entsprechen sollten.

Die Erklärung hierfür liegt auf der Hand. Niemand konnte sich zu jener Zeit vorstellen, daß Motorfahrzeuge im unmittelbaren Gefechtseinsatz von wesentlichem Nutzen sein könnten. Als man begann, höhere Kommandeure und deren Stäbe mit Automobilen auszurüsten, fand man das zwar durchaus vorteilhaft, doch in taktischer Hinsicht recht belanglos. Hingegen erhofften sich die Militärs sehr bald vom Lastwagen eine Erleichterung des seit jeher schwierigen Nachschubproblems. Man kann sich ja heute kaum mehr vorstellen, wie das früher war: Die endlosen Pferdetrainkolonnen verzehrten auf dem Marsch zur Front je nach Entfernung bisweilen die Hälfte und noch mehr der von ihnen transportierten Nachschubgüter. Überdies fühlte sich die militärische Führung schon 1870/71 durch einen erheblichen Pferdemangel behindert und sie sah richtig voraus, daß sich diese Not in künftigen Kriegen noch unvergleichlich stärker bemerkbar machen würde. Von der Mitte des vorigen Jahrhunderts an bestand dann immerhin schon die Möglichkeit, einen großen Teil des Nachschubs mit der Eisenbahn sowie ab etwa 1880 auch mit Feldbahnen zu befördern. Dennoch behielt der unwirtschaftliche Transport mit Pferdegespannen bis zum Ende des ersten Weltkriegs große Bedeutung.

Vom Lastwagen war mit Recht zu erwarten, daß er die – übrigens ständig steigenden – Transportaufgaben beträchtlich schneller, müheloser und billiger zu bewältigen vermag. Bald bestand aber auch darüber Klarheit, daß die Truppe im Kriegsfall sehr viele Lastwagen zur Abwicklung des Nachschubs und für sonstige Beförderungsleistungen benötigen würde. Ein derart umfangreicher Lastwagenpark konnte jedoch dem Militär nicht schon als Grundausstattung übereignet werden, denn man hätte in Friedenszeiten keine Verwendung dafür gehabt. Außerdem wären Anschaffung, Pflege und Unterstellung enorm teuer gewesen, und womöglich hätte man dann zu gegebener Zeit mit konstruktiv veraltetem Fahrzeugmaterial in den Krieg ziehen müssen.

So lag es nahe, lediglich die für Transportaufgaben in Frage kommenden Stammeinheiten mit jener kleinen Zahl von Lastkraftwagen zu versehen, die für Versuchs- und Übungszwecke nötig waren. Die Masse der Fahrzeuge aber gedachte man im Mobilisierungsfalle aus den Beständen der privaten Wirtschaft zu requirieren, ähnlich wie dies ja seit Menschengedenken mit Pferden und mit Pferdewagen geschehen war. Nun kam es aber entscheidend darauf an, daß die Privatwirtschaft bei Ausbruch eines Krieges über genügend viele Lastwagen verfügte, die den Anforderungen des Militärs wenigstens einigermaßen – und zwar ohne zeitraubende und kostspielige Umbauten – zu entsprechen vermochten. Bald gab es deshalb Richtlinien für die Konstruktion und den Bau militärtauglicher Lastkraftwagen, womit unter anderem auch versucht wurde, eine gewisse Vereinheitlichung der Fahrzeugkategorien zu erreichen. Naturgemäß waren dergestalt präparierte Lastautomobile teurer, zuweilen sogar erheblich teurer als die normalen Modelle. Damit sie dennoch von zivilen Abnehmern gekauft wurden, gab es vor dem ersten Weltkrieg in mehreren und gibt es heute noch in manchen Ländern (z. B. in der Schweiz) sogenannte Subventionen, die in staatlichen Kostenzuschüssen beim Kauf oder in Steuernachlässen beim Betrieb militärtauglicher Lastwagen bestehen. Man spricht bei solchen Modellen von Subventions-Lastwagen. Mit dem Bau entsprechender Fahrzeuge beschäftigten sich vor 1914 im Deutschen Reich die Firmen Büssing, Daimler, Ehrhardt, NAG und Stoewer.

Dennoch standen bei der Mobilmachung im August 1914 viel zu wenige Lastwagen zur Verfügung, zumal deren Produktion in größerer Stückzahl gerade erst im Aufbau begriffen war. So betrug im Jahre 1913 die Gesamtzahl der in Deutschland hergestellten Lastwagen nur 1850 Stück, während der jährliche Kriegsbedarf bald dem Sechsfachen dieser Zahl entsprechen sollte. Mit Beginn des ersten Weltkriegs fand der Automobilbau zunächst ein abruptes Ende, weil ein Großteil der Arbeiter und »Beamten« (Angestellten) einrücken mußte und weil vorerst sowieso kein Bedarf an

Die ersten deutschen Militär-Lkw im Oktober 1899. Das vordere Fahrzeug ist ein Daimler mit vorn eingebautem 4 PS-Zweizylinder-Motor, Kettenantrieb und einer Nutzlast von 400 kg. Das größere Fahrzeug dahinter stammt ebenfalls von Daimler. Sein 6 PS-Zweizylinder-Motor befindet sich unter dem Fahrersitz. Weitere Merkmale sind das 4 Gang-Getriebe, der Ritzelantrieb sowie eine Nutzlast von 2000 kg. Die Höchstgeschwindigkeit beider Wagen beträgt 8 bis 10 km/h.

Ein Daimler-Militär-Lastwagen von 1901 mit 12 PS Vierzylinder-Motor, 4 Ganggetriebe, Ritzelantrieb, Eisenreifen. Bei einem Eigengewicht von 2700 kg beträgt die Nutzlast 2250 kg. Die Höchstgeschwindigkeit wird mit 10 km/h, die Steigfähigkeit bei voller Zuladung mit 20 % angegeben.

Aus dem Jahr 1907 stammt der 32 PS Stoewer Motor-Lastwagen, der als kriegsbrauchbar staatlich subventioniert wurde. Vierzylinder-Motor, Kettenantrieb, Eigengewicht 4 to, Nutzlast 4 to.

10/26 PS Stoewer Heeres-Lieferungswagen.

weiteren Kraftfahrzeugen mehr zu bestehen schien. Erst nach und nach, als die Oberste Heeresleitung den Gedanken aufgegeben hatte, den Krieg in wenigen Monaten siegreich zu beenden, wurde die Automobilindustrie wieder in Gang gebracht, wobei sie sich nun freilich in der Hauptsache auf den Bau von Lastkraftwagen verlegte, deren Höchstproduktion mit 15000 Einheiten im Jahr 1916 erreicht wurde.

Groß war die Zahl der Firmen, die während des ersten Weltkriegs Nutzfahrzeuge für den Heeresbedarf lieferten. Schwere 4 bis 5 to-Lastwagen bauten: Bergmann, Benz (Gaggenau), Büssing, Daimler (Marienfelde), Deutz, Ehrhardt, Hansa-Lloyd, MAN, Mannesmann-Mulag, NAG. Mittlere 2,5 bis 3,5 to-Lastwagen bauten: Adler, Audi, Benz (Mannheim), Bergmann, Daimler (Marienfelde), Dürkopp, Ehrhardt, Fafnir, Faun, Frankfurter, Hansa-Lloyd, Hille, LUC (Loeb, Berlin-Charlottenburg), Horch, NAG, NSU, Magirus, Opel, Simson, Stoewer, Vomag. Spezialfahrzeuge und Zugmaschinen bauten: Adler, Benz (Gaggenau), Bergmann, Büssing, Deutz, Dürkopp, Ehrhardt (Geschützkraftwagen), Krupp/Daimler, Magirus, Mannesmann (ab 1916 Heereszugwagen), NAG (Scheinwerferzüge), Protos. Verschiedene dieser Firmen haben übrigens erst während des Kriegs den Automobilbau aufgenommen. In erster Linie war dies die Vogtländische Maschinenfabrik AG. (Vomag) in Plauen, die bis dahin Druckerei- und Textilmaschinen erzeugt hatte und nun ab 1915 einen 3 to-Lastkraftwagen lieferte. Dieser bewährte sich gut und wurde bald in der für damals beträchtlichen Zahl von bis zu 100 Stück im Monat herausgebracht. Ebenfalls 1915 begann die MAN, eine der ältesten und größten Maschinenfabriken Deutschlands, nach Saurer-Lizenz Lastkraftwagen für 4 to Nutzlast zu fertigen, welche einen 37 PS-Benzinmotor, Kulissenschaltung, Kettenantrieb und vollgummibereifte Holzräder besaßen. 1916 nahm die Firma C. D. Magirus AG. in Ulm, bis dahin auf Feuerlöschfahrzeuge spezialisiert, den Automobilbau auf. Außer dem kettengetriebenen 40 PS-Lastwagen Typ 3 K 1 für 3 to Nutzlast konstruierte dort Heinrich Buschmann die 70 PS-Kraftprotze als Artillerieschlepper. Die ebenfalls aus einer Firma für Feuerlöschfahrzeuge hervorgegangenen Faun-Werke begannen 1916 mit dem Bau von Armee-Lastwagen. Weiter wäre die Frankfurter Maschinenbau AG. vormals Pokorny & Wittekind zu nennen. Diese Spezialfabrik für Kompressoren und Luftdruckwerkzeuge richtete sich für den Bau der „Frankfurter" Lastkraftwagen ein, deren Lieferung allerdings erst gegen Kriegsende begann und später nur bis etwa 1925 andauerte. Desgleichen stellten sich die in Dresden und Meißen ansässigen Hille-Werke erst so spät von ortsfesten Motoren auf Lastwagen um, daß sie als Heereslieferanten nicht mehr wesentlich in Erscheinung traten. Die Marke überlebte den Krieg bis 1926.

Die Qualität der damals gebauten Lastkraftwagen litt sehr unter der ständig schlechter werdenden Rohstoffversorgung. Statt Aluminium mußte Gußeisen, statt Bronze mußte Stahlguß, statt legierter Stähle mußten einfache Konstruktionsstähle verwendet werden. Besonders lästig war der Mangel an Gummi, weshalb nach und nach auf die von Heinrich Büssing, der Reifenfabrik Peters-Union und der Räderfabrik Hering entwickelte Holz-Eisenbereifung umgestellt wurde. Das erzwang jedoch wesentliche Konstruktionsänderungen, weil die Kardangetriebe und auch die Fahrgestelle den heftigen Erschütterungen nicht standhielten. Man kehrte deshalb zum Kettenantrieb zurück und brachte zusätzliche Federn an. Überdies mußten die etwa 6000 inzwischen vorhandenen

Büssing Subventions-Lastzug aus dem Jahre 1908

Daimler-Lastzug
aus dem Jahre 1915

Erster MAN Lastwagen 1915,
gebaut nach Saurer-Lizenzen

Als Werkstattwagen
eingerichteter
Büssing 1915

Vomag 3 to Heeres-Wagen 1918

Kardan-Lastwagen möglichst rasch durch Fahrzeuge mit Kettenantrieb ersetzt werden. Teilweise ging man noch radikaler vor und verwendete sogar simple Eisenreifen wie in der Anfangszeit des Lastautomobils. Derartige Notbehelfe bedingten eine Halbierung der bisher erzielbaren Marschgeschwindigkeit und brachten trotzdem einen noch höheren Verbrauch des ebenfalls viel zu knappen Kraftstoffs mit sich. Außerdem wurden die Wagen fahrtechnisch schwierig zu beherrschen und erhebliche Straßenschäden verursachten sie obendrein. – Beiläufig sei hier vermerkt, daß man im Transport- und Nachschubwesen schon bald auf die Anhänger hinter den Motorwagen verzichtete, weil sie die Beweglichkeit der Kolonnen unterwegs und an den Ladestellen zu sehr beeinträchtigten.

Die Motorisierung der deutschen Armee hatte übrigens, wenn auch noch zaghaft und in bescheidenstem Umfang, bereits im Jahre 1870 begonnen. Nachdem schon im Krim-Feldzug 1854 eine Dampf-Zugmaschine verwendet worden war, setzte im deutsch-französischen Krieg Generalstabschef Moltke auf Vorschlag des Ingenieurs Richard Toepffer zwei zu Straßen-Lokomotiven um-

Anhänger mit Fahrersitz und Plane (Magirus)

50 PS Lkw
Hansa-Lloyd
in Frankreich
1917

gebaute Fowler-Dampfpflüge ein, die sich bei der Bewältigung verschiedener Schwertransporte bestens bewährten. Nach dem Ende der Belagerung von Paris sollten die beiden Straßen-Lokomotiven dem Artillerie-Kommando zum Rücktransport der schweren Geschütze zur Verfügung stehen, doch dieses lehnte sie ab. Daraufhin wurden die Maschinen nach Köln verbracht und dort später ausgemustert. Graf Moltke blieb jedoch weiterhin an der Möglichkeit des schienenlosen mechanischen Zuges interessiert und veranlaßte trotz der ablehnenden Haltung hoher militärischer Stellen weitere Fahrversuche mit Dampf-Straßen-Lokomotiven. Viel intensiver beschäftigte man sich aber vor allem in England um die Jahrhundertwende mit der Vervollkommnung des pferdelosen Wagenverkehrs. Dabei setzte sich die Überzeugung durch, daß Einzelfahrzeuge zu lange Kolonnen ergeben, weshalb das System der Vorspannmaschinen zweckmäßiger erschien. Während die hierbei verwendeten Straßen-Lokomotiven ausschließlich als Schleppfahrzeuge (im Direktzug oder per Seilwinde) dienten, entstanden zu Anfang dieses Jahrhunderts die völlig anders gearteten Generator-Maschinenwagen, die nicht Zugmittel, sondern Leitfahrzeuge und Kraftquelle für einen ganzen Zug aneinander gekoppelter Lastanhänger waren, bei welchen jeweils die Vorderräder

Magirus Typ 3 K
3 to Ketten-Lkw
1917

oder auch alle Räder durch je einen Elektromotor angetrieben wurden. Diesem Prinzip entsprachen die in mehreren Exemplaren für ausländische Auftraggeber in Berlin gebauten Müller-Züge sowie die berühmten Landwehr-Züge der österreich-ungarischen Armee.

Zugmaschinen für die schwere Artillerie existierten bei Kriegsbeginn nur in Österreich-Ungarn (Austro-Daimler), in Frankreich (Renault) und in England (Foster). Die deutsche, die italienische und die russische Armee besaßen zunächst keine entsprechende Ausstattung, weshalb deren schwere Artillerie bis 1916 nicht recht zur Wirkung kommen konnte. Erst ab Ende 1915 trat nach und nach die Kraftzugmaschine an die Stelle der schwerfälligen Dampfzug-Lokomotiven.

Ausgesprochene Sonderentwicklungen waren die Geschützkraftwagen. Bis in die zwanziger Jahre hinein verzichtete man bei Lastwagen, soweit sie lediglich dem Transport militärischer Güter dienten, auf den Vierradantrieb, weil dieser nach dem damaligen Stand der Technik zu kompliziert, zu schwer und zu teuer erschien. Außerdem herrschte bei der Heeresleitung die Ansicht vor, daß Motorwagen nur auf Straßen und befestigten Wegen sinnvoll eingesetzt werden könnten, während im Gelände der Pferdegespannzug auf jeden Fall überlegen sei.

Dennoch entwickelten Daimler im Auftrag von Krupp sowie die Firma Ehrhardt in Zusammenarbeit mit Rheinmetall vierradgetriebene Spezialfahrzeuge, bestimmt als fahrbarer Untersatz (Selbstfahrlafette) für Luftabwehrgeschütze, wobei es sich damals um die Bekämpfung von Ballonen und Luftschiffen handelte. Diese Geschütze mußten schneller beweglich und zu häufigerem Stellungswechsel befähigt sein als die herkömmliche Feldartillerie, und das war praktisch nur möglich, wenn man sie auf geländetüchtige Fahrgestelle von besonders stabiler Bauart montierte.

Den ersten Plattformwagen baute 1908 die Daimler-Motoren-Gesellschaft in Stuttgart-Untertürkheim zusammen mit der Firma Fried. Krupp in Essen. Dieses Fahrzeug besaß einen Vierzylinder-9240 ccm-52 PS-Motor, ein Vierganggetriebe sowie Vierradantrieb mit Differentialsperre, und es war zum Aufbau einer 7,7 cm-Ballon-Abwehr-Kanone (BAK) bestimmt. 1910 und 1911 erschien wiederum je ein Versuchsexemplar dieser Art, ausgerüstet mit etwas stärkerem Motor, Vorgelege-Getriebe und längerem Radstand. Zwei weitere Plattformwagen bauten Krupp und Daimler im Jahre 1913, gekennzeichnet durch eine breitere Spur sowie 70 PS Motorleistung. Mit nochmaligen kleinen Änderungen wurden von diesem Typ 1914 und 1915 insgesamt 57 Stück gebaut. Außer zur Flug- wurden sie später auch zur Panzerabwehr eingesetzt, wobei sie sich gut bewährten, doch freilich nie in ausreichender Zahl vorhanden waren.

Die Heinrich Ehrhardt Automobilwerke AG. in Zella-Mehlis hatten 1913 in Verbindung mit der Firma Rheinmetall den Plattformwagen Typ E-V/4 herausgebracht, der bis Kriegsende gebaut und an allen Kriegsschauplätzen verwendet wurde. Der Vierradantrieb dieser Fahrzeuge basierte auf einer Lizenz von Austro-Daimler. 33 Fahrgestelle von Ehrhardt-Wagen wurden mit entsprechenden Aufbauten 1917/18 als Straßenpanzerwagen verwendet. Auch Krupp/Daimler hatten ein Fahrgestell ihres Plattformwagens nach Einbau einer Doppellenkung überpanzert, doch blieb es bei diesem Einzelexemplar.

Im weiteren Verlauf des ersten Weltkriegs setzte man zur Kampfwagen-Abwehr etwa 150 belgische Beutekanonen auf normale 4 to-Lastkraftwagen, was sich durchaus bewährte, aber dennoch nur als Notbehelf zu betrachten war. Unbefriedigend verliefen Versuche, Fahrgestelle des Daimler Marienwagens, des Lanz-Raupenschleppers und des A.7V.-Sturmpanzerwagens als selbstfahrende Geschützlafetten zu verwenden.

Als Nachfolger der Plattformwagen brachten Daimler und Krupp im Jahre 1918 den Typ KD-I heraus, entwickelt als »Selbstträger« für die 7,7 cm-Flak und als Zugmaschine für die 15 cm-Langrohrkanone. 240 Einheiten waren in Auftrag gegeben worden, doch kamen bis Kriegsende nur 63 Stück zur Auslieferung, die 1920 auf Grund des Versailler Vertrags fast alle der Zerstörung anheimfielen. Für die Reichswehr wurden bis 1930 im Werk Berlin-Marienfelde nochmals 49 Stück KD-I zum Preis von je etwa 60000 RM gebaut. Die D 600 vom 9. 11. 1935 weist dieses Modell noch für die Wehrmacht als Geschützkraftwagen (Kw. 19) oder als Zugkraftwagen (Sd.Kfz. 1 und 2) aus.

Ende der zwanziger Jahre hat die Reichswehr bei den Firmen Krupp, Horch und Dürkopp die Neuentwicklung verschiedener Geschützträger in Auftrag gegeben, doch wurden diese Pläne bei der Aufstellung der Wehrmacht nicht mehr weiterverfolgt. Die Wehrmacht verwendete für Selbstfahrlafetten nur noch Halb- oder Vollkettenfahrgestelle, ausgenommen lediglich die Truppen-Luftschutzwagen mit Zwillings-MG auf dem Fahrgestell des leichten und mit 2 cm-Flak auf dem Fahrgestell des schweren Einheits-Pkw. Daimler Benz baute um 1942 die 3,7 cm-Flak 36 auf das Fahrgestell des Lkw. Typ 4500 A, doch gab es davon nur Versuchsexemplare.

NSU $2^1/_2$ Tonnen Heeres-Lastkraftwagen 1914

LUC 3 Tonnen Heeres-Lastkraftwagen der Firma Loeb & Co. GmbH., Berlin-Charlottenburg

Ein Stoewer Heeres-Lastkraftwagen aus dem ersten Weltkrieg

Ein Faun Heeres-Lastkraftwagen im Winter-Einsatz

Für Transporte auf den schmalen Schlängelstraßen der eisenbahnarmen Länder Bosnien und Herzegowina brauchte die österreichisch-ungarische Armee ein geeignetes Verkehrsmittel. Schon 1904 entstand bei der Firma Raba (Györ, Ungarn) ein Train, dessen 60 PS Zugmaschine mit Vierrad-Antrieb und Vierrad-Lenkung 5 gleichspurende Lastanhänger schleppte. Als vorteilhafter für den gedachten Zweck erwies sich jedoch der benzin-elektrische Antrieb, wie ihn 1905 der bei Siemens-Schuckert (Berlin) tätige Ingenieur Müller-Neuhaus erstmalig für einen Straßen-Lastzug verwirklichte. Dieser „Müller-Zug“ regte den damaligen Major von Landwehr an, Ferdinand Porsche, zu jener Zeit Technischer Direktor der österreichischen Daimler Motoren-Gesellschaft (Wiener Neustadt), mit einer entsprechenden Konstruktion zu beauftragen. Von 1910 bis 1913 wurden insgesamt 10 Garnituren des „Elektro-Train System Daimler-Landwehr“ gebaut, die dann im Krieg hauptsächlich als Werkstattzüge eingesetzt wurden und sich gut bewährten. Der Maschinenwagen besaß bei der endgültigen Ausführung (B-Zug) einen 150 PS Sechszylinder-Motor, gekoppelt mit einem 250 V 93 kW-Gleichstrom-Generator, dessen Strom zu je zwei Elektromotoren in der Vorderachse jedes Anhängewagens geleitet wurde. Die Nutzlast des Zuges betrug 20 bis 35 to, seine Höchstgeschwindigkeit 26 km/h. Der Elektro-Train System Daimler-Landwehr ließ sich innerhalb von vier Stunden auf Schienenbetrieb umstellen, wobei er mit 10 statt 5 Anhängern, also mit doppelter Nutzlast und dazu mit doppelter Geschwindigkeit betrieben werden konnte. Diesen B-Zügen sehr ähnlich waren die Benzin-Elektro-Bahnen, welche die k. u. k. Armee während des ersten Weltkriegs in größerer Zahl zum Einsatz brachte.

Austro-Daimler C-Zug 1916/18 der österreichisch-ungarischen Armee. Auf Grund der ausgezeichneten Erfahrungen mit den sogenannten Landwehr-Zügen (Straßen-Lastzüge mit Benzin-Elektro-Antrieb, nach einem Vorschlag des Majors Landwehr von Ferdinand Porsche konstruiert) entstanden ab 1915 die C-Züge zum Transport schwerster Geschütze, nämlich der 42 cm-Mörser und der 38 cm-Haubitzen. Der Artillerie-Generatorwagen M 16 mit 150 PS-Benzinmotor fungierte nicht etwa als Zugmaschine, sondern er war als bewegliches Kraftwerk einem geländegängigen, mit 8 Innenpol-Radnabenmotoren versehenen Anhänger vorgespannt, der in zwei Drehschemeln je zwei Achsen besaß. Bei 15 to Eigengewicht konnte der Anhänger mit bis zu 27 to belastet werden. Zu jedem Geschütz gehörten 5 C-Züge, nämlich je einer für die rechte und für die linke Bettung, für die Lafette, das Rohr und die Munition. Man konnte die C-Züge mittels Spurkränzen von Straßen- auf Schienenbetrieb umstellen.

3

Abort
D

Mit derart vorsintflutlichen Ungetümen mußte sich die schwere Artillerie der deutschen Armee zunächst behelfen: Dampftraktoren einer schweren Mörser-Batterie.

7,5 Tonnen wiegt der etwa 2,5 Meter hohe Seilwinden-Schlepper, den Dürkopp (Bielefeld) entwickelt hat. Eine Vorstellung von der Massigkeit dieser riesigen Maschine vermittelt der danebenstehende Zweisitzer von Dürkopp.

Die österreichisch-ungarische Armee war die erste der Welt, welche ihre Artillerie auf Kraftzug umstellte. Bereits 1905 begann die Entwicklung entsprechender Zugmaschinen. Für die schweren 30,5 cm Mörser sowie auch für die 15 cm Haubitzen bestimmt war die von Porsche konstruierte und von 1914 bis 1918 bei Skoda gebaute (Austro-Daimler und Skoda gehörten während des ersten Weltkriegs zum gleichen Konzern) Zugmaschine M 16 bzw. M 17. Sie besaß einen 80 PS Vierzylinder-Motor, Vierrad-Antrieb sowie vier gleich große, mit 1,50 Meter ∅ nahezu mannshohe Räder, welche dem Fahrzeug zu erstaunlichen Fahr- und Zugleistungen (bis 24 to) verhalfen. Die zunächst nur eisen-, später aber auch vollgummibereiften Räder wurden teils aus Stahlguß, teils aus genietetem Stahlblech geliefert. Zugmaschinen dieses Typs waren bei der österreichischen (siehe Bild), bei der tschechischen und bei der italienischen Artillerie noch bis in die dreißiger Jahre hinein vorhanden.

Kettentraktor Modell 1910/12 der amerikanischen Firma Holt-Caterpillar. Er war bei den Österreichern den 30,5 cm-, 38 cm- und 42 cm-Batterien für den Geländetransport beigegeben. Sein Vierzylinder-Motor leistete 70 PS bei 450 (!) U/min. und war für Benzin- oder Petroleumbetrieb eingerichtet. Knüppelsteuerung für die Gleisketten, Schneckenlenkung für das Führungsrad. Die Engländer besaßen 1500 Stück solcher Kettentraktoren als Zugmittel für ihre Artillerie.

Am damaligen Stand der Technik gemessen macht die etwa 1917 gebaute Büssing Zugmaschine mit Allrad-Antrieb einen überraschend modernen Eindruck.

Benz (Gaggenau) baute 1918 die Benz-Bräuer-Kraftprotze KP mit 45 PS Vierzylinder-Motor. Es handelte sich um einen normalen leichten Lastwagen älterer Bauart, der an den Hinterrädern mit Radgürteln versehen wurde, um die Fortbewegung abseits der Straße und über kleine Hindernisse hinweg zu ermöglichen.

Als Artillerie-Zugmaschine wurde der Deutzer Trekker entwickelt. Zwar wurden nur etwa 50 Stück davon an das Heer geliefert, aber sie bildeten den Anfang der in späteren Jahren sehr bedeutenden Schlepperproduktion der Marke Deutz.

„Lastenverteilergerät"

Magirus (Ulm) begann 1916 die Automobilproduktion mit dem 3 to-Lastwagen Typ 3 K 1. Ihm folgte, ebenfalls von Heinrich Buschmann konstruiert, die geländegängige Kraftprotze, ein Artillerieschlepper mit 70 PS-Motor.

◀

▶

6,5 cm Ballon-Abwehr-Kanone L/35 (Rheinmetall), montiert auf einem Ehrhardt-Kraftwagen in Fahrstellung (Bild oben) und in Feuerstellung (Bild rechts). Ab 1910 in Produktion.

▶

Ehrhardt-Geschützkraftwagen mit 7,7 cm K-Flak L/27 C/1911.

8,8 cm K.-Zugflak L/45 (Rheinmetall) mit Ehrhardt-Zugwagen in Fahrstellung.

Krupp-Daimler Plattformwagen mit Luftschiffabwehrgeschütz, 52 PS Vierzylinder-Motor, Allrad-Antrieb, Panzerung. Baujahr 1909.

Eine andere Ausführung des Krupp-Daimler Plattformwagens aus dem Jahre 1910.

Krupp-Daimler Plattformwagen mit Ballongeschütz und leichter Panzerung. Ausführung Baujahr 1911.

Daimler Maschinengewehrwagen (sog. leichter Vierradantrieb) mit 70 PS Daimler-Flugmotor. Versuchsmodell 1914.

Daimler Motor-Zugwagen 1912 mit 85 PS Vierzylinder-Motor und Allrad-Antrieb. Wurde nicht serienmäßig gebaut.

Krupp-Daimler Plattformwagen in der während des ersten Weltkriegs verwendeten Bauart.

Krupp-Daimler Kw.19 100 PS Zug- und Geschützwagen mit Allrad-Antrieb. Versuchswagen 1918.

Krupp-Daimler Kw.19 Geschützkraftwagen für Fliegerabwehr bei einem Reichswehr-Manöver in den zwanziger Jahren.

	Krupp/Daimler Plattform- oder BAK-Wagen Kraftwagen 14 (1914–1915)	Ehrhardt Typ E-V/4 Plattform- oder BAK-Wagen Kraftwagen 14 (1913–1918)	Krupp/Daimler Typ KD-I Geschützkraftwagen Kraftwagen 19 (1918–1930)
Motor	Daimler M 1464	Ehrhardt	Daimler M 1574
Zylinderzahl	4 (Reihe)	4 (Reihe)	4 (Reihe)
Hubraum	9850 ccm	8600 ccm	12 020 ccm
Bohrung x Hub	140 x 160 mm	136 x 160 mm	150 x 200 mm
Leistung	80 PS (bei 1200 U/min)	70 PS (bei 850 U/min)	100 PS (bei 1200 U/min)
Verdichtung	1:4,5	1:4	1:4,5
Kühlung	Wasser	Wasser	Wasser
Vorwärtsgänge	4 + Vorgelege	4	4 + Vorgelege
Antrieb	4 Rad-Antrieb	4 Rad-Antrieb	4 Rad-Antrieb
Federung	Halbfedern längs	Halbfedern längs	Halbfedern längs
Räder	Stahlguß-Speichenräder	Stahlguß-Speichenräder	Holz-Speichenräder
Reifen	Vollgummi 920 x 140 mm Zwillings-Hinterräder	Vollgummi 920 x 140 mm Zwillings-Hinterräder	Vollgummi 1130 x 180 mm Zwillings-Hinterräder
Fußbremse wirkt auf	Getriebe	Getriebe	Getriebe
Handbremse wirkt auf	Hinterräder	Hinterräder	Hinterräder
Radstand	3840 mm	4700 mm	3570 mm
Spur vorn/hinten	1354/1687 mm	1600/1600 mm	1670/1676 mm
Gesamtlänge	6275 mm		6700 mm
Gesamtbreite			2200 mm
Gesamthöhe			3000 mm
Gefechtsgewicht	8000 kg	8000 kg	11 250 kg
Besatzung	10 Mann	10 Mann	9 Mann
Bewaffnung	7,7 cm BAK	7,7 cm BAK oder 6,6 cm LFA	7,7 cm BAK
Höchstgeschwindigkeit	45 km/h	45 km/h	35 km/h
Bodenfreiheit		320 mm	400 mm
Kraftstoffvorrat		175 Liter	200 Liter

	Büssing Typ A 5 P Straßenpanzerkraftwagen 1915	Daimler Typ M 1915 Straßenpanzerkraftwagen 1915	Ehrhardt Typ E-V/4 Straßenpanzerkraftwagen 1915–1918
Motor	Büssing	Daimler M 1464	Ehrhardt
Zylinderzahl	6 (Reihe)	4 (Reihe)	4 (Reihe)
Hubraum		9850 ccm	8600 ccm
Bohrung x Hub		140 x 160 mm	136 x 160 mm
Leistung	90 PS	80 PS (bei 1200 U/min)	70 PS (bei 850 U/min)
Verdichtung		1:4,5	1:4
Kühlung	Wasser	Wasser	Wasser
Vorwärtsgänge	5 + Umkehrvorgelege	4 + Umkehrvorgelege	4 + Umkehrvorgelege Ab 1917: 6 + Umkehrvorgelege
Antrieb	4 Rad-Antrieb	4 Rad-Antrieb	4 Rad-Antrieb
Lenkung	4 Rad- und Doppel-Lenkung	Vorderrad- und Doppel-Lenkung	Vorderrad- und Doppel-Lenkung
Federung	Halbfedern längs	Halbfedern längs	Halbfedern längs
Räder	Stahlguß-Scheibenräder	Stahlguß-Speichenräder	Stahlguß-Speichenräder
Reifen		Vollgummi 920 x 140 mm Zwillings-Hinterräder	Vollgummi 920 x 140 mm Zwillings-Hinterräder
Fußbremse wirkt auf		Getriebe	Getriebe
Handbremse wirkt auf		Hinterräder	Hinterräder
Radstand		3840 mm	4700 mm
Spur vorn/hinten		1536/1678 mm	1600/1600 mm
Gesamtlänge	9500 mm	5610 mm	5600 mm, ab 1917: 5300 mm
Gesamtbreite	2100 mm	2050 mm	2000 mm
Gesamthöhe			3000 mm
Gefechtsgewicht	10 250 kg	9000 kg	9000 kg, ab 1917: 7750 kg
Besatzung	9 Mann	8 bis 9 Mann	8 bis 9 Mann
Bewaffnung	3 s.MG	3 s.MG	3 s.MG
Panzerung	5 bis 7 mm	5 bis 7 mm	5 bis 7 mm
Höchstgeschwindigkeit	35 km/h	40 km/h	45 km/h
Kraftstoffvorrat			175 Liter
Fahrbereich	250 km	250 km	250 km

	Daimler Typ DZVR Schupo-Sonderwagen 1919–1922	Benz Typ VP 21 Schupo-Sonderwagen 1921–1922	Ehrhardt Typ 21 Schupo-Sonderwagen 1921–1922
Motor	Daimler M 1574	Benz	Ehrhardt
Zylinderzahl	4 (Reihe)	4 (Reihe)	4 (Reihe)
Hubraum	12 020 ccm	12 300 ccm	8490 ccm
Bohrung x Hub	150 x 170 mm	140 x 200 mm	130 x 160 mm
Leistung	100 PS (bei 1200 U/min)	100 PS (bei 1200 U/min)	80 PS (bei 1300 U/min)
Verdichtung	1:4,5		
Kühlung	Wasser	Wasser	Wasser
Vorwärtsgänge	5 + Umkehrvorgelege	6 + Umkehrvorgelege	6 + Umkehrvorgelege
Antrieb	4 Rad-Antrieb	4 Rad-Antrieb	4 Rad-Antrieb
Lenkung	Vorderrad-Lenkung Doppel-Lenkung stillgelegt	Vorderrad-Lenkung Doppel-Lenkung stillgelegt	Vorderrad-Lenkung Doppel-Lenkung stillgelegt
Federung	Halbfedern längs	Halbfedern längs	Halbfedern längs
Räder	Holz-Speichenräder	Stahlblech-Scheibenräder	Stahlblech-Scheibenräder
Reifen	Vollgummi vorn 1200 x 180 Vollgummi hinten 1400 x 180 Zwillings-Hinterräder Ab 1921: Vollgummi 1220 x 160 Zwillings-Hinterräder	Vollgummi 1220 x 160 Zwillings-Hinterräder	Vollgummi 1220 x 160 Zwillings-Hinterräder
Fußbremse wirkt auf	Getriebe	Getriebe	Getriebe
Handbremse wirkt auf	Hinterräder	Hinterräder	Hinterräder
Radstand	3750 mm	3600 mm	
Spur vorn/hinten	1670/1672 mm Ab 1921: 1670/1700 mm	1680/1580 mm	
Gesamtlänge	5580 mm Ab 1921: 6100 mm	5950 mm	6500 mm
Gesamtbreite	2100 mm Ab 1921: 2600 mm	2600 mm	2410 mm
Gesamthöhe	3100 mm Ab 1921: 3360 mm	3320 mm	3450 mm
Zuläss. Gesamtgewicht	10 500 kg Ab 1921: 12 000 kg	11 000 kg	11 000 kg
Besatzung	8 Mann Ab 1921: 6 Mann	5 Mann	6 Mann
Bewaffnung	2 s.MG	2 s.MG	2 s.MG
Panzerung	4 bis 12 mm	4 bis 12 mm	4 bis 12 mm
Höchstgeschwindigkeit	50 km/h	55 km/h	53 km/h
Bodenfreiheit	340 mm	300 mm	
Watfähigkeit	700 mm		
Kraftstoffvorrat	200 Liter Ab 1921: 250 Liter	270 Liter	250 Liter
Fahrbereich	350 km	350 km	350 km

Sonder-Kfz. der Wehrmacht nach D 600 vom 9. 11. 1935	**Sd.Kfz. 1** **Kw. 19** **Geschütz- od. Zugkraftwagen** **Krupp/Daimler**	**Sd.Kfz. 2** **Zugmaschine** **Krupp/Daimler**	**Sd.Kfz. 3** **Gp. Kraftwagen** **Krupp/Daimler**
Motor	Daimler M 1574	Daimler M 1574	Daimler M 1574
Hubraum	12 020 ccm	12 020 ccm	12 020 ccm
Leistung	100 PS	100 PS	100 PS
Radstand	3750 mm	3750 mm	3750 mm
Gesamtlänge	6800 mm	6400 mm	5950 mm
Gesamtbreite	2200 mm	2200 mm	2200 mm
Gesamthöhe	3000 mm	2900 mm	2725 mm
Fahrzeuggewicht	7850 kg	7400 kg	10 600 kg
Zuläss. Gesamtgewicht	11 250 kg	9400 kg	12 000 kg
Besatzung	10 Mann	10 Mann	6 Mann
Höchstgeschwindigkeit	20 km/h	20 km/h	20 km/h
Verbrauch	Straße 100 l, Gelände 150 l	Straße 100 l, Gelände 150 l	Straße 90 l/100 km
Fahrbereich	Straße 230 km, Gelände 150 km	Straße 180 km, Gelände 110 km	Straße 300 km

Von den Anfängen des Panzerkampfwagens

Dreitausend Jahre und vielleicht noch älter ist die Idee des Panzerkampfwagens. Die Menschen im Altertum und im Mittelalter konnten sich freilich die Fortbewegung von mobilen Festungen nur durch die Muskelkraft von Tieren oder Menschen vorstellen. Aber auch die Geschichte des motorisierten Panzerfahrzeugs reicht weiter zurück als diejenige des Automobils. Längst vor diesem gab es Panzerschiffe sowie Eisenbahn-Panzerzüge. Um die Jahrhundertwende entwickelte die englische Firma Fowler gepanzerte Dampf-Straßen-Lokomotiven und dazu gepanzerte Anhänger, die 1902 im südafrikanischen Burenkrieg bei den Engländern, in Marokko bei den Franzosen und 1905 im Russisch-Japanischen Krieg in Erscheinung traten.

Anfang unseres Jahrhunderts fanden auch bereits die ersten Versuche mit behelfsmäßig gepanzerten Automobilen statt. Das erste richtige, von vornherein nur für diesen Zweck bestimmte Panzerauto mit Vierradantrieb stammt von Paul Daimler. Er begann 1903 bei der Österreichischen Daimler-Gesellschaft in Wiener Neustadt mit der Konstruktion dieses Fahrzeugs, das sich dann beim Kaisermanöver 1906 hervorragend bewährte, aber von Kaiser Franz Josef und seinen Generälen trotzdem abgelehnt und deshalb nicht weiterentwickelt wurde.

Versuchsmodelle von Panzerautomobilen gab es bald auch in England, Frankreich, Belgien, Deutschland, Italien, Amerika und Rußland, doch nur die Engländer und die Belgier brachten ihre Straßenpanzerwagen auf einen Entwicklungsstand, der es ihnen ermöglichte, diese bereits am Beginn des ersten Weltkriegs zur Nahaufklärung einzusetzen. Dadurch erwachte auch auf deutscher Seite entsprechendes Interesse. 1915 entstand je ein Straßenpanzer bei den Firmen Büssing, Daimler und Ehrhardt, denen 1916 bis 1918 weitere 32 Wagen der zuletzt genannten Marke folgten. (Daimler und Büssing waren durch ihre laufenden Fertigungen sowie durch das später hinzugekommene A.7V.-Programm derart ausgelastet, daß sie sich mit dem Bau von Straßen-Panzerwagen nicht mehr befassen konnten.) Der erste Einsatz von deutschen Straßenpanzern mit MG-Bestückung erfolgte Ende 1916 im Rumänien-Feldzug, wo man sie hauptsächlich bei der Öffnung von Gebirgspässen mit Erfolg verwendete. Ansonsten behalfen sich die Armeen der Mittelmächte mit Beutefahrzeugen oder behelfsmäßig überpanzerten Lastkraftwagen, die jedoch alle im Stellungskrieg sowieso nur geringe Wirkungsmöglichkeiten hatten und deshalb vornehmlich an den Fronten im Osten und Südosten auftraten. Es wäre noch zu erwähnen, daß ab 1915 für höhere Stabsoffiziere gepanzerte Beobachtungsfahrzeuge eingeführt wurden, die man hauptsächlich auf Opel-Fahrgestelle aufbaute.

Nach dem Krieg waren dem Deutschen Reich infolge des Versailler Vertrags Panzerfahrzeuge aller Art verboten, außer maximal 150 Straßenpanzern, welche man der deutschen Schutzpolizei zur Verwendung bei inneren Unruhen zugebilligt hatte. Dies führte zum Bau der Schupo-Sonder-

Das erste Panzerauto der Welt baute Paul Daimler bei den österreichischen Daimler-Werken in den Jahren 1903 bis 1905. Daten: 4 Zylinder, 4400 ccm, 30 PS bei 1050 U/min, Allrad-Antrieb, Gewicht 2 to, Besatzung 4 Mann, Bewaffnung 3,7 cm Kanone + 1 MG oder 2 MG, Geschwindigkeit bis 45 km/h. Das Bild auf Seite 33 oben zeigt das gleiche Fahrzeug zwischen dem großen und dem kleinen Zugwagen, beide ebenfalls von Paul Daimler entwickelt.

Ehrhardt Panzerkraftwagen mit 5 cm Ballonabwehr-Kanone L/30. Heinrich Ehrhardt, der Gründer der Rheinischen Metallwaren- und Maschinenfabrik (jetzt Rheinmetall), schreibt in seinem Buch „Hammerschläge“: Ich zeigte im Jahre 1906 ein gegen Infanteriemunition und Granatsplitter hinreichend gepanzertes Kraftfahrzeug mit einer Ballonabwehr-Kanone auf der damaligen Berliner Automobil-Ausstellung. Aber man verwarf mein Projekt als Spielerei.

wagen (Daimler 71, Ehrhardt 30 und Benz 25 Stück), gekennzeichnet durch eine hohe Bauart, um das Erklettern der Fahrzeuge durch Demonstranten zu erschweren, sowie ein großes Gewicht, um Barrikaden beiseite schieben zu können. Später durfte auch die Reichswehr gepanzerte Mannschaftstransportwagen (MTW) ähnlicher Bauart besitzen. Die Höchstzahl von 105 Fahrzeugen wurde jedoch nicht beschafft, da diese Sd.Kfz. 3 keine Bewaffnung, keine Rückwärtssteuerung, keine Schrägstellung der Panzerplatten besitzen durften und deshalb nicht feldverwendungsfähig waren. Sie wurden als Funkwagen sowie zu Übungszwecken verwendet.

Auch auf dem Gebiet geländegängiger, nicht straßengebundener Panzerfahrzeuge waren die Engländer in der Anfangszeit absolut führend. Ein elementares Merkmal dieser Kampfwagen, die Gleis- oder Raupenkette, war ohnehin in England erfunden, dort zu verschiedenen Systemen abgewandelt und dann vor allem in Amerika durch die Holt Manufacturing Co., die ab 1904 den Caterpillar Kettentraktor baute, zur praktischen Verwendbarkeit gebracht worden. Gleich zu Beginn des ersten Weltkriegs begann die englische Firma Foster mit dem Bau eines gepanzerten Kampfwagens, eines Tanks, wie zunächst der Deckname und dann lange Zeit im allgemeinen

Ein weiterer Versuch Heinrich Ehrhardts, gepanzerte und mehr oder minder bewaffnete Kriegsfahrzeuge einzuführen, war dieser halbgepanzerte Wagen mit 5 cm K.-Flak C/1908.

Opel hat 1906 diesen halbgepanzerten 40 PS Personen-Kraftwagen an die österreichisch-ungarische Armee geliefert. Das Fahrzeug war oben offen und sollte offenbar einem hohen General bei Besuchen des Frontgebiets ein wenig Schutz versprechen.

Unnötig viel Zeit verlor man während des ersten Weltkriegs auf deutscher Seite durch die langwierigen Versuche mit den Raupenfahrzeugen des Konstrukteurs Bremer. Das linke Bild zeigt den Daimler Marienwagen I, rechts das gleiche Fahrzeugmodell mit Panzeraufbau.

Sprachgebrauch der Gattungsbegriff lautete. 1915 wurde der erste brauchbare Prototyp vorgeführt, im Februar 1916 begann die Serienproduktion, und in der Sommeschlacht September 1916 rollten bereits 35 Tanks vom Typ Mark I gegen die deutschen Linien. Sie vermochten noch nicht viel auszurichten, ebensowenig wie die in den nächsten Monaten eingesetzten Mark II und Mark III. Doch die erheblich weiterentwickelten Typen Mark IV und Mark V bewiesen am 20. November 1917 in der großen Tankschlacht von Cambrai – 432 Tanks hatten die Feindtruppen, auf deutscher Seite völlig unbemerkt, bereitstellen können – die von nun an dominierende Stellung der Tankwaffe sowohl im Stellungskrieg als auch in der Bewegungsschlacht. Die folgenden Baumuster des großen englischen Tanks waren der Mark VI und VII, während der Mark VIII, bereits mit doppelter Gesamtleistung wie der Mark V, nicht mehr zum Einsatz kam. Wichtigster Vorteil der englischen Großtanks war ihre von keinem anderen Typ und auch später nie wieder erreichte Geländegängigkeit, erkauft allerdings durch ein viel zu schweres, recht verwundbares, störungsanfälliges und überdies ungefedertes Fahrwerk, wobei diese Tanks trotz ihrer imponierenden Größe – sie waren 8 bis 10 Meter lang – wenig Raum boten sowie arg langsam und schwerfällig liefen.

Schon Mitte 1917 machte sich bei den Alliierten das Bedürfnis nach schnelleren, leichteren Mediumtanks für Verfolgungsaufgaben bemerkbar. Das gab Anlaß zur Konstruktion der Typen Whippet (Windhund) Mark A und B: Geschwindigkeit 14 statt 7 km/h, Bodendruck 0,5 statt 0,7 kg/cm^2, Motorleistung 90 bis 100 statt 150 bis 200 PS, Gesamtgewicht sowie Zugleistung am Haken 14 statt 33 Tonnen.

In Frankreich begann der Bau von Tanks um die Mitte des Jahres 1916. Es gab den 23 to-Typ St. Chamond und einen 13,5 to-Typ von Schneider-Creuzot, die jedoch beide nur geringen Gefechtswert besaßen. Ein voller Erfolg war hingegen dem Renault Zweimann-Kleintank Char léger

Büssing baute 1915 den Prototyp eines Panzerautomobils mit Allrad-Antrieb und Doppel-Lenkung. Dieses Fahrzeug blieb zwar ein Einzelstück, verdient aber als Vorläufer des im zweiten Weltkrieg berühmt gewordenen Achtrad-Panzerspähwagens besonderes Interesse.

Seite 34 unten: Daimler erstellte 1915 ebenfalls den Prototyp eines Panzerautomobils auf dem Fahrgestell des Krupp-Daimler Plattformwagens vor. Nur ein Exemplar wurde gebaut. Daten: 80 PS Vierzylinder, Allrad-Antrieb, 8 mm Panzerung, Gewicht 8 to, Bewaffnung 5 MG, Besatzung 9 Mann.

▼ Immerhin 33 Exemplare wurden vom Ehrhardt Straßenpanzerwagen gebaut, der damit auf deutscher Seite das am meisten verwendete Fahrzeug dieser Art blieb.

Während die Alliierten im ersten Weltkrieg über rund 6000 Kampfpanzer verfügten, besaßen die deutschen Truppen lächerliche 100 Stück, und dazu zählten etwa 75 Beutetanks. Das Bild zeigt einen englischen Beutetank (Mark IV) bei der Vorführung auf einem Übungsplatz.

FT-17 beschieden. Er lief, ausgerüstet mit einem 35 PS-Vierzylindermotor, 6 bis 8 km/h im Gelände und 20 km/h auf der Straße, wog etwa 7 to, erwies sich mit einer Länge von nur 4,10 Meter als recht geländetüchtig und kam überall durch. Besondere Vorzüge dieses Fahrzeugs waren ferner der Drehturm für die Hauptwaffe sowie ein einwandfrei belüfteter Innenraum. Bis Kriegsende stellte Renault die beachtliche Zahl von 3177 dieser für ihre Zeit bemerkenswert fortschrittlichen Kampfpanzer fertig.

Deutschland entschloß sich erst im Herbst 1916 zum Bau eigener Tanks, die, zusammen mit Beutefahrzeugen (man besaß insgesamt etwa 75 Stück davon), endlich ab März 1918 auf dem Kampffeld erschienen. Der von Oberingenieur Vollmer als Hauptmann im Kriegsministerium konstruierte und nach der zuständigen Abteilung für Verkehrswesen benannte Typ A.7V. war ein schwerer Sturmpanzerwagen: Gewicht 32 to, zwei 100 PS-Vierzylinder-Daimler-Motoren, Adler-Kettenrad-Getriebe , Geschwindigkeit 12 km/h, Besatzung 18 Mann (1 Kommandant, 2 Fahrer, 3 Kanoniere, 9 MG-Schützen, 1 Mechaniker, 2 Nachrichtensoldaten), Bewaffnung 5,7 cm-Schnellfeuer-Kanone (belgische Beutewaffe) und 6 s.MG. Besonderer Vorteil dieses Modells war die schildkrötenartige Panzerung, welche auch das Fahrwerk überdeckte sowie der Besatzung relativ viel Raum und bestmöglichen Schutz bot. Andererseits funktionierte die Belüftung nicht, und die Geländegängigkeit war weit geringer als bei den englischen Tanks. Die Produktion des A.7V. lief im März 1917 bei Büssing (Braunschweig) und bei Daimler (Berlin-Marienfelde) an. Die Herstellungskosten eines Wagens betrugen etwa 250000 Mark, wovon allein etwa 100000 Mark auf die Panzerung entfielen. 100 Raupen-Fahrgestelle wurden aufgelegt, wobei bis Kriegsende 23 Sturmpanzerwagen fertiggestellt und die meisten anderen, keineswegs minder nützlich, als geländegängige Geschütz- und Munitionsschlepper für 10 to Nutzlast bzw. 15 to Zugkraft verwendet werden konnten. Während sich der A.7V. einigermaßen bewährte, zeigte das nächste Baumuster, der ebenfalls von Vollmer, jedoch nach dem Vorbild des englischen Mark IV mit nach oben geführter, um den Wagenkörper laufender Kette konstruierte Typ A.7V.-U. bereits als Versuchsexemplar derart schwerwiegende Mängel, daß seine Entwicklung eingestellt wurde. Enttäuschend verliefen auch die im gleichen Zusammenhang angestellten Erprobungen mit dem Bremer-Marien-Wagen von Daimler, mit den 10 Exemplaren des Raupenfahrzeugs der Firma Dürkopp, mit dem „Treff-As“ von Hansa-Lloyd sowie mit dem Orion-Schreitkufenwagen.

Von einem überschweren, 12,7 Meter langen 150 to-Kampfpanzer „K-Wagen" entstanden bis Kriegsende bei den Riebe-Kugellagerwerken (Berlin-Weißensee) nur zwei unvollendete Prototypen. Dieses wahrhaft monströse Ungetüm mit zwei 650 PS-Motoren, 22 Mann Besatzung, vier 7,7 cm-Kanonen und 4 MG war eine Konstruktion von Ingenieur Müller-Neuhaus, dessen „Müller-Zug" bereits im vorhergehenden Kapitel dieses Buches erwähnt war. Hier sei der Hinweis gestattet, daß das unsinnige Projekt des K-Wagens 25 Jahre später in der von Hitler und Porsche konzipierten „Maus" eine merkwürdige, keineswegs ganz zufällige Parallele fand.

Von wesentlich mehr Realismus, aber auch viel zu später Einsicht zeugte die Entwicklung der leichten Kampfpanzer L.K. I, L.K. II und L.K. III, von denen bei Kriegsende 600 Stück in Auftrag gegeben waren. Oberingenieur Vollmer gestaltete diese Fahrzeuge als Panzerautomobile mit Vollketten-Fahrgestell, weil man davon ausging, jene schweren Personenkraftwagen hier nutzbringend zu verwenden, die schon seit langer Zeit wegen ihres zu hohen Benzin- und Reifenverbrauchs stillgelegt waren. Einige dieser leichten Kampfpanzer erlebten zwar noch ihre Fertigstellung, gelangten aber nicht mehr an die Front. Die schwedische Armee hat den L.K. II noch jahrelang verwendet. Der Vollständigkeit halber sei auch die sogenannte Krupp-Protze von 1918 erwähnt. Das war ein leichter Panzerkampfwagen, von dem bei Kriegsende nur Prototypen existierten, die jedoch keinem Vergleich mit dem offenbar gut gelungenen L.K. II standhielten.

Der schleppende Auf- und Ausbau einer deutschen Tankwaffe im ersten Weltkrieg erklärt sich einerseits daraus, daß deren Bedeutung von der militärischen Führung noch nicht voll gewürdigt wurde, woran auch das Wohlwollen einzelner Fürsprecher wenig zu ändern vermochte. Andererseits und vor allem aber wirkten sich die ungeheuren Rohstoff- und Personalschwierigkeiten aus. Auf Grund des Hindenburg-Programms war die Industrie zu jener Zeit mit der Herstellung von Lastkraftwagen, Flugzeug- und Unterseeboot-Motoren bis auf das äußerste in Anspruch genommen. Hier ließen sich keine Abstriche zugunsten des Baues von Kampfwagen verantworten, und auch andere Fabriken standen hierfür nicht zur Verfügung, weil dann wieder so wichtiges Kriegsgerät wie Geschütze und Munition hätte zurückgestellt werden müssen. So sorgte allein schon die unzureichende Kapazität der deutschen Industrie dafür, daß die Tankwaffe unserer damaligen Feinde einen unaufholbaren Vorsprung gewann, der sich von Monat zu Monat weiter vergrößerte.

Am Beispiel der Tankwaffe zeigt sich die material- und (mit insgesamt 6000 Kampfpanzern) zahlenmäßige Überlegenheit der Gegner Deutschlands im ersten Weltkrieg mehr als deutlich. Sie war aber keineswegs schicksalhaft, sondern durch banales Wunschdenken, maßlose Überheblichkeit, katastrophale Fehleinschätzungen sowie unbegreifliche Versäumnisse des Obersten Kriegsherrn, der Heeresleitung und natürlich auch der politischen Führung weitgehend selbst verschuldet. Welcher vernünftige Mensch aber hätte es je für möglich gehalten, daß sich eine derart dramatische Situation noch einmal und schon so bald wiederholen könnte!

Eigene Tanks hatten die deutschen Truppen im Jahre 1917 noch nicht, doch die Soldaten mußten mit der Bekämpfung feindlicher Kampfpanzer vertraut gemacht werden. So entstanden bereits im ersten Weltkrieg Tank-Attrappen. Im damaligen militärischen Sprachgebrauch hieß man sie „Übungs-Tank".

Der einzige einsatzfähige deutsche Tank, konstruiert von Oberingenieur Vollmer und gebaut bei Daimler (Berlin-Marienfelde), war der Sturmpanzerwagen A.7 V. Er kam ab März 1918 zur Feldtruppe. Bis Kriegsende entstanden 23 Fahrzeuge dieses Typs. Er hat sich recht gut bewährt, kam aber viel zu spät und in viel zu geringer Zahl.

Während der A.7 V. eine sehr brauchbare Konstruktion darstellte, erwies sich das nächste Modell des Oberingenieurs Vollmer, der A.7 V.-U, als völliger Fehlschlag. Er entstand nach dem Vorbild des englischen Mark IV mit umlaufender Raupenkette, zeigte jedoch bereits als Prototyp derart schwerwiegende Mängel, daß man auf seine Weiterentwicklung verzichtete.

	Sturmpanzerwagen A. 7 V. 1917–1918	Sturmpanzerwagen A. 7 V.-U. 1918
Motor	Daimler 2 nebeneinander in der Mitte des Wagens	Daimler 2 nebeneinander in der Mitte des Wagens
Zylinderzahl	je 4 (Reihe)	je 4 (Reihe)
Bohrung × Hub	je 165 x 200 mm	
Hubraum	je 17 000 ccm	
Leistung	je 100 PS (bei 900 U/min)	je 150 PS
Kühlung	Wasser	Wasser
Getriebegänge	vorwärts 3, rückwärts 3	vorwärts 3, rückwärts 3
Kettenlaufwerk	Kettenlaufwerk unter Panzer je 1 Triebrad hinten je 1 Leitrad vorn je 3 Laufwagen mit je 5 Laufrollen Schraubenfedern 9 Stützrollen	Freiliegende, umlaufende Gleiskette je 1 Triebrad hinten je 1 Leitrad vorn je 5 Laufwagen mit je 4 bzw. 5 Laufrollen Schraubenfedern 7 Stützrollen
Gesamtlänge	7350 mm	8380 mm
Gesamtbreite	3100 mm	4690 mm
Gesamthöhe	3400 mm	3140 mm
Gefechtsgewicht	32000 kg	39000 kg
Besatzung	18 Mann	7 Mann
Bewaffnung	1 Kanone 5,7 cm + 6 s. MG + 1 l. MG	2 Kanonen 5,7 cm + 4 MG
Panzerung	vorn 30, rückwärts 20 mm seitlich und oben 15 mm	vorn 30 mm rückwärts, seitlich und oben 20 mm
Höchstgeschwindigkeit	12 km/h	12 km/h
Kraftstoffvorrat	2 x 250 Liter (vorn im Fahrgestell)	2 x 250 Liter (vorn im Fahrgestell)
Fahrbereich	ca. 35 km	ca. 30 km

Etwa 75 Fahrgestelle des A.7 V. wurden mit Pritschenaufbauten versehen und als Geschütz- oder Munitionsschlepper für 10 to Nutzlast bzw. 15 to Zugkraft verwendet. Auch diese hauptsächlich bei Büssing (Braunschweig) gebauten „Überlandwagen" bewährten sich recht gut. Jeweils mehrere davon bildeten eine Armee-Raupenkolonne. Die Soldaten nannten die Überlandwagen „Munitions-Tank". Das auf dem abgebildeten Fahrzeug sichtbare Hakenkreuz war ein taktisches Zeichen, das nichts mit den späteren NS-Symbolen zu tun hatte.

Noch 1919 wurde der Daimler ZVR entwickelt, ein gepanzerter Mannschafts-Transport-Wagen mit 100 PS Vierzylinder-Motor, Allrad-Antrieb und Doppel-Lenkung. Er war das Basismodell für den späteren MTW der Reichswehr.

Schupo-Sonderwagen VP 21, gebaut 1921 bei Benz (Gaggenau), 100 PS Vierzylinder-Motor, Allrad-Antrieb, Einrichtung für Doppel-Lenkung. Solche Fahrzeuge hatten die Siegermächte für die Schutzpolizei freigegeben, während die Reichswehr zunächst überhaupt keine gepanzerten Fahrzeuge besitzen durfte.

Krupp-Daimler Panzerwagen Sd. Kfz.3 der Reichswehr. Diese Fahrzeuge wurden bis zur Wiederaufrüstung in den dreißiger Jahren verwendet. Zwar war der Gefechtswert der technisch völlig veralteten Monstren gering, doch immerhin trugen sie dazu bei, ständig daran zu erinnern, daß Panzerwagen zur zeitgemäßen Ausrüstung jedes Heeres gehören.

Kraftfahrzeuge der Reichswehr und der Wehrmacht

Krafträder, Motor-Karette, Ketten-Krad

Das Motorrad nennt man beim deutschen Heer Kraftrad (abgekürzt geschrieben und gesprochen: Krad). Das Krad spielte früher bei der Reichswehr und dann vor allem bei der Wehrmacht eine unvergleichlich größere Rolle als bei der heutigen Bundeswehr. Die damalige Bedeutung des Kraftrads hatte verschiedene Gründe. Erstens bot es die Möglichkeit, einzelne Soldaten und auch ganze Einheiten verhältnismäßig billig und wirtschaftlich zu motorisieren. Das war insofern höchst wichtig, weil man früher bei den Wehrausgaben und Rüstungskosten noch hart zu rechnen gewohnt war. (Erst mit der Aufstellung der deutschen Luftwaffe begann in den Vorkriegsjahren jene Großzügigkeit, die sich mittlerweile – und zwar wohl bei allen größeren Armeen – zu einer mehr oder weniger maßlosen Geldverschwendung auswuchs.) Zweitens entsprach es der gefühlsmäßigen Einstellung, die bis in die dreißiger Jahre vorherrschte, Mannschaften auf Motorräder oder andernfalls auf Lastwagen zu setzen, während die Beförderung mittels Pkw im allgemeinen nur Offizieren „dienstgradmäßig zustand". Das dritte und wesentlichste Motiv aber dürfte gewesen sein, daß man im Krad den zeitgemäßen Ersatz für das zu Gefechtszwecken eingesetzte Reitpferd sah. Folgerichtig traten motorradfahrende Soldaten bei der Wehrmacht, sofern man die Feldgendarmerie außer Betracht läßt, vorwiegend als Kradmelder und als Kradschützen in Erscheinung. Kradmelder, die Nachfolger der einstigen Meldereiter und Fahrradmelder, gab es bei allen motorisierten und bei vielen anderen Einheiten. Die Kradschützen waren, wie auch die ersten Panzerverbände, 1934/35 an die Stelle der Kavallerie getreten. Sie galten als Elitetruppen und bewährten sich großartig an allen Fronten. Nicht bewährte sich allerdings ihre Ausrüstung mit Krafträdern, weshalb sie ab 1942 auf VW-Schwimmwagen, schweren Pkw und leichten Panzerfahrzeugen saßen. Die Kradschützen verwandelten sich in Panzergrenadiere oder wurden von Panzer-Aufklärungs-Abteilungen aufgenommen.

Man unterschied bei der Wehrmacht leichte Kräder (unter 350 ccm), mittlere Kräder (350 bis 500 ccm) und schwere Kräder (ab 500 ccm), letztere meistens mit dem Einheits- oder Behörden-Seitenwagen ausgestattet. Verwendet wurden zunächst nur handelsübliche Maschinen, mit grauem Tarnanstrich und Gepäcktaschen beiderseits des Hinterrads versehen.

Bei der Reichswehr wurde zunächst die Victoria K. R. III verhältnismäßig viel (gemessen an dem damals noch geringen Fahrzeugbestand) gefahren, und zwar sowohl Solo als auch mit Seitenwagen. Es war eine 500er, deren Zweizylinder-Boxermotor in Fahrtrichtung (also nicht quer!) lag und eine freidrehende Schwungscheibe besaß, wie es üblich war, bevor man angeblockte Getriebe kannte. Die Victoria K. R. III leistete 14 PS und wurde bis etwa 1927 gebaut. Ihr folgte die K. R. VI mit 600 ccm Inhalt, die dann ab 1932 als KR 6 Bergmeister mit Rahmentank und Blockmotor ein wesentlich moderneres Aussehen erhielt. Von dieser Maschine gingen etwa 3000 Stück an die Reichswehr und an die Wehrmacht. In nur sehr geringer Zahl gab es dann auch noch die von 1934 bis 1937 gebauten Victoria-Modelle KR 8 und KR 9, kenntlich am nach vorn geneigten 500 ccm-Viertakt-Twin und an der seitlichen Motorverkleidung. Häufig sah man dagegen bis zum Kriegsende Kradmelder auf der nur solo gefahrenen 350 ccm Victoria KR 35, von der angeblich 10 000 Stück gebaut worden sein sollen.

Von etwa 1930 an setzten sich bei der Reichswehr und vor allem dann später bei der Wehrmacht die BMW-Motorräder durch, wobei vor Kriegsbeginn folgende Modelle im Truppengebrauch waren:

BMW R 52	Baujahr 1928–1929	2 Zylinder	500 ccm	12 PS
BMW R 62	Baujahr 1928–1929	2 Zylinder	750 ccm	18 PS
BMW R 11	Baujahr 1929–1934	2 Zylinder	750 ccm	18 PS
BMW R 4	Baujahr 1932–1936	1 Zylinder	400 ccm	12 PS
BMW R 12	Baujahr 1935–1941	2 Zylinder	750 ccm	18 PS
BMW R 35	Baujahr 1937–1940	1 Zylinder	350 ccm	14 PS
BMW R 61	Baujahr 1938–1941	2 Zylinder	600 ccm	18 PS
BMW R 71	Baujahr 1938–1941	2 Zylinder	750 ccm	22 PS

Besonderer Wertschätzung erfreute sich bei den motorradfahrenden Soldaten die 750 ccm R 12, als Solomaschine ebenso bekannt wie als Gespann. Sie wurde an die Wehrmacht übrigens ausschließlich mit 18 PS-Einvergaser-Motor geliefert, während die zivile Kundschaft die 20 PS-Zwei-

Beim Kaiser-Manöver 1904 setzte die Versuchsabteilung der Verkehrstruppen Berlin erstmals und mit bestem Erfolg 11 Neckarsulmer Motorräder ein. Hubraum 375 ccm, Leistung 4 PS.

3,5 PS Zweizylinder NSU »Heeresmodell« mit untersetzter Doppelübersetzung und Pedalstartvorrichtung. Das war im ersten Weltkrieg eine der meistbenutzten Maschinen in der deutschen Armee.

Zweizylinder 7 PS NSU Kraftrad mit Maschinengewehr-Beiwagen, Baujahr 1915. Die Maschine hat Hinterradfederung!

Offenbar von den Deutschen erbeutet wurde diese 976 ccm Chater Lea, eine V2 Zylinder-Beiwagenmaschine, speziell für die englische Armee im ersten Weltkrieg gebaut.

vergaser-Ausführung bevorzugte. Die R 12 zeichnete sich durch gesunde Robustheit, erstaunliche Durchzugskraft und relativ hohe Belastbarkeit aus. Seitenwagen-Maschinen dieses Typs sah man gelegentlich mit drei voll ausgerüsteten Soldaten, deren nötigstem Gepäck und womöglich noch mit einem MG 34 bestückt durch das Gelände ziehen.

Recht zufriedenstellend, soweit dies später im Rußlandkrieg überhaupt möglich war, liefen auch die Zündapp K 500 und KS 600. Hoch in der Gunst der Soldaten standen aber vor allem die nur mit Seitenwagen gefahrenen K 800. Diese unerhört bulligen Maschinen mit Vierzylinder-Boxermotor erwiesen sich als einzige der BMW R 12 ebenbürtig, ungeachtet der ihnen zuweilen nachgesagten Schwäche, daß die jeweils hinteren Zylinder ungenügend gekühlt würden. Von der K 800 besaß die Wehrmacht nur etwa 5000 Stück, von der BMW R 12 sicherlich eine mehrfache Zahl. Die Zündapp K 800 war und blieb das einzige Vierzylinder-Kraftrad im deutschen Heer. Grundsätzlich sei bemerkt, daß die großen BMW- und Zündapp-Maschinen in hohem Ansehen standen, obwohl ihre sperrigen Boxermotoren (bei Zündapp übrigens leicht nach oben gewinkelt) für das Fahren im Gelände, zumal bei Solobetrieb, gewiß nicht gerade den Idealvorstellungen entsprachen.

Spezieller Erwähnung bedarf schließlich noch die NSU 601 OSL, meist eingesetzt als schweres Solo-Krad für Melder und Kuriere. Im und schon vor dem Krieg benutzte die Wehrmacht auch handelsübliche kleinere Maschinen mit 250 und 350 ccm. Man fuhr schließlich Motorräder aller Marken und Kategorien, teils aus der noch laufenden Produktion, teils eingezogen aus Privatbesitz. Selbst die DKW RT 125 und ähnliche Modelle wurden nicht verschmäht, wobei allerdings diese ganz leichten Kaliber normalerweise nicht zu Feldtruppenteilen kamen. In diesem Zusammenhang dürfte interessieren, daß die Motorrad-Produktion in Deutschland von 200 000 Stück im Jahre 1938 auf 33 000 Stück im Jahre 1944 absank.

Schon der Polen- und der Westfeldzug ließen Zweifel an der Eignung der bis dahin gebräuchlichen Motorräder für Kriegszwecke aufkommen. In Rußland aber zeigte es sich unerbittlich, daß Maschinen ziviler Bauart den dortigen Beanspruchungen bei Kampfeinsätzen nicht hinreichend standzuhalten vermochten. Als völlig verfehlt erwies sich die Verwendung leichter 250 ccm-Kräder, die meistens bereits nach wenigen Einsatztagen am Ende ihrer Kräfte waren. Die Lebensdauer der schweren Maschinen reichte immerhin für ein paar Einsatzwochen, aber auch das war zu wenig. Melder bei Stäben und im rückwärtigen Bereich konnten natürlich länger fahren, da sie mehr Gelegenheit zur Pflege ihrer Fahrzeuge fanden, aber dem unmittelbaren Frontdienst hielten normale Motorräder nicht stand.

Ab Herbst 1940 erschienen, anfangs nur in kleiner Zahl und zunächst wohl hauptsächlich für das Afrikakorps bestimmt, die schweren, speziell für die Wehrmacht entwickelten Gespanne BMW R 75 und Zündapp KS 750. Diese martialisch aussehenden Maschinen mit Seitenwagenantrieb und Rückwärtsgang zeigten sich dem härtesten Einsatz gewachsen. Man hatte sie übrigens ursprünglich auch als Zugmittel für die Leichtgeschütze der Fallschirmtruppe verwenden wollen, doch da stellte sich heraus, daß bei Anhängelast das Vorderrad abhob und somit die Lenkfähigkeit verlorenging. Dieser Mangel blieb unerheblich, weil ab 1942 Luftlandeoperationen größeren Stils ohnehin nicht mehr stattfanden. Ansonsten erfüllten die schweren Wehrmachtkräder zwar die in sie gesetzten Erwartungen, doch sie kosteten infolge ihrer aufwendigen Konstruktion schätzungsweise fast doppelt so viel wie ein VW-Kübelwagen, der überdies dank vielseitiger Verwendungsmöglichkeiten, besserem Wetterschutz usw. für die kämpfende Truppe von weit größerem Nutzen war. Gebaut wurde von der BMW R 75 die stattliche Zahl von 16 500 Stück, und Zündapp brachte es sogar auf 18 635 Exemplare.

Diese beiden deutschen Maschinen mit Seitenwagen-Antrieb waren übrigens keineswegs erstmalig und einzigartig. Die Franzosen und die Belgier hatten schon vor dem Kriege begonnen, für ihr Militär derartige Motorräder zu bauen, ganz schwere Apparate mit riesigen Beiwagen. Im einzelnen handelte es sich dabei um folgende Modelle:

Gnôme et Rhône AX 2 (Frankreich)	804 ccm	Zweizylinder-Boxer
FN M 12 SM (Belgien)	992 ccm	Zweizylinder-Boxer
Saroléa 1000 (Belgien)	978 ccm	Zweizylinder-Boxer
Gillet 750 (Belgien)	728 ccm	Zweizylinder-Zweitakt-Twin

Diese Maschinen wurden auch während der Besatzungszeit in kleinen Stückzahlen weitergebaut, doch konnten sie sich weder konstruktiv noch in der technischen Qualität mit den Kriegselefanten von BMW oder Zündapp messen.

Rückblickend erinnert man sich, daß die Kradschützen, solange es sie gab, und die Kradmelder im Krieg einen besonders harten Dienst zu versehen hatten, oft allein auf sich gestellt, dem Staub, dem Schlamm, dem Schnee, dem Frost nahezu schutzlos ausgesetzt. Fast immer waren es sympathische Männer, hilfsbereite Kameraden, aber ihre Zeit ist vorbei, und sie wird nicht mehr wiederkehren.

Ein Fahrzeug spezieller Art muß hier erläutert werden: das kleine bzw. leichte Kettenkrad von NSU. Dieses Sd.Kfz. 2, wie die offizielle Truppenbezeichnung hieß, stellte eine Kreuzung zwischen Motorrad und Ketten-Zugmaschine dar, angetrieben von einem 1,5 Liter Opel-Motor. An sich war die Idee des Ketten-Kraftrads nicht neu, denn Versuchsmodelle ähnlicher Art gab es bei den Franzosen, vorgesehen für Polarexpeditionen, schon vor dem ersten Weltkrieg und dann wieder in den dreißiger Jahren. Als Vorläufer des NSU-Kettenkrads darf man auch die Motorkarette des österreichischen Bundesheeres ansehen. Dieses Fahrzeug mit Stahllaufkette und Knüppellenkung war durch Ansetzen von luftbereiften Rädern zu einem Zwitterfahrzeug umgewandelt worden und sollte im Rahmen der Infanterie Verwendung finden. Die Wehrmacht hat durch Einführung der Lenkbremse, Verringerung der Spurbreite und durch das gummigepolsterte Laufwerk die Schwächen der alten Motorkarette behoben und so ein kriegsbrauchbares Fahrzeug geschaffen. Ab Juni 1941 gelangte das NSU-Kettenkrad in den Truppendienst. Insgesamt wurden bei NSU in Neckarsulm sowie (ab 1943) lizenzweise bei Stoewer in Stettin insgesamt 8345 Kettenkräder gebaut. Sie waren ursprünglich als Zugmittel für das Leichtgeschütz der Fallschirmtruppen gedacht, wurden dann aber vielen anderen Verwendungszwecken zugeführt, wobei sie sich dank ihrer fast einzigartigen Geländetüchtigkeit vor allem in den Schlammperioden des Ostens sowie im Gebirge hervorragend bewährten. Einige hundert Maschinen, die das Kriegsende überstanden hatten, versahen noch viele Jahre nützliche Dienste in der Land- und Forstwirtschaft. Außer dem kleinen Kettenkrad HK–101 entwickelte NSU auch ein großes, fünfsitziges Kettenkrad HK–102 mit Zweiliter-Motor, das jedoch nicht bei der Truppe eingeführt wurde.

Zum Schluß noch ein Hinweis, der zwar nichts mit Motorrädern zu tun hat, aber trotzdem in diesem Zusammenhang interessieren könnte. Bei Zündapp in Nürnberg baute man ab 1943 den bei Borgward entwickelten „Goliath", einen unbemannten und ferngelenkten Kleinpanzer, der als Träger für Sprengladungen diente. Ein größerer Ladungsträger ähnlicher Art, der „Springer", entstand auf der Basis des Kettenkrads bei NSU und wurde noch 1945 einige Male eingesetzt.

Zündapp K 800 bei der 9.Pz.Div. (1940/41)

	Leichtes Kraftrad 125 ccm **DKW RT 125** **1939–1945**	Leichtes Kraftrad 250 ccm **Triumph BD 250 W** **1938–1945**	Leichtes Kraftrad 250 ccm **NSU 251 OS** **1938–1940**
Motor	DKW RT 125	Triumph BD 250 W	NSU 251 OS
Zylinderzahl	Einzylinder-Zweitakt stehend	Doppelkolben-Zweitakt stehend	Einzylinder-Viertakt stehend
Bohrung x Hub	52 x 58 mm	2 x 45 x 78 mm	64 x 75 mm
Hubraum	123 ccm	248 ccm	241 ccm
Dauerleistung	4,3 PS bei 4000 U/min	12 PS bei 3850 U/min	10 PS bei 4650 U/min
Höchstleistung	4,75 PS bei 4800 U/min		10,5 PS bei 5300 U/min
Drehmoment			
Verdichtung	1:6	1:5,5	1:6,8
Vergaser	1 Amal, Bing oder Graetzin	1 Bing	1 Graetzin oder Amal
Ventile	Ohne Umkehrspülung mit Schlitzsteuerung	Ohne Einlaß drehschiebergesteuert Auslaß kolbengesteuert	OHV (hängend) Seitliche Nockenwelle Antrieb durch Zahnräder
Kurbelwellenlager	3	3	3
Kühlung	Luft/Fahrtwind	Luft/Fahrtwind	Luft/Fahrtwind
Lichtmaschine	35/45 W		
Batterie	6 V 7 Ah	6 V 7 Ah	6 V 7 Ah
Kraftübertragung	Antrieb auf Hinterrad über Einfach-Rollenkette (mit Schutzblech) Mehrscheibenkupplung in Öl	Antrieb auf Hinterrad über Einfach-Rollenkette (staubdicht gekapselt) Mehrscheibenkupplung in Öl	Antrieb auf Hinterrad über Einfach-Rollenkette (staubdicht gekapselt) Mehrscheibenkupplung in Öl
Getriebe	3 Gang Fußschaltung	4 Gang Fuß- und Handschaltung	4 Gang Fußschaltung
Übersetzungen	I. 3,16 II. 1,49 III. 1,00	I. 3,25 II. 1,80 III. 1,33 IV. 1,00	I. 3,57 II. 2,11 III. 1,37 IV. 1,00
Antriebsübersetzung	Motor/Getriebe 2,75 Getriebe/Hinterrad 3,08 oder 2,86	Motor/Getriebe 2,37 Getriebe/Hinterrad 2,26	Motor/Getriebe 2,35 Getriebe/Hinterrad 2,73
Fahrwerk	Rohr-Rahmen	Rohr-Rahmen	Rohr-Rahmen
Vorderrad-Gabel	Parallelogramm-Federgabel Ältere Ausführung: Gummibandfedern Neuere Ausf.: Druckfeder	Parallelogramm-Federgabel Druckfeder	Parallelogramm-Federgabel Druckfeder
Hinterrad-Federung	Ohne	Ohne	Ohne
Fußbremse	Gestänge auf Hinterrad	Gestänge auf Hinterrad	Gestänge auf Hinterrad
Handbremse	Seilzug auf Vorderrad	Seilzug auf Vorderrad	Seilzug auf Vorderrad
Allgemeine Daten			
Radstand	1230 mm	1300 mm	1320 mm
Gesamtmaße	1940 x 650 x 900 mm	2050 x 785 x 975 mm	2040 x 780 x 950 mm
Reifen	2,50–19	3,25-19	3,00-19
Bodenfreiheit	145 mm		120 mm
Watfähigkeit	380 mm	250 mm	300 mm
Wendekreis-⌀	3,5 Meter		
Fahrzeuggewicht	91 kg	155 kg	144 kg
Zuläss. Gesamtgewicht	240 kg	295 kg	294 kg
Höchstgeschwindigkeit	72 km/h	95 km/h	92 km/h
Verbrauch/100 km	2,5 Liter Gemisch 1:25	3 Liter	3,5 Liter
Kraftstofftank	9 Liter	11,3 Liter	11,1 Liter
Fahrbereich	360 km	370 km	310 km

Mittleres Kraftrad 400 ccm BMW R 4 1932–1936	**Mittleres Kraftrad 350 ccm BMW R 35 1937–1940**	**Mittleres Kraftrad 350 ccm Victoria KR 35 WH 1938–1945**	**Mittleres Kraftrad 350 ccm DKW NZ 350 1938–1940**
BMW M 69	BMW R 35	Victoria KR 35	DKW NZ 350
Einzylinder-Viertakt stehend	Einzylinder-Viertakt stehend	Einzylinder-Viertakt stehend	Einzylinder-Zweitakt stehend
78 x 84 mm	72 x 84 mm	69 x 91,5 mm	72 x 85 mm
398 ccm	340 ccm	342 ccm	346 ccm
12 PS bei 4000 U/min	14 PS bei 4500 U/min	14 PS bei 4000 U/min	10,8 PS bei 3250 U/min
		18 PS bei 5000 U/min	11 PS bei 4000 U/min
1:5,2	1:5,4	1:6	1:5,75
1 Sum oder 2 Amal	1 Sum	1 Amal	1 Amal, Bing oder Graetzin
OHV (hängend)	OHV (hängend)	OHV (hängend)	Ohne
		Seitliche Nockenwelle	Umkehrspülung mit
		Antrieb durch Kette	Schlitzsteuerung
2	2	3	2
Luft/Fahrtwind	Luft/Fahrtwind	Luft/Fahrtwind	Luft/Fahrtwind
45 W	45 W	50 W	
6 V 7 Ah	6 V 7 Ah	6 V 7 Ah	6 V 7 Ah
Antrieb auf Hinterrad	Antrieb auf Hinterrad	Antrieb auf Hinterrad	Antrieb auf Hinterrad
über Kardanwelle	über Kardanwelle	über Einfach-Rollenkette	über Einfach-Rollenkette
		(staubdicht gekapselt)	(mit Schutzblech)
Einscheibentrockenkupplung	Einscheibentrockenkupplung	Mehrscheibenkupplung in Öl	Mehrscheibenkupplung in Öl
4 Gang	4 Gang	4 Gang	4 Gang
Handschaltung	Handschaltung	Fußschaltung	Fuß- und Handschaltung
I. 3,60	I. 3,60	I. 3,26	I. 2,76
II. 2,18	II. 2,18	II. 1,81	II. 1,77
III. 1,35	III. 1,35	III. 1,33	III. 1,30
IV. 1,00	IV. 1,00	IV. 1,00	IV. 1,00
Motor/Getriebe 1,00	Motor/Getriebe 1,00	Motor/Getriebe 1,92	Motor/Getriebe 2,17
Getriebe/Hinterrad 5,63	Getriebe/Hinterrad 5,63	Getriebe/Hinterrad 2,78	Getriebe/Hinterrad 2,21
			(auch 2,00)
Preßstahl-Rahmen	Preßstahl-Rahmen	Rohr-Rahmen	Preßstahl-Rahmen
Preßstahl-Gabel	Teleskop-Federgabel	Preßstahl-Federgabel	Parallelogramm-Federgabel
9 Blatt-Auslegerfeder		Druckfeder	Druckfeder
Ohne	Ohne	Ohne	Ohne
Gestänge auf Hinterrad	Gestänge auf Hinterrad	Gestänge auf Hinterrad	Gestänge auf Hinterrad
Seilzug auf Vorderrad	Seilzug auf Vorderrad	Seilzug auf Vorderrad	Seilzug auf Vorderrad
1320 mm	1300 mm	1400 mm	1355 mm
1980 x 850 x 950 mm	2000 x 800 x 950	2160 x 780 x 1000 mm	2110 x 770 x 925 mm
3,50-19	3,50-19	3,25-19	3,25-19
130 mm	130 mm	120 mm	125 mm
		350 mm	300 mm
		4,5 Meter	4 Meter
165 kg	165 kg	155 kg	171 kg
345 kg	345 kg	300 kg	310 kg
100 km/h	100 km/h	100 km/h	100 km/h
3,5 Liter	3,5 Liter	3,5 Liter	4 Liter Gemisch 1:25
12 Liter	12 Liter	14 Liter	14 Liter
340 km	340 km	400 km	350 km

Leichtes Kraftrad 125 ccm
DKW RT 125

Leichtes Kraftrad 125 ccm
DKW RT 125

Leichtes Kraftrad 250 ccm
Triumph BD 250 W

Leichtes Kraftrad 250 ccm
NSU 251 OS

Leichtes Kraftrad 250 ccm
NSU 251 OS

Mittl. Kraftrad 400 ccm
BMW R 4
Geländesport Reichswehr

Mittl. Kraftrad 400 ccm
BMW R 4
Geländesport Reichswehr

Mittl. Kraftrad 350 ccm
BMW R 35

Mittl. Kraftrad 350 ccm
Victoria KR 35 WH

Mittl. Kraftrad 350 ccm
DKW NZ 350

Bild oben links:
Schweres Kraftrad 600 ccm
Victoria K.R.VI

Bild oben rechts:
Schweres Kraftrad 600 ccm
Victoria KR 6 Bergmeister

Bild rechts:
Schweres Kraftrad 500 ccm
Victoria KR 9

In den zwanziger Jahren, als die Soldaten-Experten glaubten, ein richtiges Geländeauto müsse drei Achsen haben, versuchte man diesen Irrglauben sogar auf das Motorrad zu übertragen. Hier sieht man zwei bisher noch nie veröffentlichte Bilder einer Versuchsmaschine von Victoria. Bei der oberen Maschine wurde sogar eine Laufkette um die beiden Hinterräder gelegt. Aber nicht etwa nur in Deutschland, sondern auch in Frankreich (siehe Bild unten rechts) gab es verwegene Versuche, das Motorrad noch geländegängiger zu machen. Hier ersetzte man das Vorderrad durch ein Kettenlaufwerk. Auch das war sozusagen ein Kettenkrad!

	Schweres Kraftrad 600 ccm Victoria K. R. VI 1927–1932	Schweres Kraftrad 600 ccm Victoria KR 6 Bergmeister 1933–1938	Schweres Kraftrad 500 ccm Victoria KR 9 1936–1937
Motor	Victoria M 600	Victoria KR 6 A	Victoria KR 9
Zylinderzahl	Zweizylinder-Viertakt-Boxer längsliegend	Zweizylinder-Viertakt-Boxer längsliegend	Zweizylinder-Viertakt querstehend
Bohrung x Hub	77 x 64 mm	77 x 64 mm	60 x 88 mm
Hubraum	596 ccm	596 ccm	498 ccm
Dauerleistung	16 PS bei 3800 U/min	18 PS bei 3700 U/min	12 PS bei 3700 U/min
Höchstleistung	18 PS bei 4200 U/min	20 PS bei 4000 U/min	15 PS bei 4600 U/min
Drehmoment			
Verdichtung	1:5,2	1:6,2	1:5,9
Vergaser	1 Amal	1 Graetzin	1 Graetzin
Ventile	OHV (hängend) Zentrale Nockenwelle	OHV (hängend) Zentrale Nockenwelle	SV (stehend) Seitliche Nockenwelle
Kurbelwellenlager	2	2	2
Kühlung	Luft/Fahrtwind	Luft/Fahrtwind	Luft/Fahrtwind
Lichtmaschine		30 W	50 W
Batterie			
Kraftübertragung	Antrieb auf Hinterrad über Einfach-Rollenkette (mit Schutzblech) Mehrscheibenkupplung	Antrieb auf Hinterrad über Doppel-Rollenkette (staubdicht gekapselt) Mehrscheibenkupplung	Antrieb auf Hinterrad über Doppel-Rollenkette (staubdicht gekapselt) Mehrscheibenkupplung
Getriebe	Victoria, 3 Gang Kulissen-Handschaltung	Hurth, 4 Gang Kulissen-Handschaltung	Hurth, 4 Gang Kulissen-Handschaltung
Übersetzungen	I. 2,48 II. 1,71 III. 1,00	I. 3,30 II. 1,91 III. 1,39 IV. 1,00	I. 3,30 II. 2,19 III. 1,39 IV. 1,00
Antriebsübersetzung	Motor/Getriebe (Solo) 1,7 Motor/Getriebe (Gespann) 1,8 Getriebe/Hinterrad 3,00	Motor/Getriebe (Solo) 1,7 Motor/Getriebe (Gespann) 1,8 Getriebe/Hinterrad 3,26	Motor/Getriebe/Hinterrad (Solo) 5,00 (Gespann) 5,55 oder 5,90
Fahrwerk	Doppelrohr-Rahmen	Doppelrohr-Rahmen	Doppelrohr-Rahmen
Vorderrad-Gabel	Rohr-Federgabel	Rohr-Federgabel	Preßstahl-Federgabel
Hinterrad-Federung	Ohne	Ohne	Ohne
Fußbremse	Gestänge auf Hinterrad	Gestänge auf Hinterrad	Gestänge auf Hinterrad
Handbremse	Seilzug auf Vorderrad	Seilzug auf Vorderrad	Seilzug auf Vorderrad
Allgemeine Daten			
Radstand	1500 mm	1480 mm	1380 mm
Gesamtmaße (Solo)	2315 x 850 x 1020 mm	2250 x 940 x 1120 mm	2130 x 860 x 920 mm
Reifen	26 x 3″, 27 x 3,5″ oder 27 x 3,85″	26 x 4″ oder 4,00–19	3,50–19
Bodenfreiheit		120 mm	120 mm
Watfähigkeit			
Wendekreis-∅			
Fahrzeuggewicht		160 kg	
Zuläss. Gesamtgewicht		360 kg	
Höchstgeschwindigkeit	Solo 95 km/h Gespann 80 km/h	Solo 100 km/h Gespann 85 km/h	Solo 100 km/h Gespann 85 km/h
Verbrauch/100 km	Solo 4,5 Liter/100 km Gespann 5,5 Liter/100 km	Solo 5 Liter/100 km Gespann 6 Liter/100 km	Solo 4,5 Liter/100 km Gespann 5,5 Liter/100 km
Kraftstofftank	12 Liter	15 Liter	10 Liter
Reichweite	Solo ca. 260 km Gespann ca. 210 km	Solo ca. 300 km Gespann ca. 250 km	Solo ca. 220 km Gespann ca. 180 km

	Schweres Kraftrad 500 ccm Zündapp K 500 1934–1939	Schweres Kraftrad 800 ccm Zündapp K 800 1934–1938	Schweres Kraftrad 600 ccm Zündapp KS 600 1937–1940
Motor	Zündapp K 500	Zündapp K 800	Zündapp KS 600
Zylinderzahl	Zweizylinder-Viertakt-Boxer	Vierzylinder-Viertakt-Boxer	Zweizylinder-Viertakt-Boxer
	querliegend	querliegend	querliegend
Bohrung x Hub	69 x 66,6 mm	62 x 66,6 mm	75 x 67,6 mm
Hubraum	498 ccm	804 ccm	597 ccm
Dauerleistung	15 PS bei 4500 U/min	20 PS bei 4000 U/min	
Höchstleistung	16 PS bei 4800 U/min	22 PS bei 4300 U/min	28 PS bei 4700 U/min
Drehmoment			4,38 mkg bei 3950 U/min
Verdichtung	1:5,8	1:5,8	1:6,5
Vergaser	1 Amal oder Bing	1 Amal	1 Amal
Ventile	SV (stehend)	SV (stehend)	OHV (hängend)
	Zentrale Nockenwelle	Zentrale Nockenwelle	Zentrale Nockenwelle
Kurbelwellenlager	3	2	3
Kühlung	Luft/Fahrtwind	Luft/Fahrtwind	Luft/Fahrtwind
Lichtmaschine	50/70 W	50/70 W	50/70 W
Batterie	6 V 7 Ah	6 V 7 Ah	6 V 7 Ah
Kraftübertragung	Antrieb auf Hinterrad	Antrieb auf Hinterrad	Antrieb auf Hinterrad
	über Kardanwelle	über Kardanwelle	über Kardanwelle
	Einscheibenkupplung in Öl	Mehrscheibenkupplung in Öl	Mehrscheibenkupplung in Öl
			Später:
			Zweischeibentrockenkupplg.
Getriebe	Zündapp, 4 Gang	Zündapp, 4 Gang	Zündapp, 4 Gang
	Handschaltung	Handschaltung	Kombinierte Fuß- und
			Handschaltung
Übersetzungen	I. 3,00	I. 3.00	I. 3,00
	II. 1,92	II. 1,80	II. 1,80
	III. 1,15	III. 1,13	III. 1,13
	IV. 0,95	IV. 0,88	IV. 0,88
Antriebsübersetzung	Solo 5,57 (7:39)	Solo 5,57 (7:39)	5,28 (7:37) oder 5,57 (7:39)
	Gespann 6,33 (6:38)	Gespann 6,33 (6:38)	Gespann 6,33 (6:38)
Fahrwerk	Preßstahl-Kastenrahmen	Preßstahl-Kastenrahmen	Preßstahl-Kastenrahmen
Vorderrad-Gabel	Parallelogramm-Federgabel	Parallelogramm-Federgabel	Parallelogramm-Federgabel
Hinterrad-Federung	Ohne	Ohne	Ohne
Fußbremse	Gestänge auf Hinterrad	Gestänge auf Hinterrad	Gestänge auf Hinterrad
Handbremse	Seilzug auf Vorderrad	Seilzug auf Vorderrad	Seilzug auf Vorderrad
Allgemeine Daten			
Radstand	1390 mm	1405 mm	1390 mm
Spurweite (Gespann)	1085 mm	1085 mm	1085 mm
Gesamtmaße (Solo)	2150 x 815 x 900 mm	2165 x 815 x 900 mm	2150 x 820 x 900 mm
Gesamtmaße (Gespann)			
Reifen	3,50 oder 4,00–19	3,50 oder 4,00–19	3,50 oder 4,00–19
Bodenfreiheit	110 mm	120 mm	125 mm
Watfähigkeit			200 mm
Wendekreis-∅	4,6 Meter	4,6 Meter	4,6 Meter
Fahrzeuggewicht	Solo 190 kg	Solo 215 kg	Solo 205 kg
Zuläss. Gesamtgewicht	Solo 390 kg	Solo 415 kg	Solo 405 kg
	Gespann 555 kg	Gespann 580 kg	Gespann 570 kg
Höchstgeschwindigkeit	Solo 100 km/h	Solo 110 km/h	Solo 120 km/h
	Gespann 85 km/h	Gespann 95 km/h	Gespann 100 km/h
Verbrauch/100 km	Solo 5 Liter	Solo 6,5 Liter	Solo 5,5 Liter
	Gespann 6 Liter	Gespann 7,5 Liter	Gespann 6,5 Liter
Kraftstofftank	12,5 Liter	15 Liter	15 Liter
Reichweite	Solo ca. 250 km	Solo ca. 230 km	Solo ca. 270 km
	Gespann ca. 200 km	Gespann ca. 200 km	Gespann ca. 230 km

	Schweres Kraftrad 750 ccm BMW R 12 1935–1941	Schweres Kraftrad 600 ccm NSU 601 OSL 1938–1939
Motor	BMW R 12	NSU 601 OSL
Zylinderzahl	Zweizylinder-Viertakt-Boxer	Einzylinder-Viertakt stehend
Bohrung x Hub	78 x 78 mm	85 x 99 mm
Hubraum	746 ccm	562 ccm
Leistung	18 PS bei 3500 U/min	20 PS bei 3800 U/min
Drehmoment	4,2 mkg bei 2750 U/min	
Verdichtung	1:5,1	1:6,5
Vergaser	1 Sum	1 Amal
Ventile	SV (stehend) Zentrale Nockenwelle	OHV (hängend) Seitliche Nockenwelle
Kurbelwellenlager	3	2
Kühlung	Luft/Fahrtwind	Luft/Fahrtwind
Lichtmaschine	45/70 W	45/70 W
Batterie	6 V 7 Ah	6 V 7 Ah
Kraftübertragung	Antrieb auf Hinterrad über Kardanwelle	Antrieb auf Hinterrad über Einfach-Rollenkette (staubdicht gekapselt)
Getriebe	Einscheibentrockenkupplg. 4 Gang Handschaltung	Mehrscheibenkupplung in Öl 4 Gang Fußschaltung
Übersetzungen	I. 3,18 II. 2,06 III. 1,42 IV. 1,09	I. 2,66 II. 1,77 III. 1,20 IV. 1,00
Antriebsübersetzung	Solo 4,07 (14:57) Gespann 4,75 (12:57)	Solo 2,14 Gespann 2,20
Fahrwerk	Preßstahl-Rahmen	Rohr-Rahmen
Vorderrad-Gabel	Teleskop-Federgabel	Parallelogramm-Federgabel
Hinterrad-Federung	Ohne	Ohne
Fußbremse	Gestänge auf Hinterrad	Gestänge auf Hinterrad
Handbremse	Seilzug auf Vorderrad	Seilzug auf Vorderrad
Allgemeine Daten		
Radstand	1400 mm	1420 mm
Spur (Gespann)	1070 mm	
Gesamtmaße (Solo)	2100 x 900 x 940 mm	2180 x 780 x 950 mm
Gesamtmaße (Gespann)	2520 x 1615 x 1000 mm	
Reifen	3,50 oder 4,00–19	3,50 oder 4,00–19
Bodenfreiheit (Solo)	120 mm	105 mm
Bodenfreiheit (Seitenwagen)	245 mm	
Watfähigkeit	250 mm	
Spurkreis-ϕ (Gespann)	links 4,5, rechts 3,6 Meter	
Fahrzeuggewicht	Solo 188 kg	Solo 185 kg
Zuläss. Gesamtgewicht	Solo 320 kg Gespann 560 kg	Solo 365 kg
Höchstgeschwindigkeit	Solo 100 km/h Gespann 85 km/h	
Verbrauch/100 km	Solo 5 Liter Gespann 6 Liter	Solo 5 Liter Gespann 6 Liter
Kraftstofftank	14 Liter	12 Liter
Fahrbereich	Solo 280 km Gespann 230 km	Solo 240 km Gespann 200 km

	Schweres Kraftrad 750 ccm mit Seitenwagen (angetrieben) BMW R 75 1940–1944	Schweres Kraftrad 750 ccm mit Seitenwagen (angetrieben) Zündapp KS 750 1940–1944
Motor	BMW R 75	Zündapp KS 750
Zylinderzahl	Zweizylinder-Viertakt-Boxer	Zweizylinder-Viertakt-Boxer
Bohrung x Hub	78 x 78 mm	75 x 85 mm
Hubraum	746 ccm	751 ccm
Leistung	26 PS bei 4400 U/min	26 PS bei 4000 U/min
Drehmoment	5 mkg bei 3600 U/min	5,25 mkg bei 2650 U/min
Verdichtung	1:5,7	1:6,2
Vergaser	2 Graetzin Sa 24	1 Solex 30 BFR (H)
Ventile	Hängend Stoßstangen und Kipphebel Zentrale Nockenwelle	Hängend Stoßstangen und Kipphebel Zentrale Nockenwelle
Kurbelwellenlager	3	3
Kühlung	Luft-Fahrtwind	Luft-Fahrtwind
Lichtmaschine	50/70 W	50/70 W
Batterie	6 V 7 Ah	6 V 7 Ah
Kraftübertragung	Antrieb über Kardanwelle auf Hinterrad und Seitenwagenrad Sperrdifferential am Hinterrad Einscheibentrockenkupplung	Antrieb über Kardanwelle auf Hinterrad und Seitenwagenrad Sperrdifferential am Hinterrad Zweischeibentrockenkupplung
Getriebe	4 Gang + Vorgelege + Rückwärtsgang Fuß- und Handschaltung Handschaltung für Vorgelege und Rückwärtsgang	4 Gang + Geländegang + Rückwärtsgang Fuß- und Handschaltung Handschaltung für Gelände- und Rückwärtsgang
Übersetzungen	Straße / Gelände	Gelände 6,21
	I. 3,22 / I. 4,46	I. 4,83
	II. 1,83 / II. 2,54	II. 2,29
	III. 1,21 / III. 1,67	III. 1,43
	IV. 0,90 / –	IV. 1,00
	Rückw. 2,41 / Rückw. 3,30	Rückw. 7,52
Antriebsübersetzung	5,69 (auch 6,05)	5,78
Fahrwerk	Rohr-Rahmen (mehrteilig zerlegbar)	Preßstahl-Rohr-Rahmen (kombiniert)
Vorderrad-Gabel	Teleskop-Federgabel	Parallelogramm-Federgabel
Hinterrad-Federung	Ohne	Ohne
Seitenwagenrad-Federung	Rohrfeder	Federstab
Seitenwagenboot-Federung	Blattfedern	Federstab
Fußbremse	Hydraulisch auf Hinterrad und Seitenwagen	Hydraulisch auf Hinterrad und Seitenwagen
Handbremse	Seilzug auf Vorderrad	Seilzug auf Vorderrad
Allgemeine Daten		
Radstand	1444 mm	1410 mm
Spur (Gespann)	1180 mm	1130 mm
Gesamtmaße (Gespann)	2400 x 1730 x 1000 mm	2385 x 1650 x 1010 mm
Reifen	4,50/4,75–16 Gelände	4,50/4,75–16 Gelände
Bodenfreiheit (Maschine)	150 mm	160 mm
Bauchfreiheit (Seitenwagen)	275 mm	275 mm
Watfähigkeit	350 mm	400 mm
Spurkreis-ϕ links/rechts	4,7/3,6 Meter	5,6/4,1 Meter
Fahrzeuggewicht (Gespann)	420 kg	400 kg
Zuläss. Gesamtgewicht	670 kg	670 kg
Nutzlast (Gespann)	250 kg	270 kg
Höchstgeschwindigkeit	92 km/h	95 km/h
Verbrauch/100 km	Straße 7 Liter Gelände 9 Liter	Straße 7 Liter Gelände 9 Liter
Kraftstofftank	24 Liter	23 Liter
Fahrbereich	Straße 340 km Gelände 270 km	Straße 330 km Gelände 260 km

Schweres Kraftrad 800 ccm mit Seitenwagen (angetrieb.) Gnôme & Rhône (f) Typ AX 2 1938–1940	**Schweres Kraftrad 1000 ccm mit Seitenwagen (angetrieb.) FN (b) Typ M 12 SM 1938–1940**	**Schweres Kraftrad 1000 ccm mit Seitenwagen (angetrieb.) Saroléa (b) Typ 1000 1939–1940**	**Schweres Kraftrad 750 ccm mit Seitenwagen (angetrieb.) Gillet (b) Typ 750 1939–1940**
Gnôme & Rhône Typ AX 2	FN	Saroléa	Zweitakt-Twin querstehend
Zweizylinder-Viertakt-Boxer	Zweizylinder-Viertakt-Boxer	Zweizylinder-Viertakt-Boxer	76 x 80 mm
80 x 80 mm	90 x 78 mm	88 x 80 mm	728 ccm
804 ccm	992 ccm	978 ccm	
18,5 PS bei 4000 U/min			
1:5			
1 Solex 30 FHOS	1	1 Amal	1
Stehend	Stehend	Stehend	Ohne
Stoßstangen			
Zentrale Nockenwelle			
3			
Luft/Fahrtwind	Luft-Fahrtwind	Luft/Fahrtwind	Luft/Fahrtwind
60 W	45/70 W	70 W	70 W
6 V	6 V	6 V	6 V
Antrieb über Kardanwelle	Antrieb über Kardanwelle	Antrieb über Kardanwelle	Antrieb über Kette
auf Hinterrad und	auf Hinterrad und	auf Hinterrad und	auf Hinterrad und
(abschaltbar) auf Seitenwagen	auf Seitenwagen	(abschaltbar) auf Seitenwagen	(abschaltbar) auf Seitenwagen
Kein Differential		Differential am Hinterrad	
Einscheibentrockenkupplg.		Mehrscheibentrockenkupplg.	Mehrscheibentrockenkupplg.
4 Gang	4 Gang + Rückwärtsgang	4 Gang + Rückwärtsgang	4 Gang + Rückwärtsgang
Handschaltung		Handschaltung	
Fußschaltung für			Fußschaltung für
Seitenwagenantrieb			Vorwärtsgänge
I. 5,21			Handschaltung für
II. 2,30			Seitenwagenantrieb
III. 1,43			
IV. 1,00			
5,75			
Preßstahl-Rahmen	Rohr-Rahmen	Rohr-Rahmen	Rohr-Rahmen
Preßstahl-Gabel	Parallelogramm-Federgabel	Parallelogramm-Federgabel	Parallelogramm-Federgabel
Gummizugbänder als Federn	Zentrale Druckfeder	Zentrale Druckfeder	Zentrale Druckfeder
Ohne	Ohne	Ohne	Ohne
2 Federstäbe			
Gestänge auf Hinterrad			
und Seilzug auf Seitenwagen			
Seilzug auf Vorderrad			
1485 mm			
1175 mm			
2700 x 1650 x 1000 mm			
3,50/4,00–19 oder 27 x 4	12 x 45	12 x 45	12 x 45
180 mm			
300 mm		550 mm	
430 kg			
660 kg			
230 kg			
85 km/h		82 km/h	85 km/h
Straße 8 Liter	Straße 10 Liter	Straße 10 Liter	Straße 10 Liter
Gelände 11 Liter	Gelände 12,5 Liter	Gelände 12,5 Liter	Gelände 12,5 Liter
15 Liter + 20 Liter-Kanister		22 Liter	18 Liter
Straße 180 (430) km		Straße 220 km	Straße 180 km
Gelände 130 (310) km		Gelände 170 km	Gelände 140 km

Schweres Kraftrad 500 ccm
Zündapp K 500

Schweres Kraftrad 500 ccm
Zündapp K 500

Schweres Kraftrad 600 ccm
Zündapp KS 600

Schweres Kraftrad 600 ccm
Zündapp KS 600

Schweres Kraftrad 800 ccm
Zündapp K 800 mit Seitenwagen

Schweres Kraftrad K 800
Zündapp K 800 mit Seitenwagen

Schweres Kraftrad 750 ccm
BMW R 12

Schweres Kraftrad 750 ccm
BMW R 12 mit Seitenwagen

Schweres Kraftrad 600 ccm
NSU 601 OSL

Austro-Daimler ADMK
Motor-Karette

NSU Ketten-Krad

	le. Ketten-Krad NSU HK-101 1941–1944	**Motor-Karette Austro-Daimler ADMK 1935–1938**
Motor	Opel Olympia 1,5 Liter	Austro-Daimler FB 12/20
Zylinderzahl	4	4
Bohrung x Hub	80 x 74 mm	80 x 115 mm
Hubraum	1478 ccm	2312 ccm
Leistung	36 PS bei 3400 U/min	18 PS bei 1400 U/min
Drehmoment	9 mkg bei 2000 U/min	9,9 mkg bei 1200 U/min
Verdichtung	1:6	1:4,25
Vergaser	1 Solex 32 FJ II	1 Pallas MP 30
Ventile	Hängend Seitliche Nockenwelle Antrieb durch Stirnräder	Stehend Seitliche Nockenwelle Antrieb durch Stirnräder
Kurbelwellenlager	4	
Kühlung	Wasser/Pumpe	Luft/Ventilator
Batterie	6 V 75 Ah	
Kraftübertragung	Motor in Fahrzeugmitte Antrieb auf Gleiskette	Motor in Fahrzeugmitte Antrieb (wahlweise verwendbar) auf Gleiskette oder Hinterachse des Räderlaufwerks
	Einscheibentrockenkupplung	Zweischeibenkupplung halbtrocken
Getriebe	3 Gang + Vorgelege	4 Gang
Übersetzungen	I. Gelände 14,80 I. Straße 2,57 II. Gelände 9,70 II. Straße 1,60 III. Gelände 5,95 III. Straße 1,03	I. 6,28 II. 3,42 III. 1,98 IV. 1,00
Antriebsübersetzung	4,09	Räder-Antrieb 0,93 Ketten-Antrieb 5,56
Fahrwerk	Stahlblech-Rahmen	Stahlblech-Rahmen
Vorderradaufhängung	1 Vorderrad, Parallelogramm-Federgabel	Schwingachse, 1 Querfeder
Hinterradaufhängung	–	Starrachse, Halbfedern
Ketten-Laufwerk	Gleiskette mit Gummipolstern 40 Glieder, Teilung 120 mm je 1 Triebrad vorn dazu je 1 Leitrad + 4 Laufräder in Schachtel-Anordnung Federstäbe	Gleiskette mit Stollengreifern Teilung 75 mm je 1 Triebrad vorn dazu je 1 Leitrad + 4 Laufrollen Halbfedern (gemeinsam mit Hinterrädern)
Lenkung	Vorderrad + Cletrac-Lenkgetriebe Automatische Lenkbremse ab 5° Einschlag des Vorderrads	Schraubenlenkung für Räderfahrt Lenkbremsen für Kettenfahrt
Fußbremse	Mechanisch	Mechanisch
Fußbremse wirkt auf	Triebräder des Ketten-Laufwerks	
Allgemeine Daten		
Radstand	Vorderrad / Mitte Kette 1352 mm	1770 mm
Kettenauflage	820 mm	1260 mm
Kettenlänge	4800 mm	
Spur	Ketten 816 mm	Räder 1290 mm Ketten 870 mm
Kettenbreite	170 mm	190 mm
Gesamtmaße	3000 x 1000 x 1200 mm	Räderfahrt: 3570 x 1500 x 1300 mm Kettenfahrt: 2775 x 1200 x 1450 mm
Reifen	Vorderrad 3,50–19	5,25–18 (Gelände)
Bodenfreiheit	230 mm	Räderfahrt 270 mm Kettenfahrt 220 mm
Watfähigkeit	440 mm	500 mm
Wendekreis-Ø	4,50 Meter	Räderfahrt 9 Meter Kettenfahrt 2,50 Meter
Fahrzeuggewicht	1280 kg	1730 kg
Nutzlast (einschl. Besatzung)	325 kg	570 kg
Zugkraft am Haken	450 kg	1000 kg
Höchstgeschwindigkeit	70 km/h	Räderfahrt 45 km/h Kettenfahrt 15 km/h
Verbrauch/100 km	Straße 16 Liter, Gelände 22 Liter	Straße 17 Liter, Gelände 30 Liter
Kraftstofftank	2 x 21 = 42 Liter	39 Liter
Fahrbereich	Straße 260 km, Gelände 190 km	Straße 200 km, Gelände 110 km

Kübel-, Einheits- und andere Personenkraftwagen

Die Reichswehr, das ab 1921 im engen Rahmen des Versailler Vertrags aufgebaute 100 000 Mann-Heer, hatte anfangs kein Interesse an speziell für militärische Zwecke entwickelten Geländefahrzeugen. Zur Deckung des ohnehin nur sehr geringen Bedarfs an Personenkraftwagen bediente man sich handelsüblicher Modelle. Wohl entstand bei jeder der 7 Divisionen, in welche sich die Reichswehr gliederte, jeweils eine Kraftfahr-Abteilung, welche jedoch ursprünglich als Nachschubtruppe (bzw. als deren Kader) galt, weshalb folgerichtig die Fahrzeugausstattung dieser Einheiten zunächst hauptsächlich aus Lastwagen und dann auch aus Krafträdern bestand.

Etwa ab 1925 begannen einzelne fortschrittlich denkende Offiziere mit Überlegungen, wie das Automobil auch für den Fronteinsatz brauchbar und nutzbar gemacht werden könnte. Als wichtigste Voraussetzung hierfür erachtete man die Geländegängigkeit der Fahrzeuge, die in einigermaßen befriedigender Weise nach damaliger Vorstellung nur mit Dreiachs-Konstruktionen zu erreichen war. So entwickelten auf Veranlassung der Inspektion der Kraftfahrtruppen die Firmen Daimler-Benz, Horch und Selve die ersten deutschen Gelände-Personenkraftwagen, große, schwere und noch recht unhandliche Dreiachs-Fahrzeuge. Jede der drei Firmen lieferte etliche Musterexemplare zu Versuchszwecken. Damit hatte es vorerst sein Bewenden. Die weit überwiegende Mehrheit der Generalität lehnte damals noch alle Bestrebungen ab, kämpfende Truppen zu motorisieren, und außerdem fehlten die Geldmittel, um teuere Kraftfahrzeuge in größerer Zahl anzukaufen. Die Firma Horch ließ daraufhin den Sechsrad-Geländewagen wieder einschlafen, Selve mußte 1929 den Automobilbau ohnehin aufgeben, nur Daimler-Benz hat die Entwicklung dreiachsiger Personenwagen noch jahrelang betrieben, was ab 1933 zu kleinen Serien des Typs G 4 führte. Auch diese paar Wagen hätten es kaum zu besonderer Bedeutung gebracht, wenn sie nicht später von Hitler, seinem Stab und einigen anderen Größen jener Zeit für Fahrten auf dem Manöverfeld, bei der Eingliederung Österreichs, bei der Besetzung der Tschechoslowakei und dann bei Besuchen in den rückwärtigen Kriegsgebieten benützt worden wären. Hierfür war der Mercedes-Benz G 4 nicht nur durch seine Geländegängigkeit, sondern vor allem durch seine Größe und seine Exklusivität besonders geeignet, wogegen sich sein Aufwand für wirklich militärischen Einsatz niemals gelohnt hätte. Andererseits blieben die großen Mercedes-Dreiachser nicht die einzigen Personenwagen ihrer Art. Etliche Generäle verfügten über Krupp Cabriolets, die Österreicher lieferten den Steyr 640 als Kommandantenwagen, und auch die drei tschechischen Marken Praga, Tatra und Skoda bauten Sechsrad-Pkw, Praga sogar in relativ großer Zahl. Aber insgesamt blieben alle diese Fahrzeuge Einzelerscheinungen mit Seltenheitswert, militärisch ohne Bedeutung. Als einzige Dreiachser dieser Größenordnung bewährten sich an der Front die Krupp-Protzen, die wohl in relativ geringer Zahl auch als schwere Pkw oder Gruppenwagen eingesetzt waren, aber ihrer Anlage nach zu den leichten Lastkraftwagen gehören, welchen sie folglich auch in diesem Buche zugeordnet werden.

Bei der Reichswehr bestand bald darüber Klarheit, daß sich die Beschaffung von Personenkraftwagen sowohl aus Kosten- als auch aus Zweckmäßigkeitsgründen bis auf weiteres darauf beschränken mußte, kleine und mittelgroße Pkw-Fahrgestelle handelsüblicher Bauart zu verwenden, soweit sie sich durch möglichst geringe Änderungen technischer Art sowie durch spezielle Aufbauten den militärischen Zwecken anpassen ließen. Es entstanden die „Kübelwagen", welche ab etwa 1928 über zehn Jahre lang für das deutsche Heer typisch blieben. Ihren Namen hatten diese Fahrzeuge dadurch erhalten, daß der Kastenrahmen geeigneter Fahrgestelle mit einer Plattform überdeckt wurde, auf welcher man die Sitze, etliche Halterungen für Waffen und Geräte sowie ein simples Klappverdeck befestigte. Damit aber die Soldaten nicht aus den offenen, türlosen Wagen herausfielen, setzte man sie „in" Kübelsitze, die im Prinzip nichts anderes waren als die Schalensitze heutiger Sportautomobile. Aus den Kübelsitzwagen machte dann der Sprachgebrauch die Kübelwagen. Ab 1937 wurden diese Fahrzeuge mit seitlichen Türen versehen, die man leicht abnehmen konnte, wovon jedoch die Truppe kaum Gebrauch machte. Die Erfahrung des letzten Krieges zeigt, daß der Soldat im Felde bestmöglichen Wetterschutz sowie einen gewissen Komfort braucht. Hierzu zählt beispielsweise auch die Notwendigkeit, im Fahrzeug das persönliche Gepäck mitnehmen zu können. Das war bei den Kübelwagen unberücksichtigt geblieben, weshalb für solche Zwecke meistens die Gerätekästen zweckentfremdet oder andernfalls behelfsmäßige Holzkisten aufgebaut wurden.

Im Prinzip gab es von den Kübelwagen nur vier Ausführungen, nämlich die kleinen mit zwei Sitzen vor einem großen Gerätekasten oder mit drei bzw. vier Sitzen sowie die mittelgroßen Viersitzer entweder ohne oder mit Gerätekasten. Die Fahrzeuge mit Gerätekasten dienten hauptsächlich als Fernsprech-, Funk- oder I-Trupp-Wagen, die anderen waren lediglich „Mannschafts-Kraftwagen" oder, sofern sie einen Zughaken besaßen, Zugmittel für kleine Geschütze wie die (freilich schon damals allzu leichte) Pak. Das Wort Mannschafts-Kraftwagen steht hier deshalb in Anführungszeichen, weil diese Fahrzeuge seinerzeit noch keineswegs für Mannschaften zur Verfügung standen, sondern Offizieren als Transport- und Führungsmittel vorbehalten blieben.

Obwohl es von den Kübelwagen militärtechnisch nur wenige Varianten gab, insgesamt dazu noch in relativ geringer Stückzahl, entstand doch bald eine bunte Modellvielfalt. Sicherlich mußte oder wollte man, zumal sich bis 1933 die deutsche Automobilindustrie in einer recht schwierigen Wirtschaftslage befand, möglichst viele Fabrikate teilhaben lassen. Außerdem erfolgte bei der Reichswehr die Beschaffung neuer Kraftfahrzeuge bis 1928 in der Weise, daß die Wehrkreise entsprechende Aufträge möglichst nur an Firmen im eigenen Bereich vergaben. Dazu brachte es die Verwendung handelsüblicher Fahrgestelle mit sich, daß die mehr oder weniger häufigen Modellwechsel der einzelnen Marken auch in die Lieferungen an das Heer eingingen.

Über schwere Pkw verfügte die Truppe im Zeitalter der Kübelwagen praktisch überhaupt nicht, von den Fahrzeugen hoher Kommandeure abgesehen. Diesen standen serienmäßige Limousinen oder Cabriolets der Marken Mercedes-Benz und Horch zur Verfügung, welche sich lediglich durch die matte Farbe, den fehlenden Chrom und einige sonstige Einzelheiten geringfügiger Art von den entsprechenden Zivilausführungen unterschieden. Wo andererseits im Truppengebrauch die mittleren Kübelwagen nicht ausreichten, wurden leichte Lastkraftwagen als schwere Pkw eingesetzt, und zwar die dreiachsige Krupp-Protze, die ab 1933 in ziemlich großer Zahl an das Heer geliefert wurde. Der Vollständigkeit halber sei schließlich der Horch-Argus erwähnt, ein offener Sechssitzer mit 4 Rädern und Allrad-Antrieb, der als schwerer geländegängiger Pkw (Kfz. 21) verwendet wurde. Anscheinend hat sich dieser Wagen nicht sonderlich bewährt, weshalb es wohl bei den wenigen, in den Jahren 1933/34 gelieferten Versuchsexemplaren blieb.

Als man nach 1933 daran ging, die Reichswehr in eine moderne Wehrmacht umzuwandeln, ergaben sich für das Kraftfahrwesen im Heer völlig neue Aspekte. Schon in den Jahren vorher hatte sich — vornehmlich bei jüngeren Offizieren — mehr und mehr die Erkenntnis durchgesetzt, daß das Kraftfahrzeug im Kriege nicht nur als Transportmittel, sondern auch bei der kämpfenden Truppe im Gefecht vielfältige Verwendung finden kann. Die Kraftfahrtruppe wurde zur Kraftfahrkampftruppe. Darüber hinaus gewann das Kraftfahrwesen gewaltig an Bedeutung, je mehr der Wunsch durchdrang, das gesamte Heer der neuen Wehrmacht oder vorerst doch wenigstens möglichst viele Divisionen desselben voll zu motorisieren. Eine dritte, sehr wesentliche Gegebenheit bestand darin, daß im Zuge der Wiederaufrüstung auch kostenmäßig weit großzügiger geplant werden konnte als seither.

Nach Lage der Dinge glaubte das Heereswaffenamt, künftig wenigstens für die Gefechtsfahrzeuge nicht mehr mit Fahrgestellen handelsüblicher Bauart auskommen zu können. Insbesondere bei den Personenkraftwagen strebte man nach größerer Geländegängigkeit, als sie die noch üblichen Kübelwagen besaßen, und im Hinblick auf den rasch anwachsenden Fahrzeugbestand sollten Reparaturen, Lagerhaltung und Nachschub erleichtert werden, was man durch eine radikale Vereinfachung aller zahlenmäßig wichtigen Typen, verbunden mit der Austauschbarkeit möglichst vieler Verschleißteile, zu erreichen hoffte.

Es entstanden die sogenannten Einheits-Fahrgestelle für die leichten, mittleren und schweren Wehrmachts-Personenkraftwagen, für den leichten, vierrädrigen Panzer-Spähwagen sowie für den leichten Wehrmachts-Lastkraftwagen („Einheits-Diesel"). Inbezug auf die Wehrmachts-Pkw hatte man zwar die einstige Vorstellung überwunden, daß zu optimaler Geländetüchtigkeit drei Achsen gehörten, doch stattdessen ging man jetzt von der ebenso unzutreffenden Annahme aus, daß für solche Fahrzeuge die Vierrad-Lenkung von großem Nutzen sei. Sie war beim leichten und beim schweren Einheits-Pkw vorgesehen, während beim mittleren, aus welchen Gründen auch immer, erfreulicherweise von vornherein darauf verzichtet wurde. Als unbedingter Vorteil hat sich hingegen der Allrad-Antrieb und die Verwendung von Sperrdifferentialen erwiesen, womit alle Einheits-Fahrgestelle der Wehrmacht ausgerüstet waren.

Die leichten Einheits-Pkw, nach Konstruktionsplänen des Heereswaffenamtes entwickelt, jedoch mit firmeneigenen Motoren versehen, wurden ab 1936 von Stoewer sowie ab 1937 von BMW und Hanomag an die Wehrmacht geliefert. Ab 1937 baute Horch und ab 1940 auch Opel den mittleren Einheits-Pkw. Das Fahrgestell des schweren Einheits-Pkw wurde, mit im Heck angeordnetem

Motor, zunächst nur für den leichten Vierrad-Panzer-Spähwagen verwendet, während der große Pkw mit vornliegendem Motor erst ab 1939 bei Horch und bei Ford zur Serienproduktion kam. Ab 1940 wurden alle drei Einheits-Fahrgestelle in vereinfachter Ausführung („Typ 40") geliefert, wobei vor allem durchweg die ohnehin recht fragwürdige Vierrad-Lenkung entfiel. Vom mittleren und vom schweren Einheits-Pkw gab es – wie übrigens später auch vom schweren Steyr 1500 A – je eine Ausführung alter und neuer Art. Bei der Ausführung alter Art waren beiderseits je ein Reserverad in Wagenmitte drehbar als Stützräder angebracht, womit bezweckt werden sollte, daß die Fahrzeuge nicht mit dem Wagenkasten aufsitzen. Bei der Ausführung neuer Art hat man, was ohne Nachteil möglich war, auf diese Stützräder verzichtet und sich mit einem Reserverad begnügt, das man nun innerhalb der Karosserie befestigte. Dadurch konnte beim mittleren Einheits-Pkw die Karosserie und damit der Innenraum beträchtlich verbreitert werden, und auch beim schweren Einheits-Pkw wurde bei gleich breit gebliebener Karosserie ein entsprechender Raumgewinn erzielt.

Rückblickend darf man feststellen, daß die Einheits-Pkw, alles in allem genommen, keineswegs die in sie gesetzten Erwartungen erfüllten. Ein völliger Fehlschlag war insbesondere der „leichte" Einheits-Pkw, der zu kompliziert, zu teuer, viel zu schwer, arg empfindlich und deshalb so reparaturanfällig war, daß nur selten mal ein Exemplar die ersten tausend Kilometer kriegsmäßigen Einsatzes überlebte. So verschwand der leichte Einheits-Pkw im Jahre 1942 aus dem damaligen Rüstungsprogramm und alsbald auch aus der Truppe. Freilich rächte es sich dann, daß die Entwicklung von Heeresfahrzeugen jahrelang zentral durch das Heereswaffenamt gesteuert worden war, denn nun gab es für das „durchgefallene" Modell noch keine recht befriedigende Alternative. Es wurde bereits ab 1940 mehr und mehr durch den Mercedes-Benz Typ 170 V mit Wehrmacht-Aufbau ersetzt, der als mittlerer Personenkraftwagen in den Planstellen der leichten Pkw lief. Dieser Typ war zwar qualitativ ausgezeichnet und mechanisch zuverlässig, aber infolge seiner niedrigen Bauart und des fehlenden Allrad-Antriebs viel zu wenig geländetauglich. Erst als dann ab 1942 die VW-Kübelwagen in größerer Zahl zur Fronttruppe kamen, verfügte diese endlich über jenen leichten Gelände-Pkw, den sie jahrelang sehr vermissen mußte. Wohl besaß auch der VW-Kübel keinen Allrad-Antrieb, doch das geringe Gewicht des Wagens, seine Heckmotor-Bauart und seine überlegene Bodenfreiheit glichen dies ohne weiteres aus. Nur zwei Daten seien aus unseren Typentafeln herausgeholt, weil sie deutlicher als viele Worte zeigen, was damals geboten war:

	Leichter Einheits-Pkw	Mercedes Typ 170 V	VW-Kübel Typ 82
Fahrzeuggewicht	1775 kg	1235 kg	725 kg
Bodenfreiheit	235 mm	200 mm	275 mm

Als einziger der drei Einheits-Pkw hat sich der mittlere recht gut bewährt, und zwar sowohl mit dem Horch- als auch mit dem Opel-Motor. Gravierender Mangel dieses Wagens war der hohe Wartungsaufwand, dessen er bedurfte: es waren fast 100 Schmierstellen zu versorgen! Die Produktion des mittleren Einheits-Pkw wurde im Jahre 1943 eingestellt, doch reichte die Zahl der vorhandenen Fahrzeuge bis Kriegsende aus, denn sie waren in der Hand guter Fahrer und gewissenhafter Wagenpfleger sehr zäh, zuverlässig und dauerhaft. Dadurch bedurfte es auch keines Nachfolgers für diesen Typ.

Weniger rühmlich war wiederum die Rolle des schweren Einheits-Pkw, der ohnehin nur drei Jahre lang, von 1939 bis 1941, in den Truppengebrauch gelangte. Diese Wagen waren für den hierin verwendeten Horch- und mehr noch für den auch aus anderen Gründen wenig geeigneten Ford V8-Motor zu schwer, ihre Wartung erforderte ebenfalls zu viel Aufwand und das komplizierte Fahrgestell zeigte sich den ungewöhnlich hohen Beanspruchungen nicht gewachsen, welchen gerade diese Fahrzeuge unterlagen. Sie fanden nämlich meistens als Gruppenwagen bei den mot. Schützen bzw. Panzergrenadieren und ähnlichen Kampftruppen Verwendung, wobei bis zu 12 Mann mit voller Ausrüstung und oft auch noch mit einem Geschütz am Haken in ihre Einsätze fuhren.

Unter derart harten Bedingungen kam es eben nicht auf eine technisch großartige und optisch eindrucksvolle Konstruktion der Fahrzeuge an, sondern auf Einfachheit und Robustheit. Dieser (viel zu späten) Erkenntnis wurden die ursprünglich als 1,5 Tonnen-Lastwagen vorgesehenen, dann aber fast ausschließlich mit geräumigen, jedoch einfachen Pkw-Aufbauten versehenen 1500 A-Typen der Firmen Daimler-Benz, Steyr und Phänomen gerecht, welche ab 1941/42 die schweren Einheits-Pkw ersetzten. Beiläufig sei in diesem Zusammenhang erwähnt, daß 1942 auch die Auto-Union (Werk Wanderer) einen 1,5 Tonner in S- und A-Ausführung herausbrachte. Doch dieser Wagen wurde von der Wehrmacht nicht akzeptiert, und die Wanderer-Werke mußten ab sofort den Nachbau des Steyr 1500 A aufnehmen. Übrigens kamen die Steyr 1500 A sehr zahlreich und die als schwere Pkw gebauten Phänomen Granit 1500 A wohl ausschließlich beim Afrika-Korps zum Einsatz, weil man dort Fahrzeuge mit luftgekühlten Motoren bevorzugte. Diese Wagen waren, ebenso wie z. B. auch die in Afrika eingesetzten VW-Kübel, mit wesentlich kleineren Felgen und Sandreifen riesigen Volumens ausgerüstet.

Die Einheits-Personenkraftwagen, um darauf zurückzukommen, erwiesen sich in 6 Kriegsjahren als eine ziemliche Enttäuschung. Technisch und konstruktiv waren sie keineswegs besser als jedes von irgendeiner Autofabrik in eigener Regie entwickelte Modell. Die für eine Kriegsführung zweifellos höchst lästige Modellvielfalt war mit den Einheits-Pkw ebenfalls nicht zu beseitigen. Ganz im Gegenteil bewirkten sie eine zusätzliche Vermehrung des Durcheinanders, denn man hatte es eben mit einer weiteren Typenreihe neben jenen vielen anderen zu tun, die ja unentbehrlich blieben. Immerhin führte die Wehrmacht mit einem Kraftfahrzeugpark Krieg, der zu über 60% aus sogenannten „Ergänzungsfahrzeugen" bestand, die aus der Wirtschaft, aus Privatbesitz oder aus Beutematerial stammten.

Das beste Fahrzeug, über welches die Wehrmacht jemals verfügte, war bemerkenswerterweise keineswegs eine heereseigene Konstruktion: der VW-Kübel. Als Professor Porsche wenige Monate vor Kriegsausbruch den Auftrag bekam, einen leichten Geländewagen zu entwickeln, war er sich sofort darüber schlüssig, daß dies nur eine Abwandlung des normalen VW zu sein brauchte. Es genügte, dessen Fahrgestell höher und steifer zu bauen, dem Motor ein größeres Filter aufzusetzen und dem Wagen eine einfache, leichte Karosserie zu geben.

Damit verließ der VW-Geländewagen völlig die bis dahin für solche Spezialfahrzeuge üblichen Konstruktions-Prinzipien. Niemand vor Porsche war darauf gekommen, daß es zweckmäßig sein könnte, auch Geländewagen ganz leicht und einfach, statt massiv und kompliziert zu bauen. Auch hielt er richtigerweise einen kleinen, luftgekühlten Einliter-Motor für völlig genügend. Die technischen und militärischen Koryphäen jener Jahre zeigten sich frappiert, ja bestürzt über Porsches Geländeauto. Doch waren die Vorurteile schnell überwunden, als sich dieses auf Anhieb ebenso prächtig bewährte, wie der heereseigene leichte Einheits-Pkw in geradezu blamabler Weise versagte.

Seine rasche Einführung verdankte der VW-Kübel vor allem dem Umstand, daß Rommel für den geplanten Afrika-Feldzug ein besonders leichtes Fahrzeug brauchte, und da erwies sich Porsches

Aufbauten für Wehrmacht–Pkw.

Entwicklungsfirma für alle Aufbauten der Wehrmacht-Pkw. war Trutz (Coburg). Zahlreiche Nachbaufirmen bekamen den Zeichnungssatz und fertigten je nach Bedarf bzw. je nach Erfolg bei den beschränkten Ausschreibungen. Die gebräuchlichsten Aufbauten wurden von folgenden Firmen hergestellt:

Trutz (Coburg)	Kfz. 12, 15, 17
Ackermann (Vohwinkel)	Kfz. 15, 17
Ambi-Budd (Berlin-Johannisthal)	Kfz. 15, 17
Auer (Bad Cannstatt)	Kfz. 12
Autenrieth (Darmstadt)	Kfz. 12
Blumhardt (Elberfeld)	Kfz. 15, 17
Bauer (Köln-Ehrenfeld)	Kfz. 15, 17
Baur (Bad Cannstatt)	Kfz. 15, 17
Erdmann & Rossi (Berlin-Halensee)	Kfz. 12, 15
Frankfurter Karosseriefabrik (Frankfurt/M)	Kfz. 12, 15
Gaubschat (Berlin-Neukölln)	Kfz. 12, 15, 17
Handwerksgenossenschaft Sachsen (Dresden)	Kfz. 12, 15
Rathgeber (München)	Kfz. 15, 17
Saarbrücker Karosseriefabrik (Saarbrücken)	Kfz. 12
Wumag (Görlitz)	Kfz. 15
Zschau (Leipzig)	Kfz. 12, 15
Magirus (Werk Mainz)	Kfz. 2
Auer (Bad Cannstatt)	Kfz. 1, 2

Nur Daimler-Benz und die Auto Union (Wanderer, Horch) lieferten komplette Kübelwagen älterer Art, während bei den übrigen Marken lediglich die Fahrgestelle bezogen wurden.

Stoewer (Stettin) baute leichte Einheits-Pkw. komplett. Hanomag (Hannover) baute ebenfalls leichte Einheits-Pkw. komplett und lieferte außerdem Karosserien für dieselben an BMW (Eisenach). Horch, Opel und Ford lieferten für mittlere bzw. schwere Einheits-Pkw. nur Fahrgestelle.

neueste Entwicklung als ideal. Im Wüstenkrieg gelangte das „deutsche Kamel“ zu Weltruhm. Aber auch an den anderen Fronten hat sich der VW-Kübel rasch durchgesetzt. Seine Anspruchslosigkeit und Zuverlässigkeit wurde von keinem vergleichbaren Wagentyp erreicht, und der luftgekühlte Motor ertrug arktische Kälte genau so gleichmütig wie tropische Hitze. Jedem, der dabei war, wird es unvergeßlich bleiben, wie die Volkswagen, die ja nur Hinterradantrieb hatten, unverdrossen durch den Schlamm russischer Rollbahnen mahlten, wo sich ansonsten allenfalls noch große Spezial- oder Kettenfahrzeuge mit eigener Kraft zu bewegen vermochten.

Noch grandioser waren die Leistungen des Schwimmwagens, des Porsche-Typs 166, der seinem Bestimmungszweck nach als sogenannter Kradschützenwagen entwickelt worden war. Wie dieser Namen sagt, sollte und wurde er schließlich auch vor allem bei den Kradschützen (und später bei den Panzergrenadieren) verwendet, um die Seitenwagen-Maschinen zu ersetzen, die den Strapazen der Ostfront nicht standhielten. Zwar kam der Schwimmwagen als Amphibien-VW kaum zur Geltung, denn Landsoldaten gehen nun mal äußerst ungern ins Wasser, aber schon seines Vierradantriebs wegen und seiner geradezu extremen Geländegängigkeit erwies sich der Schwimm-Kübel als überlegenes Transport-Mittel für schwierigste Einsätze. Bis Mitte 1944 wurde der Schwimmwagen gebaut. Schätzungsweise 150 solcher Fahrzeuge sind heute noch vorhanden. Guten Erhaltungszustand vorausgesetzt, werden sie unter ihren erstaunlich zahlreichen Liebhabern für 10 000 DM und mehr gehandelt.

Übrigens zeugt es von absoluter Unkenntnis der tatsächlichen Gegebenheiten, wenn immer wieder und immer noch behauptet wird, die Machthaber des Dritten Reiches hätten bei der Schaffung des Volkswagens und seiner Erzeugungsstätte von vornherein militärische Ziele verfolgt. Das ist nicht wahr. Der normale VW eignete sich gewiß nicht für den Einsatz an der Front, und dessen Umwandlung zum Wehrmachtsfahrzeug begann erst wenige Monate vor dem Krieg. Dabei mußten während der gesamten Produktionsdauer die Karosserien für den Kübel-VW von einer Berliner Firma (Ambi-Budd) bezogen werden. Anlage und Standort des Volkswagenwerks entsprachen durchaus seinem friedlichen Bestimmungszweck, keineswegs aber strategischen oder taktischen Rücksichten, denn selbst elementare Belange des Luftschutzes blieben völlig unbeachtet. Auch wurde nur ein kleiner Teil der Anlagen während des Krieges für den Automobilbau benützt, bei weitem überwog die Produktion von Flugzeugteilen, Minen und sonstigem artfremden Rüstungsbedarf. So war die Zahl der in Wolfsburg gebauten Wehrmachtsfahrzeuge für die damals gewohnten Größenordnungen zwar durchaus bemerkenswert, doch beanspruchte sie nur einen verhältnismäßig kleinen Teil der seinerzeit schon vorhandenen Kapazität des Werks.

Pkw. der Wehrmacht, nach Kfz.-Nummern geordnet

Kfz. 1 **Leichter geländegängiger Pkw. (le. gl. Pkw.)**
Mannschafts-Kraftwagen (2, 3 oder 4 Sitze)
Dixi, BMW 3/15 PS (1928–1931)
BMW 309, 303, 315 (1933–1936)
Hanomag (alle Modelle 1928–1938)
le. Einheits-Pkw. (1936–1942)
Mercedes-Benz 170 V (1938–1942)
VW Kübelwagen (1940–1945)

Kfz. 1/20 **le. gl./wg. Pkw.**
Kradschützen-Wagen (3 bis 4 Sitze)
VW Schwimmwagen (1941–1944)

Kfz. 2 **kl. oder le. Fernsprech- bzw. Funk-Kraftwagen**
2 Sitze, Gerätekasten:
Hanomag (1931–1936), BMW 309 (1934–1935)
3 Sitze, Gerätekasten:
le. Einheits-Pkw. (1936–1942), Mercedes-Benz 170 V (1938–1942)

Kfz. 2/40 **le. Instandsetzungstrupp-Kraftwagen**
3 Sitze, Gerätekasten

Kfz. 3 **le. Meßtrupp-Kraftwagen**
4 Sitze, Gerätekasten
le. Einheits-Pkw. (1936–1942)
Mercedes-Benz 170 V (1938–1942)

Kfz. 4 **le. Truppen-Luftschutz-Kraftwagen**
3 Sitze, Zwillings-MG 34 oder 42
le. Einheits-Pkw. (Stoewer 1937–1940)

Kfz. 11 **Mittlerer geländegängiger Pkw. (m. gl. Pkw.)**
Mannschafts-Kraftwagen, 4 Sitze
ähnlich wie Kfz. 12

Kfz. 12 **Mittlerer geländegängiger Pkw. (m. gl. Pkw.)**
Mannschafts-Kraftwagen, 4 Sitze, Zughaken
Mercedes-Benz 200, 260, 290, 320 (1928–1940)
Wanderer W 11, W 14 (1929–1936)
Adler Favorit, Standard 6, 3 Gd (1929–1940)
Phänomen Granit 25 (1935)
Stoewer M 12 (1935)

Kfz. 13 **m. gl. gp. Pkw.**
Maschinengewehr-Kraftwagen, 2 Mann, 1 MG 13
Adler Standard 6 (1932–1934)

Kfz. 14 **m. gl. gp. Pkw.**
Funk-Kraftwagen, 3 Mann
Adler Standard 6 (1932–1934)

Kfz. 15 **m. gl. Pkw.**
Fernsprech- bzw. Funk-Kraftwagen
Offener Aufbau, 4 Sitze, Zughaken, Gerätekasten
Horch 830, 830 B (1933–1938)
Wanderer W 23 S (1937–1939)
Mittl. Einheits-Pkw. (Horch 1937–1940)

Kfz. 16 **m. gl. Pkw.**
Meßtrupp-Kraftwagen
ähnlich wie Kfz. 15

Kfz. 16/1 **Vorwarner-Kraftwagen**
ähnlich wie Kfz. 16

Kfz. 17 **m. gl. Pkw.**
kl. Fernsprechbetriebs-, Funkbetriebs- oder Kabelmeß-Kraftwagen (Geschlossener Aufbau)
Horch 830, 830 B (1934–1938)
Mittl. Einheits-Pkw. (1940–1943)

Kfz. 18 **Vor dem Krieg:**
m. gl. Pkw.
Gefechts-Kraftwagen
Offener Aufbau, 2 Sitze, Zughaken, Gerätekasten
Mercedes-Benz 200 (1933–1936)

Kfz. 18 **Im Krieg:**
s. gl. Pkw.
Mannschafts- oder Gefechts-Kraftwagen, 8 Sitze
Schwerer Einheits-Pkw.
Mercedes-Benz, Steyr, Phänomen 1500 A

Kfz. 19 **Funk-Kraftwagen**
Krupp L 2 H 143 mit geschlossenem Aufbau

Kfz. 21 **s. gl. Pkw.**
Mannschafts-Kraftwagen, 6 Sitze
Dreiachs-Pkw. alter Bauart
Phänomen Granit 25
Mittl. Einheits-Pkw. (Horch mit 6 Kübelsitzen)

Kfz. 23 **Fernsprech- bzw. Funk-Kraftwagen**
Schwerer Einheits-Pkw., geschlossener Aufbau

Kfz. 24 **Verstärker-Kraftwagen**
ähnlich wie Kfz. 23

Kübel-Pkw. auf handelsüblichen oder davon abgeleiteten Fahrgestellen

Marke, Typ	Zylinder-zahl	Hub-raum ccm	Lei-stung PS	Rad-stand mm	Reifen	Baujahr	Stückzahl	Bemerkungen
Dixi								
3/15 PS	4	743	15	1905	27 x 4″	1928		Starrachser
BMW								
3/15 PS	4	743	15	1905	27 x 4″	1929–1931		Starrachser
309	4	845	22	2400	5,25–16	1934–1935		
303	6	1173	30	2400	5,25–16	1933–1934		
315	6	1490	34	2400	5,25–16	1934–1936		
Hanomag								
3/16 PS	4	750	16	2300	27 x 4″	1928–1929		Starrachser
4/20 PS	4	1089	20	2450	4,00–18	1930–1931		Starrachser
4/23 PS	4	1089	23	2450	4,50–17	1932–1933		Starrachser
Garant	4	1089	23	2450	4,50–17	1934–1935		Starrachser
Garant	4	1089	23	2473	4,50–17	1936–1937		
Kurier	4	1089	23	2725	4,50–17	1934–1938		
Rekord	4	1494	32	2825	4,75–17	1934–1936		
Rekord	4	1494	35	2825	5,25–17	1937–1938		
Sturm	6	2245	55	3150	5,50–18	1937–1938		
Opel								
P4	4	1288	28	2460	5,25–16	1937–1938		Starrachser
Steyr								
Typ 250	B4	1158	25	2600	5,25–17	1938–1940	1 200	
Tatra								
57 K	B4L	1250	25	2550	6,00–16	1941–1943	ca. 6 000	
Skoda								
Popular 1100	4	1089	32	2485	5,25–18	1939–1942		
Superb 3000	6	3140	80	3415	7,00–16	1941–1943		
Mercedes Benz								
Stuttgart 8/38 PS	6	1980	38	2810	5,25–18	1928–1932		Starrachser
Stuttgart 10/50 PS	6	2560	50	2810	5,25–18	1928–1933		Starrachser
Typ 200	6	1963	40	2700	6,00–20	1933–1935		
Typ 260 (W 11/III)	6	2560	50	2700	6,00–20	1934–1935	1 507	
Typ 290/I	6	2857	60	2880	6,50–20	1934–1935	90	
Typ 290/II	6	2857	68	2880	6,50–20	1936–1937	629	
Typ 320	6	3208	78	2880	6,50–20	1938–1940	1 764	
Typ 340	6	3405	80	2880	6,50–20	1938–1939	42	
Typ 160 HM	4	1697	38	2500	5,00–17	1935	8	Heckmotor
Typ 170 VG	4	1697	38	2600	5,25–18	1935	62	Allrad-Antrieb
Typ 170 VL	4	1697	38	2525	5,25–18	1936	42	Allrad-Lenkung
Typ 170 V	4	1697	38	2845	5,25–16	1938–1942	19 075	
Wanderer								
W 11 (10/50 PS)	6	2540	50	3170	6,00–20	1929–1932		Starrachser
W 11 (12/65 PS)	6	2970	65	3100	6,00–20	1933–1936	2 714	Starrachser
W 23 S	6	2632	62	3100	6,50–20	1937–1939	1 059	
W 24	4	1760	42	2600	5,00–17	1937–1940		
Adler								
Favorit	4	1840	35	2840	5,00–18	1929–1932		Starrachser
12 N-RW (Standard 6)	6	2890	50	2840	6,00–20	1932–1933	199	Starrachser
12 N-3G (Standard 6)	6	2890	60	2840	6,00–20	1934–1935	1 898	Starrachser
3 Gd (Diplomat)	6	2890	60	3355	6,00–20	1936–1940	4 297	
Phänomen								
Granit 25	4L	2497	37	3250	6,00–20	1935		Starrachser
Stoewer								
M 12 RW	8	2963	60	3100	5,50–18	1935	235	Starrachser
Horch								
Typ 830 R	V8	2980	70	3200	6,00–18	1934	} 4 166	Starrachser
Typ 830 R	V8	3249	70	3200	6,00–18	1935		
Typ 830 R	V8	3517	75	3200	6,00–18	1935–1936		
Typ 830 R	V8	3517	82	3200	6,00–18	1937–1938		

Kübel-, Gelände- und Schwimm-Pkw. (Sonderkonstruktionen)

Marke, Typ	Zylinderzahl	Hubraum ccm	Leistung PS	Radstand mm	Reifen	Baujahr	Stückzahl	Räder x Antriebsräder	Bemerkungen
le. gl. Einheits-Pkw.									
Stoewer R 180 Spezial	4	1757	42	2400	6,00–18	1936–1938	ca. 4 000	4 x 4	Allrad-Lenkung
Stoewer R 200 Spezial	4	1997	50	2400	6,00–18	1938–1940		4 x 4	Allrad-Lenkung
BMW Typ 325	6	1957	50	2400	6,00–18	1937–1940	3 225	4 x 4	Allrad-Lenkung
Hanomag Typ 20 B	4	1991	50	2400	6,00–18	1937–1940	ca. 3 000	4 x 4	Allrad-Lenkung
Stoewer Typ 40	4	1997	50	2400	6,00–18	1940–1942	ca. 4 000	4 x 4	
m. gl. Einheits-Pkw.									
Horch Typ EFm	V8	3517	80	3100	190–18	1936–1940		4 x 4	
Horch Typ 40	V8	3517	80	3100	190–18	1940–1943	ca. 12 000	4 x 4	
Horch Typ 40 Cabriolet	V8	3823	90	3100	190–18	1940–1942		4 x 4	
Opel Typ mPI	6	3626	75	3100	190–18	1940–1943		4 x 4	
s. gl. Einheits-Pkw.									
Horch Typ 1a	V8	3517	80	3000	210–18	1937–1938		4 x 4	Allrad-Lenkung
Horch Typ 1b	V8	3517	80	3000	210–18	1937–1938		4 x 4	
Horch Typ 1a	V8	3823	81	3000	210–18	1939–1940	2 904	4 x 4	Allrad-Lenkung
Horch Typ 1b	V8	3823	81	3000	210–18	1939–1940		4 x 4	
Horch Typ 40	V8	3823	90	3000	210–18	1940–1941		4 x 4	
Ford Typ EGa, EGd	V8	3613	78	3000	210–18	1939–1940		4 x 4	Allrad-Lenkung
Ford Typ EGb	V8	3613	78	3000	210–18	1939–1940	1 901	4 x 4	
Ford Typ 40	V8	3613	78	3000	210–18	1940–1941		4 x 4	
Mercedes-Benz G 5	4	2006	45	2530	6,00–18	1937–1941	378	4 x 4	Allrad-Lenkung
Adler V 40 T	6	2494	55	2500	versch.	1941	7	4 x 4	
Volkswagen									
Typ 62	B4L	985	23,5	2400	5,00–18	1939	Prototypen	4 x 2	Kübelwagen
Typ 82	B4L	985	23,5	2400	5,25–16	1940–1943	50 435	4 x 2	Kübelwagen
Typ 82	B4L	1130	25	2400	5,25–16	1943–1945		4 x 2	Kübelwagen
Typ 128	B4L	1130	25	2400	5,25–16	1941	30	4 x 4	Schwimmwagen
Typ 166	B4L	1130	25	2000	5,25–16	1942–1944	14 283	4 x 4	Schwimmwagen
Typ 87	B4L	1130	25	2400	5,25–16	1942–1944	564	4 x 4	Limousine
Typ 82 E	B4L	1130	25	2400	5,25–16	1943–1945	667	4 x 2	Limousine
Trippel SG 6	6	2473	55	2500	7,50–17	1941–1944	ca. 1 000	4 x 4	Schwimmwagen
Dreiachs-Pkw.									
Mercedes-Benz G 1	6	3079	50	versch.	775 x 145	1926–1928	7	6 x 4	Starrachser
Horch 8 Geländewagen	8	3500	65	2300+870	32 x 6,00	1926–1928	wenige	6 x 4	Starrachser
Selve-Voran Typ M	6	3096	50	2535+950	33 x 6,20	1926–1929	wenige	6 x 6	
Mercedes-Benz G 4	8	5019	100	3100+950	7,50–17	1933–1939	57	6 x 4	Starrachser
Mercedes-Benz G 4	8	5252	115	3100+950	7,50–17	1934–1939	15	6 x 6	Starrachser
Krupp L 2 H 143	B4L	3308	60	2905+910	7,50–17	1939–1940	wenige	6 x 4	
Steyr 640	6	2260	45	3030+1060	7,00–18	1939–1941	wenige	6 x 4	
Praga AV	6	3468	70	2500+920	5,50–18	1936–1939	389	6 x 4	
Tatra T 93	V8L	3980	70	2800+940	6,00–20	1939–1940		6 x 4	
Skoda	6	3140	80	2900+920	6,50–20	1941–1942		6 x 4	
Mercedes-Benz									
Typ L 1500 S	6	2594	60	3000	6,00–20	1941–1944		4 x 2	Starrachser
Typ L 1500 A	6	2594	60	3000	190–20	1941–1944		4 x 4	Starrachser
Steyr									
Typ 1500 A	V8L	3517	85	3250	190–20	1941–1944	12 450	4 x 4	Starrachser
Typ 2000 A	V8L	3517	85	3265	190–20	1944–1945	6 400	4 x 4	Starrachser
Phänomen									
Granit 1500 A	4L	3678	50	3270	270–16	1942–1943		4 x 4	Starrachser

Serienmäßige 4/20 PS Hanomag Cabrio-Limousine 1931 bei der Reichswehr. Kennzeichnend für die damaligen Heeres-Fahrzeuge war der drastisch-bunte Tarnanstrich.

Hanomag 4/20 PS als kleiner Fernsprech-Kraftwagen Kfz. 2 mit 2 Sitzen und Gerätekasten. Gewicht ca. 1000 kg. Gesamtmaße 3700×1500×1550 mm. Den Aufbau entwickelte und fertigte Magirus (Ulm).

Hanomag 4/20 PS als dreisitziger Kübelwagen Kfz. 1.

Hanomag 4/20 PS als dreisitziger Kübelwagen Kfz. 1, hier mit geschlossenem Wetterdach.

Hanomag Garant Modell 1936/37 als offener Viersitzer mit serienähnlicher Karosserie.

Hanomag Rekord (1934–1938) als viersitziger Kübelwagen Kfz. 1, hier mit geschlossenem Wetterdach.

Hanomag Sturm Modell 1937/38 als Gelände-Sportwagen. Solche Fahrzeuge waren bei der Wehrmacht nicht zum Gefechtsdienst bestimmt, sondern zur Teilnahme an den damals zahlreichen Geländesport-Veranstaltungen, wie z. B. Dreitage-Harz- bzw. Dreitage-Mittelgebirgsfahrt, Ostpreußenfahrt, Brandenburgische Geländefahrt, Fahrt durch Bayerns Berge, Winterfahrt nach Garmisch-Partenkirchen usw.

Hanomag Sturm Modell 1937/38 als viersitziger Kübelwagen. Bei der Wehrmacht war er wohl selten im Gebrauch, öfter hingegen bei Polizei- oder Parteiformationen.

BMW 315 (6 Zylinder, 1,5 Liter, 34 PS) als viersitziger Kübelwagen Kfz. 1, gebaut in den Jahren 1934 bis 1936. Manche davon erlebten noch die ersten Monate des Rußlandkriegs. Gewicht ca. 1000 kg. Gesamtmaße 4100×1500×1600 mm.

BMW 309 (4 Zylinder, 0,9 Liter, 22 PS) als kleiner Fernsprechwagen mit 2 Sitzen und Gerätekasten, Baujahr 1934/35. Der Aufbau wurde bei Magirus (Ulm) entwickelt und hergestellt.

Der Röhr Junior 1933/34, Lizenz-Nachbau des Tatra mit luftgekühltem 1,5 Liter Vierzylinder-Boxermotor, wurde in einigen Exemplaren auch als Kübelwagen gebaut und der Reichswehr zur Verfügung gestellt, aber es kam nicht zu größeren Aufträgen, weil das Werk ohnehin die Produktion einstellen mußte.

Vom Stoewer Greif Junior, dem Nachfolgemodell des Röhr Junior, wurden ebenfalls einige Kübelwagen gebaut, aber es blieb bei diesen Musterstücken, zumal Stoewer dann bald mit der Entwicklung und dem Bau des leichten Einheits-Pkw. beauftragt wurde.

Mercedes-Benz Typ 170 (6 Zylinder, 1,7 Liter, 32 PS) Modell 1934 bis 1936 als offener Viersitzer. Preis 5000 RM. Diese Karosserie war zwar handelsüblich, wurde aber fast nur an die Wehrmacht, an Behörden und an Parteiformationen geliefert.

Auch vom Mercedes-Benz Typ 130 mit Heckmotor (4 Zylinder, 1,3 Liter, 26 PS) wurden 1935/36 einige Kübelwagen für die Wehrmacht gebaut, die aber offenbar keinen Anklang fanden. Mit Recht, wie man bald wußte, denn der Typ 130 hat sich auch in der serienmäßigen Ausführung als ziemlich gefährliche Heckschleuder erwiesen.

▲ Diese beiden Mercedes-Benz Typ Stuttgart 2,6 Liter Kübelwagen, vermutlich etwa 1929 gebaut, dürften wohl zu den ersten Fahrzeugen dieser Art gehört haben. Sie zeigen bereits die für den Kübelwagen typische Karosserieform, wirken aber noch irgendwie unfertig und unbeholfen.

Als Kfz. 18 war ursprünglich ein mittelgroßer Pkw. mit 2 Sitzen, Gerätekasten und Zughaken vorgesehen, im Aussehen etwa ähnlich dem kleinen Fernsprechwagen. Von diesem Kfz. 18 älterer Bauart wurden aber anscheinend nur wenige Exemplare in Dienst gestellt. ▼

▶ In den frühen dreißiger Jahren war der Mercedes-Benz Typ Stuttgart mit 10/50 PS 2,6 Liter Sechszylinder-Motor wohl der meistgefahrene Kübelwagen bei der Reichswehr und der Wehrmacht. Er war nicht zu klein und nicht zu groß, war leistungsfähig, zuverlässig, robust und dauerhaft. Die Aufbauten dieses Modells wurden teils im Werk Sindelfingen, teils bei den Firmen Trutz oder Gaubschat hergestellt. ▶

Mercedes-Benz Typ 200
Kübelwagen 1934

Bild links:
Mercedes-Benz 290
Kübelwagen 1934/35

Bilder Mitte:
Mercedes-Benz Typ 290
Kübelwagen (etwa 1933)
mit Geräte- oder
Gepäckkasten am Heck

Großes Bild unten:
Mercedes-Benz Typ 290
Kübelwagen (etwa 1935)
Aufbau Trutz (Coburg)

Mercedes-Benz Typ 290
Kübelwagen 1935

Mercedes-Benz Typ 320
Kübelwagen 1939

Mercedes-Benz Typ 320
Kübelwagen 1939, hier mit
geschlossenem Verdeck

Vom Stoewer M 12 (8 Zylinder in Reihe, 3 Liter, 60 PS) als Kübelwagen gab es bei der Wehrmacht nur wenige. Das kleine Bild zeigt einen Stoewer M 12 bei der Dreitage-Harzfahrt 1934, das Bild links einen Wagen des gleichen Typs im Polen-Feldzug. Die Geländetüchtigkeit des Stoewer Achtzylinders galt nicht als überragend, und sein Motor wurde leicht heiß.

Aus dem früheren Serientyp Wanderer 10/50 PS wurde der Kübelwagen Wanderer W 11 (6 Zylinder, 3 Liter, 12/65 PS) entwickelt. Der Motor, von Porsche konstruiert, war für ein Sport-Cabriolet bestimmt, das zwar bildschön aussah, aber viel zu viel kostete und deshalb nicht in die Produktion ging. Aber der Kübelwagen bewährte sich mit diesem Motor hervorragend.

Nur in Einzelexemplaren gab es bei der Wehrmacht den Phänomen Granit 25 als Kübelwagen. Er war rauh, aber robust, und dazu außergewöhnlich tragfähig. Das Bild links zeigt einen Phänomen anläßlich einer Parade im Herbst 1937 bei einer ausländischen Armee. Das Bild rechts zeigt einen Wagen gleichen Modells (Fahrer: Gefr. Breher) bei der 7. Pz. Div. in Rußland 1941.

Bild oben und links:
Wanderer W 23 S
Kübelwagen 1937–1939

Bild unten:
Adler 3 Gd
Kübelwagen 1936–1940

	Mittl. Kübel-Pkw (4 x 2) Mercedes-Benz Typ 260 Stuttgart 1928–1933	Mittl. Kübel-Pkw (4 x 2) Mercedes-Benz Typ 200 1933–1935	Mittl. Kübel-Pkw (4 x 2) Wanderer W 23 S 1937–1939	Mittl. Kübel-Pkw (4 x 2) Adler 3 Gd 1936–1940
Motor	Daimler-Benz M 11	Daimler-Benz M 21	Wanderer W 23 S	Adler 3 Gd
Zylinderzahl	6	6	6	6
Bohrung x Hub	74 x 100 mm	70 x 85 mm	75 x 100 mm	75 x 110 mm
Hubraum	2560 ccm	1962 ccm	2632 ccm	2916 ccm
Leistung	50 PS bei 3200 U/min	40 PS bei 3200 U/min	60 PS bei 3350 U/min	60 PS bei 3500 U/min
Verdichtung	1:5	1:5,75	1:6,2	1:6,2
Vergaser	1 Solex 35 MOHLT	1 Solex 35 BFVLS	1 Solex 35 BFRH	1 Solex 35 JFF
Ventile	Seitlich stehend Seitliche Nockenwelle Antrieb durch Stirnräder	Seitlich stehend Seitliche Nockenwelle Antrieb durch Stirnräder	Seitlich stehend Seitliche Nockenwelle Antrieb durch Duplex-Rollenkette	Seitlich stehend Seitliche Nockenwelle Antrieb durch Zahnkette
Kurbelwellenlager	7	4	4	4
Kühlung	Wasser/Pumpe	Wasser/Pumpe	Wasser/Pumpe	Wasser/Pumpe
Batterie	12 V	6 V 75 Ah	12 V 50 Ah	6 V 102 Ah
Lichtmaschine			130 W	90 W
Anlasser			1,0 PS	0,8 PS
Kraftübertragung	Antrieb auf Hinterräder Einscheibentrocken- kupplung	Antrieb auf Hinterräder Einscheibentrocken- kupplung	Antrieb auf Hinterräder Einscheibentrocken- kupplung	Antrieb auf Hinterräder Einscheibentrocken- kupplung
Getriebe	3 Gang Ab 1931: 3 Gang + Schnellgang	4 Gang	4 Gang	4 Gang
Synchronisierung	–	III-IV	II–IV	II–IV
Schalthebel	Wagenmitte	Wagenmitte	Wagenmitte	Wagenmitte
Übersetzungen	I. 3,40 II. 1,78 III. 1,00 S. 0,75	I. 3,30 II. 1,71 III. 1,00 IV. 0,73	I. 4,35 II. 2,54 III. 1,66 IV. 1,00	I. 4,10 II. 2,63 III. 1,48 IV. 1,00
Antriebs-Übersetzung	5,30	6,10	5,30	6,11
Fahrwerk	Kastenprofil-Rahmen	Kastenprofil-Rahmen	Kastenprofil-Rahmen	Kastenprofil-Rahmen
Vorderradaufhängung	starr, Halbfedern	2 Querfedern	Querlenker, 1 Querfeder	2 Querfedern
Hinterradaufhängung	starr, Halbfedern	Pendelachse je 2 Schraubenfedern	starr, 1 Querfeder	starr, Halbfedern
Lenkung	Schnecke	Schnecke	Schnecke	Schnecke
Fußbremse	Mechanisch	Hydraulisch	Hydraulisch	Hydraulisch
Allgemeine Daten				
Radstand	2810 mm	2700 mm	3100 mm	3355 mm
Spur	1430/1430 mm	1370/1390 mm	1420/1450 mm	1420/1420 mm
Gesamtmaße (mit Verdeck)	4060 x 1680 x 1800 mm	4200 x 1600 x 1900 mm	5000 x 1800 x 2000 mm	4800 x 1800 x 2000 mm
Reifen	5,25–18 Gelände	6,00–20 Gelände	6,50–20 Gelände	6,00/6,50–20 Gelände
Bodenfreiheit	190 mm	210 mm	270 mm	265 mm
Watfähigkeit		600 mm	400 mm	600 mm
Spurkreis-Ø	12 Meter	10,4 Meter	13 Meter	12,5 Meter
Fahrzeuggewicht	1250 kg	1180 kg	1650 kg	
Zul. Gesamtgewicht	1650 kg	1450 kg	2300 kg	2210 kg
Nutzlast	400 kg	270 kg	650 kg	
Höchstgeschwindigkeit	90 km/h	80 km/h	90 km/h	80 km/h
Verbrauch/100 km	Straße 16 Liter	Straße 16 Liter	Straße 17 Liter	Straße 17 Liter
Kraftstofftank	45 Liter	33 Liter	70 Liter	70 Liter
Fahrbereich	Straße 280 km	Straße 200 km	Straße 410 km	Straße 410 km

Vor Einführung des mittleren Einheits-Pkw. war der Kübelwagen Horch Typ 830 R das Standardmodell des Kfz. 15. Sehr leistungsfähig und vielseitig verwendbar bewährte sich der in den Jahren 1934 bis 1938 gebaute Wagen hervorragend. Die letzten davon waren bis 1943 und einige noch länger im Einsatz.

Als Nachrichtenwagen Kfz. 17 besaß der Horch 830 B einen geschlossenen Aufbau im Stil der nach dem Krieg zu großer Verbreitung gekommenen Kombiwagen. Kfz. 17 dieser Ausführung, erst kurz vor dem Krieg eingeführt, gab es noch wenige, sehr häufig war dagegen das nachfolgende Modell auf dem Fahrgestell des mittleren Einheits-Pkw.

Bei sehr schwierigem Gelände fehlte dem Horch Kübelwagen der Allrad-Antrieb. Das war zuweilen ein Mangel, doch andererseits wäre das Auto damit wesentlich schwerer und teurer geworden.

	Mittl. Kübel-Pkw (4 x 2) Horch Typ 830 R 1934	Mittl. Kübel-Pkw (4 x 2) Horch Typ 830 R 1935	Mittl. Kübel-Pkw (4 x 2) Horch Typ 830 R 1935–1936	Mittl. Kübel-Pkw (4 x 2) Horch Typ 830 R 1937–1938
Motor	Horch	Horch	Horch	Horch
Zylinderzahl	8 Zyl. (66°-V-Form)	8 Zyl. (66°-V-Form)	8 Zyl. (66°-V-Form)	8 Zyl. (66°-V-Form)
Bohrung x Hub	75 x 85 mm	78 x 85 mm	78 x 92 mm	78 x 92 mm
Hubraum	2980 ccm	3249 ccm	3517 ccm	3517 ccm
Leistung	70 PS bei 3400 U/min	70 PS bei 3000 U/min	75 PS bei 3200 U/min	82 PS bei 3500 U/min
Verdichtung	1:5,6	1:5,8	1:6	1:6,3
Vergaser	1 Doppel-Fallstrom-vergaser Solex	1 Doppel-Fallstrom-vergaser Solex 30	1 Doppel-Fallstrom-vergaser Solex 30	2 Horizontalvergaser Solex 30 BFH
Ventile	Waagrecht liegend Zentrale Nockenwelle Antrieb durch Dreifach-Rollenkette	Waagrecht liegend Zentrale Nockenwelle Antrieb durch Dreifach-Rollenkette	Waagrecht liegend Zentrale Nockenwelle Antrieb durch Dreifach-Rollenkette	Waagrecht liegend Zentrale Nockenwelle Antrieb durch Dreifach-Rollenkette
Kurbelwellenlager	3	3	3	3
Kühlung	Wasser/Pumpe	Wasser/Pumpe	Wasser/Pumpe	Wasser/Pumpe
Batterie	12 V 60 Ah (unter Vordersitz)	12 V 60 Ah (unter Vordersitz)	12 V 60 Ah (unter Vordersitz)	12 V 60 Ah (unter Vordersitz)
Lichtmaschine	90 W	90 W	90 W	90 W
Anlasser	1,4 PS	1,4 PS	1,4 PS	1,4 PS
Kraftübertragung	Antrieb auf Hinterräder Einscheibentrocken-kupplung	Antrieb auf Hinterräder Einscheibentrocken-kupplung	Antrieb auf Hinterräder Einscheibentrocken-kupplung	Antrieb auf Hinterräder Einscheibentrocken-kupplung
Getriebe	4 Gang	4 Gang	4 Gang	4 Gang
Synchronisierung	II–IV	II–IV	II–IV	II–IV
Schalthebel	Wagenmitte	Wagenmitte	Wagenmitte	Wagenmitte
Übersetzungen	I. 3,46 II. 1,88 III. 1,00 IV. 0,71	I. 3,46 II. 1,88 III. 1,00 IV. 0,71	I. 4,85 II. 2,33 III. 1,41 IV. 1,00	I. 4,85 II. 2,33 III. 1,41 IV. 1,00
Antriebs-Übersetzung	5,45	5,45	4,90	4,90
Fahrwerk	Kastenprofil-Rahmen	Kastenprofil-Rahmen	Kastenprofil-Rahmen	Kastenprofil-Rahmen
Vorderradaufhängung	starr, Halbfedern	Querlenker, 1 Querfeder	Querlenker, 1 Querfeder	Querlenker, 1 Querfeder
Hinterradaufhängung	starr, Halbfedern	starr, Halbfedern	starr, Halbfedern	starr, Halbfedern
Lenkung	Schnecke	Schnecke	Schnecke	Schnecke
Fußbremse	1933: Mechanisch 1934: Hydraulisch	Hydraulisch	Hydraulisch	Hydraulisch

Allgemeine Daten	
Radstand	3200 mm
Spur	1440/1470 mm
Gesamtmaße	4800 x 1800 x 1850 mm
Reifen	6,00–18
Bodenfreiheit	200 mm
Spurkreis-Ø	12,5 Meter
Fahrzeuggewicht	1820 kg
Zuläss. Gesamtgewicht	2200 kg
Nutzlast	380 kg
Höchstgeschwindigkeit	110 km/h
Verbrauch/100 km	Straße 18 Liter
Kraftstofftank	65 Liter (im Heck)
Fahrbereich	Straße 350 km

Horch 8
Geländewagen 1926–1928

Horch 8
Geländewagen 1926–1928

Selve Typ M
Geländewagen 1926–1929
(Lizenz Voran)

Mercedes-Benz Typ G 1
Geländewagen 1926–1928

	s. gg. Pkw (6 x 4) Horch 8 Geländewagen 1926–1928	s. gg. Pkw (6 x 6) Selve Typ M (Lizenz Voran) 1926–1929	s. gg. Pkw (6 x 4) Mercedes-Benz Typ G 1 1926–1928
Motor	Horch 3,5 Liter	Selve S 6/12	Daimler-Benz M 03
Zylinderzahl	8	6	6
Bohrung x Hub	67,5 x 118 mm	74 x 120 mm	76 x 110 mm
Hubraum	3500 ccm	3096 ccm	3079 ccm
Leistung	65 PS bei 3000 U/min	53 PS bei 3000 U/min	50 PS bei 3000 U/min
Drehmoment		13 mkg bei 3200 U/min	
Verdichtung	1:5,6	1:5,0	
Vergaser	1 Solex	1 Solex 35 MOV	1 Zenith
Ventile	Hängend	Seitlich stehend	Seitlich stehend
	Seitliche Nockenwelle	Seitliche Nockenwelle	Seitliche Nockenwelle
	Stirnräder-Antrieb	Zahnketten-Antrieb	Stirnräder-Antrieb
Kurbelwellenlager	5	7	7
Kühlung	Wasser/Pumpe	Wasser/Pumpe	Wasser/Pumpe
Batterie	12 V 40 Ah	12 V 60 Ah	6 V
Lichtmaschine		90 W	
Anlasser		1,2 PS	
Kraftübertragung	Antrieb auf zwei Hinterachsen	Antrieb auf alle drei Achsen	Antrieb auf zwei Hinterachsen
	2 Sperrdifferentiale	Antrieb der Vorderachse und der beiden Hinterachsen mittels Vorgelegegetriebe wahlweise abschaltbar	
	Lamellentrockenkupplung	Einscheibentrockenkupplung	Mehrscheibentrockenkupplung
Getriebe	4 Gang + Vorgelege	4 Gang + Vorgelege	4 Gang
	2 Schalthebel Mitte	2 Schalthebel Mitte	1 Schalthebel Mitte
Fahrwerk	Kastenprofil-Rahmen	Kastenprofil-Rahmen	Kastenprofil-Rahmen
Radaufhängung vorn	starr, Halbfedern	Pendel-Schwingachse 4 Viertelfedern quer	starr, Halbfedern
Radaufhängung hinten	2 Starrachsen	2 Pendel-Schwingachsen	2 Starrachsen
	je 1 Halbfeder für 2 Räder	je 1 Halbfeder für 2 Räder	je 1 Halbfeder für 2 Räder
Lenkung	Spindel-Lenkung	Spindel-Lenkung	Spindel-Lenkung
Fußbremse	Mechanisch	Mechanisch	Mechanisch
Fußbremse wirkt auf	4 Hinterräder	Vorderräder und vordere Hinterräder	6 Räder
Handbremse wirkt auf	4 Hinterräder	Hintere Hinterräder	Vordere Hinterräder
Allgemeine Daten			
Radstand	2300 + 870 mm	2535 + 950 mm	2365 + 950 bzw. 2353 + 985 mm
Spur	1410/1575/1575 mm	1500/1650/1650 mm	1600/1600/1600 mm
Gesamtmaße	4700 x 2000 x 2100 mm	4700 x 1860 x 2100 mm	
Reifen	32 x 6,00 Hinterachsen zwillingsbereift	33 x 6,20 Hinterachsen zwillingsbereift	775 x 145 Hinterachsen zwillingsbereift
Bodenfreiheit		235 mm	232 mm
Watfähigkeit		600 mm	
Wendekreis-Ø	14 Meter		
Fahrzeuggewicht	2680 kg	2685 kg	2400 kg
Zuläss. Gesamtgewicht		3300 kg	3200 kg
Nutzlast		615 kg	800 kg
Höchstgeschwindigkeit	70 km/h	67 km/h	60 km/h
Verbrauch/100 km	Straße 26 Liter Gelände 33 Liter	Straße 24 Liter Gelände 30 Liter	Straße 24 Liter Gelände 30 Liter
Kraftstofftank	90 Liter (im Heck)	115 Liter (im Heck)	
Fahrbereich	Straße 340 km Gelände 270 km	Straße 470 km Gelände 380 km	

Nachdem für Horch die Weiterentwicklung des dreiachsigen Geländewagens nicht mehr sinnvoll erschien, wurde 1933/34 mit dem Horch-Argus versucht, doch noch mit der Reichswehr ins Geschäft zu kommen. Es handelte sich um einen schweren Gelände-Pkw. mit zwei Achsen, Allrad-Antrieb und zwillingsbereiften Hinterrädern. Dieses Fahrzeug wurde als Kfz. 21 klassifiziert, aber offenbar nur in wenigen Exemplaren beschafft.

Der dreiachsige Mercedes-Benz Typ G 4 war zwar für militärische Verwendung bestimmt, dafür aber viel zu schwer und zu teuer ausgefallen. Das Schicksal der Bedeutungslosigkeit wäre ihm wohl beschieden gewesen, hätten ihn nicht Hitler und Göring entdeckt. Ihnen und anderen Größen des NS-Reiches dienten diese Wagen zu Fahrten im Manövergelände sowie in besetzte Länder. Sie eigneten sich dazu großartig, denn sie sahen exklusiv und vor allem sehr imponierend aus.

	s. gl. Pkw. (4 x 4) Horch-Argus 1933–1934	s. gl. Pkw. (6 x 4) Mercedes-Benz Typ G 4 (W 31) 1933–1939	s. gl. Pkw. (6 x 6) Mercedes-Benz Typ G 4 (W 131) 1934–1939
Motor	Horch 5 Liter	Daimler-Benz M 24	Daimler-Benz M 124
Zylinderzahl	8 (Reihe)	8 (Reihe)	8 (Reihe)
Bohrung x Hub	87 x 104 mm	86 x 108 mm	88 x 108 mm
Hubraum	4911 ccm	5019 ccm	5252 ccm
Leistung	100 PS bei 3600 U/min	100 PS bei 3400 U/min	115 PS bei 3400 U/min
Drehmoment		28,8 mkg bei 1400 U/min	29 mkg bei 1400 U/min
Verdichtung	1:5,2	1:5,6	1:5,6
Vergaser	1 Solex	1 Solex 40 MMDVS	1 Solex 40 MMDVS
	Doppelvergaser	Doppelvergaser	Doppelvergaser
Ventile	Hängend	Hängend	Hängend
	Seitliche Nockenwelle	Seitliche Nockenwelle	Seitliche Nockenwelle
	Stirnräder-Antrieb	Stirnräder-Antrieb	Stirnräder-Antrieb
Kurbelwellenlager	10	9	9
Kühlung	Wasser/Pumpe	Wasser/Pumpe	Wasser/Pumpe
Batterie	2 x 6 V 75 Ah	12 V 60 Ah	12 V 105 Ah
Lichtmaschine	130 W	130 W	130 W
Anlasser	1,4 PS	1,5 PS	1,8 PS
Kraftübertragung	Allrad-Antrieb (4 x 4)	Antrieb auf 2 Hinterachsen	Allrad-Antrieb (6 x 6)
	2 Sperrdifferentiale	2 Sperrdifferentiale	3 Sperrdifferentiale
Kupplung	Einscheibentrockenkupplung	Einscheibentrockenkupplung	Einscheibentrockenkupplung
Getriebe	ZF-Aphon	ZF-Aphon G 35	ZF-Aphon G 35
	4 Gang + Vorgelege	4 Gang + Vorgelege	4 Gang + Vorgelege
	2 Schalthebel Mitte	2 Schalthebel Mitte	2 Schalthebel Mitte
Übersetzungen Getriebe		I. 4,10	I. 4,10
		II. 2,21	II. 2,21
		III. 1,49	III. 1,49
		IV. 1,00	IV. 1,00
Übersetzungen Vorgelege		Straße 1,00	Straße 1,00
		Gelände 3,06	Gelände 3,06
Antriebs-Übersetzung			
Fahrwerk	Kastenprofil-Rahmen	Kastenprofil-Rahmen	Kastenprofil-Rahmen
Radaufhängung vorn	starr, Halbfedern	starr, Halbfedern	starr, Halbfedern
Radaufhängung hinten	starr	2 Starrachsen	2 Starrachsen
	Halbfedern	beiderseits je 1 Halbfeder	beiderseits je 1 Halbfeder
		für 2 Räder	für 2 Räder
Lenkung	Schnecken-Lenkung	Spindel-Lenkung	Spindel-Lenkung
Fußbremse	Hydraulisch/Saugluft	Hydraulisch	Hydraulisch/Saugluft
Fußbremse wirkt auf	4 Räder	6 Räder	6 Räder
Handbremse wirkt auf	Hinterräder	Vordere Hinterräder	Vordere Hinterräder
Allgemeine Daten			
Radstand	3470 mm	3100+950 mm	3100+950 mm
Spur	1450/1930 mm	1620/1570/1570 mm	1620/1570/1570 mm
Gesamtmaße	5100 x 2100 x 2150 mm	5338 x 1870 x 1900 mm	5330 x 1870 x 1900 mm
Reifen	6,00–18	7,50–17	7,50–17
	Hinterräder zwillingsbereift	Alle Räder einfachbereift	Alle Räder einfachbereift
Bodenfreiheit	240 mm	233 mm	233 mm
Watfähigkeit	800 mm		
Wendekreis-∅	17 Meter	17 Meter	17 Meter
Fahrzeuggewicht	2800 kg	3500 kg	3550 kg
Zuläss. Gesamtgewicht	3400 kg	4300 kg	4400 kg
Nutzlast	600 kg	800 kg	850 kg
Höchstgeschwindigkeit	60 km/h	65 km/h	67 km/h
Verbrauch/100 km	Straße 28, Gelände 38 Liter	Straße 26, Gelände 36 Liter	Straße 28, Gelände 38 Liter
Kraftstofftank	100 Liter	140 Liter	140 Liter
Fahrbereich	Straße 350, Gelände 260 km	Straße 530, Gelände 380 km	Straße 500, Gelände 360 km
Besatzung	5 Mann	7 Mann	7 Mann

Im Krieg benutzte Hitler eine etwas modernisierte und leistungsstärkere Version des Mercedes-Benz Typ G 4. Ein Teil dieser Fahrzeuge war gepanzert. Soviel man weiß, hat nur ein einziger G 4 den Krieg überlebt, und der Verbleib dieses einen Wagens ist mittlerweile ebenfalls unbekannt.

Zum Fahrzeugpark der Deutschen Reichspost gehörte der Mercedes-Benz Typ G 4 Nachrichtenwagen. Eine hohe Antenne konnte auf das Dach dieses Wagens montiert werden.

Eine andere Sonderausführung des Mercedes-Benz Typ G 4 war der sogenannte „Partisanenwagen“, anscheinend dazu bestimmt, die Fahrzeugkolonne prominenter NS-Führer gegen Partisanen- oder Tiefflieger-Angriffe zu schützen.

Bei diesem Mercedes-Benz Typ G 4 handelt es sich um die Luftwaffen-Ausführung, zu erkennen an den modischeren Kotflügeln und am cabrioletartigen Verdeck. Offenbar wünschte Herr Göring ein noch schöneres und besseres Geländeautomobil zu besitzen als sein Führer.

Steyr Typ 640
Kommandanten-Wagen
1939—1941

Auf der Wiener Frühjahrsmesse 1940 zeigte die Krupp Lastwagenfabrik ein Cabriolet auf dem Sechsrad-Fahrgestell des Geländewagens L 2 H 143 („Krupp-Protze"). Es wurden wohl nur wenige Exemplare dieses Modells gebaut und zunächst nur an höhere Befehlshaber, später aber auch an hervorragende Divisionskommandeure verteilt. Generäle unter sich bezeichneten Automobile dieser Art scherzhafterweise als „Plutokratenkübel". Das Bild unten zeigt das Ende eines Plutokratenkübels, der offenbar auf eine Mine gefahren war.

Bild oben links:
Tatra T 82
Geländewagen 1935–1937

Bild oben rechts:
Tatra T 93
Geländewagen 1939–1940

Bild links:
Skoda 3 Liter
Geländewagen 1941–1942

Bild links und unten:
Praga AV
Geländewagen 1936–1939

In den dreißiger Jahren gab es als schwere Pkw. bei der Wehrmacht ausschließlich handelsübliche Fahrzeuge, zumal sie damals ohnehin nur für Generäle vorgesehen waren. Das Werkfoto oben zeigt einen Horch 5 Liter von etwa 1935, wehrmachtgrau gespritzt und mit einem anderen Trittbrett als bei der normalen Pullman-Limousine. Möglicherweise befinden sich hier Werkzeugschubladen. – Als die Wehrmacht größer wurde und ebenso die Zahl der Generäle, blieben die ganz großen Limousinen den höchsten Befehlshabern vorbehalten. Divisionskommandeure und entsprechende Ränge erhielten Dienstwagen wie etwa den auf dem Bild rechts gezeigten Horch 830 BL mit 3,5 Liter V 8-Motor.

Nach Kriegsausbruch wurden Kommandeuren und Stäben vielfach Fahrzeuge zugewiesen, welche aus Privatbesitz zum Kriegsdienst eingezogen worden waren. Beispiele hierfür sind der BMW 335 (Bild rechts), der Ford V 8 (Bild unten links) und der Opel Admiral (Bild unten rechts).

	le. gl. Einh. Pkw. (4 x 4) Stoewer R 180 Spezial 1936–1938	le. gl. Einh. Pkw. (4 x 4) Stoewer R 200 Spezial 1938–1940 Typ 40 1940–1942	le. gl. Einh. Pkw. (4 x 4) BMW Typ 325 1937–1940	le. gl. Einh. Pkw. (4 x 4) Hanomag Typ 20 B 1937–1940
Motor	Stoewer R 180 W	Stoewer AW 2	BMW 325	Hanomag 20 B
Zylinderzahl	4	4	6	4
Bohrung x Hub	80 x 88 mm	85 x 88 mm	66 x 96 mm	80 x 99 mm
Hubraum	1757 ccm	1997 ccm	1957 ccm	1991 ccm
Leistung	42 PS bei 3600 U/min	50 PS bei 3600 U/min	50 PS bei 3750 U/min	50 PS bei 3500 U/min
Drehmoment				
Verdichtung	1:6,35	1:5,8	1:6	1:6
Vergaser	1 Solex 30 BFRV	1 Solex 35 BFLV	1 Solex 30 BFLV	1 Solex 35 BFLV
Ventile	Hängend	Hängend	Hängend	Hängend
	Seitliche Nockenwelle	Seitliche Nockenwelle	Seitliche Nockenwelle	Seitliche Nockenwelle
	Dreifach-Rollenkette	Dreifach-Rollenkette	Duplex-Kette	Stirnräder
Kurbelwellenlager	3	3	4	3
	Zylinderbüchsen auswechselbar			Zylinderbüchsen auswechselbar
Kühlung	Wasser/Pumpe	Wasser/Pumpe	Wasser/Pumpe	Wasser/Pumpe
Batterie	12 V 50 Ah	12 V 50 Ah	12 V 50 Ah	12 V 50 Ah
	bei Funkausrüstg. 90 Ah	bei Funkausrüstg. 90 Ah	bei Funkausrüstg. 90 Ah	bei Funkausrüstg. 90 Ah
Lichtmaschine	130 W	130 W	190 W	130 W
Anlasser	1,2, später 1,4 PS	1,4 PS	1,4 PS	1,4 PS

Kraftübertragung	Allrad-Antrieb
	3 Sperrdifferentiale
	Einscheibentrockenkupplung
Getriebe	5 Gang
	Schalthebel Wagenmitte
Übersetzungen	Gelände 9,12
	I. 5,01
	II. 2,86
	III. 1,69
	IV. 1,00
Zwischengetriebe-Übersetzung	1,358
Antriebs-Übersetzung	4,84
Fahrwerk	Kastenprofil-Rahmen
	Ganzstahlkarosserie
Vorderradaufhängung	Doppel-Querlenker
	Je 2 Schraubenfedern pro Rad
Hinterradaufhängung	Doppel-Querlenker
	Je 2 Schraubenfedern pro Rad
Lenkung	Vierrad-Spindellenkung
	Hinterradlenkung abschaltbar
	Stoewer Typ 40: nur Vorderradlenkung
Fußbremse	Mechanisch. Stoewer Typ 40: Hydraulisch
Fußbremse wirkt auf	4 Räder
Handbremse wirkt auf	4 Räder. Stoewer Typ 40: Hinterräder
Allgemeine Daten	
Radstand	2400 mm
Spur	1400/1400 mm
Gesamtmaße	3900 x 1690 x 1900 mm
Reifen	6,00–18 Gelände
Bodenfreiheit	235 mm
Watfähigkeit	500 mm. Stoewer Typ 40: 700 mm
Spurkreis-Ø	Mit Vorderrad-Lenkung 12,7 Meter
	Mit Vierrad-Lenkung 6,5 Meter
Fahrzeuggewicht	1775 kg. Stoewer Typ 40: 1700 kg
Zuläss. Gesamtgewicht	2200 kg
Nutzlast	425 kg. Stoewer Typ 40: 500 kg
Höchstgeschwindigkeit	80 km/h. Stoewer R 180 Spezial: 75 km/h
Verbrauch/100 km	Straße 17 Liter
	Gelände 25 Liter
Kraftstofftank	50 + 10 Liter (im Heck)
Fahrbereich	Straße 350 km
	Gelände 240 km

Leichter Einheits-Pkw. Kfz. 3

Leichter Einheits-Pkw. als Funk-Kraftwagen Kfz. 2

Leichter Truppen-Luftschutz-Kraftwagen Kfz. 4

Leichter Einheits-Pkw. Fahrgestell

Leichter Einheits-Pkw. Ältere Ausführung mit Vierrad-Lenkung

Bild oben links: Ein Prototyp des mittl. Einheits-Pkw. bei Erprobungen auf dem Truppenübungsplatz Ohrdruf im Oktober 1938.

Bild oben rechts: In der Öffentlichkeit erschien der mittlere Einheits-Pkw. zum ersten Mal bei der Dreitage-Mittelgebirgsfahrt im Sommer 1938, ziemlich unauffällig als Horch in die Nennungsliste eingetragen und ohne besonderes Aufsehen zu erregen.

Bild links: Die ersten kleinen Serien des mittleren Einheits-Pkw. wurden der Truppe als Kfz. 12 mit offenem Aufbau übergeben.

An allen Fronten viel gefahren und bewährt: Mittlerer Einheits-Pkw. (Kfz. 15). Besonderes Kennzeichen dieses älteren Modells: Beiderseits des Wagens je ein drehbar angebrachtes Reserverad. Diese „Stützräder“ sollten ein Aufsetzen des Wagens verhindern.

	m. gl. Einheits-Pkw (4 x 4) Horch Typ EFm 1937–1940 Typ 40 1940–1943	m. gl. Einheits-Pkw (4 x 4) Opel Typ mPl 1940–1943	m. gl. Einheits-Pkw (4 x 4) Horch Typ 40 Cabriolet 1940–1942
Motor	Horch V8 – 3,5 l	Opel 3,6 l	Horch V8 – 3,8 l
Zylinderzahl	8 (66°-V-Form)	6	8 (66°-V-Form)
Bohrung x Hub	78 x 92 mm	90 x 95 mm	78 x 100 mm
Hubraum	3517 ccm	3626 ccm	3823 ccm
Leistung	80 PS bei 3600 U/min	75 PS bei 3200 U/min	90 PS bei 3600 U/min
Drehmoment			23,4 mkg bei 1800 U/min
Verdichtung	1:6,3	1:6	1:6,1
Vergaser	2 Solex 30 BFH	1 Solex 35 JFP	2 Solex 30 BFH
Ventile	Waagrecht liegend Zentrale Nockenwelle Dreifach-Rollenkette	Hängend Seitliche Nockenwelle Stirnräder	Waagrecht liegend Zentrale Nockenwelle Dreifach-Rollenkette
Kurbelwellenlager	3	4	3
Kühlung	Wasser/Pumpe	Wasser/Pumpe	Wasser/Pumpe
Batterie	2 x 6 V 75 Ah	2 x 6 V 75 Ah	2 x 6 V 75 Ah
Lichtmaschine	130 W	130 W	130 W
Anlasser	1,8 PS	1,8 PS	1,8 PS

Kraftübertragung	Allrad-Antrieb je 1 Sperrdifferential hinten und im Zwischengetriebe Einscheibentrockenkupplung
Getriebe	4 Gang + Geländegang 2 Schalthebel Wagenmitte
Übersetzungen	I. 5,48 (bei Horch z. T.: 5,47, bei Cabriolet: 3,77) II. 3,12 (bei Horch z. T.: 2,81, bei Cabriolet: 2,10) III. 1,80 (bei Horch z. T.: 1,56, bei Cabriolet: 1,36) IV. 1,00
Zwischengetriebe-übersetzung	Normal 1,097 Gelände 1,69 (bei Horch Cabriolet: 2,018)
Antriebsübersetzung	5,29 oder 5,38
Fahrwerk	Kastenprofil-Rahmen Ganzstahlkarosserie
Vorderradaufhängung	Doppel-Querlenker Je 2 Schraubenfedern pro Rad
Hinterradaufhängung	Doppel-Querlenker Je 2 Schraubenfedern pro Rad
Lenkung	Vorderrad-Schnecken- oder Spindellenkung
Fußbremse	Hydraulisch
Fußbremse wirkt auf	4 Räder
Handbremse wirkt auf	Hinterräder
Allgemeine Daten	
Radstand	3100 mm
Spur	1532/1532 mm
Gesamtmaße	4700 x 1860 x 2070 mm. Horch Cabriolet: 4800 x 1860 x 1930 mm
Reifen	190–18 Gelände
Bodenfreiheit	250 mm
Watfähigkeit	500 mm
Spurkreis-⌀	13,5 Meter
Fahrzeuggewicht	2700 kg. Horch Cabriolet: 3080 kg
Zuläss. Gesamtgewicht	3300 kg. Horch Cabriolet: 3400 kg
Nutzlast	600 kg. Horch Cabriolet: 320 kg
Höchstgeschwindigkeit	90 km/h. Horch Cabriolet: 95 km/h Im Gelände 50 km/h
Verbrauch/100 km	Straße 26 Liter Gelände 36 Liter
Kraftstofftank	70 Liter (unter dem Wagen) + 40 Liter (im Heck)
Fahrbereich	Straße 400 km Gelände 300 km

WL
509921

◀

Bei der neueren Ausführung der Kfz. 15 und 16 verzichtete man auf die seitlichen Stützräder. Hier steht das Reserverad innen in der Karosserie, welche dafür wesentlich breiter ist als diejenige des älteren Modells. Das untere Bild zeigt ein Kfz. 16 mit geschlossenem Verdeck und recht behelfsmäßigem Winter-Tarnanstrich.

◀

Das Kfz. 17, überwiegend als kleiner Funk-Kraftwagen im Einsatz, besaß das Fahrgestell des mittleren Einheits-Pkw. und einen geschlossenen Aufbau, ähnlich dem der heutigen Kombiwagen. Auch hier gab es eine Ausführung alter Art (Bild oben und Bild Mitte) und eine Ausführung neuer Art (Bild rechts), erstere kenntlich an den außen angebrachten Reserverädern.

In den Jahren 1940 bis 1942 versah man bei Horch eine kleine Serie von Einheits-Fahrgestellen für den mittleren Pkw. mit einer Cabriolet-Karosserie sowie mit 3,8 Liter-Motor. Diese Wagen wurden ausschließlich bevorzugten Generälen zugeteilt.

**Schwerer Einheits-Pkw.
als Kfz. 83
le. Scheinw. Kw. II**

**Schwerer Einheits-Pkw.
als Fernsprech-
Bauwagen**

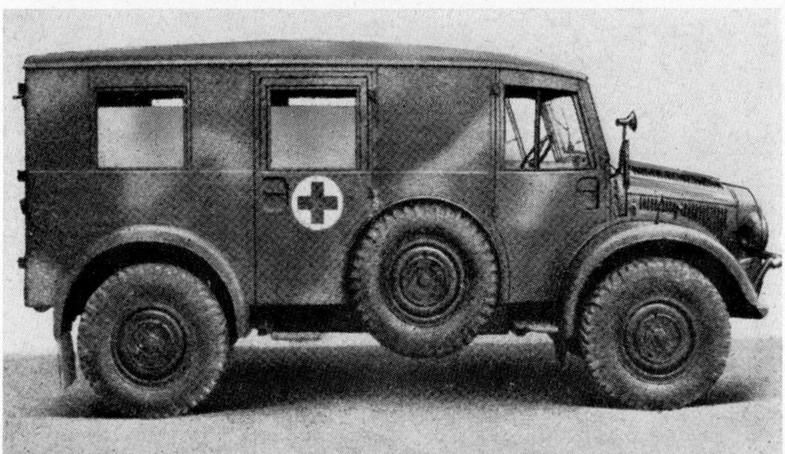

**Schwerer Einheits-Pkw.
als Kfz. 31
Sanitäts-Kraftwagen**

Schwerer Einheits-Pkw. als Gruppenwagen (Kfz. 18) und als Sanitäts-Kraftwagen (Kfz. 31)

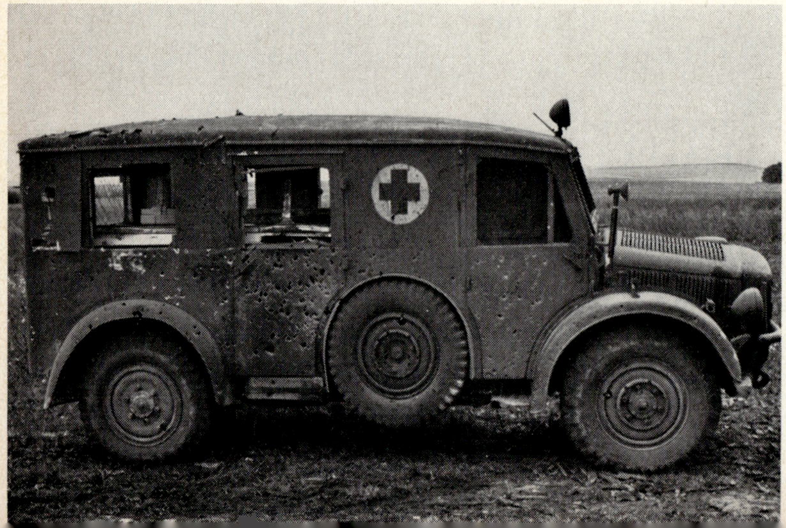

Motor
Zylinderzahl
Bohrung x Hub
Hubraum
Leistung
Drehmoment
Verdichtung
Vergaser

Ventile

Kurbelwellenlager
Kühlung
Batterie
Lichtmaschine
Anlasser

Kraftübertragung

Kupplung
Getriebe

Übersetzungen

Antriebs-Übersetzung

Fahrwerk
Vorderradaufhängung
Hinterradaufhängung
Lenkung

Fußbremse
Fußbremse wirkt auf
Handbremse wirkt auf

Allgemeine Daten
Radstand
Spur
Außenmaße
Reifen
Bodenfreiheit
Watfähigkeit
Spurkreis-∅

Fahrzeuggewicht
Zuläss. Gesamtgewicht
Nutzlast
Höchstgeschwindigkeit

Verbrauch/100 km

Kraftstofftank
Fahrbereich

s. gl. Einh. Pkw. (4 x 4) Horch Typ 1a und 1b 1937—1938	s. gl. Einh. Pkw. (4 x 4) Horch Typ 1a und 1b 1939—1940	s. gl. Einh. Pkw. (4 x 4) Horch Typ 40 1940—1941	s. gl. Einh. Pkw. (4 x 4) Ford Typ EGa, EGb und EGd 1939—1940 / s. gl. Einh. Pkw. (4 x 4) Ford Typ 40 1940—1941
Horch V8 - 3,5 l	Horch V8 - 3,8 l	Horch V8 - 3,8 l	Ford V8 - 3,6 l
8 (66°-V-Form)	8 (66°-V-Form)	8 (66°-V-Form)	8 (90°-V-Form)
78 x 92 mm	78 x 100 mm	78 x 100 mm	77,8 x 95 mm
3517 ccm	3823 ccm	3823 ccm	3613 ccm
80 PS bei 3600 U/min	81 PS bei 3600 U/min	90 PS bei 3600 U/min	78 PS bei 3500 U/min
		23,4 mkg bei 1800 U/min	
1:6,3	1:5,8	1:6,1	1:6,15
2 Flachstromvergaser	2 Flachstromvergaser	2 Flachstromvergaser	1 Doppel-Fallstromvergaser
Solex 30 BFH	Solex 30 BFH	Solex 30 BFH	Solex 30 FFIK
Waagrecht liegend	Waagrecht liegend	Waagrecht liegend	Stehend
Zentrale Nockenwelle	Zentrale Nockenwelle	Zentrale Nockenwelle	Zentrale Nockenwelle
Dreifach-Rollenkette	Dreifach-Rollenkette	Dreifach-Rollenkette	Stirnräder
3	3	3	3
Wasser/Pumpe	Wasser/Pumpe	Wasser/Pumpe	Wasser/Pumpe
12 V 75 Ah	12 V 75 Ah	12 V 75 Ah	12 V 75 Ah
130 W	130 W	130 W	130 W
1,8 PS	1,8 PS	1,8 PS	1,4 PS

Allrad-Antrieb
Je 1 Sperrdifferential hinten und im Zwischengetriebe
Einscheibentrockenkupplung
5 Gang
Schalthebel/Wagenmitte

Horch	Ford
Gelände 6,79	Gelände 10,90
I. 4,53	I. 6,28
II. 2,68	II. 4,20
III. 1,68	III. 2,46
IV. 1,09	IV. 1,48
6,57	5,14 oder 4,375

Kastenprofil-Rahmen, Ganzstahlkarosserie
Doppel-Querlenker. Je 2 Schraubenfedern pro Rad
Doppel-Querlenker. Je 2 Schraubenfedern pro Rad

Schneckenlenkung	Schneckenlenkung	Schneckenlenkung	Schneckenlenkung	Schneckenlenkung
Typ 1a:	Typ 1a:		Typ EGa und EGd:	
Vierrad-Lenkung	Vierrad-Lenkung		Vierrad-Lenkung	
mit abschaltbarer	mit abschaltbarer		mit abschaltbarer	
Hinterrad-Lenkung	Hinterrad-Lenkung		Hinterrad-Lenkung	
Hydraulisch	Hydraulisch	Hydraulisch	Hydraulisch	Hydraulisch
4 Räder	4 Räder	4 Räder	4 Räder	4 Räder
Hinterräder	Hinterräder	Hinterräder	4 Räder	4 Räder

3000 mm
1646/1646 mm
4850 x 2000 x 2040 mm
210-18 Gelände
250 mm
550 mm
Mit Vorderrad-Lenkung 15,6 Meter
Mit Vierrad-Lenkung 10 Meter
3600 kg
4800 kg
1200 kg

80 km/h	80 km/h	75 oder 90 km/h (je nach Übersetzung)	75 oder 90 km/h (je nach Übersetzung)	75 oder 90 km/h (je nach Übersetzung)
Straße 30 Liter	Straße 30 Liter	Straße 30 Liter	Straße 32 Liter	Straße 32 Liter
Gelände 40 Liter	Gelände 40 Liter	Gelände 40 Liter	Gelände 45 Liter	Gelände 45 Liter
120 Liter	120 Liter	120 Liter	120 Liter	120 Liter
Straße 400 km	Straße 400 km	Straße 400 km	Straße 370 km	Straße 370 km
Gelände 300 km	Gelände 300 km	Gelände 300 km	Gelände 270 km	Gelände 270 km

Auch schon in der damaligen Zeit pflegte Daimler-Benz als Alternative zu den Wehrmacht-Konstruktionen solche eigener Art zu entwickeln. 1937 erschien der Mercedes-Benz Geländewagen Typ G 5 (4 Zylinder, 2 Liter, 45 PS), von welchem die Wehrmacht jedoch nur wenige Exemplare übernahm. Hergestellt wurden bis 1941 insgesamt 378 Stück, die überwiegend in den Export gingen. In Berchtesgaden läuft heute noch einer bei der Bergwacht, doch besitzt dieses Fahrzeug nicht den auf nebenstehenden Bildern gezeigten Wehrmacht-Aufbau.

Der Öffentlichkeit völlig unbekannt blieb der Adler V 40 T. Der im Auftrag der Luftwaffe entwickelte Geländewagen mit Allrad-Antrieb sollte sich für die Luftverfrachtung eignen. Man wollte ihn auf Feldflugplätzen einsetzen, und zwar sowohl in den Tropen als auch in der Arktis. Gefordert war optimale Geländegängigkeit, welche man durch ein Hebelsystem zwecks Raddruckausgleichs erreichte. Bei der Wehrmacht-Wintererprobung in St. Johann bewältigte der Adler alle Steigungen der Prüfstrecke ohne Schneeketten, während sämtliche anderen Wagen mit Schneeketten fuhren. Eine Besonderheit für damalige Begriffe stellte das geschlossene Kühlsystem dar, das die Betriebssicherheit gleicherweise bei Hitze und bei Frost gewährleistete. Im Winter 1941/42 suchte das OKH ein geeignetes Geländefahrzeug für eine Inspektionsreise des Reichsministers Todt an die in eine schwere Krise geratene Ostfront. Die Wahl fiel auf den Adler V 40 T, der sich bei dieser Gelegenheit hervorragend bewährte. Der Minister fuhr bis an die tiefverschneite vorderste Front, damals 30 km vor Moskau, trat dann aber die Rückreise nach Berlin mit dem Flugzeug an, mit dem er am 8. 2. 1942 tödlich abstürzte. Der Adler-Geländewagen fand wohlbehalten ins Werk zurück. Inzwischen waren 6 Vorserien-Fahrzeuge fertiggestellt und für den Kriegsschauplatz in Afrika bestimmt worden. Sie wurden auf dem Luftweg über das Mittelmeer gebracht, erreichten aber nur zum Teil ihr Ziel. Weiter hörte man nichts mehr von diesen Adler-Geländeautomobilen, denn der afrikanische Feldzug befand sich zu jener Zeit bereits im Zusammenbruch.

	m.gl.Pkw. (4 x 4) Mercedes-Benz Typ G 5 (W 152) 1937—1941	m.gl.Pkw. (4 x 4) Adler V 40 T 1941
Motor	Daimler-Benz M 149	Adler 2,5 Liter
Zylinderzahl	4	6
Bohrung x Hub	82 x 95 mm	71 x 105 mm
Hubraum	2006 ccm	2494 ccm
Leistung	45 PS bei 3700 U/min	55 PS bei 3500 U/min
Drehmoment	12,8 mkg bei 1800 U/min	
Verdichtung	1:6,5	1:6,25
Vergaser	1 Solex 35 BFVLS	1 Gelände-Fallstromvergaser Solex 35 JFP II
Ventile	Stehend Seitliche Nockenwelle Antrieb durch Stirnräder	Stehend Seitliche Nockenwelle Antrieb durch Stirnräder
Kurbelwellenlager	3	4
Kühlung	Wasser/Pumpe	Wasser/Pumpe
Batterie	6 V 75 Ah	12 V 50 Ah
Lichtmaschine	90 W	130 W
Anlasser	0,8 PS	0,8 PS
Kraftübertragung	Allrad-Antrieb 3 Sperrdifferentiale	Allrad-Antrieb 1 Sperrdifferential
Kupplung	Einscheibentrockenkupplung	Einscheibentrockenkupplung
Getriebe	5 Gang Schalthebel/Wagenmitte	5 Gang Schalthebel/Wagenmittel
Übersetzungen	I. 7,22 II. III. IV. V. 0,885	I. 7,60 II. 4,76 III. 2,53 IV. 1,69 V. 1,00
Zwischengetriebe-übersetzung		1,40
Antriebsübersetzung	6,86	4,44
Fahrwerk	Kastenprofil-Rahmen Ganzstahlkarosserie	Kastenprofil-Rahmen Ganzstahlkarosserie
Vorderradaufhängung	Doppel-Querlenker, Schraubenfedern	starr, beiderseits 1 Federstab längs
Hinterradaufhängung	Doppel-Querlenker, Schraubenfedern	starr, beiderseits 1 Federstab längs
Lenkung	Vierrad-Spindellenkung Hinterrad-Lenkung abschaltbar	ZF-Roß
Fußbremse	Hydraulisch	Hydraulisch
Fußbremse wirkt auf	4 Räder	4 Räder
Handbremse wirkt auf	Kardanwelle	Hinterräder
Allgemeine Daten		
Radstand	2530 mm	2500 mm
Spur	1422/1422 mm	1480/1480 mm
Gesamtmaße	3990 x 1680 x 1900 mm	4300 x 1970 x 2120 mm
Reifen	6,00-18 Gelände	Tropen 8,25-17, Arktis 7,50-17
Bodenfreiheit	250 mm	240 mm
Watfähigkeit		
Spurkreis-Ø	Vorderrad-Lenkung 12 Meter Vierrad-Lenkung 7 Meter	12 Meter
Fahrzeuggewicht	1880 kg	1850 kg
Zuläss. Gesamtgewicht	2150 kg	3000 kg
Nutzlast	270 kg	1150 kg
Höchstgeschwindigkeit	85 km/h Mit Vierrad-Lenkung 30 km/h	93 km/h
Verbrauch/100 km	Straße 18, Gelände 27 Liter	Straße 22, Gelände 32 Liter
Kraftstofftank	50 Liter (unter dem Wagen)	60+210 Liter (im Heck)
Fahrbereich	Straße 280, Gelände 180 km	Straße 1250, Gelände 840 km

Als Kfz. 15 lieferte Skoda von 1941 bis 1943 den Typ Superb 3000, vermutlich bestimmt zur Verwendung bei den Truppen unserer Bundesgenossen.

Tatra stellte 1940 den Geländewagen V 809 vor (Bild links), von welchem etliche Exemplare an das Afrika-Korps geliefert wurden. Daten: 4 Zylinder, 2,5 Liter, 50 PS, Luftkühlung, 4 Gang + Vorgelege, Allrad-Antrieb, Radstand 2600 mm, Gesamtmaße 3720 × 1600 × 2000 mm. Auf der Basis dieses Modells ließ sich 1942 General Rommel eine Tropen-Limousine (Bild unten) bauen, welche allerdings vermutlich mit einem luftgekühlten Dreiliter-V 8-Motor aus dem Serien-Typ Tatra T 87 ausgerüstet war. Über diesen Wagen gibt es außer dem Foto hier keinerlei Belege mehr.

Als Alternative zum mittleren Einheits-Pkw. wandelte Mercedes-Benz den zivilen Typ 340 zum Kfz. 15 um. In den Jahren 1938/39 wurden davon jedoch nur 42 Stück gebaut.

Sofern sie sich hierfür eigneten wurden sogar eingezogene Zivilfahrzeuge zu Kübelwagen umgebaut. Ein Beispiel hierfür ist dieses Opel Super 6 Cabriolet, Baujahr 1937 oder 1938, als Kübelwagen fotografiert 1942 auf der Krim. Zeit und Ort der Aufnahme lassen darauf schließen, wieviel dieses Auto bis dahin bereits geleistet haben muß.

Selbst alte 1,2 Liter Opel Kastenwagen wurden zu Kübelsitzern umgebaut, wie der hier abgebildete Wagen zeigt. Solche Autos waren mehr oder weniger Notbehelfe, aber dennoch von geradezu unwahrscheinlicher Robustheit und Zuverläsigkeit.

	le. Pkw. (4 x 4) Mercedes-Benz Typ 170 VG 1935	le. Pkw. (4 x 2) Mercedes-Benz Typ 170 VL 1936	le. Pkw. (4 x 2) Mercedes-Benz Typ 170 V 1938–1942
Motor	Daimler-Benz M 28/II	Daimler-Benz M 136	Daimler-Benz M 136
Zylinderzahl	4	4	4
Bohrung x Hub	73,5 x 100 mm	73,5 x 100 mm	73,5 x 100 mm
Hubraum	1697 ccm	1697 ccm	1697 ccm
Leistung	38 PS bei 3400 U/min	38 PS bei 3400 U/min	38 PS bei 3400 U/min
Drehmoment	10,4 mkg bei 1800 U/min	10,4 mkg bei 1800 U/min	10,4 mkg bei 1800 U/min
Verdichtung	1:6,5	1:6,5	1:6,5
Vergaser	1 Solex 30 BFRV	1 Solex 30 BFLV	1 Solex 30 BFLVS
Ventile	Seitlich stehend Seitliche Nockenwelle Antrieb durch Stirnräder	Seitlich stehend Seitliche Nockenwelle Antrieb durch Stirnräder	Seitlich stehend Seitliche Nockenwelle Antrieb durch Stirnräder
Kurbelwellenlager	3	3	3
Kühlung	Wasser/Pumpe	Wasser/Pumpe	Wasser/Pumpe
Batterie	6 V 75 Ah	6 V 75 Ah	12 V 62,5 Ah
Lichtmaschine	90 W	90 W	90 oder 130 W
Anlasser	0,6 PS	0,6 PS	1,0 PS
Kraftübertragung	Allrad-Antrieb	Antrieb auf Hinterräder	Antrieb auf Hinterräder
	Einscheibentrockenkupplung Schalthebel Wagenmitte	Einscheibentrockenkupplung Schalthebel Wagenmitte	Einscheibentrockenkupplung Schalthebel Wagenmitte
Getriebe	5 Gang 4 Gang	5 Gang	4 Gang
Übersetzungen	I. 7,37 II. 4,22 III. 2,60 IV. 1,30 V. 1,00	I. 7,22 II. 4,82 III. 2,26 IV. 1,18 V. 0,885	I. 4,025 II. 2,28 III. 1,42 IV. 1,00
Antriebs-Übersetzung	6,80	7,22	4,125
Fahrwerk	X-förmiger Ovalrohr-Rahmen Ganzstahlkarosserie	X-förmiger Ovalrohr-Rahmen Ganzstahlkarosserie	X-förmiger Ovalrohr-Rahmen Ganzstahlkarosserie
Vorderradaufhängung	2 Querfedern	2 Querfedern	2 Querfedern
Hinterradaufhängung	Pendelachse, Schraubenfedern	Pendelachse, Schraubenfedern	Pendelachse, Schraubenfedern
Lenkung	Spindellenkung	Vierrad-Spindellenkung Hinterrad-Lenkung abschaltbar	Spindellenkung
Fußbremse	Hydraulisch	Hydraulisch	Hydraulisch
Fußbremse wirkt auf	4 Räder	4 Räder	4 Räder
Handbremse wirkt auf	Hinterräder	Hinterräder	Hinterräder
Allgemeine Daten			
Radstand	2600 mm	2525 mm	2845 mm
Spur	1320/1310 mm	1320/1310 mm	1310/1870 mm
Gesamtmaße (mit Verdeck)	4080 x 1570 x 1600 mm	4065 x 1570 x 1610 mm	4100 x 1690 x 1830 mm
Reifen	5,25–18	5,25–18	5,25–16 Gelände
Bodenfreiheit	200 mm	200 mm	200 mm
Spurkreis-Ø	10,8 Meter	Vorderrad-Lenkung 11 Meter Vierrad-Lenkung 7 Meter	11 Meter
Fahrzeuggewicht	1210 kg	1220 kg	1235 kg
Zuläss. Gesamtgewicht	1700 kg	1720 kg	1660 kg
Nutzlast	490 kg	500 kg	425 kg
Höchstgeschwindigkeit	5 Gang 4 Gang 90 km/h 110 km/h mit Vierrad-Antrieb 55 km/h 60 km/h	82 km/h mit Vierrad-Lenkung 30 km/h	100 km/h
Verbrauch/100 km	Straße 13 Liter	Straße 13 Liter	Straße 13 Liter
Kraftstofftank	50 Liter (im Motorraum)	50 Liter (im Motorraum)	43 Liter (im Motorraum)
Fahrbereich	Straße 380 km	Straße 380 km	Straße 330 km

le. Pkw. (4 x 2) bzw. Kraftfahr-Sirene Opel P 4 1937–1938	le. Pkw. (4 x 2) Steyr Typ 250 1938–1940	le. Pkw. (4 x 2) Skoda Popular 1100 1939–1942	le. Pkw. (4 x 2) Tatra Typ 57 K 1941–1943
Opel 1,3 Liter	Steyr	Skoda	Tatra
4	4 (Boxer)	4	4 (Boxer)
67,5 x 90 mm	64 x 90 mm	68 x 75 mm	73 x 75 mm
1279 ccm	1158 ccm	1089 ccm	1256 ccm
26 PS bei 3400 U/min	25 PS bei 3600 U/min	32 PS bei 3500 U/min	23 PS bei 3000 U/min
1:6	1:5,8	1:6,3	1:5,0
1 Opel	1 Solex 30 BFRH	1 Zenith	1 Solex 30 BFVL
Seitlich stehend	Stehend	Hängend	Hängend
Seitliche Nockenwelle	Zentrale Nockenwelle	Seitliche Nockenwelle	Zentrale Nockenwelle
Antrieb durch Stirnräder	Antrieb durch Stirnräder	Antrieb durch Stirnräder	Antrieb durch Stirnräder
3	2	3	2
	Zylinderbüchsen auswechselbar	Zylinderbüchsen auswechselbar	
Wasser/Pumpe	Wasser/Thermosyphon	Wasser/Pumpe	Luft/Gebläse
	12 V 40 Ah	6 V 60 Ah	6 V 60 Ah
	95 W	130 W	130 W
Antrieb auf Hinterräder	Antrieb auf Hinterräder	Antrieb auf Hinterräder	Antrieb auf Hinterräder
	Sperrdifferential		
Einscheibentrockenkupplung	Einscheibenkupplung halbnaß	Einscheibentrockenkupplung	Einscheibentrockenkupplung
Schalthebel Wagenmitte	Schalthebel Wagenmitte	Schalthebel Wagenmitte	Schalthebel Wagenmitte
4 Gang	4 Gang + Vorgelege	4 Gang	4 Gang
	I. 4,83		I. 4,40
	II. 2,98		II. 2,76
	III. 1,73		III. 1,65
	IV. 1,00		IV. 1,00
	Vorgelege Straße 1,00		
	Vorgelege Gelände 2,45		
	6,29		4,73
Kastenprofil-Rahmen	Kastenprofil-Rahmen	Zentralrohr-Rahmen gegabelt	Zentralrohr-Rahmen
Ganzstahlkarosserie	Ganzstahlkarosserie	Ganzstahlkarosserie	Ganzstahlkarosserie
starr, Halbfedern	starr, Halbfedern	Querlenker, 1 Querfeder unten	2 Querfedern
starr, Halbfedern	starr, Viertelfedern	Pendelachse, 1 Querfeder	Pendelachse, 1 Querfeder
Schneckenlenkung	Schraubenlenkung	Zahnstangenlenkung	Zahnstangenlenkung
Mechanisch	Hydraulisch	Hydraulisch	Mechanisch Seilzug
4 Räder	4 Räder	4 Räder	4 Räder
4 Räder	Hinterräder	Hinterräder	Hinterräder
2460 mm	2600 mm	2485 mm	2550 mm
1200/1200 mm	1380/1340 mm	1200/1250 mm	1220/1200 mm
4100 x 1500 x 1700 mm	4200 x 1700 x 1800 mm	4000 x 1500 x 1560 mm	3980 x 1550 x 1690 mm
5,25–16	5,25–17	5,25–18	6,00–16 Gelände
	200 mm	200 mm	220 mm
	12 Meter	11 Meter	12,5 Meter
930 kg		950 kg	970 kg
1365 kg	1650 kg		1390 kg
435 kg			420 kg
85 km/h	75 km/h	100 km/h	90 km/h
Straße 10 Liter	Straße 11,5 Liter	Straße 10,5 Liter	Straße 10 Liter
25 Liter	46 Liter	35 Liter	38 Liter
(im Heck)	(im Motorraum)	(im Motorraum)	(im Motorraum)
Straße 250 km	Straße 400 km	Straße 330 km	Straße 380 km

Nachdem einerseits die leichten Einheits-Pkw. versagt hatten und andererseits die VW-Kübelwagen noch nicht oder nicht in ausreichender Zahl zur Verfügung standen, wurde der Mercedes-Benz Typ 170 V als Kübelwagen in ziemlich großem Umfang eingesetzt. Er war nach dem VW-Kübel der meistgebaute Wehrmacht-Pkw. und lief in den Planstellen der Kfz. 2, 2/40 und 3. Zwar war der Wagen im Gelände nur bedingt brauchbar, doch glich er dies durch seine ausgezeichnete Qualität und Zuverlässigkeit aus. Dieser 170 V war ein gutes, treues Automobil, wenn freilich auch nicht gerade das ideale Gefechtsfahrzeug. Als solches stellte er sowieso eine Verlegenheitslösung dar, weil man gewiß nicht damit gerechnet hatte, daß sich die leichten Einheits-Pkw. als derart unbrauchbar erweisen würden.

Allgemein nur wenig bekannt war der Steyr Typ 250, von dem 1938–1940 immerhin 1200 Stück gebaut wurden. Dieses Modell ging aus dem serienmäßigen Kleinwagen Steyr Typ 50 hervor und es besaß wie dieser einen wassergekühlten 1,2 Liter-Vierzylinder-Boxermotor mit 25 PS Leistung. Obwohl es nicht der hierfür vorgesehenen Größenordnung entsprach, wurde der Steyr Typ 250 als Kfz. 15 eingesetzt.

Weithin wußte man auch kaum, daß der Opel P 4 in ziemlich großer Zahl als Kübelwagen lief. Bei der Wehrmacht diente er allerdings nicht als Gefechtsfahrzeug, sondern nur bei den rückwärtigen Diensten, unter anderem übrigens auch als „Kraftfahrsirene" oder „Sirenenwagen". Als Gefechtsfahrzeug fand man den Opel P 4 hingegen bei verbündeten Armeen, so z. B. bei den Bulgaren. Der Wagen besaß den 1,3 Liter-Motor und das verstärkte Fahrgestell des handelsüblichen Opel Kastenwagens.

Etwa 6000 Stück liefen vom Kübelwagen Tatra Typ 57 K, der, vom Aufbau abgesehen, weitgehend dem entsprechenden Serientyp glich.

Auch der Skoda Popular 1100 wurde bis in den Krieg hinein als Militär-Pkw. gebaut und geliefert, vermutlich allerdings überwiegend an verbündete Armeen.

	le. gf. Pkw. (4 x 2) Volkswagen Typ 62 1939	le. gf. Pkw. Typ K 1 (4 x 2) Volkswagen Typ 82 1940–1945	
Motor		**Bis März 1943**	**Ab März 1943**
Zylinderzahl	4 Zylinder (Boxer)	4 Zylinder (Boxer)	4 Zylinder (Boxer)
	Leichtmetallblock	Leichtmetallblock	Leichtmetallblock
Bohrung x Hub	70 x 64 mm	70 x 64 mm	75 x 64 mm
Hubraum	985 ccm	985 ccm	1131 ccm
Leistung	23,5 PS bei 3000 U/min	23,5 PS bei 3000 U/min	25 PS bei 3000 U/min
Drehmoment	6,4 mkg	6,4 mkg	6,8 mkg bei 2000 U/min
Verdichtung	1:5,8	1:5,8	1:5,8
Vergaser	1 Fallstromvergaser	1 Fallstromvergaser	1 Fallstromvergaser
	Solex 26 VFJ	Solex 26 VFJ	Solex 26 VFJ
Ventile	Hängend	Hängend	Hängend
	Stoßstangen und Kipphebel	Stoßstangen und Kipphebel	Stoßstangen und Kipphebel
	Zentrale Nockenwelle	Zentrale Nockenwelle	Zentrale Nockenwelle
	Antrieb durch Stirnräder	Antrieb durch Stirnräder	Antrieb durch Stirnräder
Kurbelwellenlager	4	4	4
Kühlung	Luft/Gebläse	Luft/Gebläse	Luft/Gebläse
Druckumlaufschmierung	2,5 Liter Öl	2,5 Liter Öl	2,5 Liter Öl
Batterie	6 V 75 Ah (unter Rücksitz)	6 V 75 Ah (unter Rücksitz)	6 V 75 Ah (unter Rücksitz)
Lichtmaschine	130 W	130 W	130 W
Anlasser	0,4 PS	0,4 PS	0,4 PS
Kraftübertragung	Hecktriebblock. Motor hinter,	Hecktriebblock. Motor hinter,	
	Getriebe vor der Hinterachse	Getriebe vor der Hinterachse	
	Einscheibentrockenkupplung	Einscheibentrockenkupplung	
	Stockschaltung Wagenmitte	Stockschaltung Wagenmitte	
Getriebe	4 Gang	4 Gang	
Synchronisierung	–	–	
Übersetzungen	I. 3,60	I. 3,60	
	II. 2,07	II. 2,07	
	III. 1,25	III. 1,25	
	IV. 0,80	IV. 0,80	
Antriebsübersetzung	4,43 (7:31)	4,43 (7:31)	
		dazu Vorgelege 15:21	
		= Gesamtübersetzung 6,2	
		Sperrdifferential	
Fahrwerk	Zentralrohr-Plattformrahmen	Zentralrohr-Plattformrahmen	
	Ganzstahlkarosserie	Ganzstahlkarosserie	
Einzelradaufhängung vorn	Kurbellenker oben und unten	Kurbellenker oben und unten	
	2 Federstäbe quer	2 Federstäbe quer	
Pendelachse hinten	Längslenker, Federstäbe quer	Längslenker, Federstäbe quer	
Lenkung	Spindel (14,15:1)	Spindel (14,15:1)	
	2,4 Lenkraddrehungen	2,4 Lenkraddrehungen	
Fußbremse	Mechanisch durch Seilzug	Mechanisch durch Seilzug	
	Trommel 230 mm Ø x 30 mm	Trommel 230 mm Ø x 30 mm	
	Bremsfläche 520 cm^2	Bremsfläche 520 cm^2	
Allgemeine Daten			
Radstand	2400 mm	2400 mm	
Spur	1356/1316 mm	1356/1360 mm	
Gesamtmaße (mit Verdeck)	3750 x 1550 x 1550 mm	3740 x 1600 x 1650 mm	
Reifen	5,00–18	5,25–16 Gelände	
		Für Tropeneinsatz: 200–12 bzw. 690 x 200	
Bodenfreiheit unbelastet	260 mm	290 mm	
Bodenfreiheit belastet	240 mm	275 mm	
Watfähigkeit		450 mm	
Wendekreis-Ø	11 Meter	11 Meter	
Fahrzeuggewicht	650 kg	725 kg	
Zuläss. Gesamtgewicht	1100 kg	1175 kg	
Nutzlast	450 kg	450 kg	
Höchstgeschwindigkeit	83 km/h	80 km/h	
Verbrauch/100 km	Straße 9 Liter	Straße 9 Liter	
Kraftstofftank	40 Liter (vorn im Wagen)	40 Liter (vorn im Wagen)	
Fahrbereich	Straße 440 km	Straße 440 km	

<table>
<tr><th>le. Pkw. Typ K 2 (4 x 4)
Volkswagen
Typ 128
1941</th><th>le. Pkw. Typ K 2 s (4 x 4)
Volkswagen
Typ 166
1942–1944</th><th>le. gl. Pkw. (4 x 4)
Volkswagen
Typ 87
1942–1944</th><th>le. gl. Pkw. (4 x 2)
Volkswagen
Typ 82 E 1943–1945
Typ 51 1945–1946</th></tr>
<tr><td colspan="4">4 Zylinder (Boxer)</td></tr>
<tr><td colspan="4">Leichtmetallblock</td></tr>
<tr><td colspan="4">75 x 64 mm</td></tr>
<tr><td colspan="4">1131 ccm</td></tr>
<tr><td colspan="4">25 PS bei 3000 U/min</td></tr>
<tr><td colspan="4">6,8 mkg bei 2000 U/min</td></tr>
<tr><td colspan="4">1:5,8</td></tr>
<tr><td colspan="4">1 Fallstromvergaser</td></tr>
<tr><td colspan="4">Solex 26 VFJ</td></tr>
<tr><td colspan="4">Hängend</td></tr>
<tr><td colspan="4">Stoßstangen und Kipphebel</td></tr>
<tr><td colspan="4">Zentrale Nockenwelle</td></tr>
<tr><td colspan="4">Antrieb durch Stirnräder</td></tr>
<tr><td colspan="4">4</td></tr>
<tr><td colspan="4">Luft/Gebläse</td></tr>
<tr><td colspan="4">2,5 Liter Öl</td></tr>
<tr><td colspan="4">6 V 75 Ah (unter Rücksitz)</td></tr>
<tr><td colspan="4">130 W</td></tr>
<tr><td colspan="4">0,4 PS</td></tr>
<tr><td colspan="2">Allrad-Antrieb. Motor hinter, Getriebe vor der Hinterachse (Wasserfahrt: Dreiflügelige Schiffschraube hochklappbar)</td><td>Allrad-Antrieb. Motor hinter, Getriebe vor der Hinterachse</td><td>Hecktriebblock. Motor hinter, Getriebe vor der Hinterachse</td></tr>
<tr><td colspan="2">Einscheibentrockenkupplung</td><td>Einscheibentrockenkupplung</td><td>Einscheibentrockenkupplung</td></tr>
<tr><td colspan="2">Stockschaltung Wagenmitte</td><td>Stockschaltung Wagenmitte</td><td>Stockschaltung Wagenmitte</td></tr>
<tr><td colspan="2">Geländegang und Vorderradantrieb besonderer Hebel</td><td>Geländegang und Vorderradantrieb besonderer Hebel</td><td></td></tr>
<tr><td colspan="2">4 Gang + Geländegang</td><td>4 Gang + Geländegang</td><td>4 Gang</td></tr>
<tr><td colspan="2">–</td><td>–</td><td>–</td></tr>
<tr><td colspan="2">Gelände 5,86</td><td>Gelände 5,86</td><td></td></tr>
<tr><td colspan="2">I. 3,60</td><td>I. 3,60</td><td>I. 3,60</td></tr>
<tr><td colspan="2">II. 2,07</td><td>II. 2,07</td><td>II. 2,07</td></tr>
<tr><td colspan="2">III. 1,25</td><td>III. 1,25</td><td>III. 1,25</td></tr>
<tr><td colspan="2">IV. 0,80</td><td>IV. 0,80</td><td>IV. 0,80</td></tr>
<tr><td colspan="2">Hinterachse 4,43 (7 : 31)</td><td>Hinterachse 4,43 (7 : 31)</td><td>4,43 (7 : 31)</td></tr>
<tr><td colspan="2">dazu Vorgelege 15 : 21</td><td>dazu Vorgelege 15 : 21</td><td>dazu Vorgelege 15 : 21</td></tr>
<tr><td colspan="2">= Gesamtübersetzung 6,2</td><td>= Gesamtübersetzung 6,2</td><td>= Gesamtübersetzung 6,2</td></tr>
<tr><td colspan="2">Vorderachse 6,2 (5 : 31)</td><td>Vorderachse 6,2 (5 : 31)</td><td></td></tr>
<tr><td colspan="2">2 Sperrdifferentiale</td><td>2 Sperrdifferentiale</td><td>Sperrdifferential</td></tr>
<tr><td colspan="2">Selbsttragende, schwimmfähige Stahlblech-Wanne</td><td colspan="2">Zentralrohr-Plattformrahmen</td></tr>
<tr><td colspan="2"></td><td colspan="2">Ganzstahlkarosserie</td></tr>
<tr><td colspan="2">Kurbellenker oben und unten</td><td colspan="2">Kurbellenker oben und unten</td></tr>
<tr><td colspan="2">2 Federstäbe quer</td><td colspan="2">2 Federstäbe quer</td></tr>
<tr><td colspan="2">Längslenker, Federstäbe quer</td><td colspan="2">Längslenker, Federstäbe quer</td></tr>
<tr><td colspan="2">Spindel (14,15 : 1)</td><td colspan="2">Spindel (14,15 : 1)</td></tr>
<tr><td colspan="2">2,4 Lenkraddrehungen</td><td colspan="2">2,4 Lenkraddrehungen</td></tr>
<tr><td colspan="2">Mechanisch durch Seilzug</td><td colspan="2">Mechanisch durch Seilzug</td></tr>
<tr><td colspan="2">Trommel 230 mm Ø x 30 mm</td><td colspan="2">Trommel 230 mm Ø x 30 mm</td></tr>
<tr><td colspan="2">Bremsfläche 520 cm^2</td><td colspan="2">Bremsfläche 520 cm^2</td></tr>
<tr><td>2400 mm</td><td>2000 mm</td><td>2400 mm</td><td>2400 mm</td></tr>
<tr><td>1356/1360 mm</td><td>1220/1230 mm</td><td>1356/1360 mm</td><td>1356/1360 mm</td></tr>
<tr><td>4200 x 1620 x 1710 mm</td><td>3825 x 1480 x 1615 mm</td><td>3850 x 1540 x 1630 mm</td><td>4060 x 1570 x 1640 mm</td></tr>
<tr><td>5,25–16 Gelände</td><td>5,25–16 Gelände oder
200–16 oder
für Tropeneinsatz 200–12</td><td>5,25–16 Gelände</td><td>5,25–16 Gelände</td></tr>
<tr><td>265 mm</td><td>265 mm</td><td>265 mm</td><td>290 mm</td></tr>
<tr><td>245 mm</td><td>245 mm</td><td>245 mm</td><td>275 mm</td></tr>
<tr><td>schwimmfähig</td><td>schwimmfähig</td><td>450 mm</td><td>450 mm</td></tr>
<tr><td>Freibord 355 mm</td><td>Freibord 350 mm</td><td></td><td></td></tr>
<tr><td>Tiefgang 800 mm</td><td>Tiefgang 770 mm</td><td></td><td></td></tr>
<tr><td>Straße 11,5, Wasser 18,5 m</td><td>Straße 10, Wasser 16 Meter</td><td>11,5 Meter</td><td>11,5 Meter</td></tr>
<tr><td>900 kg</td><td>910 kg</td><td>820 kg</td><td>755 kg</td></tr>
<tr><td>1350 kg</td><td>1345 kg</td><td>1240 kg</td><td>1175 kg</td></tr>
<tr><td>450 kg</td><td>435 kg</td><td>420 kg</td><td>420 kg</td></tr>
<tr><td>Straße 80, Wasser 10 km/h</td><td>Straße 80, Wasser 10 km/h</td><td>80 km/h</td><td>80 km/h</td></tr>
<tr><td>Straße 9,5 Liter/100 km</td><td>Straße 9,5 Liter/100 km</td><td>Straße 9,5 Liter</td><td>Straße 9,5 Liter</td></tr>
<tr><td>Wasser 10 Liter/Stunde</td><td>Wasser 10 Liter/Stunde</td><td></td><td></td></tr>
<tr><td>42 Liter (vorn im Wagen)</td><td>2 x 25 Liter (vorn im Wagen)</td><td>40 Liter (vorn im Wagen)</td><td>40 Liter (vorn im Wagen)</td></tr>
<tr><td>Straße 440 km</td><td>Straße 520 km</td><td>Straße 420 km</td><td>Straße 420 km</td></tr>
</table>

1939 entwickelte Professor Porsche aus dem normalen, für die Serie bestimmten VW den Kübelwagen Typ 62. Von diesem wurde eine Versuchsserie gebaut und hart erprobt. Als endgültige Ausführung erschien dann der VW-Kübelwagen Typ 82, kenntlich an der hochbeinigen Bauart und dem auf der Wagenfront aufliegenden Reserverad. Der Typ 82 wurde zum meistgebauten und wohl auch besten Pkw. der Wehrmacht. – Mit Produktionszahlen war man damals noch bescheiden. Wagen Nr. 5000 ging übrigens nach Afrika, wie man an den Sandreifen sehen kann.

Bild oben links: Für den Halbketten-Kübel Porsche Typ 155 wurden vier Kettenlaufwerke erprobt. Hier abgebildet ist die Schneeraupe III, fotografiert im September 1942. Es gab jedoch nur wenige Halbketten-Kübelwagen. Bild oben rechts: Mittels einer Zusatzausrüstung war der VW-Kübel als Schienenfahrzeug verwendbar. Kam ebenfalls selten vor. Bild unten links und rechts: Versuche, den VW-Kübel für den russischen Winter noch fahrtüchtiger zu machen.

Lastkraftwagen als Gefechts- und Nachschub-Fahrzeuge

Ursprünglich bestand die wichtigste Aufgabe des Lastkraftwagens beim Militär darin, die ständig steigenden Anforderungen an den Nachschub leichter bewältigen zu helfen. Im deutschen Kaiserreich wie auch in anderen Ländern versuchte man schon vor dem ersten Weltkrieg, mittels Subventionen die Wirtschaft zur Verwendung von Lastautomobilen zu veranlasssen, welche militärtauglich waren und somit im Kriegsfall zahlreich zur Verfügung stehen sollten. Die Richtlinien, die für den Bau von Subventions-Lastwagen galten, zielten freilich kaum darauf ab, die Fahrzeuge geländefähig oder gar gefechtsbrauchbar zu machen. Vielmehr strebte man lediglich nach einer Typisierung, um das heereseigene Reparatur- und Ersatzteilwesen zu vereinfachen.

Indes gab es auch im ersten Weltkrieg bereits Lastkraftwagen, die für Gefechtszwecke bestimmt waren. Soweit es sich um Sonderkonstruktionen handelte, wie die Plattform- und Geschützkraftwagen mit Allrad-Antrieb, waren sie noch sehr teuer, schwer und schwerfällig. Schon damals setzte man aber auch leichte Geschütze, insbesondere zur Ballon- oder Tankabwehr, auf die Ladefläche normaler Lastwagen. Zwar geschah dies mehr oder weniger behelfsmäßig, doch jene „Selbstfahrlafetten" erfüllten durchaus ihren Zweck.

Die Reichswehr stand in den ersten Jahren ihres Bestehens vor anderen und wohl auch vordringlicheren Problemen, als daß sie sich um den Bau spezieller Militär-Lastwagen hätte kümmern können. Das änderte sich, als 1926 ihr erstes Motorisierungsprogramm vorlag. In diesem Rahmen veranlaßte man die Automobilindustrie zur Entwicklung dreiachsiger Geländewagen, und zwar in drei Größenklassen: Schwere Personenkraftwagen mit etwa 3/4 to Nutzlast, leichte Lastkraftwagen mit etwa 1,5 to Nutzlast und mittelschwere Lastkraftwagen mit etwa 3 to Nutzlast. Über die schweren Gelände-Pkw, welche bei den Firmen Daimler-Benz, Horch und Selve entwickelt wurden, berichtete das vorige Kapitel dieses Buches.

Mit der Entwicklung von 1,5 to Gelände-Lastwagen befaßten sich die Firmen Daimler-Benz, Büssing und Magirus. Die Modelle aller drei Marken sahen sowohl äußerlich als auch technisch recht ähnlich aus. Sie wurden während der folgenden Jahre in einer für damalige Verhältnisse ziemlich großen Stückzahl gebaut, nämlich vom Mercedes-Benz Typ G 3a etwa 2000, vom Büssing-NAG Typ G 31 etwa 2300 und vom Magirus Typ M 206 etwa 1150 Einheiten. Hauptsächlich als Fernsprech- und Funkwagen verwendet, blieben diese Fahrzeuge bis Ende 1941 und einige noch länger im Einsatz. Sie verrichteten trotz ihres dann schon hohen Konstruktions- und Baualters, das manche Mängel mit sich brachte, treu und zuverlässig ihren Dienst.

Mit dem Bau von mittelschweren Sechsrad-Gelände-Lastwagen der 3 to-Nutzlast-Klasse befaßten sich zunächst ebenfalls drei Firmen, nämlich Henschel, Büssing und Krupp, zu denen sich später noch Daimler-Benz gesellte. Die drei erstgenannten Marken traten mit ihren Baumustern 1928 in Erscheinung, die Serienproduktion der endgültigen Ausführungen begann dann 1931. Vom Büssing-NAG Typ 3 GL 6 wurden rund 300 Stück gebaut und vom großen Krupp-Geländewagen vermutlich etwa ebenso viele. Der Mercedes-Benz Sechsrad-Dreitonner brachte es auf 7434 Stück, von denen allerdings ein wesentlicher Teil exportiert worden sein dürfte, denn bei der Wehrmacht war dieses Modell verhältnismäßig selten zu sehen. Das deutsche Heer hatte sich nämlich hier zum erstenmal weitgehend auf einen Einheitstyp festgelegt, zu welchem der Henschel Typ 33 D 1 (bzw. Typ 33 G 1 mit Dieselmotor) ausgewählt worden war. Dieser Wagen ist später jahrelang lizenzweise auch bei Magirus (mit Deutz-Dieselmotor) gebaut worden, und zwar etwa 3800 Einheiten, während die Produktionszahl bei Henschel selbst etwa 22 000 Stück betrug. Diese vor allem bei den Pionieren zahlreich eingesetzten Dreitonner zeichneten sich konstruktiv und fertigungsmäßig durch hohe Qualität aus. Allerdings galten sie als „Nägelsammler", denn Nägel, die der mittlere Reifen hochwarf, faßte der letzte bestimmt. Im übrigen erwies sich später in Rußland die Geländegängigkeit der Henschel Dreitonner als ungenügend. Für Lastkraftwagen dieses Gewichts wäre Allrad-Antrieb notwendig gewesen, und vor allem versagten sie im Schlamm wegen des viel zu hohen Verdrängungs-Widerstands der zwillingsbereiften Hinterachsen. Daß man mit derart ungünstigen Fahrbedingungen rechnen muß, war allerdings zur Zeit der Konstruktion dieser Fahrzeuge kaum voraussehbar.

Ein Sonderfall ist die sogenannte Krupp-Protze. Der Name rührt daher, daß sie hauptsächlich als Protzenwagen für leichte Geschütze eingeplant wurde. Dieses Modell war zunächst wohl als schwerer Gelände-Pkw gedacht und entwickelt gewesen, doch gewann es schließlich mehr den

Charakter eines leichten Gelände-Lastwagens. Die Krupp-Protze, 1934 bis 1942 in Produktion, zeichnete sich zur Zeit ihrer Entstehung gegenüber den bereits vorhandenen, noch durchweg stockkonservativen Dreiachs-Konstruktionen deutscher Bauart durch eine geradezu geniale Fortschrittlichkeit aus. Allerdings war der Wagen auch 5 Jahre jünger als alle anderen, und überdies fiel seine Entstehung in eine Zeit, in der man sich bereits daran gewöhnt hatte, mit Einzelaufhängung der Räder („Schwingachsen"), mit gegenläufigen Kolben („Boxermotoren") und mit Luft- statt Wasserkühlung zu arbeiten. Außerdem gab es inzwischen die viel beachteten Sechsrad-Geländewagen von Tatra, Steyr und Austro-Daimler, wobei jedoch in bemerkenswertem Gegensatz zu diesen tschechischen und österreichischen Modellen die Krupp-Protze statt der (damals in hohem Ansehen stehenden) Pendelachsen für die Hinterräder fast spurkonstante Doppelquerlenker-Aufhängungen besaß, und überdies war zum erstenmal bei einem deutschen Sechsrad-Geländewagen die Zwillingsbereifung vermieden worden. Beide Merkmale sollten sich bald als entscheidende Vorzüge erweisen. Jedenfalls gewann der Krupp mit der abfallenden, sichtgünstigen Motorhaube bei den Soldaten große Popularität, denn dieses Fahrzeug gehörte, obwohl es durchaus auch typische Fehler hatte, zu den besten, die der Fronttruppe zur Verfügung standen. Im übrigen blieb die Krupp-Protze im deutschen Heer das einzige Sechsrad-Fahrzeug dieser Größen- und Gewichtsklasse. An seine Stelle traten später der schwere Einheits-Pkw und während der letzten Kriegsjahre die 1500 A-Typen der Firmen Daimler-Benz, Steyr und Phänomen.

Als nach 1933 die Aufrüstung der Reichswehr zur Wehrmacht erfolgte, strebte man an, die Masse des heereseigenen Kraftfahrzeugparks aus möglichst wenigen Einheits-Typen zu bilden. Deren konstruktive Merkmale legte das Heereswaffenamt fest. Es entstand eine Baureihe, welche die leichten, mittleren und schweren Einheits-Pkw sowie den leichten Einheits-Lkw („Einheits-Diesel") umfaßte. Im Gegensatz zu den Einheits-Pkw gelang jedoch beim Einheits-Diesel die Vereinheitlichung bis zur letzten Konsequenz: Hier wurde von allen Herstellerfirmen (MAN, Büssing-NAG, Magirus, Henschel, Faun) auch der gleiche Motor gebaut bzw. verwendet. Im Rahmen der Gemeinschafts-Entwicklung war seinerzeit die MAN für den Einheits-Diesel-Motor federführend gewesen, weshalb er nach dem bei der MAN gebräuchlichen Dieselverfahren arbeitete. Federführend für das Fahrgestell des Einheitswagens war Henschel. Wie alle Einheits-Typen der Wehrmacht geriet auch dieser Lkw recht schwer bzw. seine Nutzlast relativ gering. Dennoch handelte es sich um ein ganz hervorragendes Fahrzeug, ohne Zweifel das beste unter den damaligen Einheits-Kfz. Der Einheits-Diesel war besser als alle vergleichbaren Typen auf russischer oder westlicher Seite. Nur hatten wir leider viel zu wenige davon!

Der Einheits-Lastwagen war so ausgelegt, daß er in zwei-, drei- oder vierachsiger Ausführung hätte gebaut werden können, stets mit Allrad-Antrieb, mit Einzelradaufhängungen und Schraubenfedern sowie mit rundum auswechselbaren Fahrwerksteilen. Von Prototypen und Versuchsfahrzeugen abgesehen, wurde jedoch ausschließlich der Dreiachser mit 2,5 to Nutzlast gebaut, und nur in dieser Ausführung war der Einheits-Diesel allgemein bekannt. Er besaß 6 Laufräder, also keine Zwillingsreifen, und anfangs dienten bei einem Teil der Fahrzeuge zwei seitliche Reserveräder als drehbare Stützräder. Meistens sah man den Einheits-Diesel als Lkw mit Niederflur-Stahlblechwanne und Planenverdeck, mit geschlossenem Aufbau als Funk-, Fernsprech- bzw. A-Wagen oder mit offenem Aufbau und Gerätekasten als großen Fernsprechbau-Wagen. Einheiten, die zu kleinen Häuflein zusammengeschmolzen waren, pflegten ihren letzten Einheits-Diesel, sofern sie glücklicherweise einen übrig behalten hatten, als Küchenwagen zu verwenden, denn der war für die leidgeprüften Landser schließlich und endlich das wichtigste Fahrzeug.

Die überdurchschnittliche Geländetüchtigkeit gehörte zu den hervorstechendsten Merkmalen des Einheits-Diesel. Er fuhr selbst während der gefürchteten Schlammperioden in Rußland oft noch mit eigener Kraft, wo außer den Kettenfahrzeugen längst kein anderer Wagen mehr vorankam. Dazu war der Einheits-Diesel recht einfach sowie ohne viel Mühe und Kraftaufwand zu bedienen, er war zuverlässig bei jeder Witterung, leistungsfähig, wendig, ausdauernd und robust, mit dem Vorbehalt freilich, daß man ihm keine Überladung zumutete, denn dagegen war er empfindlich. Wichtig war die sorgfältige Pflege des Wagens, die zwar zeitraubend, aber nicht schwierig war, was auch für etwaige Reparaturen galt. Doch gehörte es ja gerade zu den musterhaften Tugenden des Einheits-Diesel, daß er überhaupt keine Reparaturen brauchte, denn er ging nicht kaputt, es sei denn durch Beschuß, unvernünftige Überladung oder unsachgemäße Behandlung. Mitte 1940 wurde bei allen Firmen der Bau des Einheits-Diesel-Lastwagens wegen seiner zu geringen Nutzlast eingestellt. Diese Begründung stimmte im Prinzip, aber es war kein besseres Nachfolgemodell vorhanden.

Zu Beginn des Jahres 1940 verfügte das Heer über einen Bestand von etwa 120000 Lkw. Aus der Neuproduktion der Automobilindustrie wurden monatlich nur 1000 Stück übernommen, womit nicht einmal der normale Verschleiß ersetzt werden konnte, um gar nicht von den Verlusten zu reden, welche bei den bevorstehenden Kriegshandlungen zu erwarten waren. Überwiegend handelte es sich bei den Lastkraftwagen, mit welchen die Wehrmacht ihre Feldzüge von 1939 bis 1941 bestritt, um sogenannte Ergänzungsfahrzeuge aus der privaten Wirtschaft oder aus Beutebeständen. Ein großer Teil dieser Lkw wiederum, der bereits zu den älteren Vorkriegs-Baujahren zählte, war – von gelegentlichen Ausnahmen abgesehen – spätestens nach der Katastrophe des Winters 1941/42 nicht mehr vorhanden. Von nun an bestand bei der Fronttruppe die Masse der Lastkraftwagen zwar weiterhin aus handelsüblichen Modellen, doch hatte inzwischen das Schell-Programm bereits eine gewisse Wirksamkeit erlangt, so daß die Zahl der Produktionstypen wohl immer noch recht groß, aber nun doch einigermaßen überschaubar war. Folgende Modelle aus der friedensmäßigen Fertigung der einzelnen Firmen wurden auf mehr oder weniger lange Zeit sowie in mehr oder weniger großer Stückzahl in die Kriegsproduktion übernommen:

Lkw. 1,5 to	Lkw. 3 to	Lkw. 4,5 to	Lkw. 6,5 to
Opel-Blitz (S)	Opel-Blitz (S/A)	Mercedes (S/A)	Mercedes (S)
Phänomen (S)	Ford V8 (S)	MAN (S/A)	MAN (S)
	Borgward (S/A)	Büssing-NAG (S/A)	Krupp (S)
	Mercedes (S/A)	Saurer (S)	Vomag (S)
	Magirus (S/A)		
	MAN (S)		

Als S-Typen wurden die jeweiligen Standardausführungen bezeichnet, während die ansonsten baugleichen A- Typen Allrad-Antrieb besaßen. Dabei mußten in die S-Typen die für den Allrad-Antrieb notwendigen Triebwerksteile ohne besondere Schwierigkeiten nachträglich eingebaut werden können, wovon aber in der Praxis offenbar selten oder nie Gebrauch gemacht wurde.

Während die Produktion von Krafträdern und Personenwagen beträchtlich eingeschränkt wurde, versuchte man die Herstellung der dringend benötigten Lastwagen – trotz teilweiser Inanspruchnahme der Kapazitäten für andere Kriegserzeugnisse – wenigstens zu halten. 1938 waren 88 000 Lkw gebaut worden, die zu 26 % an die Wehrmacht gingen. 1939 wurde mit 102 000 Stück die höchste Produktion erreicht, wogegen sie dann bis 1943 etwa 70 000 bis 80 000 Stück jährlich betrug. Davon standen 80 % der Wehrmacht und 20 % der Kriegswirtschaft zur Verfügung. Aus heutiger Sicht sehen diese Zahlen bescheiden aus, doch für den damaligen Umfang der Automobilindustrie und unter den kriegsbedingten Schwierigkeiten bedeuteten sie eine gewaltige industrielle und organisatorische Leistung.

Der Wichtigkeit nach und dementsprechend auch zahlenmäßig kam den 3 to-Lkw die bei weitem größte Bedeutung zu, denn sie ließen sich sowohl bei der Wehrmacht als auch im Rahmen der Kriegswirtschaft am vielseitigsten verwenden. Unter den Fabrikaten dieser Größenklasse bewährte sich der Opel-Blitz am besten. Er war der einzige der vielen für die Wehrmacht gebauten Kraftfahrzeugtypen, der seit der Vorkriegszeit bis zum bitteren Ende 1945 in der Produkion behalten wurde. Etwa 100 000 Opel-Blitz Dreitonner gingen an die Wehrmacht, mehr als von jedem anderen Modell, doppelt so viele als beispielsweise vom VW-Kübel. Der Opel-Blitz erwies sich an allen Fronten wahrhaftig als „der Zuverlässige“, und überdies verfügte er als A-Typ trotz zwillingsbereifter Hinterräder über eine hervorragende Geländegängigkeit. (An dieser Stelle sei der Hinweis eingeflochten, daß entgegen früherer und selbst heute noch weitverbreiteter Ansicht ein Wagen mit starren Achsen jenem mit unabhängiger Radaufhängung an Geländegängigkeit absolut überlegen sein kann, sofern der letztere nicht zusätzlich einen nur mit hohem Konstruktionsaufwand zu erreichenden und deshalb bislang in Serie nie angewendeten Federungsausgleich besitzt.) Ein gutes, vor allem robustes Fahrzeug war auch der Klöckner-Deutz-Magirus, und ebenfalls zufrieden konnte man mit den MAN und Borgward Dreitonnern sein. Hingegen litt der sensible Mercedes L 3000 mehr als seine Konkurrenten unter den Strapazen Rußlands, und am meisten galt dies für den Ford, dessen Motor vor dem Kriege zwar im V8-Personenwagen anstandslos lief, hingegen schon in den damaligen Ford V8 Lastwagen viel Kummer bereitete.

Selbstverständlich lag der Gedanke nahe, bei allen Lastwagenfirmen nur noch ein oder zwei bewährte Typen bauen zu lassen, und zwar ohne Rücksicht auf deren Herkunft. Die Umstellung hätte jedoch bei den einzelnen Werken monatelangen Produktionsausfall gekostet, was man eben auch nicht gern hinnehmen wollte. Dennoch wurde noch gegen Ende des Krieges eine derartige Rationalisierung eingeleitet. Daimler-Benz mußte die Produktion des eigenen Dreitonners einstellen und stattdessen im Werk Mannheim den Opel-Blitz bauen. Dessen Fertigung begann hier (nach langem hinhaltenden Widerstand!) etwa am 20. Juli 1944, nur wenige Tage vor dem 6. August 1944, an welchem 40 Liberator-Bomber aus 8000 Meter Höhe das Opel-Lastwagenwerk in Brandenburg bei hellichtem Tage durch einen nur wenige Minuten dauernden, aber unheimlich exakten Luftangriff völlig zerstörten. Diese bis dahin größte europäische Lastwagenfabrik, die im Juli mit 2500 Dreitonnern gerade ihr Produktionsziel erreicht hatte, war so gründlich erledigt, daß ein Wiederaufbau gar nicht mehr in Betracht gezogen wurde. Die bei Daimler-Benz hergestellten Opel-Blitz trugen keinerlei Markenzeichen oder Schriftzug, aber sie waren an dem eckigen Einheits-Fahrerhaus zu erkennen, denn die Fahrzeuge aus der Brandenburger Opel-Produktion besaßen bis zuletzt das Original-Fahrerhaus aus Stahlblech. Der Opel-Blitz sollte übrigens auch bei Borgward gebaut werden, nachdem 1944 die dortige Lkw-Produktion durch einen Fliegerangriff ohnehin für einen längeren Zeitraum unterbrochen war. Sie kam vor dem Zusammenbruch nicht wieder in Gang. Geplant, aber nicht mehr ausgeführt wurde ferner die Einrichtung einer großen Opel-Lastwagenfabrik in Riga, und die Ford-Werke wollten eine in Kiew aufziehen.

Die in der Kriegsproduktion verbliebenen 4,5 to-Typen der Firmen Daimler-Benz, MAN (samt deren Fertigung bei der Österreichischen Automobil-Fabrik ÖAF) und Büssing-NAG hatten stückzahlmäßig geringere Bedeutung, bewährten sich aber durchweg alle ganz hervorragend. Im Zuge der Rüstung strebte man naturgemäß auch in dieser Klasse nach einer gewissen Vereinheitlichung, weshalb 1939 unter dem Namen „Arbeitsgemeinschaft für Lastkraftwagen" ein Einheitsbüro in Frankfurt eingerichtet wurde, dem die Firmen Klöckner-Deutz-Magirus, MAN mit ÖAF, Henschel und Saurer angehörten, wobei allerdings die MAN-Gruppe bald wieder ausschied, nachdem sie ihr technisches Konzept nicht durchzusetzen vermochte. Als Gemeinschaftskonstruktion der Firmen KHD, Henschel und Saurer entstand schließlich der 4,5 Tonner G 4500 bzw. GA 4500, der jedoch von den drei Firmen nur in geringer Stückzahl aufgelegt wurde. Saurer mußte schließlich stattdessen den Mercedes L 4500 A in Lizenz nachbauen. Ein 6,5 Tonner, den das Einheitsbüro ebenfalls entwickelte, kam überhaupt nicht zur Produktion. Die Herstellung der bekannten 6,5 to Lkw bei Daimler-Benz, MAN, Krupp und Vomag war minimal und wurde spätestens 1942 völlig eingestellt, zumal genügend Ergänzungsfahrzeuge dieser Nutzlastklasse zur Verfügung standen. Andererseits entwickelte Tatra erst während des Krieges den völlig neuen Schwerlastwagen Typ 111 mit luftgekühltem V12-Motor, Schwingachsen und Sechsrad-Antrieb. Dieses Fahrzeug, dessen Motor übrigens auch bei der späteren Ausführung des Achtrad-Panzerspähwagens von Büssing-NAG zum Einbau kam, wurde 1942 bis 1944 in durchaus beachtlichem Umfang an die Wehrmacht und deren verbündete Armeen geliefert. Manchen Beobachtern mag aufgefallen sein, daß bei unseren Heeresverbänden kaum jemals ein Lastwagen der Marke Vomag zu sehen war, obwohl die Kapazität dieser Firma mit etwa 100 Fahrzeugen monatlich bis etwa 1943 voll ausgenützt blieb. Ursache: Die Vomag baute den besten Holzgas-Lkw unter allen auf diesem Gebiet tätigen Firmen, wozu die besonders großvolumigen Motoren, aber auch das spezielle Interesse der Plauener Fabrik am Generatorwesen beitrugen. Deshalb wurde schließlich die gesamte Produktion von Vomag auf Holzgas-Lkw umgestellt, die aber nicht bei der Wehrmacht, sondern bei den NSKK-Transportbrigaden und ähnlichen Institutionen zum Einsatz kamen und sich dort jahrelang bis zuletzt bestens bewährten.

Um eine recht außergewöhnliche Lastwagen-Gattung handelte es sich bei den Lkw vom Typ Maultier. Hierbei waren die Hinterräder der jeweiligen S-Ausführung des 3 to Opel-Blitz, des 3 to Ford V8, des 3 to Magirus sowie des 4,5 to Mecedes-Benz durch ein Kettenlaufwerk ersetzt, womit hauptsächlich erreicht werden sollte und auch erreicht wurde, der Fronttruppe für ihre unmittelbare Versorgung ein auch während der Schlammperioden einsatzbereites Transportmittel zu geben. Besonders gut bewährten sich hier die Magirus-Maultiere dank ihres niedertourigen, drehmomentstarken und unempfindlichen Dieselmotors. Auch die Opel und die großen Mercedes-Benz Maultiere waren gut, wenn auch letztere manchmal darunter litten, daß ihre Gleisketten etwas schmal und das vom normalen Lkw übernommene Differential zu schwach ausgelegt waren. Die meisten Maultiere wurden ausgerechnet von Ford geliefert, obwohl sich deren V8-Motor hierfür noch schlechter eignete als für den Straßen-Lkw. Schließlich betrug die Höchstgeschwindigkeit der Maultiere nur um die 35 km/h, und die Wehrmacht beschränkte sie zwecks Schonung der Fahrzeuge auf 20 km/h. Als Kettenlaufwerk für die 3 to Maultiere wurde ein Nachbau des englischen Carden-Lloyd-Fahrgestells verwendet, während Daimler-Benz unter den 4,5 to Lkw ein Fahrgestell vom Panzer II setzte. Das große Mercedes-Benz Maultier war eigentlich nur als Zwischenlösung gedacht, um die Zeit nach dem Produktionsauslauf des Sd. Kfz. 7 (m. Zgkw. 8 to) bis zur Einführung des Schweren Wehrmacht-Schleppers (s. WS) zu überbrücken. Bei der Truppe sollten die Maultiere jeweils für die Schlammperioden aufgespart werden, was aber im Hinblick auf den ständigen Transportraummangel selten geschah, so daß diese Fahrzeuge meistens viel zu rasch verschlissen waren.

Außer den im Rahmen des Schell-Programms gefertigten S- und A-Typen blieben im damaligen deutschen Einflußbereich aber auch verschiedene andere Lastwagen in der Produktion, weil man doch letztlich um jedes einzelne Stück froh war, welches man an die Wehrmacht oder für sonstige Kriegszwecke liefern konnte. So hat beispielsweise Citroen etwa 6000 Stück des Zweitonners Typ 23 und ebenfalls beachtliche Stückzahlen des Viertonners Typ 45 für die Wehrmacht gebaut, die sich beide hervorragend bewährten. Überhaupt wurden die französische Kraftfahrzeugindustrie und die Bestände an französischen Beute-Kraftfahrzeugen in erheblichem Umfang herangezogen. Nicht weniger als 88 Infanterie-Divisionen, drei motorisierte Infanterie-Divisionen und eine Panzer-Division wurden überwiegend mit französischen Kraftfahrzeugen ausgestattet. Die tschechischen Marken Tatra, Skoda und Praga führten den Bau der eigenen Typen ihrer Zivil- und Militärlastwagen ebenfalls bis zum Kriegsende weiter. Diese Fahrzeuge wurden zum großen Teil den Armeen verbündeter Staaten zur Verfügung gestellt, weshalb z. B. der Tatra 92 im Sprachgebrauch „Rumänien-Typ" hieß. Die tschechischen Sechsrad-Gelände-Lastwagen mit Zentralrahmen, Pendel-Schwingachsen und zwillingsbereiften Hinterrädern vermochten die hoffnungsvollen Erwartungen nicht zu erfüllen, die man in sie setzte. Galten doch bis dahin gerade die Fahrzeuge dieser Bauart als Paradebeispiele für kompromißlos gebaute Geländeautomobile. Dabei zeigten sie sich inbezug auf die Geländegängigkeit dem Einheits-Diesel oder dem 3 to Opel-Blitz als beträchtlich unterlegen. Überdies waren die komplizierten Fahrwerke und erstaunlicherweise auch die Motoren derart störungsanfällig, daß die tschechischen Gelände-Lastwagen bei den deutschen Soldaten bald ebenso unbeliebt wie gefürchtet waren. Diese Fahrzeuge fielen – und zwar keineswegs durch Feindeinwirkung – beim Vormarsch nach Rußland bereits in den ersten Wochen fast alle aus, und die wenigen übriggebliebenen wurden dann beim Troß oder als Werkstattwagen für die I-Trupps (Instandsetzungs-Trupps) verwendet, weil sie sich am ehesten mit Mechaniker und Werkstatt an Bord in Betrieb halten ließen. Man darf annehmen, daß dies für die heutigen tschechischen Lastwagen nicht mehr zutrifft, damals aber war es leider der Fall.

Lkw. der Wehrmacht, nach Kfz.-Nummern geordnet

Kfz. 31 **Sanitätskraftwagen (Sankra), Krankenkraftwagen (Krkw.)**
Steyr 640
Phänomen Granit 25 H
Phänomen Granit 1500 S
Adler W 61 K
Einheits-Kfz. II

Kfz. 42 **Sammler- bzw. Nachrichtenwerkstatt-Kraftwagen**
m. Lkw. (o) mit geschlossenem Aufbau

Kfz. 51 **Werkstatt-Kraftwagen**
m. Lkw. (o) mit geschlossenem Aufbau

Kfz. 61 **Fernsprechbetriebs- bzw. Funkbetriebs-Kraftwagen, Fernschreib-, Peil- oder Verstärker-Kraftwagen**
le. gl. Lkw. mit geschlossenem Aufbau
Mercedes-Benz G 3a
Büssing-NAG G 31
Magirus M 206
Einheits-Diesel

Kfz. 62 **Gr. Fernsprech-, Funk- oder Druckerei-Kraftwagen, A-Kraftwagen für Schall-Aufnahme, Schall- oder Lichtauswertung**
wie Kfz. 61

Kfz. 63 **Meßstellen- oder Vorwarner-Kraftwagen**
le. gl. Lkw. mit offenem Aufbau und Gerätekasten
Mercedes Benz G 3a
Büssing-NAG G 31
Magirus M 206
Einheits-Diesel

Kfz. 64 **Vermessungsgerät-Kraftwagen**
wie Kfz. 63

Leichte Lastkraftwagen der 1,5 to-Nutzlast-Klasse hatten als solche bei der Wehrmacht nicht sehr viel Bedeutung. Lediglich der kleine Opel-Blitz trat etwas öfter in Erscheinung. Weit überwiegend kamen die Fahrzeuge dieser Größenordnung entweder als schwere Pkw oder als Sanitätskraftwagen zum Einsatz. Für letzteren Zweck fanden an der Front hauptsächlich schwere Einheits-Pkw mit geschlossenem Aufbau sowie in großer Zahl der Phänomen Granit 25 (ältere, eckige Karosserie) und der Phänomen Granit 1500 S (neuere, abgerundete Karosserie) Verwendung. In geringem Umfang gab es ferner Sanitäts-Kraftwagen der Typen Steyr 640, Adler W 61 K und Mercedes-Benz LE 1100. Für den Einsatz während der russischen Schlammperioden waren vereinzelt Sanitätskraftwagen mit dem Fahrgestell des Ford Maultier sowie der 3 to Halbketten-Zugmaschine vorhanden. Im rückwärtigen Bereich gab es Omnibusse zum Verwundeten-Transport.

Abschließend seien die Wehrmacht-Omnibusse erwähnt, die dem Mannschafts- oder Verwundeten-Transport sowie als Befehls- oder Nachrichten-Zentralen dienten. Es gab zwei Ausführungen. Bekannt war vor allem der Opel-Blitz Wehrmacht-Omnibus, der gegenüber dem Lkw Typ S der gleichen Marke einen Niederrahmen, einen längeren Radstand sowie eine einfach gestaltete, für 30 Sitzplätze reichende Karosserie besaß, welche von der Firma Ludewig, Essen, stammte. Etwa 2880 Einheiten dieses Modells wurden von 1939 bis 1944 ausgeliefert. Der andere Wehrmacht-Omnibus war der MAN Typ E 3000. In der Größe dem Opel etwa gleich, besaß er einen werkseigenen Aufbau, der eine vereinfachte Ausführung des handelsüblichen Linien-Omnibusses darstellte. In diesen Zusammenhang gehört ferner der von der Wiener Automobilfabrik Gräf & Stift gebaute Kommandowagen, ein ziemlich großer Omnibus mit Ganzstahlkarosserie sowie 100 PS Benzin- oder Dieselmotor. Von diesem Fahrzeug, das höheren Stäben als Befehls- oder Vermittlungszentrale diente, wurden etwa 170 Stück an die Wehrmacht geliefert.

Kfz. 67 **gp. Kraftwagen**
ab etwa 1934: Sd. Kfz. 231

Kfz. 67a **gp. Kraftwagen (Fu)**
ab etwa 1934: Sd. Kfz. 232

Kfz. 68 **Funkmast-Kraftwagen**
le. gl. Lkw. mit halbgeschlossenem Aufbau
z. B. Krupp, Magirus, Einheits-Diesel

Kfz. 69 **Protz-, Mannschafts- oder Schützen-Kraftwagen, Zugkraftwagen für Pak**
Krupp-Protze
schw. Einheits-Pkw.

Kfz. 70 **schw. Truppen-Luftschutz-Kraftwagen**
Krupp-Protze mit MG 34
schw. Einheits-Pkw. mit 2 cm Flak

Kfz. 72 **Fernsprechbetriebs- bzw. Funkbetriebs-Kraftwagen, Befehls-, Wetter-, Fernschreib-, Druckerei-Kraftwagen**
m. gl. Lkw. mit geschlossenem Aufbau
Henschel 33 D 1
Henschel bzw. Magirus 33 G 1
Krupp L 3 H 63 bzw. 163
Büssing-NAG 3 GL 6

Kfz. 74 **Flak-Meßtrupp-Kraftwagen**
m. gl. Lkw. mit offenem Aufbau
Henschel 33 D 1
Henschel bzw. Magirus 33 G 1
Krupp L 3 H 63 bzw. 163
Büssing-NAG 3 GL 6

Kfz. 76 **Beobachtungs-Kraftwagen**
ähnlich Kfz. 63

Kfz. 77 **Fernsprech-Kraftwagen**
ähnlich Kfz. 63

Kfz. 79 **Werkstatt-Kraftwagen**
ähnlich Kfz. 72

Kfz. 81 **le. Zugkraftwagen für 2 cm Flak**
Krupp-Protze
schw. Einheits-Pkw.

Kfz. 83 **le. Scheinwerfer-Kraftwagen**
Krupp-Protze
schw. Einheits-Pkw.

Kfz. 100 **Drehkran (Hebekraft 3 to)**
Fahrgestell des gl. Lkw. 4,5 to
mit Satz Abschleppgerät

Spezialfahrzeuge der Luftwaffe

Kfz. 301 **Funkmast-Kraftwagen**
m. gl. Lkw. mit geschlossenem Aufbau

Kfz. 302 **le. Funk-Kraftwagen (Kzw./Lgw.)**
le. gl. Lkw. mit geschlossenem Aufbau

Kfz. 303 **Horchfunkpeil-Kraftwagen**
ähnlich Kfz. 302

Kfz. 305 **m. Lkw. mit geschlossenem Einheits-Aufbau**
z. B. Opel-Blitz 3 to

Kfz. 309 **Schlauchtender**
Fahrgestell des m. Lkw. (o)

Kfz. 317 **Sauerstoffkessel-Kraftwagen**
Fahrgestell des s. Lkw. (o)

Kfz. 323 **Tankspritze**
Fahrgestell des m. gl. Lkw.

Kfz. 353 **Landebahn-Leucht-Kraftwagen**
Fahrgestell des m. gl. Lkw.

Kfz. 354 **Bild-Kraftwagen**
m. gl. Lkw. mit geschlossenem Aufbau

Kfz. 384 **Flugbetriebsstoff-Kessel-Kraftwagen**
Fahrgestell des m. gl. Lkw.

Geländegängige Sechsrad-Lastkraftwagen (Sonderkonstruktionen) sowie Lastkraftwagen auf handelsüblichen oder davon abgeleiteten Fahrgestellen

Marke, Typ	Baujahr	Räder x Antriebsräder	Motor	Zylinderzahl	Hubraum ccm	Leistung PS	Radstand mm	Nutzlast kg	Stückzahl
Sechsrad-Gelände-Lkw.									
Krupp L 2 H 43	1934–1936	6 x 4	Vergaser	B4L	3 308	54	2470 + 860	1150	
Krupp L 2 H 143	1937–1942	6 x 4	Vergaser	B4L	3 308	54	2445 + 910	1150	
Mercedes-Benz G 3	1928	6 x 4	Vergaser	6	3 460	60	3000 + 950	1500	89
Mercedes-Benz G 3 a	1929–1935	6 x 4	Vergaser	6	3 689	68	3000 + 950	1800	2 005
Büssing-NAG G 31	1931–1935	6 x 4	Vergaser	4	3 920	65	2715 + 950	1500	2 300
Magirus M 206	1934–1937	6 x 4	Vergaser	6	4 562	70	2715 + 950	1650	1 153
Henschel 33 D 1	1933–1942	6 x 4	Vergaser	6	10 857	100	3750 + 1100	3500	} ca. 22 000
Henschel 33 G 1	1937–1942	6 x 4	Diesel	6	9 123	100	3750 + 1100	3300	
Nachbau: Magirus	1938–1941	6 x 4	Diesel	6	9 123	100/125	3750 + 1100	3300	3 815
Krupp L 3 H 63	1931–1935	6 x 4	Vergaser	6	6 107	90	3650 + 1100	3500	
Krupp L 3 H 163	1936–1938	6 x 4	Vergaser	6	7 542	110	3650 + 1100	3500	
Büssing-NAG 3 GL 6	1931–1938	6 x 4	Vergaser	6	9 350	90	3900 + 1250	3000	ca. 300
Mercedes-Benz LG 3000	1935–1938	6 x 4	Diesel	6	7 413	95	3900 + 1050	3000	7 434
„Einheits-Diesel“ MAN	1937–1940	6 x 6	Diesel	6	6 234	80	3100 + 1100	2500	1 795
„Einheits-Diesel“ Büssing-NAG	1938–1940	6 x 6	Diesel	6	6 234	80	3100 + 1100	2500	ca. 3 200
„Einheits-Diesel“ Magirus	1939–1940	6 x 6	Diesel	6	6 234	80	3100 + 1100	2500	620
„Einheits-Diesel“ Henschel	1937–1940	6 x 6	Diesel	6	6 234	80	3100 + 1100	2500	ca. 1 500
„Einheits-Diesel“ Faun		6 x 6	Diesel	6	6 234	80	3100 + 1100	2500	
Steyr 640	1937–1941	6 x 4	Vergaser	6	2 260	53	2500 + 1060	1500	3 780
Austro-Daimler ADGR	1936–1940	6 x 4	Vergaser	6	3 915	72	3120 + 1200	3000	361
Praga RV	1935–1939	6 x 4	Vergaser	6	3 468	68	3100 + 920	2000	2 033
Tatra 92	1937–1940	6 x 4	Vergaser	V8L	3 980	70	2800 + 940	2000	500
Tatra 111	1942–1944	6 x 6	Diesel	V12L	14 825	175	4175 + 1220	6350	
Sanitäts-Kraftwagen									
Phänomen Granit 2500 H	1936–1939	4 x 2	Vergaser	4L	2 497	37	3260	600	
Phänomen Granit 1500 S	1940–1944	4 x 2	Vergaser	4L	2 678	50	3270	1600	
Adler W 61 K	1938–1939	4 x 2	Vergaser	6	2 494	58	3250	1000	ca. 500
Einheits-Kfz. II	1939–1941	4 x 4	Vergaser	V8	3 823	90	3000	1200	
Leichte Lkw.									
Borgward L 1400	1939–1943	4 x 2	Vergaser	4	1 384	33	2800	1155	
Opel-Blitz 2,5–32	1938–1942	4 x 2	Vergaser	6	2 473	53	3250	1500	ca. 10 000
Adler W 61	1938–1939	4 x 2	Vergaser	6	2 494	58	3250	1500	ca. 900
Citroën 23 R	1940–1943	4 x 2	Vergaser	4	1 911	48	3750	2000	ca. 6 000
Lkw. 3 to									
Opel-Blitz 3,6–36 S	1937–1944	4 x 2	Vergaser	6	3 626	68	3600	3300	ca. 70 000
Nachbau: Mercedes-Benz	1944–1945	4 x 2	Vergaser	6	3 626	68	3600	3300	
Opel-Blitz 3,6–6700 A	1940–1944	4 x 4	Vergaser	6	3 226	68	3450	3100	ca. 25 000
Ford G 917 T	1939–1941	4 x 2	Vergaser	V8	3 613	90	3988	3000	19 158
Ford G 917 T	1941–1942	4 x 2	Vergaser	V8	3 924	95	3988	3000	6 041

Ford V 3000 S (G 198 TS)	1941–1945	4 x 2	Vergaser	V8	3 924	95	4013	3300	24 110
Ford V 3000 A (G 198 TWA)	1943–1944	4 x 4	Vergaser	V8	3 924	95	4025	2910	758
Klöckner-Deutz S 3000	1941–1944	4 x 2	Diesel	4	4 941	80	3700/4200	3150	
Klöckner-Deutz A 3000	1941–1943	4 x 4	Diesel	4	4 941	80	3700	3100	
Mercedes-Benz 3000	1938–1939	4 x 2	Diesel	4	4 849	65	3800	2650	
Mercedes-Benz L 3000 S	1940–1942	4 x 2	Diesel	4	4 849	75	3800/4250	3100	
Mercedes-Benz L 3000 A	1940–1942	4 x 4	Diesel	4	4 849	75	3800	3020	
MAN E 2, E 3000	1940–1944	4 x 2	Diesel	4	4 503	70	4000/4650	3290	
Nachbau: Fross-Büssing	1940–1942	4 x 2	Diesel	4	4 503	70	4000/4650	3290	
Borgward B 3000 S/O	1939–1944	4 x 2	Vergaser	6	3 745	78	3700	3125	} ca. 30 000 (Borgward B 3000 S/O, S/D, A/O, A/D)
Borgward B 3000 S/D	1939–1943	4 x 2	Diesel	6	4 962	75	3700	3125	
Borgward B 3000 A/O	1939–1943	4 x 4	Vergaser	6	3 745	78	3700	3095	
Borgward B 3000 A/D	1939–1943	4 x 4	Diesel	6	4 962	75	3700	3095	
Lkw. 4,5 to									
Büssing-NAG 500 S	1940–1941	4 x 2	Diesel	6	7 413	105	5000	4750	} 14 813 (Büssing-NAG 500 S, 500 A, 4500 S-1, 4500 A-1)
Büssing-NAG 500 A	1940–1941	4 x 4	Diesel	6	7 413	105	4875	4770	
Büssing-NAG 4500 S-1	1942–1945	4 x 2	Diesel	6	7 413	105	4800	4600	
Büssing-NAG 4500 A-1	1942–1945	4 x 4	Diesel	6	7 413	105	4800	4500	
MAN ML 4500 S	1940–1945	4 x 2	Diesel	6	7 980	110	4600	4950	
Nachbau: ÖAF	1941–1945	4 x 2	Diesel	6	7 980	110	4600	4950	ca. 3 700
MAN ML 4500 A	1940–1944	4 x 4	Diesel	6	7 980	110	4600	4950	
Mercedes-Benz L 4500 S	1939–1944	4 x 2	Diesel	6	7 274	112	4600	4950	
Mercedes-Benz L 4500 A	1941–1944	4 x 4	Diesel	6	7 274	112	4600	4685	
Nachbau: Saurer	1944–1945	4 x 4	Diesel	6	7 274	112	4600	4685	einige hundert
Klöckner-Deutz GS 145	1941–1942	4 x 2	Diesel	6	7 226	125	4750	4800	} ca. 700 (Klöckner-Deutz GS 145, GA 145)
Klöckner-Deutz GA 145	1941–1942	4 x 4	Diesel	6	7 226	125	4750	4700	
Saurer BT 4500	1940–1943	4 x 2	Diesel	6	7 980	120	4500/5000	4500	
Saurer SG 4500	1943–1944	4 x 2	Diesel	6	7 980	120	4750	4800	ca. 200
Citroën 45	1940–1943	4 x 2	Vergaser	6	4 580	75	4700	4500	
Lkw. 6,5 to									
Mercedes-Benz L 6500	1938–1940	4 x 2	Diesel	6	12 528	135	5100	7000	
MAN F 4	1938–1940	4 x 2	Diesel	6	13 320	150	5000	7000	
Nachbau: Fross-Büssing	1940–1942	4 x 2	Diesel	6	13 320	150	5000	7000	
Vomag 6 L	1938–1939	4 x 2	Diesel	6	14 434	150	5350	6500	
Krupp LD 6,5	1939–1941	4 x 2	Diesel	4	5 448	125	5200	6500	
Lkw. 9 to									
Büssing-NAG 9000	1937–1939	6 x 4	Diesel	6	13 539	130	5450 + 1450	9500	
Faun L 900 D 567	1937–1939	6 x 4	Diesel	6	13 538	150	4825 + 1400	9500	ca. 80
Gleisketten-Lkw. Maultier									
Opel-Blitz 3,6-36 S/SSM	1942–1944	–	Vergaser	6	3 626	68	–	2000	ca. 4 000*)
Ford V 3000 S/SSM	1942–1944	–	Vergaser	V8	3 924	95	–	2000	13 952
Klöckner-Deutz S 3000/SSM	1942–1944	–	Diesel	4	4 941	80	–	2000	ca. 2 500
Mercedes-Benz L 4500 R	1943–1944	–	Diesel	6	7 274	112	–	4500	1 480
Wehrmacht-Omnibusse									
Opel-Blitz 3,6-47	1939–1944	4 x 2	Vergaser	6	3 626	68	4650	30 Sitze	2 880
MAN E 2, E 3000	1940–1943	4 x 2	Diesel	4	4 503	70	4650	26 Sitze	ca. 2 800
Nachbau: Fross-Büssing	1940–1942	4 x 2	Diesel	4	4 503	70	4650	26 Sitze	
Gräf & Stift S 6	1939–1940	4 x 2	Diesel	6	7 274	100	5000	40 Sitze	170

*) Einschl. 300 Fahrgestelle für 15 cm Panzerwerfer 42 (Sf) auf Lkw. Maultier

Der Steyr 640 war ein im Stil der frühen dreißiger Jahre ziemlich aufwendig konstruierter Sechsrad-Gelände-Lastwagen. In den Schützen- bzw. Panzergrenadierregimentern der 2. Pz.Div. (Wien) und der 9. Pz.Div. (St. Pölten) waren diese Fahrzeuge bis etwa 1942 zahlreich vertreten. Ein beträchtlicher Teil der Produktion wurde an verbündete Armeen verkauft.

Steyr Typ 640 als Sanitäts-Kraftwagen.

Selten begegnete man dem Austro-Daimler ADGR bei der Wehrmacht. Von diesem Dreitonner Militär-Lkw wurden ohnehin nur einige hundert Stück hergestellt.

Das für seine Zeit überaus fortschrittliche Fahrgestell des Krupp L 2 H 143.

Großer Beliebtheit erfreute sich bei den deutschen Soldaten die vielseitig verwendete Krupp Protze.

Krupp Protze als Kfz 70 mit 2 cm Flak.

Die Krupp Protze Kfz 69 war als Mannschafts- und Schützenkraftwagen bzw. als Zugmittel für die leichte Pak oder Flak vorgesehen.

	le. gl. Lkw. 1 to (6 x 4) Krupp Typ L 2 H 43 1934–1936 Typ L 2 H 143 1937–1942	le. gl. Lkw. 1,5 to (6 x 4) Steyr Typ 640 1937–1941	le. gl. Lkw. 2,5 to (6 x 4) Austro-Daimler Typ ADGR 1936–1940
Motor	Vergasermotor Krupp Typ M 304	Vergasermotor Steyr Typ M 640	Vergasermotor Austro-Daimler Typ M 640
Zylinderzahl	4 Zylinder (Boxer)	6 Leichtmetallblock	6 Leichtmetallblock
Bohrung x Hub	90 x 130 mm	73 x 90 mm	85×115 mm
Hubraum	3308 ccm	2260 ccm	3915 ccm
Leistung	54 PS bei 2500 U/min	55 PS bei 3800 U/min	72 PS bei 2500 U/min
Drehmoment		13,5 mkg bei 1500 U/min	21 mkg bei 1900 U/min
Verdichtung	1 : 5,2	1 : 6,5	1 : 5,77
Vergaser	1 Solex BFLH 40	1 Solex JFP II	1 Zenith 48 JB
Ventile	Hängend Zentrale Nockenwelle Antrieb durch Stirnräder	Hängend Seitliche Nockenwelle Antrieb durch Stirnräder	Hängend Nockenwelle im Zylinderkopf Antrieb durch Stirnräder und Triplex-Rollenkette
Kurbelwellenlager	2	8	7
Kühlung	Luft/Gebläse	Wasser/Pumpe	Wasser/Pumpe
Batterie	12 V 75 Ah	12 V 60 Ah	12 V 105 Ah
Kraftübertragung	Antrieb auf 2 Hinterachsen 2 Sperrdifferentiale	Antrieb auf 2 Hinterachsen 2 Sperrdifferentiale	Längsgeteilter Antrieb auf je 2 Hinterräder einer Seite. Sperrdifferential
	Einscheibentrockenkupplung	Zweischeibenkupplung im Öl	Einscheibentrockenkupplung
Getriebe	4 Gang + Vorgelege	4 Gang + Vorgelege	7 Gang
Antriebs-Übersetzung	3,25	5,75	5,75
Fahrwerk	Zentral-Kastenrahmen	U-Profil-Rahmen	Zentral-Kastenrahmen
Vorderradaufhängung	starr, Halbfedern	starr, Halbfedern	starr, Halbfedern
Hinterradaufhängungen	4 x Doppel-Querlenker beiderseits gemeinsam je 1 Schraubenfeder	2 Schwingachsen beiderseits gemeinsam je 1 Halbfeder	2 Schwingachsen beiderseits gemeinsam je 1 Halbfeder
Lenkung	Schnecke	Schraube	Schnecke
Fußbremse	Hydraulisch	Hydraulisch	Hydraulisch
Fußbremse wirkt auf	6 Räder	6 Räder	4 Hinterräder
Handbremse wirkt auf	Getriebe	4 Hinterräder	Vorderräder
Allgemeine Daten			
Radstand	L 2 H 43: 2470 + 860 mm L 2 H 143: 2445 + 910 mm	2500 + 1060 mm	3120 + 1200 mm
Spur vorn	1585 mm	1380 mm	1410 mm
Spur hinten	1560/1560 mm	1400/1400 mm	Innenräder 1410/1410 mm Außenräder 1920/1920 mm
Gesamtmaße	Protzkraftwagen mit Verdeck: 5100 x 1960 x 1930 mm	Lkw. mit Pritsche: 5330 x 1730 x 2330 mm Krankenwagen Typ 640/643: 4880 x 1800 x 2560 mm	Lkw. mit Pritsche: 6500 x 2135 x 2230 mm
Ladefläche der Pritsche		2700 x 1470 mm	3500 x 1850 mm
Reifen	7,50–17 Gelände Hinterräder einfachbereift	7,00–18 Gelände Hinterräder einfachbereift	7,00–20 Gelände Hinterräder zwillingsbereift
Bodenfreiheit	255 mm	230 mm	280 mm
Watfähigkeit	600 mm	600 mm	1000 mm
Wendekreis-Ø	13,5 Meter	15 Meter	13,2 Meter
Fahrzeuggewicht	2450 kg	Lkw. 2400, Krkw. 2885 kg	4420 kg
Zuläss. Gesamtgewicht	3650 kg	Lkw. 4000, Krkw. 3800 kg	
Nutzlast (Straße)	1200 kg	Lkw. 1600, Krkw. 915 kg	3000 kg
Nutzlast (Gelände)	1200 kg		
Anhängelast	1000 kg	2500 kg	4000 kg
Höchstgeschwindigkeit	70 km/h	70 km/h	70 km/h
Verbrauch/100 km	Straße 24, Gelände 30 Liter	Straße 22, Gelände 28 Liter	Straße 30, Gelände 40 Liter
Kraftstofftank	110 Liter (rechts seitlich)	75 Liter (im Motorraum)	145 Liter
Fahrbereich	Straße 450, Gelände 360 km	Straße 340, Gelände 260 km	Straße 480, Gelände 360 km

le. gl. Lkw. 1,5 to (6 x 4) Mercedes-Benz Typ G 3 1928	le. gl. Lkw. 1,5 to (6 x 4) Mercedes-Benz Typ G 3 a 1929–1935	le. gl. Lkw. 1,5 to (6 x 4) Büssing-NAG Typ G 31 1931–1935	le. gl. Lkw. 1,5 to (6 x 4) Magirus Typ M 206 1934–1937
Vergasermotor	Vergasermotor	Vergasermotor	Vergasermotor
Daimler-Benz M 09 14/60 PS	Daimler-Benz M 09 II	Büssing-NAG Typ G	Magirus S 88
6	6	4	6
80 x 115 mm	82,5 x 115 mm	98 x 130 mm	88 x 125 mm
3460 ccm	3689 ccm	3920 ccm	4562 ccm
60 PS bei 2680 U/min	68 PS bei 2900 U/min	65 PS bei 2500 U/min	70 PS bei 2200 U/min
17,8 mkg bei 1500 U/min	20,9 mkg bei 2000 U/min	25 mkg bei 1300 U/min	
1:5,5	1:5,45	1:5,1	1:5,8
1 Zenith 36 HK	2 Zenith HKB 36	1 Solex VFSL 40	1 Solex BFLH
Stehend	Stehend	Hängend	Stehend
Seitliche Nockenwelle	Seitliche Nockenwelle	Seitliche Nockenwelle	Seitliche Nockenwelle
Antrieb durch Stirnräder	Antrieb durch Stirnräder	Antrieb durch Stirnräder	Antrieb durch Stirnräder
7	7	3	7
Wasser/Pumpe	Wasser/Pumpe	Wasser/Pumpe	Wasser/Pumpe
12 V 105 Ah	12 V 105 Ah	12 V 105 Ah	12 V 105 Ah
Antrieb auf 2 Hinterachsen	Antrieb auf 2 Hinterachsen	Antrieb auf 2 Hinterachsen	Antrieb auf 2 Hinterachsen
2 Sperrdifferentiale	2 Sperrdifferentiale	2 Sperrdifferentiale	2 Sperrdifferentiale
Mehrscheibentrockenkupplg.	Einscheibentrockenkupplung	Einscheibentrockenkupplung	Einscheibentrockenkupplung
4 Gang + Vorgelege	4 Gang + Vorgelege	3 Gang + Vorgelege	4 Gang + Vorgelege
6,11	6,66	6,25	4,66
U-Profil-Rahmen	U-Profil-Rahmen	U-Profil-Rahmen	U-Profil-Rahmen
starr, Halbfedern	starr, Halbfedern	starr, Halbfedern	starr, Halbfedern
2 Starrachsen	2 Starrachsen	2 Starrachsen	2 Starrachsen
beiderseits gemeinsam	beiderseits gemeinsam	beiderseits gemeinsam	beiderseits gemeinsam
je 2 Halbfedern übereinander	je 2 Halbfedern übereinander	je 2 Halbfedern übereinander	je 2 Halbfedern übereinander
Spindel	Spindel	Spindel	Spindel
Hydraulisch	Hydraulisch	Hydraulisch	Mechanisch
6 Räder	6 Räder	6 Räder	4 Hinterräder
Mittelachse	Mittelachse	4 Hinterräder	Getriebe
3000 + 950 mm	3000 + 950 mm	2715 + 950 mm	2715 + 950 mm
1600 mm	1600 mm	1535 mm	1695 mm
1600/1600 mm	1600/1600 mm	Innenräder 1372 mm	Innenräder 1410 mm
		Außenräder 1812 mm	Außenräder 1860 mm
5495 x 2000 x 2220 mm	5750 x 2100 x 2350 mm	5350 x 2250 x 2350 mm	5350 x 2250 x 2350 mm
6,00–20 Gelände	6,00–20 Gelände	6,00–20 Gelände	6,00–20 Gelände
Hinterräder zwillingsbereift	Hinterräder zwillingsbereift	Hinterräder zwillingsbereift	Hinterräder zwillingsbereift
260 mm	240 mm	240 mm	240 mm
	500 mm	500 mm	500 mm
17 Meter	17 Meter	15 Meter	13 Meter
2500 kg	3260 kg	3100 kg	3200 kg
4000 kg	5160 kg	4600 kg	4850 kg
1500 kg	1800 kg	1500 kg	1650 kg
	1500 kg	1000 kg	1100 kg
60 km/h	65 km/h	60 km/h	62 km/h
Straße 25, Gelände 33 Liter	Straße 27, Gelände 35 Liter	Straße 27, Gelände 35 Liter	Straße 27, Gelände 35 Liter
105 Liter	105 Liter	75 + 50 Liter	90 Liter
Straße 420, Gelände 310 km	Straße 400, Gelände 300 km	Straße 450, Gelände 350 km	Straße 330, Gelände 270 km

Magirus Typ M 206 als leichter geländegängiger Lkw. für 1,5 to Nutzlast.

Büssing-NAG Typ 3 GL 6 als mittl. geländegängiger Lkw. für 3 to Nutzlast (1931—1938).

Krupp Typ L 3 H 63 als
mittl. geländegängiger Lkw.
für 3 to Nutzlast
(1931–1935).

Krupp Typ L 3 H 163 als
großer Nachrichtenwagen
Kfz. 62 oder 63.

Henschel Typ 33 D 1 als mittl. geländegängiger Lkw. für 3 to Nutzlast (1933–1942).

Magirus (Ulm) hat ab 1938 den Henschel 33 G 1 in Lizenz nachgebaut, jedoch mit eigenem Deutz-Dieselmotor. Zum Teil wurde der Original-Motor Deutz F 6 M 516 mit 125 PS Leistung verwendet, zum Teil der F 6 M 516 H mit 100 PS. Letzterer besaß Deutz-Zylinder, -Büchsen und -Kolben, aber das Henschel-Kurbelgehäuse. – Wer ganz scharf hinguckt, kann auf dem Fahrgestellbild erkennen, daß am oberen Wasserkasten des Kühlers beim Lizenz-Nachbaumodell der Magirus-Dom statt des Henschel-Sterns eingegossen war.

Bei diesen Sonderaufbauten auf dem Fahrgestell des Henschel 33 G 1 dürfte es sich um ausgesprochene Raritäten gehandelt haben. Solche Fahrzeuge dienten vermutlich für die Stromversorgung von Hauptverbandplätzen oder Stabsquartieren. Wer richtiger oder genauer Auskunft geben kann, möge sich bitte melden.

Mercedes-Benz Typ LG 3000 als mittl. geländegängiger Lkw. für 3 to Nutzlast (1935–1938).

	m. gl. Lkw. 3 to (6 x 4) Henschel Typ 33 D 1 1933–1942	m. gl. Lkw. 3 to (6 x 4) Henschel Typ 33 G 1 1937–1942	m. gl. Lkw. 3 to (6 x 4) Magirus (Liz. Henschel) Typ 33 G 1 1938–1941
Motor	Vergasermotor Henschel Typ D	Luftspeicher-Dieselmotor Henschel Typ G	Vorkammer-Dieselmotor Deutz F 6 M 516 H
Zylinderzahl	6	6	6
Bohrung x Hub	120 x 160 mm	110 x 160 mm	110 x 160 mm
Hubraum	10857 ccm	9123 ccm	9123 ccm
Leistung	100 PS bei 1600 U/min	100 PS bei 1500 U/min	100 PS bei 1500 U/min
Drehmoment	64 mkg bei 800 U/min	53 mkg bei 800 U/min	
Verdichtung	1:5,0	1:13,8	1:22
Vergaser	2 Pallas A IV Ab 1936: 2 Solex 40 BFVL	–	–
Einspritzpumpe	–	Bosch	Deutz
Ventile	Hängend Seitliche Nockenwelle Antrieb durch Stirnräder	Hängend Seitliche Nockenwelle Antrieb durch Stirnräder	Hängend Seitliche Nockenwelle Antrieb durch Stirnräder
Kurbelwellenlager	4	4	8
		Auswechselbare Zylinderbüchsen	Auswechselbare Zylinderbüchsen
Kühlung	Wasser/Pumpe	Wasser/Pumpe	Wasser/Pumpe
Batterie	12 V 105 Ah	2 x 12 V 150 Ah	2 x 12 V 150 Ah
Kraftübertragung		Antrieb auf 2 Hinterachsen	
		Mehrscheibentrockenkupplung	
Getriebe		5 Gang	
Übersetzungen		I. 11,66 (Geländegang) II. 6,69 III. 3,70 IV. 1,83 V. 1,00	
Antriebs-Übersetzung		4,80	
Fahrwerk		U-Profil-Rahmen	
Vorderradaufhängung		starr, Halbfedern	
Hinterradaufhängungen		2 Starrachsen beiderseits gemeinsam je 2 Halbfedern	
Lenkung		Schnecke	
Fußbremse		Druckluft (Knorr)	
Fußbremse wirkt auf		4 Hinterräder	
Handbremse wirkt auf		4 Hinterräder	
Allgemeine Daten			
Radstand		3750+1100 mm	
Spur vorn		1850 mm	
Mittelspur hinten		1740/1740 mm	
Gesamtmaße		7050 x 2500 x 2500 mm (Höhe über Fahrerverdeck)	
Ladefläche der Pritsche		4000 x 2100 mm	
Reifen		7,25–20 Gelände Hinterräder zwillingsbereift	
Bodenfreiheit		250 mm	
Watfähigkeit		500 mm	
Wendekreis-∅		19 Meter	
Fahrzeuggewicht	6100 kg	6450 kg	6450 kg
Nutzlast (Straße)	3500 kg	3300 kg	3300 kg
Nutzlast (Gelände)	3000 kg	2800 kg	2800 kg
Höchstgeschwindigkeit	52 km/h	52 km/h	52 km/h
Verbrauch/100 km	Straße 45, Gelände 60 Liter	Straße 30, Gelände 45 l Diesel	Straße 30, Gelände 45 l Diesel
Kraftstofftank	114 Liter	114 Liter	114 Liter
Fahrbereich	Straße 250, Gelände 190 km	Straße 380, Gelände 250 km	Straße 380, Gelände 250 km

<table>
<tr><th>m. gl. Lkw. 3 to (6 x 4)
Krupp
Typ L 3 H 63
1931–1935</th><th>m. gl. Lkw. 3 to (6 x 4)
Krupp
Typ L 3 H 163
1936–1938</th><th>m. gl. Lkw. 3 to (6 x 4)
Büssing-NAG
Typ 3 GL 6
1931–1938</th><th>m. gl. Lkw. 3 to (6 x 4)
Mercedes-Benz
Typ LG 63 bzw. LG 3000
1935–1938</th></tr>
<tr><td>Vergasermotor</td><td>Vergasermotor</td><td>Vergasermotor</td><td>Vorkammer-Dieselmotor</td></tr>
<tr><td>Krupp M 11</td><td>Krupp M 12</td><td>Büssing-NAG C 4</td><td>Daimler-Benz OM 67</td></tr>
<tr><td>6</td><td>6</td><td>6</td><td>6</td></tr>
<tr><td>90 x 160 mm</td><td>100 x 160 mm</td><td>115 x 150 mm</td><td>110 x 130 mm</td></tr>
<tr><td>6107 ccm</td><td>7542 ccm</td><td>9350 ccm</td><td>7413 ccm</td></tr>
<tr><td>90 PS bei 1700 U/min</td><td>110 PS bei 1600 U/min</td><td>90 PS bei 1200 U/min</td><td>95 PS bei 2000 U/min</td></tr>
<tr><td></td><td></td><td>58 mkg</td><td></td></tr>
<tr><td>1:5,4</td><td>1:5,55</td><td>1:5,6</td><td>1:17</td></tr>
<tr><td colspan="2">1 Solex</td><td>2</td><td>–</td></tr>
<tr><td colspan="2">–</td><td>–</td><td>Bosch</td></tr>
<tr><td colspan="2">Hängend</td><td>Hängend</td><td>Hängend</td></tr>
<tr><td colspan="2">Seitliche Nockenwelle</td><td>Seitliche Nockenwelle</td><td>Seitliche Nockenwelle</td></tr>
<tr><td colspan="2">Antrieb durch Stirnräder</td><td>Antrieb durch Stirnräder</td><td>Antrieb durch Stirnräder</td></tr>
<tr><td colspan="2">7</td><td>4</td><td>4</td></tr>
<tr><td colspan="2">Wasser/Pumpe</td><td>Wasser/Pumpe</td><td>Wasser/Pumpe</td></tr>
<tr><td colspan="2">12 V 105 Ah</td><td>12 V 105 Ah</td><td>2 x 12 V 105 Ah</td></tr>
<tr><td colspan="2">Antrieb auf 2 Hinterachsen</td><td>Antrieb auf 2 Hinterachsen</td><td>Antrieb auf 2 Hinterachsen</td></tr>
<tr><td colspan="2">2 Sperrdifferentiale</td><td></td><td></td></tr>
<tr><td colspan="2">Einscheibentrockenkupplung</td><td>Konuskupplung</td><td>Einscheibentrockenkupplung</td></tr>
<tr><td colspan="2">4 Gang+Vorgelege</td><td>4 Gang + Geländegang</td><td>5 Gang + Vorgelege</td></tr>
<tr><td colspan="2">verschieden</td><td>Gelände 7,70</td><td>I. 9,00</td></tr>
<tr><td colspan="2"></td><td>I. 5,36</td><td>II. 4,50</td></tr>
<tr><td colspan="2"></td><td>II. 2,55</td><td>III. 2,50</td></tr>
<tr><td colspan="2"></td><td>III. 1,46</td><td>IV. 1,35</td></tr>
<tr><td colspan="2"></td><td>IV. 1,00</td><td>V. 1,00</td></tr>
<tr><td colspan="2"></td><td></td><td>Vorgelege 1,41</td></tr>
<tr><td colspan="2">6,33</td><td>5,14</td><td>6,00</td></tr>
<tr><td colspan="2">U-Profil-Rahmen</td><td>U-Profil-Rahmen</td><td>U-Profil-Rahmen</td></tr>
<tr><td colspan="2">starr, Halbfedern</td><td>starr, Halbfedern</td><td>starr, Halbfedern</td></tr>
<tr><td colspan="2">2 Starrachsen</td><td>2 Starrachsen</td><td>2 Starrachsen</td></tr>
<tr><td colspan="2">beiderseits gemeinsam</td><td>beiderseits gemeinsam</td><td>beiderseits gemeinsam</td></tr>
<tr><td colspan="2">je 1 Schraubenfeder</td><td>je 1 Halbfeder</td><td>je 1 Halbfeder</td></tr>
<tr><td colspan="2">Schraube</td><td>Schnecke</td><td>Schraube</td></tr>
<tr><td>Hydraulisch</td><td>Druckluft (Knorr)</td><td>Druckluft (Knorr)</td><td>Hydraulisch/Druckluft (Knorr)</td></tr>
<tr><td>6 Räder</td><td>4 Hinterräder</td><td>4 Hinterräder</td><td>6 Räder</td></tr>
<tr><td>4 Hinterräder</td><td>4 Hinterräder</td><td>4 Hinterräder</td><td>Vorder- und Mittelräder</td></tr>
<tr><td colspan="2">3650+1100 mm</td><td>3900+1250 mm</td><td>3900+1050 mm</td></tr>
<tr><td colspan="2">1740 mm</td><td>1800 mm</td><td>1708 mm</td></tr>
<tr><td colspan="2">1730/1730 mm</td><td>1700/1700 mm</td><td>1665/1665 mm</td></tr>
<tr><td colspan="2"></td><td>7650 x 2350 x . . . mm</td><td></td></tr>
<tr><td colspan="2">7,50–20, ab 1934: 7,25–20 Gelände</td><td>7,25–20 Gelände</td><td>7,25–20 Gelände</td></tr>
<tr><td colspan="2">Hinterräder zwillingsbereift</td><td>Hinterräder zwillingsbereift</td><td>Hinterräder zwillingsbereift</td></tr>
<tr><td colspan="2">260 mm</td><td></td><td>265 mm</td></tr>
<tr><td colspan="2">800 mm</td><td></td><td></td></tr>
<tr><td colspan="2">17 Meter</td><td>19 Meter</td><td>17,5 Meter</td></tr>
<tr><td>5000 kg</td><td>5800 kg</td><td>6500 kg</td><td>5400 kg</td></tr>
<tr><td>4000 kg</td><td>3500 kg</td><td>3000 kg</td><td>3000 kg</td></tr>
<tr><td>3000 kg</td><td>3000 kg</td><td>2500 kg</td><td>2000 kg</td></tr>
<tr><td>50 km/h</td><td>50 km/h</td><td>45 km/h</td><td>53 km/h</td></tr>
<tr><td>Straße 45, Gelände 60 Liter</td><td>Straße 45, Gelände 60 Liter</td><td>Straße 45, Gelände 60 Liter</td><td>Straße 28, Gelände 43 l Diesel</td></tr>
<tr><td>150 Liter</td><td>150 Liter</td><td></td><td></td></tr>
<tr><td>Straße 330, Gelände 250 km</td><td>Straße 330, Gelände 250 km</td><td></td><td></td></tr>
</table>

Der „Einheits-Diesel“ als geländegängiger Lkw. für 2,5 to Nutzlast. Gewiß war seine Tragfähigkeit etwas gering, doch davon abgesehen gehörte der „Einheits-Diesel“ zu den besten Lastkraftwagen der deutschen Wehrmacht.

„Einheits-Diesel“ als großer Fernsprech- oder Funkbetriebswagen (Kfz. 61) sowie als Auswerte- oder Aufnahmewagen (Kfz. 62) der Panzer-Beobachtungs-Batterien. Unteres Bild: Kfz. 302.

le. gl. Einheits-Lkw. 2,5 to (6 x 6) „Einheits-Diesel"
MAN, Henschel, Büssing-NAG, Magirus, Faun
1937–1940

Motor	Luftkammer-Dieselmotor, Baumuster HWa 526 D
Zylinderzahl	6
Bohrung x Hub	105 x 120 mm
Hubraum	6234 ccm
Leistung	80 PS bei 2400 U/min
Verdichtung	1 : 15
Einspritzpumpe	Bosch oder Deckel
Ventile	Hängend Seitliche Nockenwelle Antrieb durch Stirnräder
Kurbelwellenlager	7 Auswechselbare Zylinderbüchsen
Kühlung	Wasser/Pumpe
Batterie	2 x 12 V 105 Ah
Kraftübertragung	6 Rad-Antrieb 3 Selbstsperrdifferentiale + 1 Sperrdifferential im Vorgelege Einscheibentrockenkupplung
Getriebe	4 Gang + Vorgelege
Übersetzungen Getriebe	I. 6,50, II. 3,18, III. 1,87, IV. 1,00
Übersetzungen Vorgelege	Straße 1,03, Gelände 2,175
Antriebs-Übersetzung	5,25
Fahrwerk	U-Profil-Rahmen
Vorderradaufhängung	Doppel-Querlenker, Schwingarme, Schraubenfedern waagrecht
Hinterradaufhängungen	Doppel-Querlenker, Schwingarme, Schraubenfedern waagrecht
Lenkung	Schnecke
Fußbremse	Druckluft (Bosch oder Knorr)
Fußbremse wirkt auf	6 Räder
Handbremse wirkt auf	Getriebe
Allgemeine Daten	
Radstand	3100 + 1100 mm
Spur	Pritschenaufbau: 1720/1720/1720 mm Geschlossener Aufbau: 1600/1800/1800 mm
Gesamtmaße	Pritschenaufbau: 5850 x 2200 x 2400 mm Geschlossener Aufbau: 5850 x 2200 x 2760 mm
Reifen	210–18 Gelände
Bodenfreiheit	250 mm
Watfähigkeit	800 mm
Wendekreis-∅	17 Meter
Fahrzeuggewicht	Pritschenaufbau: 5000 kg Geschlossener Aufbau: 5000 kg
Zuläss. Gesamtgewicht	Pritschenaufbau: 7500 kg Geschlossener Aufbau: 7420 kg
Nutzlast	Pritschenaufbau: 2500 kg Geschlossener Aufbau: 2580 kg
Zugkraft am Haken	1500 kg
Anhängelast	3500 kg
Höchstgeschwindigkeit	70 km/h
Verbrauch/100 km	Straße 30, Gelände 45 Liter Diesel
Kraftstofftank	100 + 15 Liter
Fahrbereich	Straße 360, Gelände 260 km

Praga Typ RV
(1935–1939)

Tatra Typ 92
(1937–1940)

Tatra Typ 111
(1942–1944)

	le. gl. Lkw. 2 to (6 x 4) Praga Typ RV 1935–1939	le. gl. Lkw. 2 to (6 x 4) Tatra Typ 92 1937–1940	s. gl. Lkw. 6,5 to (6 x 6) Tatra Typ 111 1942–1944
Motor	Praga Vergasermotor	Tatra Vergasermotor	Tatra Dieselmotor mit Direkteinspritzung
Zylinderzahl	6	V 8	V 12
Bohrung x Hub	80 x 115 mm	80×99 mm	110×130 mm
Hubraum	3468 ccm	3980 ccm	14825 ccm
Leistung	68 PS bei 3000 U/min	70 PS bei 2500 U/min	175 PS bei 1800 U/min
Drehmoment	18,6 mkg		
Verdichtung	1 : 5,8	1:5,5	1:16,5
Vergaser	1 Solex 40 RIF	1 Solex 35 JFF	–
Einspritzpumpe	–	–	2 Bosch
Ventile	Seitlich stehend	Hängend	Hängend
Kurbelwellenlager	4	5	7
Kühlung	Wasser/Pumpe	Luft/Gebläse	Luft/2 Gebläse
Batterie	12 V 60 oder 75 Ah	2 x 6 V 87,5 Ah	
Kraftübertragung	Antrieb auf 2 Hinterachsen	Antrieb auf 2 Hinterachsen	Allrad-Antrieb
Getriebe	4 Gang + Vorgelege	4 Gang + Vorgelege	4 Gang + Vorgelege
Übersetzungen Getriebe	I. 5,95 II. 3,07 III. 1,785 IV. 1,00	I. 6,20 II. 3,24 III. 1,975 IV. 1,00	I. 5,29 II. 2,78 III. 1,62 IV. 1,00
Übersetzungen Vorgelege	Straße 2,785 Gelände 4,89	Straße 1,73 Gelände 3,74	Straße 1,82 Gelände 4,52
Antriebs-Übersetzung	2,66	3,00	3,19
Fahrwerk	U-Profil-Rahmen	Zentralrohr Rahmen	Zentralrohr-Rahmen
Vorderradaufhängung	Pendel-Schwingachse Querlenker, Federstäbe	Querlenker Querfeder	Pendel-Schwingachse Viertelfedern
Hinterradaufhängung	2 Pendel-Schwingachsen beiderseits gemeinsam je 1 Halbfeder	2 Pendel-Schwingachsen beiderseits gemeinsam je 1 Halbfeder	2 Pendel-Schwingachsen beiderseits gemeinsam je 1 Halbfeder
Lenkung	Schnecke	Schnecke	Schnecke ZF-Roß
Fußbremse	Hydraulisch	Hydraulisch	Druckluft
Fußbremse wirkt auf	6 Räder	6 Räder	6 Räder
Handbremse wirkt auf	Kardanwelle zwischen den Hinterachsen	4 Hinterräder	Kardanwelle
Allgemeine Daten			
Radstand	3100 + 920 mm	2800+940 mm	4175+1220 mm
Spur	1350/1500/1500 mm	1500/1545/1545 mm	2080/1800/1800 mm
Gesamtmaße	5690 x 2000 x 2090 mm Lkw. mit Plane: 5690 x 2000 x 2500 mm	5495×2000×2130 mm Lkw. mit Plane: 5495×2000×2610 mm	8550×2500×2570 mm Lkw. mit Plane: 8550×2500×3100 mm
Ladefläche	3000 x 1800 mm	3025×1818 mm	5500×2350 mm
Reifen	6,00–20 Hinterräder zwillingsbereift	6,00–20 Hinterräder zwillingsbereift	10,50 oder 270–20 Hinterräder zwillingsbereift
Bodenfreiheit	260 mm	255 mm	270 mm
Watfähigkeit		390 mm	
Wendekreis-Ø	14 Meter	15 Meter	20 Meter
Fahrzeuggewicht	3810 kg	3580 kg	8350 kg
Nutzlast	2000 kg	2000 kg	6350 kg
Anhängelast	2000 kg	3000 kg	
Höchstgeschwindigkeit	70 km/h	70 km/h	75 km/h
Verbrauch/100 km	Straße 35 Liter	Straße 35 Liter	Straße 35 Liter Diesel
Kraftstofftank	122 + 15 Liter	130 Liter	160 Liter
Fahrbereich	Straße 390 km	Straße 370 km	Straße 450 km

In der Aufbauzeit der Wehrmacht glaubte man noch, die Panzertruppe schneller und schonender an weiter entfernte Orte bringen zu können, indem man die Panzerkampfwagen „verlastete“. Verwendet wurden für diesen Zweck dreiachsige Neuntonner-Lastwagen (Stückpreis etwa 30 000 RM) der Marken Faun und Büssing-NAG, dazu je ein Tieflade-Anhänger, der gleichzeitig als Auffahrrampe auf den Zugwagen diente. Es waren schätzungsweise 200 solcher Züge vorhanden. Zwar boten sie bei Paraden in Berlin und bei den Nürnberger Parteitagen ein eindrucksvolles Bild, doch für den kriegsmäßigen Einsatz besaßen sie wenig Eignung. Es fehlte den Dreiachsern die auch auf den Anmarschwegen notwendige Geländegängigkeit. Zudem konnten sie nur die leichten Panzer I und II befördern, mit denen sowieso bald kein Blumentopf mehr zu gewinnen war. Panzerkompanien mit verlasteten Kampffahrzeugen gab es bei den leichten Divisionen, die, wie schon vor Kriegsbeginn geplant, ab Ende 1939 zu normalen Panzer-Divisionen umgewandelt wurden. Damit verschwanden die Neuntonner-Transporter von der Bildfläche. Vermutlich fanden sie als Nachschubfahrzeuge doch noch eine nützliche Verwendung.

	schw. Lkw. 9 to (6 x 4) Büssing-NAG Typ 9000 1937–1939	schw. Lkw. 9 to (6 x 4) Faun Typ L 900 D 567 1937–1939
Motor	Dieselmotor	Dieselmotor
	Büssing-NAG GD 6	Deutz F 6 M 517
Zylinderzahl	6	6
Bohrung x Hub	130 x 170 mm	130 x 170 mm
Hubraum	13539 ccm	13538 ccm
Leistung	130 PS bei 1500 U/min	150 PS bei 1600 U/min
Verdichtung	1:17	1:22
Einspritzpumpe	Bosch	Deutz
Ventile	Hängend	Hängend
	Seitliche Nockenwelle	Seitliche Nockenwelle
	Antrieb durch Stirnräder	Antrieb durch Stirnräder
Kurbelwellenlager	7	7
Kühlung	Wasser/Pumpe	Wasser/Pumpe
Batterie	2 x 12 V 150 Ah	2 x 12 V 150 Ah
Kraftübertragung	Antrieb auf 2 Hinterachsen	Antrieb auf 2 Hinterachsen
	Mehrscheibentrockenkupplung	Mehrscheibentrockenkupplung
Getriebe	4 Gang Büssing-NAG	4 Gang ZF K 60
Übersetzungen	I. 5,36	I. 6,15
	II. 3,15	II. 3,60
	III. 1,68	III. 1,86
	IV. 1,00	IV. 1,00
Antriebs-Übersetzung	6,95 oder 6,05	6,50
	Verteilergetriebe 1,68	
Fahrwerk	U-Profil-Rahmen	U-Profil-Rahmen
Vorderradaufhängung	starr, Halbfedern	starr, Halbfedern
Hinterradaufhängung	2 Starrachsen	2 Starrachsen
	beiderseits gemeinsam je 2 Halbfedern	beiderseits gemeinsam je 2 Halbfedern
Lenkung	Schnecke	Schraube
Bremse	Druckluft (Knorr)	Druckluft (Bosch)
Fußbremse wirkt auf	6 Räder	6 Räder
Handbremse wirkt auf	4 Hinterräder	4 Hinterräder
Allgemeine Daten		
Radstand	5450+1450 mm	4825+1400 mm
Spur vorn/hinten	2028/2080 mm	2000/1975 mm
Gesamtmaße	9900 x 2500 x 2600 mm	9800 x 2500 x 2600 mm
Ladefläche	6500 x 2360 mm	6000 x 2320 mm
Reifen	13,50–22 extra	12,75–20 extra
	Hinterräder einfachbereift	Hinterräder einfachbereift
Wendekreis-⌀	23 Meter	20 Meter
Fahrzeuggewicht	8720 kg	8900 kg
Nutzlast	9500 kg	9500 kg
Höchstgeschwindigkeit	58 km/h	50 km/h
Verbrauch/100 km	Straße 45 Liter Diesel	Straße 55 Liter Diesel
Kraftstofftank		
Fahrbereich		

Mercedes-Benz L 1500 A (1940/41), als leichter Lkw. entwickelt, dann aber fast ausschließlich als schwerer Pkw. (Mannschafts- oder Gruppenwagen) eingesetzt.

Ebenso wurde der Steyr 1500 A nur in relativ geringer Stückzahl als Lkw. gebaut, weit überwiegend hingegen als großer Mannschaftswagen.

Die Auto Union stellte ihren Typ 1500 A Anfang 1942 vor. Der 2,7 Liter Sechszylinder Wanderer-Motor war unter dem Fahrerhaus angeordnet. Die Wehrmacht hat zwar die wenigen Vorserienwagen übernommen, dann aber veranlaßt, daß bei Wanderer statt des eigenen Modells der Steyr 1500 A in Lizenz gebaut wurde.

Auch der Phänomen Granit 1500 A war als Lastwagen ziemlich selten und auch als schwerer Pkw. (Mannschaftswagen) blieb er weithin unbekannt. Hingegen kannte wohl jeder Frontsoldat die bewährten und zuverlässigen Sanitätskraftwagen dieses Typs.

Der Adler W 61, verwandt mit dem Adler Kübelwagen 3 Gd, war ein in den Jahren 1938/39 in kleiner Stückzahl für die Wehrmacht gebauter leichter Lkw., zum Teil als Pritschen- und zum Teil als Krankenkraftwagen gebaut. Auch die ersteren liefen wohl ausschließlich bei Sanitätseinheiten.

Phänomen Granit 25 H, die ältere Ausführung des Wehrmacht-Krankenwagens, gebaut von 1936 bis 1939.

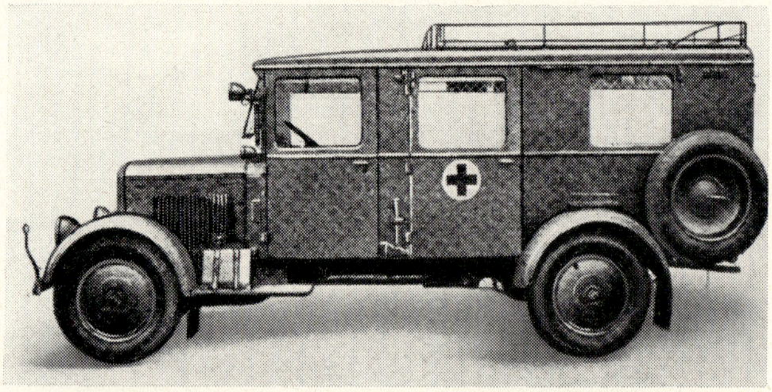

Phänomen Granit 1500 S, die neuere Ausführung des Wehrmacht-Krankenwagens, gebaut von 1940 bis 1944.

	le. Lkw. 1,5 to (4 x 2) Opel-Blitz Typ 2,5–32 1938–1942	Wehrmacht-Krankenwagen Phänomen Granit 25 H 1936—1939	Wehrmacht-Krankenwagen Phänomen Granit 1500 S 1940–1944
Motor	Vergasermotor Opel 2,5 Liter	Vergasermotor Phänomen Granit 25	Vergasermotor Phänomen Granit 27
Zylinderzahl	6	4	4
Bohrung x Hub	80 x 82 mm	85 x 110 mm	85 x 118 mm
Hubraum	2473 ccm	2497 ccm	2678 ccm
Leistung	53 PS bei 3400 U/min	37 PS bei 2500 U/min	50 PS bei 2800 U/min
Drehmoment		13,5 mkg	16 mkg bei 1500 U/min
Verdichtung	1:6	1:5,3	1:5,3
Vergaser	1 Solex 30 JF	1 Solex 30 BFLV	1 Solex 32 FJ II
Ventile	Hängend Seitliche Nockenwelle Antrieb durch Stirnräder	Stehend Seitliche Nockenwelle Antrieb durch Duplex-Kette	Stehend Seitliche Nockenwelle Antrieb durch Duplex-Kette
Kurbelwellenlager	4	3	3
Kühlung	Wasser/Pumpe	Luft/Gebläse	Luft/Gebläse
Batterie	6 oder 12 V	12 V	12 V 62,5 Ah
Kraftübertragung	Antrieb auf Hinterräder Einscheibentrockenkupplung	Antrieb auf Hinterräder Einscheibentrockenkupplung	Antrieb auf Hinterräder
Getriebe	4 Gang Schalthebel Wagenmitte	4 Gang Schalthebel Wagenmitte	4 Gang Schalthebel Wagenmitte
Übersetzungen	I. 4,48	I. 4,52	I. 6,09
	II. 2,61	II. 2,20	II. 3,09
	III. 1,68	III. 1,27	III. 1,71
	IV. 1,00	IV. 1,00	IV. 1,00
Antriebs-Übersetzung	5,50	5,44	5,17
Fahrwerk	U-Profil-Rahmen	U-Profil-Rahmen	U-Profil-Rahmen
Vorderradaufhängung	starr, Halbfedern	starr, 1 Querfeder	starr, Halbfedern
Hinterradaufhängung	starr, Halbfedern	starr, Halbfedern	starr, Halbfedern
Lenkung	Schnecke	Schnecke	Schnecke
Fußbremse	Hydraulisch	Mechanisch (Gestänge)	Hydraulisch
Fußbremse wirkt auf	4 Räder	4 Räder	4 Räder
Handbremse wirkt auf	Hinterräder	Getriebe	Hinterräder
Allgemeine Daten			
Radstand	3250 mm	3260 mm	3270 mm
Spur	1340/1360 mm	1430/1532 mm	1500/1450 mm
Gesamtmaße	Lkw. mit Fahrerhaus: 5400 x 1940 x 1845 mm Lkw. mit Plane: 5400 x 1940 x 2285 mm	Krankenwagen: 5100 x 2040 x 2250 mm	Krankenwagen: 5490 x 1890 x 2085 mm
Ladefläche	2900 x 1800 mm	2300 x 1500 mm	
Reifen	5,50-18 Gelände Hinterräder zwillingsbereift	7,00-20 T Hinterräder einfachbereift	6,00-20 Hinterräder zwillingsbereift
Bodenfreiheit	206 mm	230 mm	230 mm
Watfähigkeit		375 mm	525 mm
Wendekreis-∅	13 Meter	13,5 Meter	12,5 Meter
Fahrzeuggewicht	1525 kg	2360 kg	2135 kg
Zuläss. Gesamtgewicht	3200 kg	2960 kg	3750 kg
Nutzlast	1675 kg	600 kg	1600 kg
Höchstgeschwindigkeit	80 km/h	73 km/h	85 km/h
Verbrauch/100 km	Straße 16,5 Liter	Straße 15,5 Liter	Straße 17 Liter
Kraftstofftank	57 Liter	53 Liter	72 Liter
Fahrbereich	340 km	340 km	430 km

Wehrmacht-Ausführung des 3 to Opel-Blitz „S", also Standardtyp ohne Allrad-Antrieb. Kein anderer Wagen war in der Wehrmacht so häufig wie dieser: Insgesamt liefen etwa 70 000 Stück davon.

Die offizielle Bezeichnung für Tankwagen lautete bei der Wehrmacht: Betriebsstoff-Kessel-Kraftwagen. Hier ein Opel-Blitz 3 to mit dem älteren Einheits-Fahrerhaus, kenntlich am Klappverdeck. Das Foto wurde 1942 in Südrußland aufgenommen.

Bild unten links: Winter in Rußland. Nachdem der Motor durch Feuer, Lötlampen oder heißes Wasser angewärmt ist, wird der Wagen hin- und herbewegt, damit sich die verharzten Kolben und Lager lösen. Im Hintergrund zwei russische Beute-Lkw.

Der 3 to Opel-Blitz „A“ war durch den Allrad-Antrieb und eine zusätzlich einschaltbare Gelände-Übersetzung gekennzeichnet. Wer Bescheid wußte, erkannte dieses Modell sofort an der höheren Bauart und am bulligeren Aussehen. Trotz zwillingsbereifter Hinterräder erwies sich der Opel als höchst geländetüchtig. Die stattliche Zahl von 25 000 Fahrzeugen des A-Typs gingen an die Wehrmacht.

Die beiden oberen Bilder zeigen den 3 to Opel-Blitz „A“ mit Einheits-Kofferaufbau. Das Bild oben links gibt einen Begriff von der Wirksamkeit der Tarnbemalung.

Fahrgestell 3 to Opel-Blitz „A“.

◀ Bild unten rechts: Funkstation in der Ukraine. Untergebaute Steine entlasten die Federn. Als Tarnung und als Kälteschutz dient die Strohmatte über der Haube.

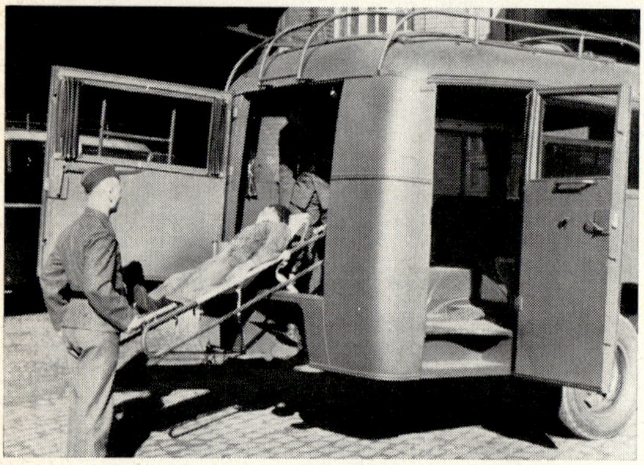

Opel-Blitz 3 to als Wehrmacht-Omnibus. Es handelt sich um den Aufbau Modell W 39 der Karosseriefabrik Gebr. Ludewig (Essen), bei welcher übrigens das komplette Fahrzeug montiert wurde. In den Jahren 1939 bis 1944 gingen 2880 Stück dieses Omnibusses an die Wehrmacht. Er diente als Mannschafts-Transporter, als Befehls- oder Schreibstubenwagen, im Sanitätsdienst usw.

Daimler-Benz mußte 1943 die Produktion des eigenen Dreitonners einstellen und stattdessen den für die Wehrmacht besser geeigneten Opel-Blitz bauen. Die Wagen aus Mannheim, die unmittelbar nach dem Krieg noch eine Zeitlang weitergeliefert wurden, trugen keinerlei Marken- oder Namenschild. Man erkannte sie am Einheits-Fahrerhaus, denn dieses war beim Original-Opel nie verwendet worden. Der lizenzweise nachgebaute Opel führte bei Daimler-Benz die Werksbezeichnung L 701.

	m. Lkw. 3 to (4 x 2) Opel-Blitz Typ 3,6–36 S 1937–1944	m. gl. Lkw. 3 to (4 x 4) Opel-Blitz Typ 3,6–6700 A 1940–1944	Wehrmacht-Omnibus (4 x 2) Opel-Blitz Typ 3,6–47 1939–1944
Motor		Vergasermotor Opel 3,6 Liter	
Zylinderzahl		6	
Bohrung x Hub		90 x 95 mm	
Hubraum		3626 ccm	
Leistung		68 PS bei 3000 U/min	
Verdichtung		1:6	
Vergaser		1 Solex 35 JFP	
Ventile		Hängend Seitliche Nockenwelle Antrieb durch Stirnräder	
Kurbelwellenlager		4	
Kühlung		Wasser/Pumpe	
Batterie		12 V 50 Ah	
Kraftübertragung	Antrieb auf Hinterräder Einscheibentrockenkupplung Schalthebel Wagenmitte	Allrad-Antrieb Einscheibentrockenkupplung 2 Schalthebel Wagenmitte	Antrieb auf Hinterräder Einscheibentrockenkupplung Schalthebel Wagenmitte
Getriebe	5 Gang	5 Gang + Vorgelege	5 Gang
Übersetzungen	I. 7,84 II. 4,82 III. 2,71 IV. 1,58 V. 1,00	I. 7,84 II. 4,82 III. 2,71 IV. 1,58 V. 1,00	I. 7,84 II. 4,82 III. 2,71 IV. 1,58 V. 1,00
Übersetzungen Vorgelege	–	Straße 1,08 Gelände 1,93	–
Antriebs-Übersetzung	6,83	5,71	6,83
Fahrwerk	U-Profil-Rahmen	U-Profil-Rahmen	U-Profil-Niederrahmen
Vorderradaufhängung	starr, Halbfedern	starr, Halbfedern	starr, Halbfedern
Hinterradaufhängung	starr, Halbfedern	starr, Halbfedern ab 1942 mit Zusatzfedern	starr, Halbfedern mit Zusatzfedern
Lenkung	Schnecke	Schnecke	Schnecke
Fußbremse	Hydraulisch	Hydraulisch	Hydraulisch
Fußbremse wirkt auf	4 Räder	4 Räder	4 Räder
Handbremse wirkt auf	Getriebe	Getriebe	Getriebe
Allgemeine Daten			
Radstand	3600 mm	3450 mm	4650 mm
Spur	1542/1620 mm	1630/1642 mm	1542/1620 mm
Gesamtmaße	Lkw. ohne Plane: 6105 x 2265 x 2025 mm Lkw. mit Plane: 6105 x 2265 x 2565 mm mit Einheits-Kofferaufbau: 5600 x 2150 x 2850 mm	Lkw. ohne Plane 6010 x 2265 x 2175 mm Lkw. mit Plane: 6010 x 2265 x 2825 mm	7200 x 2350 x 2700 mm
Ladefläche der Pritsche	3500 x 2125 mm	3500 x 2125 mm	–
Reifen	190–20 oder 7,25–20 Hinterräder zwillingsbereift	190-20 oder 7,25-20 Gelände Hinterräder zwillingsbereift	190-20 oder 7,25-20 Hinterräder zwillingsbereift
Bodenfreiheit	225 mm	225 mm	225 mm
Watfähigkeit	500 mm	500 mm	
Wendekreis-⌀	15 Meter	15,7 Meter	16,5 Meter
Fahrzeuggewicht	Lkw. mit Pritsche: 2500 kg mit Einheits-Kofferaufbau: 4000 kg	Lkw. mit Pritsche: 3000 kg	3550 kg
Zuläss. Gesamtgewicht	5800 kg	6100 kg	6000 kg
Nutzlast	Lkw. mit Pritsche: 3300 kg	Lkw. mit Pritsche: 3100 kg	2450 kg bzw. 30 Sitzplätze
Anhängelast	2000 kg		
Höchstgeschwindigkeit	85 km/h	80 km/h	85 km/h
Verbrauch/100 km	Straße 25, Gelände 35 Liter	Straße 30, Gelände 40 Liter	Straße 30 Liter
Kraftstofftank	82 Liter	92 Liter	86 Liter
Fahrbereich	Straße 320, Gelände 230 km	Straße 300, Gelände 230 km	Straße 280 km

Im Vordergrund dieser Kolonne, welche eine überflutete Rollbahn in Rußland befährt, sieht man einen Ford V8-Lastwagen Modell 1937/38 mit Pritschenaufbau und Einheits-Fahrerhaus älterer Art. Derart umgebaute Lastwagen kamen fast immer aus der Privatwirtschaft und besaßen vordem irgendwelche für militärische Zwecke nicht brauchbare Sonderaufbauten.

Der Ford G 917 T, ein Dreitonner mit 3,6 und später 3,9 Liter V8 Motor sowie starrer Querfeder-Vorderachse wurde 1939 bis 1942 in ziemlich großer Zahl geliefert.

	m.Lkw. 3 to (4 x 2) Ford G 917 T St III a 1939–1941	m.Lkw. 3 to (4 x 2) Ford G 917 T St III b 1941–1942	m.Lkw. 3 to (4 x 2) Ford V 3000 S (G 918 TS) 1941–1945	m.gl.Lkw. 3 to (4 x 4) Ford V 3000 A (G 198 TWA) 1943–1944
Motor	Vergasermotor Ford V8 – 3,6 Liter	Vergasermotor Ford V8 – 3,9 Liter	Vergasermotor Ford V8 - 3,9 Liter	
Zylinderzahl	8 (90°-V-Form)	8 (90°-V-Form)	8 (90°-V-Form)	
Bohrung x Hub	77,8 x 95,25 mm	81 x 95,25 mm	81 x 95,25 mm	
Hubraum	3613 ccm	3924 ccm	3924 ccm	
Leistung	90 PS bei 3800 U/min	95 PS bei 3500 U/min	95 PS bei 3500 U/min	
Drehmoment				
Verdichtung	1:6,25	1:5,9	1:5,9	
Vergaser	1 Doppel-Fallstromvergaser Solex 30 FFIK		1 Doppel-Fallstromvergaser Solex 30 FFIK	
Ventile	Stehend Zentrale Nockenwelle Antrieb durch Stirnräder		Stehend Zentrale Nockenwelle Antrieb durch Stirnräder	
Kurbelwellenlager	3		3	
Kühlung	Wasser/2 Pumpen		Wasser/2 Pumpen	
Batterie	12 V 50 Ah		12 V 50 Ah	
Kraftübertragung	Antrieb auf Hinterräder		Antrieb auf Hinterräder	Allrad-Antrieb (Vorderrad-Antrieb abschaltbar)
Kupplung	Einscheibentrockenkupplung		Einscheibentrockenkupplung	
Schaltung	Schalthebel/Wagenmitte		Schalthebel/Wagenmitte	
Getriebe	4 Gang		5 Gang	
Übersetzungen	I. 6,40 II. 3,09 III. 1,69 IV. 1,00		Gelände 8,30 I. 5,06 II. 3,09 III. 1,69 IV. 1,00	
Antriebs-Übersetzung	6,66		6,66	
Fahrwerk	U-Profil-Rahmen		U-Profil-Rahmen	
Vorderradaufhängung	starr, 1 Querfeder		starr, Halbfedern	
Hinterradaufhängung	starr, Halbfedern mit Zusatzfedern		starr, Halbfedern mit Zusatzfedern	
Lenkung	Schnecke		Schnecke	
Fußbremse	Hydraulisch, 4 Räder		Hydraulisch, 4 Räder	
Handbremse	Seilzug, Hinterräder		Seilzug, Hinterräder	
Allgemeine Daten				
Radstand	3988 mm		4013 mm	4025 mm
Spur vorn	1475 mm		1650 mm	1786 mm
Spur hinten			innen 1424 mm außen 1880 mm	innen 1424 mm außen 1880 mm
Gesamtmaße	6220 x 2240 x 2200 mm		6385 x 2250 x 2175 mm	6343 x 2245 x 2370 mm Höhe über Plane 2800 mm
Ladefläche der Pritsche	2600 x 2100 mm		3500 x 2110 mm	4300 x 2110 mm
Reifen	7,25-20 Gelände Zwillings-Hinterräder		7,25-20 oder 190-20 Zwillings-Hinterräder	7,25-20 oder 190-20 Zwillings-Hinterräder
Bodenfreiheit	250 mm		250 mm	255 mm
Watfähigkeit	630 mm		440 mm	
Wendekreis-∅	19 Meter		14 Meter	14 Meter
Fahrzeuggewicht	2700 kg		2540 kg	3290 kg
Zuläss. Gesamtgewicht	5700 kg		5840 kg	6200 kg
Nutzlast	3000 kg		3300 kg	2910 kg
Höchstgeschwindigkeit	80 km/h		85 km/h	85 km/h
Verbrauch/100 km	Straße 32 Liter Gelände 45 Liter		Straße 32 Liter Gelände 45 Liter	Straße 33 Liter Gelände 50 Liter
Kraftstofftank	105 Liter		105 Liter	140 Liter
Fahrbereich	Straße 330 km Gelände 230 km		Straße 330 km Gelände 230 km	Straße 420 km Gelände 280 km

Der Ford V 3000 S, gebaut von 1941 bis 1945, entsprach fahrgestellmäßig und mit 5 Gang-Getriebe eher als das Vorgängermodell, doch nach wie vor erwies sich der V8-Motor als wenig geeignet. – Das Bild unten zeigt den 1943/44 in geringer Stückzahl gebauten Ford Dreitonner mit Allrad-Antrieb, der hauptsächlich in Norwegen lief.

Motor

Zylinderzahl
Bohrung x Hub
Hubraum
Leistung
Drehmoment
Verdichtung
Vergaser
Einspritzpumpe
Ventile

Kurbelwellenlager
Kühlung
Batterie

Kraftübertragung

Getriebe
Übersetzungen

Antriebs-Übersetzung

Fahrwerk
Vorderradaufhängung
Hinterradaufhängung
Lenkung
Fußbremse
Fußbremse wirkt auf
Handbremse wirkt auf

Allgemeine Daten
Radstand
Spur vorn
Spur hinten
Gesamtmaße

Ladefläche der Pritsche
Reifen

Bodenfreiheit
Watfähigkeit
Wendekreis-∅
Fahrzeuggewicht
Zuläss. Gesamtgewicht
Nutzlast
Anhängelast
Höchstgeschwindigkeit
Verbrauch/100 km
Kraftstofftank
Fahrbereich

m. Lkw. 3 to (4 x 2) Borgward B 3000 S/O 1939–1944	m. gl. Lkw. 3 to (4 x 4) Borgward B 3000 A/O 1939–1943	m. Lkw. 3 to (4 x 2) Borgward B 3000 S/D 1939–1943	m. gl. Lkw. 3 to (4 x 4) Borgward B 3000 A/D 1939–1943
Vergasermotor		Wirbelkammer-Dieselmotor	
Borgward B 3000		Borgward D 6 M 5	
6		6	
85 x 110 mm		90 x 130 mm	
3745 ccm		4962 ccm	
78 PS bei 3000 U/min		75 PS bei 2000 U/min	
22 mkg		28 mkg	
1:6		1:18	
1 Solex 35 JFP II		–	
–		Bosch	
Hängend		Hängend	
Seitliche Nockenwelle		Seitliche Nockenwelle	
Antrieb durch Stirnräder		Antrieb durch Stirnräder	
4		7	
Wasser/Pumpe		Wasser/Pumpe	
12 V 90 Ah		2 x 12 V 75 Ah	
Antrieb auf Hinterräder	Allrad-Antrieb Vorderrad-Antrieb abschaltbar	Antrieb auf Hinterräder	Allrad-Antrieb Vorderrad-Antrieb abschaltbar
Einscheibentrockenkupplung	Einscheibentrockenkupplung	Einscheibentrockenkupplung	Einscheibentrockenkupplung
Schalthebel Wagenmitte	Schalthebel Wagenmitte	Schalthebel Wagenmitte	Schalthebel Wagenmitte
5 Gang	5 Gang + Vorgelege	5 Gang	5 Gang + Vorgelege
I. 7,18	I. 7,18	I. 7,18	I. 7,18
II. 4,05	II. 4,05	II. 4,05	II. 4,05
III. 2,39	III. 2,39	III. 2,39	III. 2,39
IV. 1,49	IV. 1,49	IV. 1,49	IV. 1,49
V. 1,00	V. 1,00	V. 1,00	V. 1,00
	Vorgelege 1,68		Vorgelege 1,68
5,83	5,83	4,85	4,85
U-Profil-Rahmen			
starr, Halbfedern			
starr, Halbfedern			
Schnecke			
Hydraulisch			
4 Räder			
Hinterräder			
3700 mm			
1640 mm			
mittel 1600 mm			
6450 x 2300 x 2220 mm Höhe mit Plane: 2930 mm			
3000 x 2100 mm			
190-20 Gelände Hinterräder zwillingsbereift			
235 mm	235 mm	235 mm	235 mm
700 mm	730 mm	700 mm	730 mm
13,5 Meter	13,8 Meter	13,5 Meter	13,8 Meter
3065 kg	3345 kg	3235 kg	3515 kg
6190 kg	6440 kg	6360 kg	6610 kg
3125 kg	3095 kg	3125 kg	3095 kg
4500 kg	4500 kg	4500 kg	4500 kg
80 km/h	80 km/h	70 km/h	70 km/h
Straße 29, Gelände 37 Liter	Straße 29, Gelände 37 Liter	Straße 25, Gelände 32 l Diesel	Straße 25, Gelände 32 l Diesel
120 Liter	120 Liter	120 Liter	120 Liter
Straße 410, Gelände 320 km	Straße 410, Gelände 320 km	Straße 480, Gelände 370 km	Straße 480, Gelände 370 km

Oben links: Zwei Borgward Dreitonner älteren Jahrgangs mit Einheits-Fahrerhäusern.

Oben rechts: Zufriedenstellend lief der Borgward B 3000, den es wahlweise sowohl mit Vergaser- als auch mit Diesel-Motor und sowohl mit Hinterrad- als auch mit Allrad-Antrieb gab. Er wurde von 1939 bis zur Ausbombung des Werks im Jahre 1944 gebaut.

Links: Borgward B 3000 als Kranwagen, eingerichtet für die Auswechslung von Flugzeugmotoren.

1929/30 fuhr die Reichswehr den 2,5 to Mercedes-Benz Schnell-Lastwagen Type L 45 (6 Zylinder, 3,9 Liter, 60 PS).

In den Jahren 1933 bis 1936 wurde der Mercedes-Benz Typ Lo 2750 an das Heer geliefert. Er wurde wahlweise mit Vergaser- oder Diesel-Motor ausgerüstet, beide als Vierzylinder mit 4950 ccm Hubraum und 65 PS Leistung. Der eine war mit 1:5,5, der andere mit 1:17 verdichtet. Die Nutzlast betrug 2¾ Tonnen.

Mercedes-Benz Typ L 3000 S (1940–1942) als Pritschenwagen.

Mercedes-Benz L 3000 S mit Einheits-Kofferaufbau zur Verwendung als Funk- oder Werkstattwagen.

Der Mercedes-Benz L 3000 A, der von 1940 bis 1943 gebaute Dreitonner mit Allrad-Antrieb, war für die harten Bedingungen des Rußlandkrieges zu weich und empfindlich. Der Opel-Blitz, ursprünglich überhaupt nicht für militärische Zwecke konstruiert, eignete sich da unvergleichlich besser. Man mag aus diesem Beispiel die Erkenntnis gewinnen, daß die Motorisierung einer Armee mit Spezialfahrzeugen zwar immer sehr viel teurer, aber im praktischen Betrieb keineswegs unbedingt vorteilhafter ist.

	m. Lkw. 3 to (4 x 2) Mercedes-Benz L 3000 1938–1939	m. Lkw. 3 to (4 x 2) Mercedes-Benz L 3000 S 1940–1942	m. gl. Lkw. 3 to (4 x 4) Mercedes-Benz L 3000 A 1940–1943
Motor	Vorkammer-Dieselmotor	Vorkammer-Dieselmotor	
	Daimler-Benz OM 65/3	Daimler-Benz OM 65/4	
Zylinderzahl	4	4	
Bohrung x Hub	105 x 140 mm	105 x 140 mm	
Hubraum	4849 ccm	4849 ccm	
Leistung	65 PS bei 2000 U/min	75 PS bei 2250 U/min	
Verdichtung	1:20	1:20	
Einspritzpumpe	Bosch oder Deckel	Bosch oder Deckel	
Ventile	Hängend	Hängend	
	Seitliche Nockenwelle	Seitliche Nockenwelle	
	Antrieb durch Stirnräder	Antrieb durch Stirnräder	
Kurbelwellenlager	5	5	
Kühlung	Wasser/Pumpe	Wasser/Pumpe	
Batterie	2 x 12 V 105 Ah	2 x 12 V 75 Ah	2 x 12 V 90 Ah
Kraftübertragung	Antrieb auf Hinterräder	Antrieb auf Hinterräder	Allrad-Antrieb
			3 Sperrdifferentiale
			Vorderrad-Antrieb abschaltbar
			Geländegang auch ohne Vorderrad-Antrieb einschaltbar
	Einscheibentrockenkupplung	Einscheibentrockenkupplung	Einscheibentrockenkupplung
	Schalthebel Wagenmitte	Schalthebel Wagenmitte	Schalthebel Wagenmitte
Getriebe	4 Gang + Vorgelege	5 Gang	5 Gang + Vorgelege
Übersetzungen	I. 6,51	I. 9,00	I. 9,00
	II. 3,21	II. 4,50	II. 4,50
	III. 1,74	III. 2,50	III. 2,50
	IV. 1,00	IV. 1,35	IV. 1,35
		V. 1,00	V. 1,00
Übersetzungen Vorgelege	Straße 1,00	–	Straße 1,00
	Gelände 1,34		Gelände 1,363
Antriebs-Übersetzung	5,00	5,00	5,00
Fahrwerk	U-Profil-Rahmen	U-Profil-Rahmen	
Vorderradaufhängung	starr, Halbfedern	starr, Halbfedern	
Hinterradaufhängung	starr, Halbfedern	starr, Halbfedern	
Lenkung	ZF-Roß 660	ZF-Roß 700	
Fußbremse	Hydraulisch	Hydraulisch	
Fußbremse wirkt auf	4 Räder	4 Räder	
Handbremse wirkt auf	Hinterräder	Hinterräder	
Allgemeine Daten			
Radstand	3800 mm	3800 oder 4250 mm	3800 mm
Spur vorn	1700 mm	1685 mm	1633 mm
Spur hinten	mittel 1650 mm	mittel 1650 mm	mittel 1650 mm
Gesamtmaße	6160 x 2350 x 2800 mm	6255 bzw. 6715 x 2240 x 2585 mm	6255 x 2350 x 2600 mm
Ladefläche der Pritsche	3500 x 2100 mm	3500 bzw. 4000 x 2100 mm	3500 x 2100 mm
Reifen	7,25-20 Gelände	190-20 oder 7,50-20 Gelände	190-20 Gelände
	Hinterräder zwillingsbereift	Hinterräder zwillingsbereift	Hinterräder zwillingsbereift
Bodenfreiheit	220 mm	225 mm	225 mm
Watfähigkeit	600 mm	700 mm	700 mm
Wendekreis-∅	15,2 Meter	15,2 bzw. 15,8 Meter	15,2 Meter
Fahrzeuggewicht	3850 kg	3690 kg	4020 kg
Zuläss. Gesamtgewicht	6500 kg	6790 kg	Straße 7040, Gelände 6620 kg
Nutzlast	2650 kg	3100 kg	Straße 3020, Gelände 2600 kg
Höchstgeschwindigkeit	64 km/h	70 km/h	70 km/h
Verbrauch/100 km	Straße 18, Gelände 27 l Diesel	Straße 18, Gelände 27 l Diesel	Straße 20, Gelände 30 l Diesel
Kraftstofftank	70 Liter	90 Liter	90 Liter
Fahrbereich	Straße 370, Gelände 250 km	Straße 500, Gelände 330 km	Straße 450, Gelände 300 km

m. Lkw. 3 to (4 x 2) **Klöckner-Deutz-Magirus** **S 330 bzw. S 3000** **1941–1944**	**m. gl. Lkw. 3 to (4 x 4)** **Klöckner-Deutz-Magirus** **A 330 bzw. A 3000** **1941–1943**	**m. Lkw. 3 to (4 x 2)** **MAN** **E 3000** **1940–1944**	**Wehrmacht-Omnibus (4 x 2)** **MAN** **E 3000** **1940–1944**
Vorkammer-Dieselmotor		Dieselmotor mit direkter Strahleinspritzung	
Deutz F 4 M 513		MAN D 0534 G	
4		4	
110 x 130 mm		105 x 130 mm	
4941 ccm		4503 ccm	
80 PS bei 2250 U/min		70 PS bei 2200 U/min	
1:22		1:17	
Deutz oder Bosch		Bosch oder Deckel	
Hängend		Hängend	
Seitliche Nockenwelle		Seitliche Nockenwelle	
Antrieb durch Stirnräder		Antrieb durch Stirnräder	
5		5	
Auswechselbare Zylinderbüchsen			
Wasser/Pumpe		Wasser/Pumpe	
2 x 12 V 90 Ah		2 x 12 V 75 Ah	2 x 12 V 90 Ah
Antrieb auf Hinterräder	Allrad-Antrieb Vorderrad-Antrieb abschaltbar	Antrieb auf Hinterräder	
Einscheibentrockenkupplung	Einscheibentrockenkupplung	Einscheibentrockenkupplung	
Schalthebel Wagenmitte	Schalthebel Wagenmitte	Schalthebel Wagenmitte	
5 Gang	5 Gang + Vorgelege	4 Gang	
I. 6,00	I. 6,00	I. 6,50	
II. 3,01	II. 3,01	II. 3,20	
III. 1,668	III. 1,668	III. 1,74	
IV. 1,00	IV. 1,00	IV. 1,00	
V. 0,726	V. 0,726		
–	Straße 1,00 Gelände 1,74	–	
5,84	5,84	5,97	
U-Profil-Rahmen		U-Profil-Rahmen	
starr, Halbfedern		starr, Halbfedern	
starr, Halbfedern		starr, Halbfedern	
		Trag- und Triebwerk-Achse getrennt	
ZF-Roß 700		ZF-Roß 660	
Hydraulisch		Hydraulisch (Omnibus: +Motorbremse)	
4 Räder		4 Räder	
Hinterräder		Getriebe	
3700 oder 4200 mm	3700 mm	4000 oder 4650 mm	4650 mm
1570 mm	1640 mm	1657 mm	1657 mm
mittel 1560 mm	mittel 1560 mm	mittel 1563 mm	mittel 1563 mm
6100 bzw. 6600 x 2220 x 2230 mm Höhe mit Plane: 2800 mm	6100 x 2220 x 2330 mm Höhe mit Plane: 2900 mm	6090 bzw. 7190 x 2150 x 2450 mm (Höhe mit Anhängerdreieck)	7335 x 2350 x 2915 mm (Höhe mit Dachgalerie)
3500 bzw. 4000 x 2100 mm	3500 x 2100 mm	3500 bzw. 4600 x 2100 mm	–
190-20 Gelände	190-20 Gelände	7,25-20	7,25-20
Hinterräder zwillingsbereift	Hinterräder zwillingsbereift	Hinterräder zwillingsbereift	Hinterräder zwillingsbereift
240 mm	240 mm	266 mm	266 mm
700 mm	700 mm	500 mm	500 mm
15 bzw. 15,5 Meter	15 Meter	15 bzw. 17,5 Meter	17,5 Meter
3300 kg	3660 kg	2880 bzw. 3010 kg	4250 kg
6450 kg	Straße 6760, Gelände 6360 kg	6300 kg	6350 kg
3150 kg	Straße 3100, Gelände 2700 kg	3420 bzw. 3290 kg	2100 kg
85 km/h	Straße 75, Gelände 40 km/h	60 km/h	60 km/h
Straße 20, Gelände 30 l Diesel	Straße 20, Gelände 30 l Diesel	Straße 20, Gelände 30 l Diesel	Straße 20
70 Liter	70 Liter	90 Liter	90 Liter
Straße 350, Gelände 230 km	Straße 350, Gelände 230 km	Straße 450, Gelände 300 km	Straße 450 km

Der MAN ML 4500 A, von 1940 bis 1944 gebauter 4,5 Tonner mit Allrad-Antrieb, war ein grundsolides, äußerst verläßliches Fahrzeug.

MAN ML 4500 S (1943) als Werkstatt- bzw. Ersatzteilwagen mit Mannschaftsunterkunft.

Der Klöckner-Deutz-Magirus GS 145 wurde zunächst hauptsächlich an den Reichsarbeitsdienst geliefert, dann aber bei der Wehrmacht eingesetzt. Dieses Modell war eine Gemeinschaftskonstruktion der im Einheitsbüro Frankfurt zusammenarbeitenden Firmen Magirus, Henschel und Saurer.

Motor

Zylinderzahl
Bohrung x Hub
Hubraum
Leistung
Drehmoment
Verdichtung
Einspritzpumpe
Ventile

Kurbelwellenlager

Kühlung
Batterie

Kraftübertragung

Kupplung
Schaltung
Getriebe
Übersetzungen Getriebe

Übersetzungen Vorgelege

Antriebs-Übersetzung

Fahrwerk
Vorderradaufhängung
Hinterradaufhängung
Lenkung
Fußbremse
Fußbremse wirkt auf
Handbremse wirkt auf

Allgemeine Daten
Radstand
Spur vorn
Spur hinten
Gesamtmaße

Ladefläche
Reifen

Bodenfreiheit
Wendekreis-∅
Fahrzeuggewicht
Zulässiges Gesamtgewicht

Nutzlast
Höchstgeschwindigkeit
Verbrauch/100 km

Kraftstofftank
Fahrbereich

m. Lkw. 4,5 to (4 x 2) MAN ML 4500 S 1940–1945	m. gl. Lkw. 4,5 to (4 x 4) MAN ML 4500 A 1940–1944	m. Lkw. 4,5 to (4 x 2) Klöckner-Deutz-Magirus GS 145 1941–1942	m. gl. Lkw. 4,5 to (4 x 4) Klöckner-Deutz-Magirus GA 145 1941–1942
Dieselmotor mit direkter Strahleinspritzung		Vorkammer-Dieselmotor	
MAN D 1040 G		GM 145	
6		6	
110 x 140 mm		105 x 140 mm	
7980 ccm		7226 ccm	
110 PS bei 1900 U/min		125 PS bei 2400 U/min	
42 mkg bei 1400 U/min		40 mkg bei 1400 U/min	
1:17			
Bosch oder Deckel		Deutz	
Hängend		Hängend	
Seitliche Nockenwelle		Seitliche Nockenwelle	
Antrieb durch Stirnräder			
7		7	
		Auswechselbare Zylinderbüchsen	
Wasser / Pumpe		Wasser / Pumpe	
2 x 12 V 105 Ah		2 x 12 V 105 Ah	
Antrieb auf Hinterräder	Allrad-Antrieb Vorderrad-Antrieb nur zusammen mit Geländegang einschaltbar	Antrieb auf Hinterräder	Allrad-Antrieb Vorderrad-Antrieb nur zusammen mit Geländegang einschaltbar
Einscheibentrockenkupplung	Einscheibentrockenkupplung	Einscheibentrockenkupplung	Einscheibentrockenkupplung
Schalthebel / Wagenmitte	2 Schalthebel / Wagenmitte	Schalthebel / Wagenmitte	2 Schalthebel / Wagenmitte
5 Gang	5 Gang + Vorgelege	5 Gang	5 Gang + Vorgelege
I. 5,40	I. 5,40	I. 5,40	I. 5,40
II. 3,00	II. 3,00	II. 3,00	II. 3,00
III. 1,67	III. 1,67	III. 1,67	III. 1,67
IV. 1,00	IV. 1,00	IV. 1,00	IV. 1,00
V. 0,725	V. 0,725	V. 0,725	V. 0,725
–	Straße 1,00	–	Straße 1,00
	Gelände 1,49		Gelände 1,50
7,91	7,91	9,40	9,40
U-Profil-Rahmen		U-Profil-Rahmen	
starr, Halbfedern		starr, Halbfedern	
starr, Halbfedern		starr, Halbfedern	
ZF-Roß 722		ZF-Roß	
Druckluft		Druckluft	
4 Räder		4 Räder	
Hinterräder		Hinterräder	
4600 mm		4750 mm	
1900 mm		1870 mm	
mittel 1714 mm		mittel 1714 mm	
7500 x 2350 x 2610 mm		7675 x 2350 x 2505 mm	
Höhe mit Plane: 3350 mm			
5000 x 2200 mm		5000 x 2200 mm	
9,75–20 oder 270–20 Gelände		270–20 Gelände	
Zwillings-Hinterräder		Zwillings-Hinterräder	
350 mm		325 mm	
18 Meter		20 Meter	
5 050 kg	5 550 kg	4 900 kg	5 300 kg
10 000 kg	Straße 10 500 kg, Gelände 9 900 kg	9 700 kg	Straße 10 000 kg, Gelände 9 400 kg
4 950 kg	Straße 4 950, Gelände 4 350 kg	4 800 kg	Straße 4 700, Gelände 4 100 kg
63 km/h	63 km/h	67 km/h	67 km/h
Straße 25 Liter Diesel	Straße 26 Liter Diesel Gelände 42 Liter Diesel	Straße 25 Liter Diesel	Straße 26 Liter Diesel Gelände 42 Liter Diesel
130 Liter	130 Liter	115 Liter	115 Liter
Straße 520 km	Straße 500, Gelände 300 km	Straße 460 km	Straße 440, Gelände 270 km

Büssing-NAG eines älteren Vorkriegsjahrgangs, umgebaut als Pritschenwagen mit Einheits-Fahrerhaus. Die beiden unteren Bilder zeigen den Büssing-NAG Typ 4500 A-1 (1942–1945).

Motor

Zylinderzahl
Bohrung x Hub
Hubraum
Leistung
Drehmoment
Verdichtung
Einspritzpumpe
Ventile

Kurbelwellenlager

Kühlung
Batterie

Kraftübertragung

Getriebe
Übersetzungen

Übersetzungen Vorgelege

Antriebs-Übersetzung

Fahrwerk
Vorderradaufhängung
Hinterradaufhängung
Lenkung
Fußbremse
Fußbremse wirkt auf
Handbremse wirkt auf

Allgemeine Daten
Radstand
Spur vorn
Spur hinten
Gesamtmaße

Ladefläche der Pritsche
Reifen

Bodenfreiheit
Watfähigkeit
Wendekreis-Ø
Fahrzeuggewicht
Zuläss. Gesamtgewicht
Nutzlast
Anhängelast
Höchstgeschwindigkeit
Verbrauch/100 km
Kraftstofftank
Fahrbereich

s. Lkw. 4,5 to (4 x 2) Büssing-NAG 500 S 1940–1941	s. gl. Lkw. 4,5 to (4 x 4) Büssing-NAG 500 A 1940–1941	s. Lkw. 4,5 to (4 x 2) Büssing-NAG 4500 S–1 1942–1945	s. gl. Lkw. 4,5 to (4 x 4) Büssing-NAG 4500 A–1 1942–1945

Vorkammer-Dieselmotor
Büssing-NAG Typ LD
6
110 x 130 mm
7413 ccm
105 PS bei 1800 U/min
44,5 mkg
1:18,5
Bosch oder Deckel
Hängend
Seitliche Nockenwelle
Antrieb durch Stirnräder
7
Auswechselbare Zylinderbüchsen
Wasser/Pumpe
2 x 12 V 105 Ah

Antrieb auf Hinterräder	Allrad-Antrieb Vorderrad-Antrieb abschaltbar	Antrieb auf Hinterräder	Allrad-Antrieb Vorderrad-Antrieb abschaltbar
Zweischeibentrocken-kupplung Schalthebel Wagenmitte	Zweischeiben-trockenkupplung 2 Schalthebel Wagenmitte	Zweischeiben-trockenkupplung Schalthebel Wagenmitte	Zweischeiben-trockenkupplung 2 Schalthebel Wagenmitte

5 Gang
I. 6,20
II. 3,20
III. 1,75
IV. 1,00
V. 0.65

U-Profil-Rahmen
starr, Halbfedern
starr, Halbfedern
ZF-Roß
Druckluft
4 Räder
Getriebe

5000 mm	4875 mm	4800 mm	4800 mm
1830 mm	1980 mm	1920 mm	1934 mm
mittel 1765 mm	mittel 1765 mm	mittel 1714 mm	mittel 1714 mm
8135 x 2350 x 2450 mm (Höhe ohne Anhänger-Warndreieck)	8050 x 2370 x 2725 mm (Höhe ohne Anhänger-Warndreieck)	8050 x 2350 x 2800 mm (Höhe mit Anhänger-Warndreieck)	8050 x 2350 x 2900 mm (Höhe mit Anhänger-Warndreieck)
5000 x 2200 mm	5000 x 2200 mm	5000 x 2200 mm	5000 x 2200 mm
9,75–20 Gelände	9,75–20 Gelände	270–20 Gelände	270–20 Gelände
Hinterräder zwillingsbereift	Hinterräder zwillingsbereift	Hinterräder zwillingsbereift	Hinterräder zwillingsbereift
290 mm	290 mm	290 mm	290 mm
750 mm	750 mm	750 mm	750 mm
17,9 Meter	19 Meter	17,6 Meter	18,7 Meter
5350 kg	5950 kg	5200 kg	5450 kg
10300 kg	10720 kg	10100 kg	10400 kg
4750 kg	4770 kg	4600 kg	4500 kg
65 km/h	65 km/h	65 km/h	65 km/h
Straße 25 Liter Diesel	Str. 28, Gelände 42 l Diesel	Straße 25 Liter Diesel	Str. 28, Gelände 42 l Diesel
110 Liter	110 Liter	110 Liter	110 Liter
Straße 440 km	Straße 390, Gelände 260 km	Straße 440 km	Straße 390, Gelände 260 km

Durchweg zufriedenstellend liefen im letzten Krieg die schweren Lastwagen. Viel verwendete die Wehrmacht den ausgezeichneten Mercedes-Benz Typ L 4500 A, ein 4,5-Tonner mit 112 PS Dieselmotor und Allrad-Antrieb, der sich von 1941 bis 1944 (und dann noch eine Zeitlang nach der Kapitulation) in der Produktion befand.

3,7 cm Pak bzw. Flak als Selbstfahrlafette, aufgebaut auf einen Lkw. Mercedes-Benz Typ L 4500 A. Kühler und Fahrerhaus wurden leicht gepanzert, doch die Geschützbedienung saß nahezu ohne Schutz gewissermaßen auf dem Präsentierteller. Von diesem Fahrzeug gab es nur einige Versuchsexemplare.

	s. Lkw. 4,5 to (4 x 2) Mercedes-Benz L 4500 S 1939–1944	s. gl. Lkw. 4,5 to (4 x 4) Mercedes-Benz L 4500 A 1941–1944	s. Lkw. 6,5 tc (4 x 2) Mercedes-Benz L 6500 1938–1940
Motor	Vorkammer-Dieselmotor Daimler-Benz OM 67/4		Vorkammer-Dieselmotor Daimler-Benz OM 57
Zylinderzahl	6		6
Bohrung x Hub	105 x 140 mm		125 x 170 mm
Hubraum	7274 ccm		12528 ccm
Leistung	112 PS bei 2250 U/min		135 PS bei 1700 U/min
Verdichtung	1:20		1:17
Einspritzpumpe	Bosch oder Deckel		Bosch
Ventile	Hängend Seitliche Nockenwelle Antrieb durch Stirnräder		Hängend Seitliche Nockenwelle Antrieb durch Stirnräder
Kurbelwellenlager	7		7
Kühlung	Wasser/Pumpe		Wasser/Pumpe
Batterie	2 x 12 V 105 Ah		2 x 12 V 150 Ah
Kraftübertragung	Antrieb auf Hinterräder	Allrad-Antrieb Vorderrad-Antrieb nur zusammen mit Geländegang einschaltbar	Antrieb auf Hinterräder
	Einscheiben- trockenkupplung Schalthebel Wagenmitte	Einscheiben- trockenkupplung 2 Schalthebel Wagenmitte	Mehrscheiben- trockenkupplung Schalthebel Wagenmitte
Getriebe	5 Gang	5 Gang + Vorgelege	4 Gang + Zusatzgang
Übersetzungen	I. 5,40 II. 3,00 III. 1,67 IV. 1,00 V. 0,725	I. 5,40 II. 3,00 III. 1,67 IV. 1,00 V. 0,725	I. 6,15 II. 3,65 III. 1,86 IV. 1,00 Zusatzgang 0,70
Übersetzungen Vorgelege	–	Straße 1,00 Gelände 1,54	–
Antriebs-Übersetzung	9,20	9,20	7,90
Fahrwerk	U-Profil-Rahmen		U-Profil-Rahmen
Vorderradaufhängung	starr, Halbfedern		starr, Halbfedern
Hinterradaufhängung	starr, Halbfedern		starr, Halbfedern
Lenkung	ZF-Roß 721		ZF-Roß
Fußbremse	Hydraulisch + Druckluft		Hydraulisch + Druckluft
Fußbremse wirkt auf	4 Räder		4 Räder
Handbremse wirkt auf	Hinterräder		Getriebe
Allgemeine Daten			
Radstand	4600	4600 mm	5100 mm
Spur vorn	1860	1905 mm	2066 mm
Spur hinten	mittel 1714 mm	mittel 1714 mm	mittel 1824 mm
Gesamtmaße	7860 x 2350 x 3215 mm (Höhe mit Plane)	7860 x 2350 x 3345 mm (Höhe mit Plane)	9450 x 2500 x 2420 mm (Höhe ohne Plane)
Ladefläche der Pritsche	5000 x 2200 mm	5000 x 2200 mm	6000 x 2350 mm
Reifen	9,75–20 oder 270–20 Hinterräder zwillingsbereift	270–20 Gelände Hinterräder zwillingsbereift	12,00–22 Hinterräder zwillingsbereift
Bodenfreiheit	340 mm	340 mm	250 mm
Watfähigkeit	700 mm	800 mm	
Wendekreis-∅	19,3 Meter	19,3 Meter	20 Meter
Fahrzeuggewicht	4930 kg	5715 kg	6650 kg
Zuläss. Gesamtgewicht	10120 kg	Straße 10400, Gelände 9800 kg	13650 kg
Nutzlast	4950 kg	Straße 4685, Gelände 4085 kg	7000 kg
Höchstgeschwindigkeit	66 km/h	Straße 66, Gelände 43 km/h	60 km/h
Verbrauch/100 km	Straße 25 Liter Diesel	Straße 28, Gelände 42 Liter Diesel	Straße 36 Liter Diesel
Kraftstofftank	140 Liter	140 Liter	155 Liter
Fahrbereich	Straße 560 km	Straße 500, Gelände 330 km	Straße 430 km

Im Jahre 1931 wurde eine kleine Serie dieser Omnibusse MAN Typ NON/6 an die Reichswehr geliefert.

Der Mannschafts-Transportwagen MAN Typ KVB/6 Modell 1931, war für die Reichswehr und die kasernierte bayerische Landespolizei bestimmt.

3,5 to MAN Typ Z (1935–1939).

6 to MAN Typ F 2 (1935).

Als Befehlswagen oder motorisierte Nachrichtenzentrale war der Gräf & Stift-Omnibus (100 PS Benzin- oder Dieselmotor) eingerichtet. In den Jahren 1939/40 ließ die Wehrmacht etwa 170 Stück bei der Wiener Automobilfabrik bauen.

Der Citroën Typ 45, ein 4,5 Tonner mit Sechszylinder-Vergasermotor (4,5 Liter, 75 PS), wurde während des Krieges in beträchtlichen Stückzahlen an die deutsche Wehrmacht geliefert.

Schwere Lastwagen, wie hier beispielsweise ein Achttonner Magirus M 165 (150 PS Sechsylinder Deutz-Diesel), wurden oft zu Schienenfahrzeugen umgewandelt. „Schienenzepp" hießen sie bei den Landsern.

Gleisketten-Lkw. Ford „Maultier“ als Pritschen- und als Krankenwagen

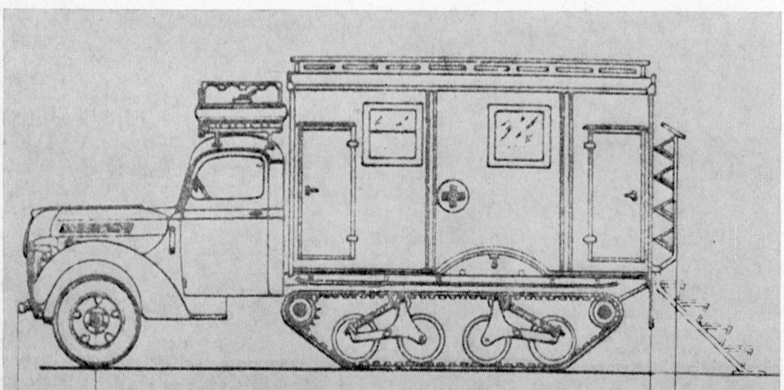

Motor

Zylinderzahl
Bohrung x Hub
Hubraum
Leistung
Verdichtung
Vergaser
Einspritzpumpe
Ventile

Kurbelwellenlager

Kühlung
Batterie
Kraftübertragung

Getriebe
Übersetzungen

Antriebs-Übersetzung
Fahrwerk
Vorderradaufhängung
Ketten-Laufwerk

Lenkung

Fußbremse
Fußbremse wirkt auf

Allgemeine Daten
Kettenauflage
Kettenlänge
Spur Vorderräder
Spur Gleisketten
Kettenbreite
Gesamtmaße

Ladefläche der Pritsche
Reifen Vorderräder
Bodenfreiheit
Watfähigkeit
Wendekreis-⌀

Fahrzeuggewicht

Zuläss. Gesamtgewicht

Nutzlast

Höchstgeschwindigkeit
Verbrauch/100 km
Kraftstofftank
Fahrbereich

Gleisketten-Lkw. 2 to Maultier Opel-Blitz Typ 3,6 – 36 S / SSM 1942–1944	Gleisketten-Lkw. 2 to Maultier Ford Typ V 3000 S / SSM 1942–1944	Gleisketten-Lkw. 2 to Maultier Magirus Typ S 3000 / SSM 1942–1944	Gleisketten-Lkw. 4,5 to Maultier Mercedes-Benz Typ L 4500 R 1943–1944
Vergasermotor	Vergasermotor	Vorkammer-Dieselmotor	Vorkammer-Dieselmotor
Opel 3,6 Liter	Ford V8 – 3,9 Liter	Deutz F 4 M 513	Daimler-Benz OM 67/4
6	8 (90°-V-Form)	4	6
90 x 95 mm	81 x 95,25 mm	110 x 130 mm	105 x 140 mm
3626 ccm	3924 ccm	4941 ccm	7274 ccm
68 PS bei 3000 U/min	95 PS bei 3500 U/min	80 PS bei 2250 U/min	112 PS bei 2250 U/min
1:6	1:5,9	1:22	1:20
1 Solex 35 JFP	1 Solex 30 FFIK	–	–
–	–	Deutz	Bosch oder Deckel
Hängend	Stehend	Hängend	Hängend
Seitliche Nockenwelle	Zentrale Nockenwelle	Seitliche Nockenwelle	Seitliche Nockenwelle
Antrieb durch Stirnräder	Antrieb durch Stirnräder	Antrieb durch Stirnräder	Antrieb durch Stirnräder
4	3	5	7
Wasser/Pumpe	Wasser/2 Pumpen	Wasser/Pumpe	Wasser/Pumpe
12 V 50 Ah	12 V 50 Ah	2 x 12 V 90 Ah	2 x 12 V 105 Ah
Antrieb auf Ketten-Laufwerk	Antrieb auf Ketten-Laufwerk	Antrieb auf Ketten-Laufwerk	Antrieb auf Ketten-Laufwerk
Einscheiben-trockenkupplung	Einscheiben-trockenkupplung	Einscheiben-trockenkupplung	Einscheibentrockenkupplung
Schalthebel Wagenmitte	Schalthebel Wagenmitte	Schalthebel Wagenmitte	Schalthebel Wagenmitte
5 Gang	5 Gang	5 Gang	5 Gang
I. 7,84	Gelände 8,30	I. 6,00	I. 5,40
II. 4,82	I. 5,06	II. 3,01	II. 3,00
III. 2,71	II. 3,09	III. 1,668	III. 1,67
IV. 1,58	III. 1,69	IV. 1,00	IV. 1,00
V. 1,00	IV. 1,00	V. 0,726	V. 0,725
6,83	6.66	6,80	9,20
	U-Profil-Rahmen		U-Profil-Rahmen
	starr, Halbfedern		starr, Halbfedern
	2 Gleisketten zu je		2 Gleisketten zu je
	83 Glieder, Teilung 90,25 mm		104 Glieder, Teilung 91 mm
	Triebrad vorn, Leitrad hinten		Triebrad vorn, Leitrad hinten
	4 mittelgroße Laufräder		5 mittelgroße Laufräder
	2 Stützrollen		3 Stützrollen
	Je 1 Schraubenfeder		Je 1 Viertelfeder
	für je 2 Laufräder		für jedes Laufrad
	Schneckenlenkung +		Schneckenlenkung +
	mechanische Lenkbremse		mechanische Lenkbremse
	Hydraulisch		Hydraulisch/Druckluft
	Vorderräder +		Vorderräder +
	Triebräder der Gleisketten		Triebräder der Gleisketten
7518 mm	7518 mm	7518 mm	2400 mm
1542 mm	1650 mm	1640 mm	9464 mm
1790 mm	1790 mm	1780 mm	1860 mm
			1800 mm
			300 mm
6000 x 2280 x 2025 mm	6325 x 2245 x 2100 mm	Lkw. mit Plane:	Lkw. mit Plane:
Lkw. mit Plane:	Lkw. mit Plane:	6120 x 2220 x 2800 mm	7860 x 2360 x 3215 mm
6000 x 2280 x 2710 mm	6325 x 2245 x 2780 mm		
	Mit Einheits-Kofferaufbau:		
	6460 x 2115 x 3000 mm		
3500 x 2125 mm	3500 x 2110 mm	3500 x 2100 mm	5000 x 2200 mm
190–20 Gelände	190–20 Gelände	190–20 Gelände	270-20 Gelände
260 mm	270 mm	250 mm	340 mm
440 mm	440 mm	700 mm	700 mm
19 Meter ohne Lenkbremse	19 Meter ohne Lenkbremse	19 Meter ohne Lenkbremse	16 Meter mit Lenkbremse
15 Meter mit Lenkbremse	15 Meter mit Lenkbremse	15 Meter mit Lenkbremse	
3930 kg	Mit Pritschenaufbau 3860 kg	4650 kg	7740 kg
	Mit Kofferaufbau 4430 kg		
5930 kg	Mit Pritschenaufbau 5860 kg	6650 kg	12700 kg
	Mit Kofferaufbau 6180 kg		
2000 kg	Mit Pritschenaufbau 2000 kg	2000 kg	4500 kg
	Mit Kofferaufbau 1750 kg		
38 km/h	39,5 km/h	38 km/h	36 km/h
Straße 50, Gelände 100 Liter	Straße 60, Gelände 120 Liter	Str. 40, Gelände 80 l Diesel	Str. 70, Gelände 140 l Diesel
82 Liter	110 Liter	70 Liter	140 Liter
Straße 160, Gelände 80 km	Straße 180, Gelände 90 km	Straße 170, Gelände 80 km	Straße 200, Gelände 100 km

Vom Gleisketten-Lkw. „Maultier“ gab es je ein Modell der Marken Ford, Opel, Magirus und Mercedes-Benz. Das „Maultier“ von Klöckner-Deutz-Magirus war wohl das beste von allen, stand aber leider in viel geringerer Zahl zur Verfügung als die entsprechenden Fahrzeuge von Ford und Opel.

Ein Ford „Maultier“, vermutlich aus der Produktion des Werkes Amsterdam, rollt im August 1943 per Bahn an die Ostfront.

2 cm Flak-Selbstfahrlafette auf Ford „Maultier“.

Bei dem hier abgebildeten Opel-Blitz „Maultier“ handelt es sich um einen Prototyp. Opel hatte zunächst für den Gleisketten-Lkw. ein eigenes Ketten-Laufwerk entwickelt, das bessere Selbstreinigung sowie einfachere Wartung bieten sollte als die von der Waffen-SS vorgeschlagene Konstruktion. Doch schließlich wurde entschieden, daß Opel für die Serie das gleiche Ketten-Laufwerk zu verwenden habe wie Ford und Magirus.

So sah das Opel-Blitz „Maultier“ mit dem serienmäßigen Ketten-Laufwerk aus.

Der große Gleisketten-Lkw. Mercedes-Benz Typ L 4500 R „Maultier“ lief zufriedenstellend, war aber nicht so vielseitig verwendbar wie die kleineren Gleisketten-Lkw.

Zugmaschinen und Schlepper

In charakteristischer Weise war während des letzten Krieges das Bild der motorisierten Wehrmacht-Kolonnen durch die auffallend vielen Halbketten-Fahrzeuge geprägt. Sowohl bei den sowjetischen als auch bei den westalliierten Truppen stellten Fahrzeuge solcher Art ziemlich seltene Erscheinungen dar, auf deutscher Seite hingegen wurden sie in einer Häufigkeit und Vielfalt verwendet, die ohne Beispiel war und seither auch blieb.

Hauptsächlich ist in diesem Zusammenhang an die ebenso berühmten wie bewährten Halbketten-Zugmaschinen der deutschen Wehrmacht zu denken. Ihre aus 6 verschieden großen Typen bestehende Baureihe wurde vom Heereswaffenamt bereits kurz nach 1933 in den technischen Grundzügen festgelegt, woraufhin jeweils eine Patenfirma die einzelnen Typen bis zur Serienreife entwickelte:

Zgkw. 1 to Patenfirma: Demag (Wetter/Ruhr)

Zgkw. 3 to Patenfirma: Hansa-Lloyd bzw. Borgward (Bremen)

Zgkw. 5 to Patenfirma: Büssing-NAG (Berlin-Oberschöneweide)

Zgkw. 8 to Patenfirma: Krauss-Maffei (München-Allach)

Zgkw. 12 to Patenfirma: Daimler-Benz (Berlin-Marienfelde)

Zgkw. 18 to Patenfirma: Famo (Breslau)

Alle diese Halbketten-Zugmaschinen, offiziell „Zugkraftwagen" (Zgkw.) geheißen, besaßen einheitliche Merkmale. Am augenfälligsten war die Kombination eines sehr langen Ketten-Laufwerks mit einer luftbereiften und gelenkten, jedoch nicht angetriebenen und nicht gebremsten Vorderachse. Die Lenkung erfolgte wie bei einem Räderfahrzeug über ein normales Lenkrad und das übliche Lenkgetriebe. Wurde jedoch das Lenkrad mehr als etwa zwei Drittel des vollen Ausschlages gedreht, so betätigte ein vom Lenkgetriebe der Vorderachse zum Lenkgetriebe des Ketten-Laufwerks reichendes Gestänge eine Bremse mit dem Zweck, die Kurvenfahrt zu unterstützen. Jedes Glied der Gleisketten trug ein dickes Gummipolster. Die Triebräder wurden, wie bei allen deutschen Kettenfahrzeugen der Wehrmacht, vorn im Ketten-Laufwerk angeordnet, um diesem eine gewisse Selbstreinigung zu erleichtern. Die Federung der Laufräder erfolgt meistens mittels Kurbellenkern und Federstäben, wobei es jedoch Ausnahmen gab, wie die nachfolgenden Typentafeln zeigen. Ebenfalls wie bei den deutschen Panzern finden wir bei allen Halbketten-Zugmaschinen Sechs- oder V12-Zylinder Maybach-Motoren. Die Klassifizierung dieser Fahrzeuge nach Tonnen bezeichnet nicht, wie etwa bei den Lastwagen, die effektive Nutzlast oder die Nutzlast-Klasse, sondern die zulässige Anhängelast im mittleren Gelände. Schließlich war die Zugkraft das wesentlichste Element der Zugkraftwagen, was ja auch deren Namen ganz richtig zum Ausdruck bringt, während vergleichsweise die Tragkraft bzw. Nutzlast verhältnismäßig gering blieb. Sie betrug zwar 1,5 to bei den kleineren Modellen, aber nur 2,8 to beim größten.

Kleinstes Modell war, vom Ketten-Krad abgesehen, die Halbketten-Zugmaschine für 1 to Anhängelast. Ihre Entwicklung bei der Patenfirma Demag reicht bis 1934 zurück. Für die ersten Prototypen begnügte man sich noch mit dem 1,5 Liter-Sechszylinder-Motor aus dem BMW 315, für den dritten Prototyp mit dem 2 Liter-Motor des BMW 319. Erst die 6. Ausführung, versehen mit 3,8 Liter Maybach-Motor, ging als Typ D 6 in Serie, dem jedoch bereits ab 1939 der Typ D 7 als Endausführung folgte, bis 1944 nicht nur von der Demag, sondern auch von den Firmen Büssing-NAG, Adler, Phänomen und Saurer gebaut. Insgesamt wurden etwa 25 000 Zugmaschinen dieser Größe an die Wehrmacht geliefert, wobei in der genannten Zahl allerdings rund 7500 leichte Schützenpanzerwagen enthalten sind. Der Vollständigkeit halber sei erwähnt, daß ab 1937 die Adler-Werke in Frankfurt (M) ebenfalls einen Zugkraftwagen für 1 to Anhängelast entwickelten. Bis 1941 wurden 5 Prototypen dieser Baureihe HK-300 fertiggestellt, bis man schließlich auf deren weitere Entwicklung verzichtete.

Wiederum im Jahre 1934 begann bei Hansa-Lloyd (ab 1939: Borgward) in Bremen die Entwicklung des Zugkraftwagens für 3 to Anhängelast. Auch hier erschien bereits 1937 der erste Serientyp, noch ausgerüstet mit dem 3,5 Liter-Sechszylinder-Motor des Personenwagens Hansa 3500. Von 1938 bis gegen Kriegsende befand sich die Abschlußausführung mit 3,8 bzw. 4,2 Liter Maybach-

Motor in der Produktion. Als Nachbaufirmen traten Hanomag, Adler, Wanderer und Skoda in Erscheinung. Von dieser Zugmaschine übernahm die Wehrmacht rund 9000 Stück, dazu etwa 16000 mittlere Schützenpanzerwagen, für welche das gleiche Fahrgestell mit nur geringfügigen Änderungen Verwendung fand. Auch für den 3 to-Zugkraftwagen lief in den Jahren 1939 bis 1942 unter der Bezeichnung HK-600 eine Parallelentwicklung bei den Firmen Hanomag und Demag, doch dieses Projekt gedieh ebenfalls nur bis zur Fertigstellung etlicher Prototypen.

Verhältnismäßig selten benützte die Wehrmacht den Zugkraftwagen für 5 to Nutzlast, der von 1935 bis 1943 bei Büssing-NAG und bis 1938 auch bei Daimler-Benz gebaut wurde.

Viel mehr eingesetzt und wichtigstes Zugmittel der schweren Artillerie sowie der 8,8 cm Flak war die 8 to-Zugmaschine. Entwicklung und Produktion dieses Fahrzeugs oblagen der Firma Krauss-Maffei in München-Allach, als Nachbaufirmen wurden Büssing-NAG, Daimler-Benz, Hansa-Lloyd bzw. Borgward, Saurer in Wien und Breda in Mailand tätig. Die italienische Firma (übrigens nicht Fiat, wie es in einer Dokumentation fälschlicherweise heißt) hat das Fahrzeug in seinen technischen Einzelheiten völlig unverändert übernommen, jedoch bezeichnenderweise die Motorhaube und die Kühlerfront stilistisch überarbeitet. Nachgebaut, freilich ohne ausdrückliche Lizenz, wurde die Krauss-Maffei-Zugmaschine ferner 1944/45 von der englischen Firma Bedford (Vauxhall), die jedoch nach der Fertigstellung von 6 Versuchsfahrzeugen wegen des Kriegsendes auf eine Serienproduktion verzichtete. Im übrigen projektierte Krauss-Maffei ab etwa 1940 eine Neukonstruktion der 8 to-Zugmaschine unter der Bezeichnung HK-900. Hier sollten, wie bei fast allen anderen Modellen, die Laufräder mittels Kurbellenkern und Federstäben aufgehängt werden und außerdem war die Verwendung eines Maybach-Olvar-Getriebes vorgesehen, aber schließlich beließ man doch die ausgezeichnet bewährte KM m 11 bis 1944 in der Fertigung.

Die 12 to-Zugmaschine hatte stückzahlmäßig wieder geringere Bedeutung, was vielleicht damit zusammenhing, daß sie hauptsächlich als Zugmittel für die 10 und 15 cm Kanonen vorgesehen war, welche sich, sehr im Gegensatz zu den schweren Feldhaubitzen, im Krieg wenig bewährten und deshalb auch verhältnismäßig selten zur Truppe kamen. 4 Ausführungen wurden von der 12 to-Zugmaschine im Laufe der Jahre 1934 bis 1944 ausgeliefert, deren Produktion fast ausschließlich bei Daimler-Benz erfolgte, während der Nachbau bei den Firmen Krauss-Maffei, Krupp und Skoda wohl nur geringen Umfang hatte.

Nicht sehr oft begegnete man ferner dem größten Typ der Zugmaschinen-Familie, dem 18-to-Zugkraftwagen. Er war dennoch sehr bekannt und populär, denn er wirkte rein optisch durch seine Massigkeit, sein elefantenmäßiges Aussehen ungeheuer eindrucksvoll. Mit der Entwicklung und der Produktion dieser Kolosse wurde nur eine Firma betraut, nämlich die Fahrzeug- und Motorenbau GmbH. (Famo) in Breslau, die später auch eine Zweigfabrik in Warschau betrieb. Dieses Unternehmen war bereits im Rahmen seiner zivilen Fertigung auf den Bau von überschweren Schleppern und Raupenfahrzeugen spezialisiert. Da sich die nach den Richtlinien der Wehrmacht entwickelte 18 to-Zugmaschine, ab 1938 in Serie, auf Anhieb hervorragend bewährte, blieb sie, abgesehen vom Einbau eines etwas stärkeren Motors ab 1939, bis 1944 unverändert in der Produktion. Freilich mag zu dieser Typenkonstanz auch beigetragen haben, daß sich die Firma Famo in der schwersten Klasse nahezu konkurrenzlos betätigte. Hauptzweck der 18 to-Zugkraftwagen war das Abschleppen liegengebliebener Panzerfahrzeuge. Allerdings reichte ihre Zugleistung für die Tiger und Panther nicht mehr aus. Um diese abzuschleppen benötigte man zwei oder drei der 18 to-Zugmaschinen, deren Aufgabe infolgedessen bei den schweren Panzereinheiten ab 1943 mehr und mehr an den „Bergepanther" überging. Dennoch blieb den Bullen von Famo noch genügend zu tun, weil die Masse der deutschen Panzer nicht zu jenen oberen Gewichtsklassen gehörte.

Alle 6 Typen der hier behandelten Halbketten-Zugmaschinen haben sich gut und zum Teil sogar ausgezeichnet bewährt, obwohl sie vom ingenieurmäßigen Standpunkt aus – insbesondere im Hinblick auf ihre abenteuerlich anmutende Lenkung – zunächst kaum viel Vertrauen erwecken konnten. Fest steht aber, daß hier wie auch auf vielen anderen Gebieten die Zahl der Typen unnötig groß war, wobei man sich bei diesen ausschließlich für die Wehrmacht und ausschließlich in deren Auftrag gebauten Fahrzeugen nicht darauf berufen konnte, daß bereits vorhandene Fertigungen die wünschenswerte Rationalisierung vereitelt hätten. Sobald den anfänglichen Blitzsiegen die Ernüchterung angesichts der nun kritischeren Kriegs- und Rohstofflage folgte, wuchs die Einsicht, daß eigentlich zwei Typen von Zugmaschinen genügen müßten. So kam es zur Entwicklung des kleinen und des großen Wehrmacht-Schleppers, ebenfalls Halbketten-Zugmaschinen, die sich aber in wichtigen Merkmalen von den bereits vorhandenen Zugkraftwagen unterschieden. Anstelle der geschmierten Gleisketten mit Gummipolstern wurden für die neuen Fahrzeuge trockene und viel breitere Stahlgliederketten vorgesehen, man bemühte sich

Schon um 1925 herum hatten die Halbketten-Zugmaschinen der Wehrmacht einen frühen Vorläufer: die kombinierte Dürkopp Lenkrad-Raupen-Zugmaschine mit lenkbaren Vorderrädern und hinterem Raupenantrieb für schwieriges Gelände.

Maffei entwickelte in den zwanziger Jahren aus der zivilen Straßen-Zugmaschine für militärische Zwecke einen Schlepper mit Hilfsketten.

um eine herstellungs- und rohstoffmäßig möglichst einfache Konstruktion, und überdies wurde einerseits die Marschgeschwindigkeit beträchtlich reduziert, während man andererseits eine erheblich höhere Tragfähigkeit der Zugmaschine verlangte. Die Wehrmacht-Schlepper sollten hauptsächlich bei den Infanterieverbänden verwendet werden.

Die Entwicklung des leichten Wehrmacht-Schleppers oblag wiederum den Adler-Werken in Frankfurt. Drei Prototypen wurden in den Jahren 1942 bis 1944 hergestellt, doch zu einer serienmäßigen Produktion kam es nicht. Hingegen ist der schwere Wehrmacht-Schlepper (s. WS.) seit Herbst 1943, wenn auch mit etwa halbjähriger Verspätung, bei Büssing-NAG als Nachfolger des seitherigen 5 to-Zgkw. noch serienmäßig gebaut worden, wobei die Gesamt-Stückzahl bis Kriegsende auf etwa 1000 Stück zu veranschlagen sein dürfte. Tatra hatte den Auftrag, den s. WS. unter Verwendung des luftgekühlten Tatra 111-Motors nachzubauen. Ob es hierbei vor dem Kriegsende noch zu einer regulären Produktion kam, entzieht sich der Kenntnis des Verfassers, doch wurde das Fahrzeug später noch eine Zeitlang an die tschechische Armee geliefert.

Ein weiteres Modell ähnlichen Charakters wie der s. WS. entstand während des Krieges bei Steyr, nämlich der Raupenschlepper Ost, Kurzbezeichnung RSO. Hier handelte es sich allerdings um ein Vollkettenfahrzeug, dafür bestimmt, bei der Infanterie als Zugmittel für die 7,5 cm Pak eingesetzt zu werden. In der Praxis erwies sich der RSO freilich als für diesen Zweck wenig geeignet, weil er bauartbedingt bei Kurvenfahrt das Geschütz derart hin und her zerrte, daß es nach fast jedem Stellungswechsel neu hätte justiert werden müssen. So verwendete die Truppe dieses Fahrzeug weniger seiner Bestimmung entsprechend, sondern hauptsächlich als Raupen-Lastwagen, ähnlich dem Maultier-Lkw, demgegenüber er unempfindlicher war. Der Einsatz des RSO hatte im allgemeinen nur bei Infanterieverbänden Sinn, weil er das Marschtempo einer intakten Panzertruppe nicht oder nur während der Schlammperioden mithalten konnte. Das Fahrzeug, konstruiert von Dipl.-Ing. Hacker, besaß den gleichen luftgekühlten V8-Motor wie der schwere Pkw. Steyr 1500 A. Besser hätte hier freilich ein robuster Dieselmotor gepaßt, wie ihn Magirus tatsächlich noch in den letzten paar hundert dort gebauten Exemplaren verwendete. Jedenfalls brachte es der Raupenschlepper Ost insgesamt auf die beträchtliche Zahl von über 27 000 Stück, die zum kleineren Teil von Steyr und in der Masse bei den Nachbaufirmen Wanderer, Magirus sowie Gräf & Stift zur Auslieferung kamen.

Im Zusammenhang mit den Halbketten-Fahrzeugen muß hier auch das NSU Ketten-Krad erwähnt werden, das in diesem Buch bereits bei den Krafträdern abgehandelt wurde. Ebenso sei an die im Lastwagen-Kapitel besprochenen Maultier-Lkw. (Opel, Ford, Magirus, Mercedes-Benz) erinnert.

Weitere Halbketten-Fahrzeuge der deutschen Wehrmacht stammten aus der im Frankreich-Feldzug 1940 gewonnenen Kriegsbeute. Es handelte sich hier hauptsächlich um drei Modelle,

Die Firma Rheinmetall lieferte ab 1927 in kleiner Stückzahl an die Reichswehr diese Selbstfahrlafette, ein 7,7 cm Geschütz und ein MG auf einem serienmäßigen 50 PS Hanomag WD Raupenschlepper.

Von 1926 stammt das Foto des Raupenschleppers Typ A der Wotan-Werke (Leipzig). Im Heck war ein 100 PS Vierzylinder Daimler-Motor eingebaut. Handelte es sich wirklich um einen Raupenschlepper oder vielleicht doch um die auf einen kleinen Panzerwagen ausgerichtete Entwicklung?

den Zugkraftwagen Somua S 303 (f) für 6 to Anhängelast, den Zugkraftwagen Unic U 304 (f) für 2,35 to Anhängelast und den Zugkraftwagen Unic U 305 (f) für 1,5 to Anhängelast. Diese Fahrzeuge wurden im späteren Verlauf des Krieges teilweise behelfsmäßig überpanzert und als SPW. eingesetzt. Im gesamten technischen Standard, in der Geländegängigkeit, in der Zuverlässigkeit und damit in ihren Einsatzmöglichkeiten zeigten die französischen Halbketten-Zugmaschinen eine deutliche Unterlegenheit gegenüber den entsprechenden deutschen Modellen.

Mehrere Typen von Artillerie-Schleppern, reine Raupenschlepper, baute und lieferte vor und auch noch während dem Kriege die tschechische Firma Praga. Diese Fahrzeuge wurden vermutlich mehr bei den verbündeten Armeen verwendet.

In größerer Zahl gab es bei der deutschen Wehrmacht die mittleren und die schweren Hanomag-Zugmaschinen, Radschlepper mit 55 bzw. 100 PS Motorleistung. Weniger häufig, aber trotzdem ziemlich bekannt waren ferner die 100 PS Dreiachs-Zugmaschinen von Skoda sowie die bulligen 150 PS Faun-Fahrzeuge. Während der Skoda ein ausgesprochenes Militär-Modell darstellte, stammten die Hanomag und Faun wohl überwiegend aus der zivilen Wirtschaft und liefen vornehmlich bei der Luftwaffe sowie bei Pioniereinheiten.

Als Alternative zu dem von Steyr entwickelten Raupenschlepper Ost (RSO) konstruierte Professor Porsche einen sogenannten Ostradschlepper bzw. Radschlepper Ost (daher ebenfalls: RSO). Statt der Gleisketten besaß dieses Modell übergroße Stahlräder und Allrad-Antrieb. Als Hauptmotor diente ein großvolumiger Vierzylinder mit Luftkühlung (6 Liter Hubraum, 90 PS Leistung), dem zum Anlassen ein halbierter VW-Motor (2 Zylinder Boxer, 565 ccm, 12 PS) zugeordnet war. Die Höchstgeschwindigkeit betrug 16 km/h. Einige Prototypen diesese RSO wurden bei Skoda gebaut. Es gab zwei Ausführungen, bei welchen sich die Räder und die Auspuffanlage unterschieden. Da sich Porsches Radschlepper bei den Versuchsfahrten im Gelände nicht bewährten, unterblieb deren Serienproduktion. (Nach einer anderen Quelle seien 1942 bei Skoda insgesamt 200 Ostradschlepper gebaut worden. Hier steht ebenfalls vermerkt, daß diese Fahrzeuge keinen Fortschritt gegenüber den üblichen Zugmaschinen gebracht hätten, jedoch wesentlich schwieriger zu handhaben gewesen seien.)

Auch Daimler-Benz arbeitete zu jener Zeit an einer kleinen Räder-Zugmaschine, werksintern „Kurz-Lastwagen“ genannt. Ob Prototypen fertiggestellt wurden und liefen, darüber kann oder will im Werk niemand Auskunft geben. Ob der Unimog unmittelbar nach dem Krieg auf diesen früheren Projekten basierte oder völlig unabhängig davon entstand, läßt sich wahrscheinlich nicht mehr mit absoluter Sicherheit klären. Praktisch hat diese Frage sowieso nur untergeordnete Bedeutung. Jedenfalls erntete der Unimog weltweiten Ruhm und diente schließlich einer ganzen Schar nachempfundener Auslandstypen zum Vorbild.

Halbketten-Zugmaschinen und -Lastwagen sowie Raupenschlepper
Typen-Liste 1. Teil

Kfz.-Nummer	Fahrzeugbezeichnung	Verwendungszweck
Sd. Kfz. 2	**kl. Ketten-Krad**	
Sd. Kfz. 2/1	kl. Ketten-Krad für Feldfernkabel	
Sd. Kfz. 2/2	kl. Ketten-Krad für schw. Feldfernkabel	
Sd. Kfz. 3	**Lkw. „Maultier" 2 to**	
Sd. Kfz. 4/1	15 cm Panzerwerfer 42 (Sf) auf Lkw. „Maultier"	
	Lkw. „Maultier" 4,5 to	
Sd. Kfz. 10	**Leichter Zugkraftwagen 1 to**	für 5 und 7,5 cm Pak Fahrgestell des le. SPW.
Sd. Kfz. 10/1	le. Gasspürkraftwagen	
Sd. Kfz. 10/2	le. Entgiftungskraftwagen	
Sd. Kfz. 10/3	le. Sprühkraftwagen	
Sd. Kfz. 10/4	2 cm Flak 30 (Sf) auf le. Zgkw. 1 to	
Sd. Kfz. 10/5	2 cm Flak 38 (Sf) auf le. Zgkw. 1 to	
	3,7 cm Pak (Sf) auf le. Zgkw. 1 to	
	5 cm Pak (Sf) auf le. Zgkw. 1 to	
Sd. Kfz. 11	**Leichter Zugkraftwagen 3 to**	für 10,5 cm le. FH. 18 Fahrgestell des m. SPW
Sd. Kfz. 11/1	Nebelkraftwagen	
Sd. Kfz. 11/2	m. Entgiftungskraftwagen	
Sd. Kfz. 11/3	m. Sprühkraftwagen	
Sd. Kfz. 11/4	Nebelkraftwagen	
Sd. Kfz. 11/5	15 cm Panzerwerfer 42 (Sf) auf le. Zgkw. 3 to	
Sd. Kfz. 6	**Mittl. Zugkraftwagen 5 to mit Pi-Aufbau**	für Ponton-Anhänger, Brücken- und allgemeines Pioniergerät
Sd. Kfz. 6/1	**Mittl. Zugkraftwagen 5 to mit A-Aufbau**	für 10,5 cm le. FH. 18
Sd. Kfz. 6/2	3,7 cm Flak 36 (Sf) auf m. Zgkw. 5 to	
	7,6 cm Pak 36 (r) (Sf) auf m. Zgkw. 5 to	
Sd. Kfz. 7	**Mittl. Zugkraftwagen 8 to**	für 15 cm s. FH. 18 für 10 cm Kanone für 8,8 cm Flak
Sd. Kfz. 7/1	2 cm Flak-Vierling 36 oder 38 (Sf) auf m. Zgkw. 8 to	
Sd. Kfz. 7/2	3,7 cm Flak 36 (Sf) auf m. Zgkw. 8 to	
	5 cm Flak 41 (Sf) auf m. Zgkw. 8 to	
Sd. Kfz. 7/6	m. Flakmeßtruppwagen	
	Feuerleitpanzer auf m. Zgkw. 8 to	
Sd. Kfz. 8	**Schwerer Zugkraftwagen 12 to**	für 8,8 cm Flak für 15 cm s. FH. 18 für 10 und 15 cm Kanone für 21 cm Mörser für Brückenkolonnen B
	8,8 cm Flak (Sf) auf s. Zgkw. 12 to	
Sd. Kfz. 9	**Schwerer Zugkraftwagen 18 to**	für Panzerberge- und Abschleppzüge für Festungspioniere
Sd. Kfz. 9/1	Drehkran 6 to auf s. Zgkw. 18 to	
Sd. Kfz. 9/2	Drehkran 10 to auf s. Zgkw. 18 to	
	8,8 cm Flak 37 (Sf) auf s. Zgkw. 18 to	
	Raupenschlepper Ost	
	7,5 cm Pak 40/1 (Sf) auf RSO	
	Schwerer Wehrmacht-Schlepper	
	3,7 cm Flak 43 auf s. WS.	
	15 cm Panzerwerfer 42 (Sf) auf s. WS.	
	Zugkraftwagen S 303 (f)	für 10,5 cm le. FH. 18
	7,5 cm Pak 40/L 46 (Sf) auf SPW. Somua (f)	
	Leichter Zugkraftwagen U 304 (f)	für 5 und 7,5 cm Pak für le. IG.
	Leichter Zugkraftwagen U 305 (f)	für 5 und 7,5 cm Pak

Halbketten-Zugmaschinen und -Lastwagen sowie Raupenschlepper
Typen-Liste 2. Teil

Kfz.-Nummer	Fahrzeug-Bezeichnung	Typ	Herstellerfirma	Baujahr	Produktionszahl	
Sd. Kfz. 2	**kl. Ketten-Krad**	HK-101	NSU, Stoewer	1941–1944	8345	
Sd. Kfz. 3	**Lkw. „Maultier" 2 to**		Opel-Blitz	1942–1944	ca. 4000 *)	
			Ford	1942–1944	13952	
			Klöckner-Deutz-Magirus	1942–1944	ca. 2500	
	Lkw. „Maultier" 4,5 to		Mercedes-Benz	1943–1944	1480	
Sd. Kfz. 10	**le. Zgkw. 1 to**	D 6	Demag	1937–1939		ca. 25000**)
		D 7	Demag	1939–1944		
		D 7	Büssing-NAG	1939–1943	ca. 4500 **)	
		D 7	Adler	1940–1944	5360 **)	
		D 7	Phänomen			
		D 7	Saurer	1940–1943		
Sd. Kfz. 11	**le. Zgkw. 3 to**	HL kl 5	Hansa-Lloyd	1937–1938	505	ca. 25000***)
		HL kl 6	Borgward	1938–1944	2067 ***)	
		H kl 6	Hanomag	1938–1944	6270 ***)	
		H kl 6	Adler	1942–1945	4300 ***)	
			Wanderer			
			Skoda			
Sd. Kfz. 6	**m. Zgkw. 5 to**	BN L 5	Büssing-NAG	1935		
		DB L 5	Daimler-Benz	1935		ca. 3000
		BN L 7	Büssing-NAG	1936–1937		
		DB L 7	Daimler-Benz	1936–1937		
		BN L 8	Büssing-NAG	1938	465	
		DB L 8	Daimler-Benz	1938	272	
		BN 9	Büssing-NAG	1939–1943	687	
Sd. Kfz. 7	**m. Zgkw. 8 to**	KM m 8	Krauss-Maffei	1934–1935	380	
		BN m 8	Büssing-NAG	1934–1935		ca. 12000 davon Krauss-Maffei 6129
		DB m 8	Daimler-Benz	1934–1935		
		KM m 9	Krauss-Maffei	1936	257	
		KM m 10	Krauss-Maffei	1936–1937	111	
		HL m 10	Hansa-Lloyd	1936–1937	222	
		KM m 11	Krauss-Maffei	1937–1944		
		HL m 11	Borgward			
		11	Saurer	1941–1944		
		61	Breda			
Sd. Kfz. 8	**s. Zgkw. 12 to**	DB s 7	Daimler-Benz	1934–1935		
		DB s 8	Daimler-Benz	1936–1937		ca. 4000
		DB 9	Daimler-Benz	1938–1939		
		DB 10	Daimler-Benz	1939–1944	315	
			Krauss-Maffei			
		10	Krupp (Mühlhausen)			
		s 10	Skoda			
Sd. Kfz. 9	**s. Zgkw. 18 to**	F 2	Famo	1938	ca. 2500	
		F 3	Famo	1939–1944		
	Raupenschlepper Ost	RSO/01	Steyr	1942–1943	2600	
		RSO/01	Gräf & Stift	1942–1944	ca. 4500	
		RSO/01	Wanderer	1942–1945	ca. 16000	
		RSO/01	Klöckner-Deutz-Magirus	1943–1944	ca. 3500	
		RSO/03	Klöckner-Deutz-Magirus	1944–1945	ca. 500	
	Schw. Wehrmacht-Schlepper	s. WS.	Büssing-NAG	1943–1945	ca. 1000	
	Zgkw. S 303 (f)		Somua	(1941)		
	le. Zgkw. U 304 (f)		Unic Kegresse P 107	(1941)		
	Zgkw. U 305 (f)		Unic TU 1	(1941)		

*) Produktionszahl einschl. 300 Fahrgestelle für Panzerwerfer 42 (Sf) Sd. Kfz. 4/1
**) Produktionszahlen einschl. ca. 7500 Fahrgestelle für le. SPW. Sd. Kfz. 250
***) Produktionszahlen einschl. ca. 16000 Fahrgestelle für mittl. SPW. Sd. Kfz. 251

Vielseitige Verwendung fand auf allen Kriegsschauplätzen die hervorragend bewährte Halbketten-Zugmaschine für 1 to Anhängelast. Sie war außerordentlich geländegängig, leicht zu lenken und dank des halbautomatischen Vorwählgetriebes auch einfach zu bedienen, dazu unempfindlich und robust.

2 cm Flak-Selbstfahrlafette auf der 1 to-Zugmaschine. Die völlig ungeschützte Besatzung war im Einsatz nicht zu beneiden. Spätere Ausführungen dieser Sfl. hatten ein leicht überpanzertes Fahrerhaus, was aber wiederum der exponierten Geschützbedienung gar nichts half.

1 to-Zugmaschine mit 5 cm Pak. Gegen moderne Feindpanzer war mit diesem Geschütz, das in den ersten Kriegsjahren unsere wirksamste Pak war, wenig auszurichten.

	le. Zgkw. 1 to (Sd. Kfz. 10) Typ D 6 (Demag) 1937–1939	le. Zgkw. 1 to (Sd. Kfz. 10) Typ D 7 (Demag) 1939–1944
Motor	Vergasermotor Maybach NL 38 TRKM	Vergasermotor Maybach HL 42 TRKM
Zylinderzahl	6	6
Bohrung x Hub	90 x 100 mm	90 x 110 mm
Hubraum	3790 ccm	4170 ccm
Leistung	90 PS bei 2800 U/min	100 PS bei 2800 U/min
Verdichtung	1:6,6	
Vergaser	1 Gelände-Zweistufenvergaser Solex 40 IFF II	
Ventile	Schräg hängend Nockenwelle im Zylinderkopf Antrieb durch Stirnräder	
Kurbelwellenlager	8 Auswechselbare Zylinderbüchsen	
Kühlung	Wasser/Pumpe	
Batterie	12 V 75 Ah	
Lichtmaschine	130 W	
Anlasser	1,8 PS	
Kraftübertragung	Antrieb auf Ketten-Laufwerk Zweischeibentrockenkupplung Schalthebel für Vor- und Rückwärtsfahrt sowie Vorwählhebel in Fahrzeugmitte	
Getriebe	Halbautomatisches Schaltreglergetriebe (Maybach Variorex SRG 102128 H) mit Gangvorwahl und selbsttätiger Gangschaltung durch Unterdruck beim Durchtreten der Kupplung 7 Vorwärts-, 3 Rückwärtsgänge	
Übersetzungen	I. 8,2, II. 5,4, III. 3,53, IV. 2,28, V. 1,49, VI. 1,02, VII. 1,00	
Fahrwerk	Selbsttragende Stahlblech-Wanne	
Vorderradaufhängung	starr, 1 Querfeder	
Ketten-Laufwerk	2 Gleisketten zu je 41 Glieder mit Gummipolstern, Teilung 160 mm 1 Triebrad vorn, 1 Leitrad 5 große Doppel-Laufräder in Schachtelanordnung 1 Federstab je Doppel-Laufrad	
Lenkung	Schneckenlenkung + hydraulische Cletrac-Lenkbremse	
Fußbremse	Hydraulisch	
Fußbremse wirkt auf	Triebräder der Gleisketten	
Handbremse wirkt auf	Triebräder der Gleisketten	
Allgemeine Daten		
Kettenauflage	1360 mm	
Kettenlänge	6560 mm	
Spur Vorderräder	1630 mm	
Spur Gleisketten	1580 mm	
Kettenbreite	240 mm	
Gesamtmaße	4750 x 1930 x 1620 mm	
Ladefläche der Pritsche	2100 x 1860 mm	
Reifen Vorderräder	6,00–20 Gelände	
Bodenfreiheit	325 mm	
Watfähigkeit	700 mm	
Wendekreis-ϕ	10 Meter	
Fahrzeuggewicht	3400 kg	
Zuläss. Gesamtgewicht	4900 kg	
Nutzlast	1500 kg	
Zugkraft am Haken	2700 kg	
Anhängelast	1000 kg	
Höchstgeschwindigkeit	Straße 65 km/h	
Verbrauch/100 km	Straße 38, Gelände 67 Liter	
Kraftstofftank	90 Liter (unter Fahrersitz)	115 Liter (unter Fahrersitz)
Fahrbereich	Straße 230, Gelände 130 km	Straße 300, Gelände 170 km
Besatzung	8 Mann	8 Mann

Das ist die Halbketten-Zugmaschine für 3 to Anhängelast, hauptsächlich vorgesehen als Zugmittel für die leichte Feldhaubitze. Oben rechts ein Fahrzeug des Afrika-Korps.

Im Gegensatz zum Aufbau auf den obigen Bildern sah man den Pionier-Aufbau auf der Dreitonner-Zugmaschine ziemlich selten.

Das Bild unten zeigt das Fahrgestell der Dreitonner-Zugmaschine Typ H kl 6, das in gleicher Weise auch für den mittleren Schützenpanzer Verwendung fand.

	le. Zgkw. 3 to (Sd. Kfz. 11) Typ HL kl 5 (Hansa-Lloyd) 1937–1938	le. Zgkw. 3 to (Sd. Kfz. 11) Typ HL kl 6 (Borgward) 1938–1939	le. Zgkw. 3 to (Sd. Kfz. 11) Typ HL kl 6 (Borgward) 1939–1944
Motor	Vergasermotor Hansa L 3500 L	Vergasermotor Maybach NL 38 TUKR	Vergasermotor Maybach HL 42 TUKRM
Zylinderzahl	6	6	6
Bohrung x Hub	82 x 110 mm	90 x 100 mm	90 x 110 mm
Hubraum	3485 ccm	3790 ccm	4170 ccm
Leistung	70 PS bei 3600 U/min	90 PS bei 2800 U/min	100 PS bei 2800 U/min
Verdichtung	1:6	1:6,6	1:6,6
Vergaser	1 Solex 40 BFH	1 Gelände-Zweistufen- vergaser Solex 40 IFF II	1 Gelände-Zweistufen- vergaser Solex 40 IFF II
Ventile	Hängend Seitliche Nockenwelle Antrieb durch Stirnräder	Schräg hängend Nockenwelle im Zylinderkopf Antrieb durch Stirnräder	Schräg hängend Nockenwelle im Zylinderkopf Antrieb durch Stirnräder
Kurbelwellenlager	4	8 Auswechselbare Zylinder- büchsen	8 Auswechselbare Zylinder- büchsen
Kühlung	Wasser/Pumpe	Wasser/Pumpe	Wasser/Pumpe
Batterie	12 V 90 Ah	12 V 75 Ah	12 V 75 Ah
Lichtmaschine		130 W	130 W
Anlasser		1,8 PS	1,8 PS
Kraftübertragung	Antrieb auf Ketten-Laufwerk Zweischeibentrockenkupplung 2 Schalthebel in Fahrzeugmitte		
Getriebe	4 Gang + Vorgelege (8 Vorwärts-, 2 Rückwärtsgänge)		
Übersetzungen	Straße: I. 3,47, II. 1,80, III. 1,01, IV. 0,63 Gelände: I. 8,63, II. 4,47, III. 2,52, IV. 1,58		
Antriebs-Übersetzung	9,80		
Fahrwerk	Kastenprofil-Rahmen		
Vorderradaufhängung	starr, 1 Querfeder		
Ketten-Laufwerk	2 Gleisketten links 55, rechts 56 Glieder mit Gummipolstern, Teilung 140 mm 1 Triebrad vorn, 1 Leitrad 6 große Doppel-Laufräder in Schachtelanordnung 1 Federstab je Doppel-Laufrad		
Lenkung	Spindellenkung oder ZF-Roß 660 Schneckenlenkung + hydraulische Cletrac-Lenkbremse		
Fußbremse	Druckluft		
Fußbremse wirkt auf	Triebräder der Gleisketten		
Handbremse wirkt auf	Triebräder der Gleisketten		
Allgemeine Daten			
Kettenauflage	1800 mm		
Kettenlänge	links 7700, rechts 7840 mm		
Spur Vorderräder	1650 mm		
Spur Gleisketten	1600 mm		
Kettenbreite	280 mm		
Gesamtmaße	5550 x 2000 x 2150 mm		
Reifen Vorderräder	7,25–20 Gelände	7,25–20 Gelände	190–18 Gelände
Bodenfreiheit	320 mm		
Watfähigkeit	500 mm		
Wendekreis-Ø	13,5 Meter		
Fahrzeuggewicht	5550 kg		
Zuläss. Gesamtgewicht	7100 kg		
Nutzlast	1550 kg		
Anhängelast	3000 kg		
Höchstgeschwindigkeit	Straße 52,5 km/h		
Verbrauch/100 km	Straße 45, Gelände 75 Liter		
Kraftstofftank	110 Liter		
Fahrbereich	Straße 240, Gelände 140 km		
Besatzung	8 Mann		

Die Zugmaschinen — hier ein 5 to Zgkw. vom Typ BN 9 (A-Ausführung) — hatten während der russischen Schlammperioden harte Arbeit zu leisten.

Motor

Zylinderzahl
Bohrung x Hub
Hubraum
Leistung
Verdichtung
Vergaser

Ventile

Kurbelwellenlager

Kühlung
Batterie
Lichtmaschine
Anlasser

Kraftübertragung

Getriebe

Übersetzungen Vorgelege

Fahrwerk
Vorderradaufhängung
Ketten-Laufwerk

Lenkung

Fußbremse
Fußbremse wirkt auf
Handbremse wirkt auf

Allgemeine Daten
Kettenauflage
Kettenlänge
Spur Vorderräder
Spur Gleisketten
Kettenbreite
Gesamtmaße (mit Verdeck)
Reifen Vorderräder
Bodenfreiheit
Watfähigkeit
Wendekreis-∅
Fahrzeuggewicht
Zuläss. Gesamtgewicht
Nutzlast
Anhängelast
Höchstgeschwindigkeit
Verbrauch/100 km
Kraftstofftank
Fahrbereich
Besatzung

<table>
<tr>
<th>m. Zgkw. 5 to (Sd. Kfz. 6)
Typ BN L 5
(Büssing-NAG)
1935</th>
<th>m. Zgkw. 5 to (Sd. Kfz. 6)
Typ BN L 7
(Büssing-NAG)
1936–1937</th>
<th>m. Zgkw. 5 to (Sd. Kfz. 6)
Typ BN L 8
(Büssing-NAG)
1938</th>
<th>m. Zgkw. 5 to (Sd. Kfz. 6)
Typ BN 9
(Büssing-NAG)
1939–1943</th>
</tr>
<tr>
<td>Vergasermotor
Maybach NL 35
6
90 x 90 mm
3435 ccm
90 PS bei 3000 U/min
1:5,6
1 Solex
Schräg hängend
Nockenwelle im Zylinderkopf
Antrieb durch Stirnräder
8
Auswechselbare Zylinder-büchsen
Wasser/Pumpe
12 V 75 Ah
130 W
1,4 PS</td>
<td colspan="2">Vergasermotor
Maybach NL 38 TR bzw. TUK bzw. TUKRM
6
90 x 100 mm
3790 ccm
100 PS bei 2800 U/min
1:6.6
1 Gelände-Zweistufenvergaser
Solex 40 IFF II
Schräg hängend
Nockenwelle im Zylinderkopf
Antrieb durch Stirnräder
8
Auswechselbare Zylinderbüchsen
Wasser/Pumpe
12 V 75 Ah
130 W
1,4 PS</td>
<td>Vergasermotor
Maybach HL 54 TUKRM
6
100 x 115 mm
5420 ccm
115 PS bei 2600 U/min
1:6,33
1 Gelände-Zweistufen-vergaser
Solex 40 IFF II
Schräg hängend
Nockenwelle im Zylinderkopf
Antrieb durch Stirnräder
7
Auswechselbare Zylinder-büchsen
Wasser/Pumpe
12 V 75 Ah
130 W
1,8 PS</td>
</tr>
<tr>
<td>Antrieb auf Ketten-Laufwerk
Zweischeiben-trockenkupplung
3 Schalthebel Fahrzeugmitte
4 + 1 Vorwärtsgänge
+ Vorgelege
Straße 1,00
Gelände 1,96</td>
<td>Antrieb auf Ketten-Laufwerk
Zweischeiben-trockenkupplung
2 Schalthebel Fahrzeugmitte
4 Gang + Vorgelege
(8 Vorwärts-,
2 Rückwärtsgänge)
Straße 1,00
Gelände 3,30</td>
<td>Antrieb auf Ketten-Laufwerk
Zweischeiben-trockenkupplung
2 Schalthebel Fahrzeugmitte
4 Gang + Vorgelege
(8 Vorwärts-,
2 Rückwärtsgänge)</td>
<td>Antrieb auf Ketten-Laufwerk
Zweischeiben-trockenkupplung
2 Schalthebel Fahrzeugmitte
4 Gang+Vorgelege
(8 Vorwärts-,
2 Rückwärtsgänge)</td>
</tr>
<tr>
<td colspan="2">U-Profil-Rahmen
starr, 1 Querfeder
2 Gleisketten zu je
45 Glieder mit Gummipolstern
Teilung 160 mm
1 Triebrad vorn, 1 Leitrad
4 große Doppel-Laufräder
in Schachtelanordnung
1 Halbfeder für 4 Laufräder
Schneckenlenkung +
mechanische Lenkbremse
Druckluft
Triebräder der Gleisketten
Triebräder der Gleisketten
1270 mm
7200 mm
1825 mm
1700 mm
320 mm
6020 x 2200 x 2500 mm
7,50–20 Gelände
400 mm
600 mm

7300 kg
8800 kg
1500 kg
5000 kg
Straße 50 km/h
Straße 50, Gelände 100 Liter
120 + 40 = 160 Liter
Straße 320, Gelände 160 km
Pionier-Ausführung 15 Mann
Artillerie-Ausführung 10 Mann</td>
<td>U-Profil-Rahmen
starr, 1 Querfeder
2 Gleisketten zu je
55 Glieder mit Gummipolstern
Teilung 160 mm
1 Triebrad vorn, 1 Leitrad
6 große Doppel-Laufräder
in Schachtelanordnung
1 Federstab je Laufrad
Schneckenlenkung +
mechanische Lenkbremse
Druckluft
Triebräder der Gleisketten
Triebräder der Gleisketten
2025 mm
8800 mm
1825 mm
1700 mm
320 mm
6115 x 2260 x 2470 mm
210–18 Gelände
400 mm
600 mm
13 Meter
7000 kg
8500 kg
1500 kg
5000 kg
Straße 50 km/h
Straße 50, Gelände 100 Liter
185 Liter
Straße 370, Gelände 180 km
Pionier-Ausführung 15 Mann
Artillerie-Ausführung 10 Mann</td>
<td>U-Profil-Rahmen
starr, 1 Querfeder
2 Gleisketten zu je
46 Glieder mit Gummipolstern
Teilung 200 mm
1 Triebrad vorn, 1 Leitrad
6 große Doppel-Laufräder
in Schachtelanordnung
1 Federstab je Laufrad
Schneckenlenkung +
hydraulische Lenkbremse
Typ BN 9 b:
mechanische Lenkbremse
Druckluft
Triebräder der Gleisketten
Triebräder der Gleisketten
2200 mm
9200 mm
1825 mm
1700 mm
320 mm
6325 x 2260 x 2500 mm
210–18 Gelände
360 mm
600 mm
15 Meter
7500 kg
8900 kg
1500 kg
5000 kg
Straße 50 km/h
Straße 60, Gelände 120 Liter
190 Liter
Straße 310, Gelände 150 km
Pionier-Ausführung 15 Mann
Artillerie-Ausführung 10 Mann</td>
</tr>
</table>

Erste Serienausführung der 5 to-Zugmaschine (Typ BN L 5), Baujahr 1935, kenntlich an den vorderen Speichenrädern, nur 4 Laufrädern und am senkrechten Kühler.

Eine 5 to-Zugmaschine des Typs BN L 7, gebaut 1936/37, gefahren 1937 beim A.R. 73 der 1. Pz. Div. Die Soldaten, die da oben so munter lachen, ahnten noch nichts von ihrem persönlichen Pech. Sie gehörten zu jenen Jahrgängen, deren reguläre Wehrdienstzeit gerade bei oder kurz vor Kriegsbeginn beendet gewesen wäre.

Hier werden auf einer 5 to-Zugmaschine des Typs BN L 7 (1936–1937) Schulbuben durch das Gelände gefahren. Wenn sie später als junge Soldaten dort oben Richtung Osten und zurück fuhren, hat es ihnen vermutlich weniger Spaß gemacht.

Mittl. Zgkw. 5 to Typ BN 9 (Pionier-Ausführung), 1939 bis 1943 bei Büssing-NAG gebaut.

5 to-Zugmaschine als Selbstfahrlafette mit russischer 7,62 cm Pak (ohne Mündungsbremse) und leichter Umpanzerung des Bedienungsraumes. Von diesem ziemlich abenteuerlichen Fahrzeug wurden, soweit bekannt, nur wenige Exemplare gebaut und beim Afrika-Korps eingesetzt.

3,7 cm Flak (Rheinstahl) als Selbstfahrlafette auf 5 to-Zugmaschine. Die armen Flak-Kanoniere da oben waren um ihren Job gewiß nicht zu beneiden.

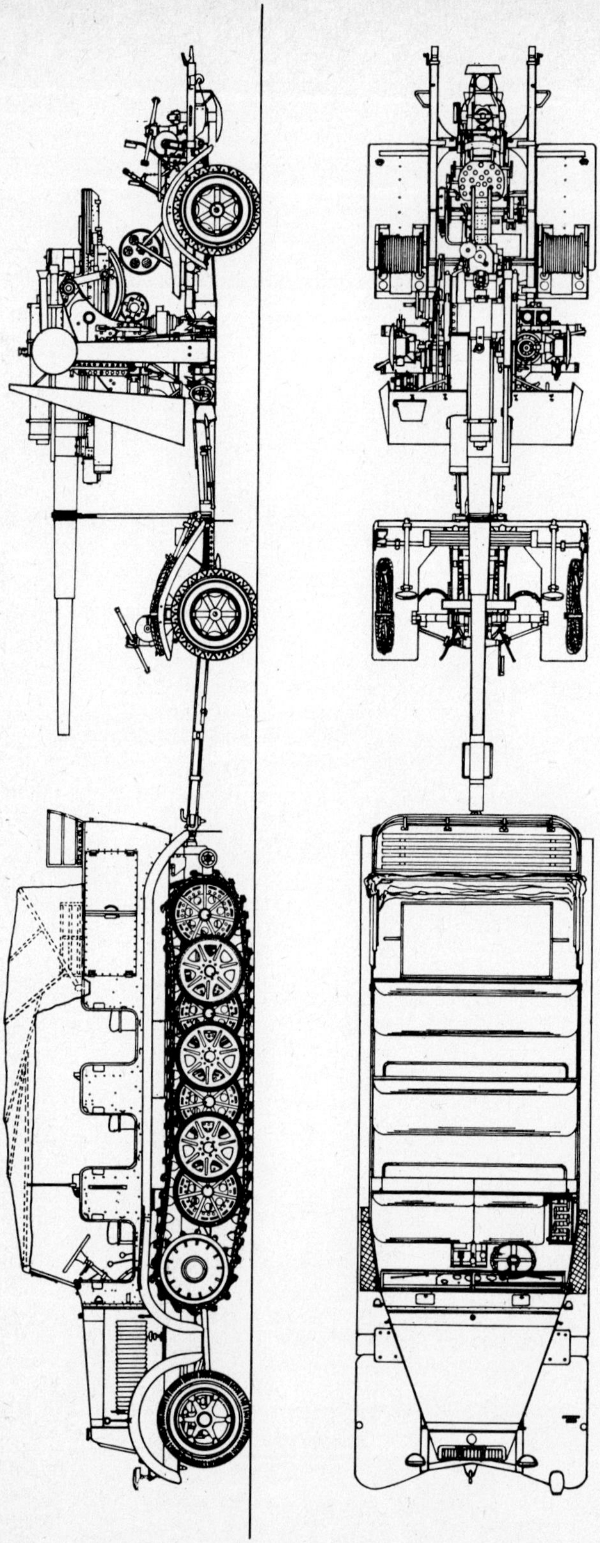

Mittl. Zgkw. 8 to (Typ KM m 11) mit 8,8 cm Flak 18 L/56
(Aus: „Bellona“ Military Vehicle Prints, Serie 9)

Motor

Zylinderzahl
Bohrung x Hub
Hubraum
Leistung
Verdichtung
Vergaser

Ventile

Kurbelwellenlager

Kühlung
Batterie
Lichtmaschine
Anlasser

Kraftübertragung

Getriebe

Fahrwerk
Vorderradaufhängung
Ketten-Laufwerk

Lenkung

Fußbremse
Fußbremse wirkt auf
Handbremse wirkt auf

Allgemeine Daten
Kettenauflage
Kettenlänge
Spur Vorderräder
Spur Gleisketten
Kettenbreite
Gesamtmaße (mit Verdeck)
Reifen Vorderräder
Bodenfreiheit
Watfähigkeit
Wendekreis-⌀
Fahrzeuggewicht
Zuläss. Gesamtgewicht
Nutzlast
Anhängelast
Höchstgeschwindigkeit
Verbrauch/100 km
Kraftstofftank
Fahrbereich
Besatzung

m. Zgkw. 8 to (Sd. Kfz. 7) Typ KM m 8 (Krauss-Maffei) 1934–1935	m. Zgkw. 8 to (Sd. Kfz. 7) Typ KM m 9 (Krauss-Maffei) 1936	m. Zgkw. 8 to (Sd. Kfz. 7) Typ KM m 10 (Krauss-Maffei) Ende 1936–1937	m. Zgkw. 8 to (Sd. Kfz. 7) Typ KM m 11 (Krauss-Maffei) 1937–1944
Vergasermotor Maybach HL 52 TU	Vergasermotor Maybach HL 57 TU	Vergasermotor Maybach HL 62 TUK	
6	6	6	
100 x 110 mm	100 x 120 mm	105 x 120 mm	
5184 ccm	5616 ccm	6191 ccm	
115 PS bei 2600 U/min	130 PS bei 2600 U/min	140 PS bei 2600 U/min	
1:6,5	1:6,5	1:6,5	
2 Doppelvergaser Solex 40 MMOVS	1 Gelände-Zweistufen-vergaser Solex 40 IFF II	1 Gelände-Zweistufenvergaser Solex 40 IFF II	
Schräg hängend			
Nockenwelle im Zylinderkopf			
Antrieb durch Stirnräder			
8			
Auswechselbare Zylinderbüchsen			
Wasser/Pumpe			
12 V 105 Ah			
130 W			
2,5 PS			
Antrieb auf Ketten-Laufwerk			
Zweischeibentrockenkupplung			
2 Schalthebel Fahrzeugmitte			
4 Gang + Vorgelege (8 Vorwärts-, 2 Rückwärtsgänge)			
Doppel-T-Profil-Rahmen			
starr, 1 Querfeder			
2 Gleisketten zu je 45 Glieder mit Gummipolstern			2 Gleisketten zu je 54 Glieder mit Gummipolstern
Teilung 180 mm			Teilung 180 mm
1 Triebrad vorn, 1 Leitrad			1 Triebrad vorn, 1 Leitrad
4 große Doppel-Laufräder in Schachtelanordnung			6 große Doppel-Laufräder in Schachtelanordnung
1 Halbfeder			2 Halbfedern
Schneckenlenkung + mechanische Lenkbremse			Schneckenlenkung + mechanische Lenkbremse mit Servohilfe
Druckluft			Druckluft
Triebräder der Gleisketten			Triebräder der Gleisketten
Triebräder der Gleisketten			Triebräder der Gleisketten
1400 mm			2235 mm
8100 mm			9720 mm
1940 mm			2000 mm
1750 mm			1800 mm
360 mm			360 mm
6850 x 2350 x 2620 mm			6850 x 2350 x 2620 mm
7,50–20 Gelände			9,75–20 Gelände
410 mm			400 mm
			650 mm
14 Meter			16 Meter
9500 kg			9750 kg
11000 kg			11550 kg
1500 kg			1800 kg
8000 kg			8000 kg
Straße 50 km/h			Straße 50 km/h
Straße 80, Gelände 160 Liter			Straße 80, Gelände 160 Liter
205 Liter			213, später 203 Liter
Straße 250, Gelände 120 km			Straße 250, Gelände 120 km
11 Mann			11 Mann

Bei einem Reichswehr-Manöver, das im September 1935 in der Lüneburger Heide stattfand, trat wohl zum ersten Mal die Halbketten-Zugmaschine für 8 to Anhängelast in Erscheinung. Es handelt sich um deren erstes Produktionsmodell, den Typ KM m 8, der 1934/35 bei Krauss-Maffei gebaut wurde.

Die KM m 9 und die KM m 10 der Jahre 1935 bis 1937 war immer noch durch das relativ kurze Ketten-Laufwerk gekennzeichnet.

Als Nachbaufirma für die 8 to-Zugmaschine war Borgward die wichtigste. Abgebildet ist der von Borgward gebaute Typ HL m 11.

So sah die endgültige Ausführung der 8 to-Zugmaschine von hinten aus: Krauss-Maffei KM m 11, gebaut von 1937 bis 1944.

s. Zgkw. 12 to (Sd. Kfz. 8
Typ DB s 7
(Daimler-Benz)
1934–1935

Motor Ver
May

Zylind 12 (
Bohru 92
Hubra 7
Leistu 150 PS
Verdic
Verga 2 Sc

Ventil I
Seitlich
Antrieb

Kurbe
Auswechselb
Kühlu Was
Batte
Lichtr
Anlas

Kraft

Getri

Fahr
Vord U-Profil-Rahmen
Kette starr, 1 Querfeder
2 Gleisketten zu je

Lenk 1 Triebrad vorn, 1 Leitrad
Fußb 5 große Doppel-Laufräde
Fußb in Schachtelanordnung
Hand

Allge Schneckenlenkung +
Kette mechanische Lenkbremse
Kette Druckluft
Spur Triebräder der Gleiskette
Spur Triebräder der Gleiskette
Kette
Gesa
Reif 2150 mm
Bod
Watt 1900 mm
Wen 1850 mm
Fahr 400 mm
Zulä 6800 x 2350 x 2200 mm
Nutz 11,25–20 Gelände
Anh 400 mm
Höc
Verb
Kraf 12600 kg
Fah 14400 kg
Bes 1800 kg

12000 kg
50 km/h
Straße 100, Gelände 220 Lit

12 Mann

Die Firma Breda (Mailand) hat ebenfalls die KM m 11 in Lizenz nachgebaut. Kühler und Motorhaube sahen etwas anders aus als beim Originalmodell. Außerdem besaß die Breda 61 Rechtslenkung und einen 140 PS Benzinmotor eigener Herstellung.

3,7 cm Flak als Selbstfahrlafette auf dem mittl. Zgkw. 8 to. Fahrerhaus und Kühlerfront sind leicht gepanzert. Bild rechts: 3,7 cm Flak-Selbstfahrlafette an der Ostfront.

Prototyp des leichten Wehrmacht-Schleppers (le. WS), der jedoch nicht mehr serienmäßig hergestellt wurde. Versuchsweise war hier eine 3,7 cm Pak angehängt.

Bei Tatra wurde der s. WS. mit dem luftgekühlten V 12-Motor des Tatra 111 noch bis etwa 1953 für die tschechische Armee gebaut.

Ab Herbst 1943 lief bei Büssing-NAG statt des 5 to Zgkw. der schwere Wehrmacht-Schlepper (s. WS.) in Serie. Eingebaut wurde der bewährte HL 42-Motor, hier allerdings mit normalem Viergang-Schaltgetriebe. Bis Kriegsende gingen schätzungsweise noch etwa 1000 s. WS. an die Wehrmacht.

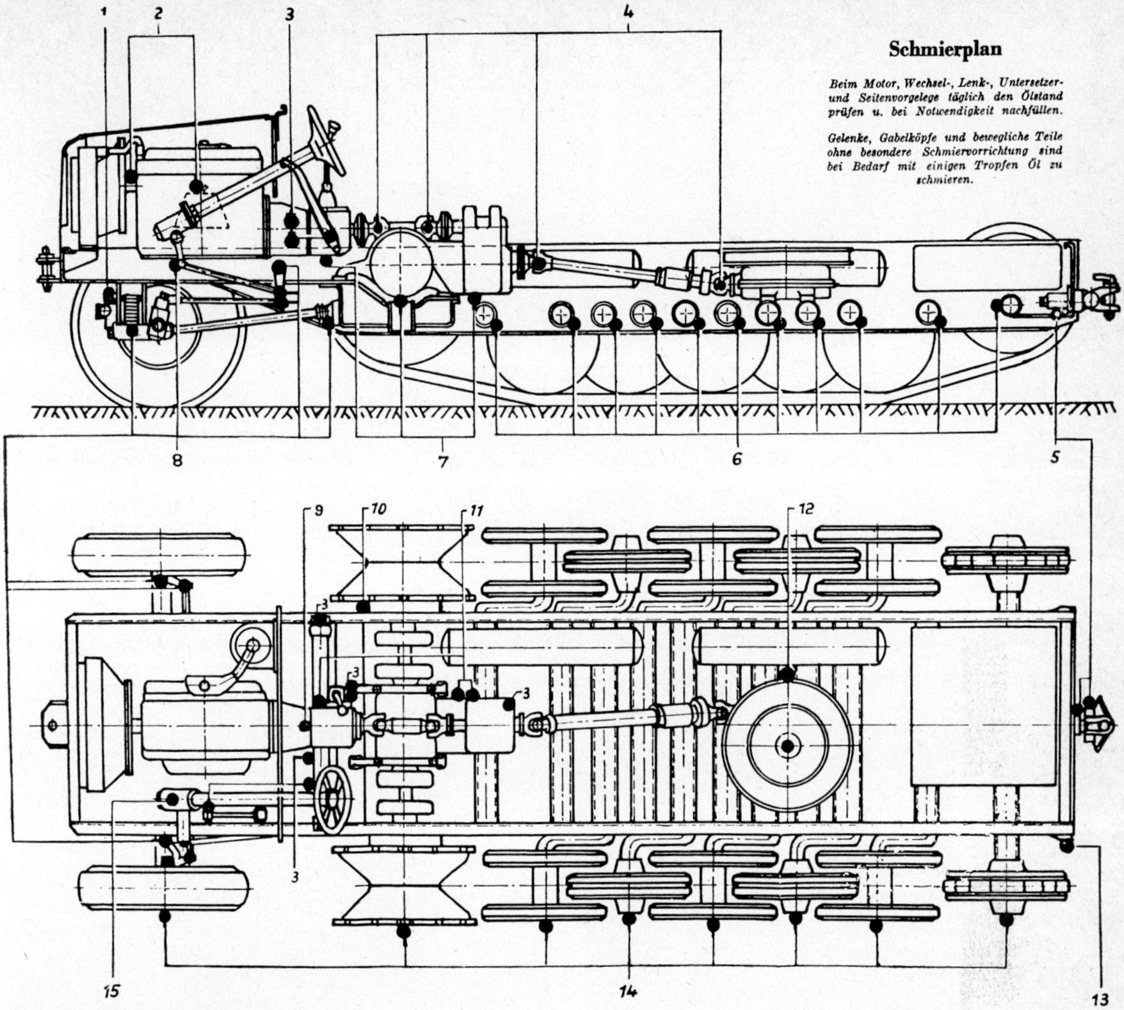

Schmierplan bzw. Fahrgestell des s.WS.

3,7 cm Flak 43 (Sf.) auf s.WS.

Langsam und laut, dafür aber sehr geländetüchtig fuhr der Raupenschlepper Ost (RSO), der ab 1943 in ziemlich großer Stückzahl nach Rußland kam. Er war hauptsächlich zum Einsatz bei der Infanterie bestimmt. Das Originalmodell (Bild links) wurde bei Steyr entwickelt und besaß den bereits im Typ 1500 A eingebauten V 8-Motor. Magirus als Nachbaufirma für den RSO verwendete die gleiche Maschine, ging aber noch bei den letzten paar hundert Exemplaren auf einen (ebenfalls luftgekühlten) 65 PS Deutz-Dieselmotor über. Der RSO von Magirus (Bilder oben) ist am offenen Fahrerhaus zu erkennen.

7,5 cm Pak 40/1 als Selbstfahrlafette auf dem Fahrgestell des RSO. 87 Stück solcher Fahrzeuge wurden 1944 bei den Panzerjäger-Einheiten der Infanterie eingeführt. Zwar wurden diese dadurch beweglicher, doch handelte es sich zweifellos um einen Notbehelf im Zeichen des verlorenen Krieges. Und ein Himmelfahrtskommando bedeutete es, wenn diese Selbstfahrlafetten von geistesarmen Infanterieführern als „Sturmgeschütze" eingesetzt wurden.

Steyr unternahm mit dem RSO viele Experimente. Eines davon war dieser Mannschafts-Transporter, bei welchem das hintere Ketten-Laufwerk ebenfalls angetrieben wurde.

	Raupenschlepper Ost RSO/01 (Steyr, Gräf & Stift, Wanderer, Magirus) 1942–1945	Raupenschlepper Ost RSO/03 (Klöckner-Deutz-Magirus) 1944–1945	Schwerer Wehrmacht-Schlepper s. WS. (Büssing-NAG) 1943–1945
Motor	Vergasermotor Steyr V8 – 3,5 Liter	Wälzkammer-Dieselmotor Deutz F 4 L 514	Vergasermotor Maybach HL 42 TRKMS
Zylinderzahl	8 (90°-V-Form)	4	6
Bohrung x Hub	78 x 92 mm	110 x 140 mm	90 x 110 mm
Hubraum	3517 ccm	5320 ccm	4198 ccm
Leistung	70 PS bei 2500 U/min	65 PS bei 2100 U/min	100 PS bei 3000 U/min
Verdichtung	1:5,8		1:6,6
Vergaser	1 Solex 40 JEP II	–	1 Solex 40 IFF II
Einspritzpumpe	–	Deutz	–
Ventile	V-förmig hängend Zentrale Nockenwelle Antrieb durch Duplex-Kette	Hängend Seitliche Nockenwelle Antrieb durch Stirnräder	Schräg hängend Nockenwelle im Zylinderkopf Antrieb durch Stirnräder
Kurbelwellenlager	5	5	7
Kühlung	Luft/Gebläse	Luft/Gebläse	Wasser/Pumpe
Batterie	12 V 90 Ah	2 x 12 V 75 Ah	12 V 75 Ah
Lichtmaschine	150 W	130 W	130 W
Anlasser	1,8 PS	4 PS	1,8 PS
Kraftübertragung	Antrieb auf Ketten-Laufwerk, Sperrdifferential Einscheibentrockenkupplung 2 Schalthebel (Getriebe, Sperrdifferential) Mitte		Antrieb auf Ketten-Laufwerk Zweischeibentr.-kupplung 2 Schalthebel Fahrzeugmitte
Getriebe	4 Gang		4 Gang + Vorgelege
Übersetzungen	I. 4,00 II. 2,10 III. 1,24 IV. 0,805		I. 6,50 II. 3,20 III. 1,74 IV. 1,00
Antriebs-Übersetzung	Kegelradantrieb 3,50 Innenverzahnung Kettenradantrieb 4,50 Gesamtübersetzung 3,50 x 4,50 = 15,75		Vorgelege Straße 1,684 Vorgelege Gelände 2,52 Kettenradantrieb 4,11
Fahrwerk	Fahrgestell-Wanne aus Längs- und Querträgern sowie Tragplatten		U-Profil-Rahmen
Vorderradaufhängung	–		starr, 1 Querfeder
Ketten-Laufwerk	2 Gleisketten zu je 65 Glieder 1 Triebrad vorn, 1 Leitrad 4 große Einfach-Laufräder in Reihenanordnung vorn und hinten beiderseits je 1 Viertelfeder		2 Gleisketten zu je 55 Glieder, Teilung 90 mm 1 Triebrad vorn, 1 Leitrad 5 große Doppel-Laufräder 1 Federstab je Laufrad
Lenkung	Hydraulische Lenkbremse Betätigung durch 2 Lenkhebel		Druckluft-Lenkbremse Betätigung durch Lenkrad
Fußbremse	Hydraulische Scheibenbremsen in den Trieb- und in den Leiträdern der Gleisketten		Scheibenbremsen in den Triebrädern der Gleisketten
Fußbremse wirkt auf	Trieb- und Leiträder der Gleisketten		Triebräder der Gleisketten
Handbremse wirkt auf	Trieb- und Leiträder der Gleisketten		Triebräder der Gleisketten
Allgemeine Daten			
Kettenauflage	2060 mm		2040 mm
Kettenlänge			9935 mm
Spur Vorderräder	–		2100 mm
Spur Gleisketten	1350 mm		1950 mm
Kettenbreite	340 mm		500 mm
Gesamtmaße	4425 x 1990 x 2530 mm		6675 x 2500 x 2830 mm
Ladefläche der Pritsche	2100 x 1860 mm		
Reifen (Vorderräder)	–		270–20 Gelände
Bodenfreiheit	550 mm		465 mm
Watfähigkeit	850 mm		1000 mm
Wendekreis-Ø			15 Meter
Fahrzeuggewicht	3500 kg	3800 kg	9500 kg
Zuläss. Gesamtgewicht	5200 kg	5500 kg	13500 kg
Nutzlast	1700 kg	1700 kg	4000 kg
Anhängelast	3000 kg	3000 kg	8000 kg
Höchstgeschwindigkeit	17,2 km/h	14 km/h	27,4 km/h
Verbrauch/100 km	Straße 60, Gelände 120 Liter	Str. 40, Gelände 80 l Diesel	Straße 80, Gelände 160 Liter
Kraftstofftank	180 Liter	180 Liter	240 Liter
Fahrbereich	Straße 300, Gelände 150 km	Straße 450, Gelände 220 km	Straße 300, Gelände 150 km
Besatzung	2 Mann	2 Mann	2 Mann

Den 100 PS Hanomag Zugmaschinen begegnete man häufig auf den Flugplätzen der Luftwaffe, aber auch bei den Pioniertruppen des Heeres. Für die Wehrmacht-Ausführung Typ ST 100 W war das Doppel-Fahrerhaus, die hinten angebaute Seilwinde und der aufgesetzte Tank kennzeichnend.

Einen 100 PS 8,3 Liter Benzin- oder einen 100 PS 8,6 Liter Diesel-Motor besaß der dreiachsige (6 x 4) Skoda 6 ST 6-T, verwendet als Lastwagen oder Zugmaschine. Das Bild zeigt zwei Fahrzeuge dieses Modells mit Pionierbooten im Schlepp.

Ebenfalls bei der Luftwaffe sowie bei Transporteinheiten waren die schweren Faun Zugmaschinen eingesetzt, die man wechselnd für Straßen- und Schienenbetrieb verwenden konnte. Es gab zwei- und dreiachsige Modelle, ausgerüstet mit 150 PS Deutz Diesel-Motor. Das Eigengewicht dieser Fahrzeuge betrug etwa 10 Tonnen.

Von den Faun Zugmaschinen wurde dieses schwere Kranfahrzeug abgeleitet, das ebenfalls je nach Bedarf auf der Straße oder auf Schienen fahren konnte.

	Schwere Zugmaschine (4 x 2) Faun ZR 1940–1944	Schwere Zugmaschine (4 x 2) Hanomag ST 100 W 1940–1944	Schwere Zugmaschine (6 x 4) Skoda 6 ST 6-T 1937–1939
Motor	Vorkammer-Dieselmotor Deutz F 6 M 517	Vorkammer-Dieselmotor Hanomag D 85 S	Vergasermotor Skoda
Zylinderzahl	6	6	6
Bohrung x Hub	130 x 170 mm	110 x 150 mm	112 x 140 mm
Hubraum	13540 ccm	8553 ccm	8271 ccm
Leistung	150 PS bei 1600 U/min	100 PS bei 1500 U/min	100 PS bei 1550 U/min
Verdichtung	1:22	1:18	1:5,5
Einspritzpumpe	Deutz	Bosch	–
Vergaser	–	–	
Ventile	Hängend Seitliche Nockenwelle Antrieb durch Stirnräder	Hängend Seitliche Nockenwelle Antrieb durch Stirnräder	
Kurbelwellenlager	7 Nasse Zylinderbüchsen	7 Nasse Zylinderbüchsen	
Kühlung	Wasser/Pumpe	Wasser/Pumpe	Wasser/Pumpe
Batterie	2 x 12 V 150 Ah	2 x 12 V 105 Ah	
Kraftübertragung	Antrieb auf Hinterräder Mehrscheiben- trockenkupplung Schalthebel/Wagenmitte	Antrieb auf Hinterräder Mehrscheiben- trockenkupplung Schalthebel/Wagenmitte	Antrieb auf 4 Hinterräder
Getriebe	4 Gang + Maybach-Schnellgang	4 Gang	4 Gang+Vorgelege
Übersetzungen	I. 6,15 II. 3,65 III. 1,86 IV. 1,00	I. 6,15 II. 2,97 III. 1,62 IV. 1,00	
Antriebs-Übersetzung	6,93	6,30	
Fahrwerk	U-Profil-Rahmen	U-Profil-Rahmen	
Vorderradaufhängung	starr, Halbfedern	starr, Halbfedern	1 Halbfeder quer
Hinterradaufhängung	starr, Halbfedern	starr, Halbfedern, Zusatzfedern	Halbfedern
Lenkung	ZF-Roß	ZF-Roß	
Fußbremse	Druckluft	Hydraulisch/Druckluft	Druckluft
Fußbremse wirkt auf	4 Räder	4 Räder	6 Räder
Handbremse wirkt auf	Kardanwelle	Hinterräder	
Allgemeine Daten			
Radstand	3600 mm	3000 mm	3500+1150 mm
Spur vorn	1800 mm	1908 mm	1700 mm
Spur hinten	1800 mm	1836 mm	1700/1700 mm
Gesamtmaße	6450 x 2440 x 2550 mm	5330 x 2460 x 2420 mm	7200 x 2110 x 2860 mm
Ladefläche	–	–	4050 x 1970 mm
Reifen	9,75–20 extra Hinterräder zwillingsbereift	9,75–20 extra Hinterräder zwillingsbereift	9,75–20 extra Hinterräder einfachbereift
Bodenfreiheit	250 mm	260 mm	300 mm
Wendekreis-∅	17 Meter	12 Meter	18 Meter
Fahrzeuggewicht	9550 kg	6600 kg	7510 kg
Zuläss. Gesamtgewicht	10 600 kg		11 510 kg
Gesamtzuggewicht	40 000 kg		
Anhängelast		20 000 kg	
Höchstgeschwindigkeit	60 km/h	40 km/h	60 km/h
Verbrauch/100 km	Straße 50 Liter Diesel	Straße 50 Liter Diesel	Straße 80 Liter
Kraftstofftank	200 Liter	250 Liter	230 Liter
Fahrbereich	Straße 330 km	Straße 500 km	Straße 280 km
		80 Meter-Seilwinde für 3500 kg Zugkraft	70 Meter-Seilwinde für 5500 kg Zugkraft

Weniger häufig wurde die relativ leichte 55 PS Hanomag Zugmaschine verwendet, die für eine Zugleistung von 16 to auf guter Straße ausgelegt war.

Die Firma Praga (Prag) baute früher und auch noch während des Krieges verschiedene Modelle von Artillerie-Schleppern, so beispielsweise 1944 noch 73 Stück des hier abgebildeten Typs T 6-SS. Dieses Kettenfahrzeug für 6 to Anhängelast besaß einen 110 PS Sechszylinder-Vergasermotor. Die Praga Artillerie-Schlepper wurden vermutlich an Armeen der Bundesgenossen Deutschlands geliefert.

Das ist der im Text schon näher beschriebene Radschlepper Ost (ebenfalls: RSO), den Professor Porsche als Alternative zum Raupenschlepper Ost (RSO) von Steyr konstruiert hat. Während sich der letztere als sehr brauchbar erwies, erfüllte das Fahrzeug von Porsche – bei Skoda waren einige Prototypen gebaut worden – nicht die Erwartungen. Deshalb unterblieb eine Serienproduktion.

Panzer-Spähwagen auf Rädern und auf Ketten

Auf Grund des Vertrages von Versailles durfte die Reichswehr zunächst keinerlei Panzerfahrzeuge besitzen. Bald wurden ihr zwar eine beschränkte Zahl gepanzerter Mannschafts-Transportwagen zugestanden, bei welchen es sich um Abwandlungen der Schupo-Sonderwagen aus den ersten Nachkriegsjahren handelte. Da diese Fahrzeuge aber weder geländegängig noch feldbrauchbar und überdies in zu kleiner Zahl vorhanden waren, behalf sich das 100 000 Mann-Heer zu Übungszwecken mit sogenannten Tank-Nachbildungen oder Schein-Tanks.

Man begann 1925 mit ganz primitiven, leinwandbezogenen Stahlrohr-Gestellen, welche die Konturen eines Panzerkampfwagens zeigten und auf drei Fahrradrädern rollten. Zwei Mann schoben solche Attrappen durch das Gelände. Das erschien jedoch zu behelfsmäßig, so daß man bald zu motorisierten Tank-Nachbildungen überging. Nachdem sich solcherart maskierte Lastwagen auch nicht recht bewährten, benützte man Fahrgestelle leichter Personenwagen für diesen Zweck, nämlich zuerst den 2/10 PS Hanomag, dann den 3/15 PS Dixi, ab 1935, als man zwar schon wieder echte, aber noch zu wenige Panzerkampfwagen besaß, bis in den Krieg hinein den Opel P4, und schließlich ab 1941 sogar noch entsprechend hergerichtete VW-Kübelwagen.

Während es sich bei den soeben beschriebenen Attrappen um die Nachbildung von Panzerkampfwagen handelte, gab es ab 1930 auch bereits Darstellungen von Straßenpanzer- oder Panzerspähwagen. Diese Fahrzeuge entsprachen in Form und Größe damaligen Baumustern des Auslands, wobei freilich die Aufbauten der hierfür verwendeten Adler Standard 6-Fahrgestelle keineswegs aus Panzerstahl, sondern aus schlichtem Eisenblech bestanden. Die gleichen Fahrgestelle wurden dann 1932 bis 1934 mit zwar leichten, aber immerhin echten Panzeraufbauten versehen, entwickelt von DEW (Deutsche Edelstahl-Werke, Krefeld). So entstanden der Maschinengewehr-Kraftwagen Kfz. 13 und der Funk-Kraftwagen Kfz. 14, die sogar noch im Polen-Feldzug mit dabei waren.

Die ersten wirklich feldbrauchbaren leichten Panzerspähwagen erschienen 1936. Für sie verwendete man das Einheitsfahrgestell I für s. Pkw., welches durch Vierrad-Antrieb, Vierrad-Lenkung und für diesen speziellen Verwendungszweck durch die Anordnung des V8-Motors im Heck gekennzeichnet war. Die Entwicklung dieser Fahrzeuge hatte die Eisenwerk Weserhütte AG. (Bad Oeynhausen) übernommen. Das Fahrgestell samt Motor lieferte die Auto Union AG. Werk Horch (Zwickau), das Panzergehäuse stammte von den Deutschen Edelstahl-Werken (Krefeld), die Montage erfolgte bei der Firma Schichau (Elbing) und bei der Maschinenfabrik Niedersachsen (Hannover-Linden). Die Leichten Vierrad-Panzerspähwagen wurden bis 1942 gebaut, und manche davon blieben bis zum Ende des Krieges im Einsatz. Übermäßiger Beliebtheit erfreuten sie sich bei den Soldaten nicht, denn sie waren recht empfindlich und störungsanfällig. In den Jahren 1941/42 war Büssing-NAG mit der Entwicklung eines neuen Vierrad-Panzerspähwagens beauftragt, der aus dem Achtrad-Fahrzeug dieser Firma abgeleitet und dann bei Horch gebaut werden sollte, doch wurde dieses Projekt aufgegeben, nachdem sich an der Front die überpanzerten Halbketten-Zugmaschinen (Sd. Kfz. 250) als leichte Panzerspähwagen besser als die entsprechenden Räderfahrzeuge bewährten.

Nebenbei sei hier noch nachgetragen, daß 1937/38 einige Sechsrad-Krupp-Protzen als Panzerbefehlswagen für die Verwendung in höheren Stäben hergerichtet wurden. Eine kleine Zahl weiterer Panzer-Pkw. ähnlicher Art entstand 1939 auf dem von Horch gebauten Einheits-Fahrgestell II. Bei ihnen lag also der Motor vorn und nicht, wie bei den leichten Panzer-Spähwagen, im Heck.

In der Absicht, die Reichswehr möglichst bald mit gepanzerten Mannschafts-Transportwagen bzw. mit schweren Panzerspähwagen auszustatten, vergab das Heereswaffenamt 1926/27 entsprechende Entwicklungsaufträge an die Firmen Büssing, Daimler-Benz und Magirus. Auf Grund der Baubedingungen entstanden bei Büssing ein Zehnrad- und bei den beiden anderen Firmen Achtrad-Wagen, deren Prototypen im Jahre 1930 von der Reichswehr übernommen wurden. Bald freilich bestand darüber Klarheit, daß eine Beschaffung derart teurer Fahrzeuge in größerer Zahl vorderhand nicht in Betracht kam. So entschloß man sich, Fahrgestelle der 1,5 to Dreiachs-Gelände-Lkw. Mercedes-Benz Typ G 3 a, Büssing-NAG Typ G 31 und Magirus Typ M 206 bei den Deutschen Werken AG. (Kiel) mit Panzeraufbauten der Deutschen Edelstahl-Werke (Krefeld) versehen zu lassen. Bei den so ab 1930 entstandenen Panzerspähwagen tauchte zum ersten Mal die späterhin für alle deutschen Fahrzeuge dieser Gattung typisch gewordene Sargform auf. Rund 1000 Sechsrad-Panzerspähwagen wurden bis 1936 gebaut, die sich recht ordentlich bewährten und ebenfalls noch großenteils die Feldzüge in Polen und Frankreich erlebten. Schließlich wurden sie als Ausbildungsfahrzeuge aufgebraucht.

Als Nachfolger der Sechsrad-Panzerspähwagen sowie unter Ausnützung der mit dem früheren Zehnradwagen bereits gemachten Erfahrungen entstand 1937 im Zuge der Entwicklung von Einheits-Fahrgestellen für die deutsche Wehrmacht bei Büssing-NAG ein schwerer Panzerspähwagen mit Achtrad-Fahrwerk. Wiederum stammte der Aufbau von den Deutschen Edelstahl-Werken, während die Montage bei den Deutschen Werken (Kiel) und bei Schichau (Elbing) erfolgte. Dieses Modell mit Achtrad-Antrieb, Doppellenkung und Heckmotor sah ungemein imponierend aus, funktionierte auch trotz seiner komplizierten Konstruktion recht gut, hatte aber den entscheidenden Fehler, daß es viel zu hoch gebaut war und deshalb gewissermaßen als motorisierte Zielscheibe durchs Gelände fuhr. 1943 brachte Büssing-NAG ein neues Modell des Achtrad-Panzerspähwagens heraus, eine hauptsächlich für das Afrika-Korps bestimmte Tropenausführung. Indem man vom herkömmlichen Kastenrahmen zur selbsttragenden Panzerwanne überging, ließ sich die Bauhöhe um einiges verringern, zumal man gleichzeitig die auffälligen Rahmenantennen durch Stabantennen ersetzte. Außerdem verwendete man den ebenfalls neuen luftgekühlten Tatra V12-Dieselmotor, wodurch in Verbindung mit übergroßen Tanks der Aktionsradius enorm gesteigert werden konnte. In der Tat besaß dieser Wagen eine hervorragende Eignung für den Wüstenkrieg und bewährte sich auch dementsprechend.

An Radpanzern verfügte die Wehrmacht außerdem noch über etliche Achtrad-Spähwagen des Typs Austro-Daimler ADGZ sowie über 128 Exemplare des Räder-Raupen-Typs Saurer RR 7/2. Der letztere und die ebenfalls aus Österreich übernommene Motor-Karette waren die einzigen Fahrzeuge mit Doppelfahrwerk im Gebrauch der deutschen Truppen. Sie konnten jederzeit wahlweise von Räder- auf Kettenbetrieb und umgekehrt umgestellt werden. Erfunden und entwickelt hat diese Bauart jener Oberingenieur Vollmer, von dem die deutschen Sturmpanzerwagen des ersten Weltkriegs stammten. Nach dem Anschluß Österreichs veranlaßte das Heereswaffenamt die Firma Saurer, sich mit der Weiterentwicklung des Doppelfahrwerks zu befassen. Es entstanden etwa 10 Versuchsexemplare des als Panzerspähwagen vorgesehenen Typs RR 9. Diese Entwicklungen wurden jedoch 1942 beendet, nachdem die österreichische Firma den Nachbau von Halbketten-Zugmaschinen aufnehmen mußte. Schließlich vermochten die Räder-Raupen-Fahrzeuge keineswegs derart zu überzeugen, daß die Truppe nur schweren Herzens auf deren eben doch recht theoretischen Vorzüge verzichtet hätte.

Erwähnt sei schließlich der Panhard P 204, ein französischer Vierrad-Panzerspähwagen, von dem die Wehrmacht 1940 etwa 190 Stück erbeutete. Ungefähr 150 dieser Fahrzeuge wurden bei Panzeraufklärungsabteilungen eingesetzt, während man die übrigen als gepanzerte Eisenbahndraisinen verwendete. Der Panzerspähwagen P 204 (f) hat sich vor allem auf dem Balkan und bei der Bekämpfung von Partisanen bestens bewährt.

Viel größere Bedeutung als alle Panzerspähwagen auf Rädern erlangten bei der Wehrmacht im Kriege die auf Fahrgestellen der Halbkettenzugmaschinen laufenden Schützenpanzerwagen (SPW.) Sd. Kfz. 250 und 251. Das kleinere Modell besaß das um ein Laufrad verkürzte Fahrgestell

Tank-Attrappen auf Fahrradgestellen 1925

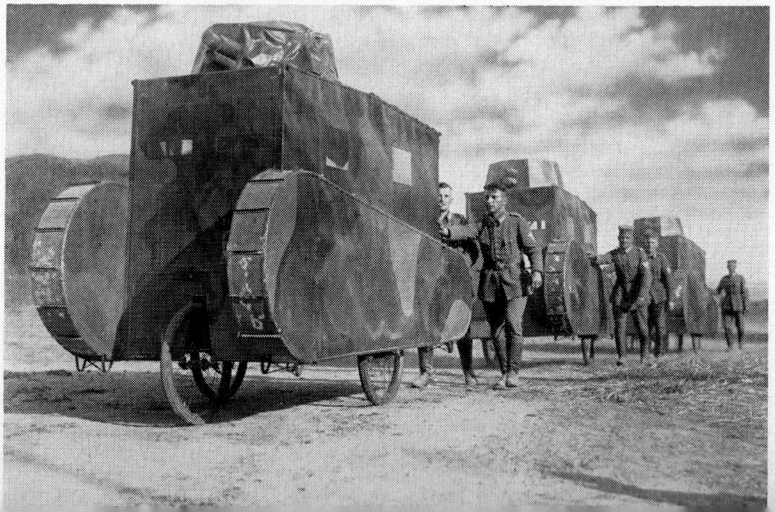

Tank-Attrappen auf 2/10 PS Hanomag 1927

des Eintonner-Zugkraftwagens, während für den größeren SPW. das nur wenig veränderte Fahrgestell des Dreitonner-Zugkraftwagens Verwendung fand. Von beiden Ausführungen gab es zahlreiche Abarten, welche jedoch durchweg gegenüber den normalen Schützenpanzerwagen keine große Rolle spielten. Sowohl der leichte als auch der mittlere SPW. haben sich hervorragend bewährt, wobei der erstere hauptsächlich für Führungs-, Aufklärungs- und Sonderaufgaben in Betracht kam, während der letztere überwiegend als Gruppenfahrzeug bei den Schützen und Panzergrenadieren diente. Vom mittleren SPW. gab es vier Ausführungen, welche sich äußerlich wie folgt unterschieden:

	Frontplatte	**Heckwand**
Ausf. A und B	keilförmig	abgewinkelt
Ausf. C (ab 1940)	flach	abgewinkelt
Ausf. D (ab 1943)	flach	ausladend

Insgesamt wurden an die Wehrmacht etwa 7500 leichte SPW. und etwa 16000 mittlere SPW. geliefert, also stattliche Zahlen dieser mit Recht allgemein hochgeschätzten Halbketten-Fahrzeuge.

300 Fahrgestelle vom Lkw-Typ Opel-Blitz „Maultier" wurden ähnlich wie der leichte SPW. überpanzert und als Selbstfahrlafette für den 15 cm Werfer-Zehnling verwendet. Diese Geräte, vergleichbar in etwa mit der gefürchteten russischen Stalin-Orgel, waren zwar Kampfmittel von recht nachdrücklicher Wirksamkeit, doch die „Maultier"-Fahrgestelle erwiesen sich als zu sehr überlastet. Deshalb wurden die Werfer-Zehnlinge nun versuchsweise auf die 3 to-Halbketten-Zugmaschine und schließlich auf den schweren Wehrmacht-Schlepper aufgesetzt, doch kamen, soviel der Autor weiß, beide Versionen nicht mehr in nennenswerter Zahl zur Truppe.

Wie bereits an anderer Stelle erwähnt, wurden im Verlauf des Krieges auch Halbketten-Zugmaschinen französischer Herkunft überpanzert und als SPW. verwendet. Als Abart davon kennt man den SPW. Somua (f) als 7,5 cm Pak-Selbstfahrlafette.

Im übrigen gab es einige Panzer-Spähwagen, wie beispielsweise den „Luchs", die von Panzer-Kampfwagen abgeleitet waren und deshalb im vorliegenden Buch bei diesen Fahrzeugen mit aufgeführt werden.

Imposant und martialisch sah der weltberühmt gewordene Achtrad-Panzer-Spähwagen der deutschen Wehrmacht aus. Gebaut wurde er in der hier gezeigten Ausführung von Büssing-NAG in den Jahren 1937 bis 1942. Rein technisch war es trotz seiner komplizierten Konstruktion ein hervorragendes Fahrzeug, jedoch war es zu hoch geraten. Das Bild oben links zeigt den sog. „Waffenwagen" (2 cm KwK) in Afrika. (Teilweise waren die Achtrad-Panzer im Krieg mit einem zusätzlichen Pakschutz an der Fahrzeugfront ausgerüstet worden.) Das Bild oben rechts zeigt einen bei der SS-Leibstandarte Adolf Hitler eingesetzten Panzer-Spähwagen (Fu), der sowohl eine 2 cm KwK im Drehturm als auch eine Bügel-Antenne besitzt.

Oben: Achtrad-Panzer-Spähwagen mit kurzer 7,5 cm Kanone, Aufbau oben offen und ohne Drehturm (Sd. Kfz. 233). Unten: Achtrad-Panzer-Funkwagen mit MG und Bügel-Antenne, kein Drehturm (Sd. Kfz. 263).

<table>
<tr><th></th><th>s. Pz. Spähwagen (8 x 8)
Büssing-NAG
Typ GS
1937–1938</th><th>s. Pz. Spähwagen (8 x 8)
Büssing-NAG
Typ GS
1939–1942</th><th>s. Pz. Spähwagen (8 x 8)
Büssing-NAG
Typ ARK
1943–1945</th></tr>
<tr><td>Motor</td><td>Vergasermotor
Büssing-NAG Typ L8V-GS</td><td>Vergasermotor
Büssing-NAG Typ L8V-GS</td><td>Tatra Dieselmotor
mit Direkteinspritzung</td></tr>
<tr><td>Zylinderzahl</td><td>V8</td><td>V8</td><td>V12</td></tr>
<tr><td>Bohrung x Hub</td><td>107 x 110 mm</td><td>110 x 110 mm</td><td>110 x 130 mm</td></tr>
<tr><td>Hubraum</td><td>7913 ccm</td><td>8360 ccm</td><td>14 825 ccm</td></tr>
<tr><td>Leistung</td><td>150 PS bei 3000 U/min</td><td>180 PS bei 3000 U/min</td><td>210 PS bei 2200 U/min</td></tr>
<tr><td>Drehmoment</td><td>49 mkg</td><td></td><td></td></tr>
<tr><td>Verdichtung</td><td>1:5,5</td><td>1:5,5</td><td>1:16,5</td></tr>
<tr><td>Vergaser</td><td>2 Solex 48 FNVP</td><td>2 Solex 40 MOVS</td><td>–</td></tr>
<tr><td>Einspritzpumpe</td><td>–</td><td>–</td><td>2 Bosch PE 6 A</td></tr>
<tr><td>Ventile</td><td>Hängend</td><td>Hängend</td><td>Hängend</td></tr>
<tr><td>Kurbelwellenlager</td><td>3</td><td>3</td><td>7</td></tr>
<tr><td>Kühlung</td><td>Wasser/Pumpe</td><td>Wasser/Pumpe</td><td>Luft/Gebläse</td></tr>
<tr><td>Batterie</td><td>2 x 12 V 90 Ah</td><td>2 x 12 V 90 Ah</td><td>2 x 12 V 120 Ah</td></tr>
<tr><td>Kraftübertragung</td><td colspan="3">Heckmotor, Achtrad-Antrieb
Je 2 Antriebsachsen mit Vorgelegen und selbstsperrenden Zwischenachs-Differentialen
sowie 2 einfache Antriebsachsen
Zweischeibentrockenkupplung</td></tr>
<tr><td>Getriebe</td><td colspan="3">3 Gang + Vorgelege</td></tr>
<tr><td>Übersetzungen</td><td colspan="3">I. 3,06, II. 1,67, III. 1,16, Vorgelege 3,50</td></tr>
<tr><td>Antriebs-Übersetzung</td><td>5,20</td><td>5,20</td><td>5,70</td></tr>
<tr><td>Fahrwerk</td><td>Kastenprofil-Rahmen</td><td>Kastenprofil-Rahmen</td><td>Selbsttragende Panzerwanne</td></tr>
<tr><td>Einzelradaufhängungen</td><td colspan="3">Vorn und hinten baugleich an Doppel-Querlenkern
und je 1 längsliegenden Halbfeder pro Räderpaar</td></tr>
<tr><td>Lenkung</td><td colspan="3">Spindel-Achtrad-Lenkung, Lenkrad um 90° gekippt
Zusätzlich Lenkung und Bedienungseinrichtung im Heck</td></tr>
<tr><td>Fußbremse</td><td colspan="2">Mechanisch</td><td>Druckluft (Knorr)</td></tr>
<tr><td>Fußbremse wirkt auf</td><td colspan="2">8 Räder</td><td>8 Räder</td></tr>
<tr><td>Handbremse wirkt auf</td><td colspan="2">8 Räder</td><td>8 Räder</td></tr>
<tr><td></td><td colspan="2">Zentralschmierung</td><td>Zentralschmierung</td></tr>
<tr><td>Allgemeine Daten</td><td colspan="2"></td><td></td></tr>
<tr><td>Radstand</td><td colspan="2">1350 + 1400 + 1350 mm</td><td>1300 + 1400 + 1300 mm</td></tr>
<tr><td>Spur</td><td colspan="2">1600/1600/1600/1600 mm</td><td>1945/1945/1945/1945 mm</td></tr>
<tr><td>Gesamtmaße</td><td colspan="2">5850 x 2200 x 2340 mm
Sd. Kfz. 253: Höhe 2250 mm
Sd. Kfz. 232 und 263: Höhe 2900 mm</td><td>6000 x 2330 x 2100 mm
Sd. Kfz. 234/2: Höhe 2380 mm
Sd. Kfz. 234/4: Höhe 2350 mm</td></tr>
<tr><td>Reifen</td><td colspan="2">210–18 (schußsicher)</td><td>270–20 (schußsicher)</td></tr>
<tr><td>Bodenfreiheit</td><td colspan="2">270 mm</td><td>350 mm</td></tr>
<tr><td>Watfähigkeit</td><td colspan="2">1000 mm</td><td>1200 mm</td></tr>
<tr><td>Wendekreis-Ø</td><td colspan="2">10,5 Meter</td><td>14,9 Meter</td></tr>
<tr><td>Fahrzeuggewicht</td><td colspan="2">7550 bis 7700 kg</td><td></td></tr>
<tr><td>Zuläss. Gesamtgewicht</td><td colspan="2">Sd. Kfz. 231: 8300 kg
Sd. Kfz. 232: 8800 kg
Sd. Kfz. 233: 8580 kg
Sd. Kfz. 263: 8400 kg</td><td>11 700 kg</td></tr>
<tr><td>Nutzlast</td><td colspan="2">750 bis 1100 kg</td><td></td></tr>
<tr><td>Zugkraft am Haken</td><td colspan="2">2500 kg</td><td></td></tr>
<tr><td>Höchstgeschwindigkeit</td><td colspan="2">85 km/h</td><td>90 km/h</td></tr>
<tr><td>Verbrauch/100 km</td><td colspan="2">Straße 50, Gelände 90 Liter</td><td>Straße 40, Gelände 60 l
Diesel</td></tr>
<tr><td>Kraftstofftank</td><td colspan="2">138 Liter</td><td>240 oder 360 Liter</td></tr>
<tr><td>Fahrbereich</td><td colspan="2">Straße 270, Gelände 150 km</td><td>Straße 600 bzw. 900 km
Gelände 400 bzw. 600 km</td></tr>
<tr><td>Panzerung</td><td colspan="2">Front 14,5, später 30 mm
Seiten und Heck 8 mm</td><td>Front 30 mm
Seiten 8, Heck 14,5 mm</td></tr>
<tr><td>Besatzung</td><td colspan="2">4 Mann. Sd. Kfz. 263: 5 Mann</td><td>4 Mann</td></tr>
<tr><td>Bewaffnung</td><td colspan="2">Sd. Kfz. 231: 2 cm KwK + 1 MG
Sd. Kfz. 232: 2 cm KwK
Sd. Kfz. 263: 1 MG
Sd. Kfz. 233: 7,5 cm StuK</td><td>Sd. Kfz. 234/1: 2 cm KwK + MG
Sd. Kfz. 234/2: 5 cm KwK + MG
Sd. Kfz. 234/3: 7,5 cm StuK + MG
Sd. Kfz. 234/4: 7,5 cm Pak</td></tr>
</table>

Die spätere Ausführung des Achtrad-Panzer-Spähwagens, bei Büssing-NAG in den Jahren 1943 bis Januar 1945 in Produktion, besaß eine selbsttragende Panzerwanne, wodurch der Aufzug bedeutend niedriger gehalten werden konnte. Auch gab es nicht mehr die auffallenden, weithin sichtbaren Bügelantennen. Das obere Bild zeigt ein Sd. Kfz. 234/3 mit kurzer 7,5 cm Kanone, die beiden unteren Bilder das Sd. Kfz. 234/2 „Puma“ mit 5 cm KwK.

Eine Zeitlang benützte Feldmarschall Rommel in Afrika als Panzer-Befehlswagen den „Moritz". Bei diesem Beutefahrzeug englischer Herkunft handelte es sich um einen AEC-Matador mit Allrad-Antrieb und 95 PS Sechszylinder-Diesel-Motor. Die Länge betrug 6100 mm, die Breite 2600 mm, die Höhe 2870 mm und das Gewicht über 10 to. Von dem etwas unförmig geratenen Vehikel besaßen die Engländer über 400 Stück.

Die ungarische Automobilfabrik Manfred Weiss war der Hersteller des Panzer-Spähwagens Straussler 39 M Csaba. Vierrad-Antrieb, Vierzylinder-Heckmotor, Zwei- oder Vierrad-Lenkung, Gesamtmaße 4520 × 2100 × 2270 mm, Gewicht 5900 kg. Das Fahrzeug wurde für die ungarische Armee gebaut, befand sich aber offenbar, wenn auch sicher nur in wenigen Exemplaren, bei der deutschen Wehrmacht. ▼

Ein Ford V8-Marmon-Herrington Panzerwagen, 1938/39 in Malines für die belgische Armee gebaut, von der Wehrmacht erbeutet und, wie man sieht, als Befehlswagen für einen Divisionskommandeur für tauglich befunden. ▶

In geringer Zahl liefen zunächst bei den Panzertruppen und später nur noch bei einigen Aufklärungs-Abteilungen der Infanterieverbände Achtrad-Panzer-Spähwagen der Marke Austro-Daimler. Das Achtrad-Modell von Büssing war den Soldaten lieber.

Der Panzer-Beobachtungswagen Saurer RR 7/2 war außer der Motor-Karette das einzige Räder-Raupen-Fahrzeug der Wehrmacht. Es war nur in den ersten Kriegsjahren eingesetzt, so beispielsweise vor Leningrad.

Mit ihrem genieteten Aufbau waren die im Westfeldzug erbeuteten Panhard P 204 (f) zwar etwas veraltet, doch versahen sie noch jahrelang treu und zuverlässig ihren Dienst, und zwar vor allem bei Polizei-Divisionen zur Partisanen-Bekämpfung. Bemerkenswert: Der 100 PS-Vierzylinder-Motor arbeitet mit Drehschiebern statt Ventilen.

Ein Sechsrad-Panzer-Spähwagen Russki-Ford Typ BA fährt nach einer der großen Kesselschlachten im Sommer 1941 in die deutsche Gefangenschaft. Solche Beutefahrzeuge waren später des öfteren bei den Aufklärern der Infanterie eingesetzt. Der ziemlich hochbeinige Wagen besaß einen 50 PS-Motor, lief 60 km/h, wog 5 to und war meistens mit einer 4,5 cm KwK sowie 2 MG ausgerüstet. Besatzung 4 Mann, Front- und Seitenpanzerung 10 mm. Fahrbereich 300 km, beiderseitige Ersatzräder als drehbare Stützräder, Vorderräder nicht angetrieben. Man beachte die für den damaligen Zeitpunkt großkalibrige Waffe im Vergleich zu den auf deutscher Seite seinerzeit noch üblichen Kalibern.

	s. gp. Beobachtungs-Kraftwagen Saurer Typ RR 7/2 1937–1939	s. Pz. Spähwagen (8 x 8) Austro-Daimler Typ ADGZ 1935–1942	s. Pz. Spähwagen (4 x 4) Panhard Typ 178 bzw. P 204 (f) 1935–1940
Motor	Dieselmotor Saurer Typ CRDv	Vergasermotor Austro-Daimler M 612	Vergasermotor Panhard Typ I.S.K.
Zylinderzahl	4	6	4
Bohrung x Hub	110 x 140 mm	130 x 150 mm	120 x 140 mm
Hubraum	5320 ccm	11 946 ccm	6330 ccm
Leistung	70 PS bei 2000 U/min	150 PS bei 1800 U/min	105 PS bei 2000 U/min
Verdichtung	1:16	1:5,77	1:5,8
Vergaser	–	2 Pallas SAG 6	1 Doppelvergaser
Einspritzpumpe	Bosch PE 4 B	–	–
Ventile	Hängend	Stehend Seitliche Nockenwelle Antrieb durch Stirnräder	2 Drehschieber je Zylinder Seitliche Exzenterwelle Antrieb durch Kette
Kühlung	Wasser/Pumpe	Wasser/Pumpe	Wasser/Pumpe
Batterie	4 x 6 V 87,5 Ah		12 V 146 Ah
Kraftübertragung	Antrieb (wahlweise auch während langsamer Fahrt umschaltbar) auf Vorderräder oder auf Ketten-Laufwerk	8 Rad-Antrieb	4 Rad-Antrieb Motor im Heck
Getriebe	5 Gang + Vorgelege	Voith Turbo-Flüssigkeitsgetriebe + Vorgelege	4 Gang + Vorgelege 4 Vorw.-, 4 Rückwärtsgänge
Fahrwerk	Kastenprofil-Rahmen	Kastenprofil-Rahmen	Kastenprofil-Rahmen
Radaufhängungen	Einzelradaufhängung vorn und hinten mit Federstäben Ketten-Laufwerk mit Schraubenfedern	Vorn und hinten: Starre Rohrachsen mit je 1 Halbfeder quer Wagenmitte: 2 Schwingachsen mit 2 Halbfedern längs	2 Starrachsen, Halbfedern
Lenkung		4 Rad-Lenkung der beiden äußeren Achsen Lenkung und Bedienung im Bug und im Heck	Lenkung und Bedienungseinrichtung im Bug und im Heck, jedoch nur Lenkung der Vorderräder
Fußbremse	Hydraulisch	Hydraulisch	Mechanisch Servo
Fußbremse wirkt auf	4 Räder bzw. Kette	8 Räder	
Handbremse wirkt auf	Getriebe	Getriebe	
Allgemeine Daten			
Radstand	2400 mm	1850 + 1050 + 1850 mm	3120 mm
Kettenauflage	2390 mm	–	–
Spur	Räder 2000/1800 mm Ketten 1260 mm	1450/1700/1700/1450 mm	1737/1737 mm
Kettenbreite	240 mm	–	–
Gesamtmaße	4500 x 2470 x 2330 mm Höhe mit Ketten 2180 mm	6260 x 2160 x 2564 mm	5140 x 2010 x 2360 mm (Höhe mit Turm APX 3)
Reifen	8,25–20 Gelände	8,25–20 Gelände Mittelachsen zwillingsbereift	42 x 9
Bodenfreiheit	mit Rädern 300 mm mit Ketten 240 mm	275 mm	260 mm
Watfähigkeit	mit Rädern 900 mm mit Ketten 750 mm	1000 mm	800 mm
Gefechtsgewicht	6420 kg	12 000 kg	8300 kg
Höchstgeschwindigkeit	mit Rädern 60 km/h mit Ketten 30 km/h	70 km/h	vorwärts 72,5 km/h rückwärts 42 km/h
Verbrauch/100 km	Straße 30 l Diesel (Räder) Gelände 80 l Diesel (Ketten)	90 Liter	Straße 40, Gelände 70 Liter
Kraftstofftank	72 Liter		125 + 25 Liter
Fahrbereich	Straße 240, Gelände 90 km		Straße 350, Gelände 210 km
Panzerung	Front 10, Seiten 3 mm	max. 11 mm	7 bis 20 mm
Besatzung	5 Mann	6 bis 7 Mann	4 Mann
Bewaffnung	1 MG	1 Kanone 2 cm, 3 MG	1 Kanone 2,5 cm, 1 MG

Ein anderes von Generalfeldmarschall Rommel in Afrika benutztes Befehlsfahrzeug war dieser le. SPW. (Funk-Panzerwagen Sd. Kfz. 250/3). Der „Greif“ war für die Soldaten des Afrika-Korps ein Begriff.

	le. Schützen-Panzerwagen (Sd. Kfz. 250) Typ D 7 p (Demag) 1940–1944	mittl. Schützen-Panzerwagen (Sd. Kfz. 251) Typ HL kl 6 p (Borgward) 1939–1944
Motor	Vergasermotor Maybach HL 42 TRKM	Vergasermotor Maybach HL 42 TUKRM
Zylinderzahl	6	6
Bohrung x Hub	90 x 110 mm	90 x 110 mm
Hubraum	4170 mm	4170 mm
Leistung	100 PS bei 2800 U/min	100 PS bei 2800 U/min
Verdichtung	1:6,6	1:6,6
Vergaser	1 Solex 40 IFF II	1 Solex 40 IFF II
Ventile	Schräg hängend Nockenwelle im Zylinderkopf Antrieb durch Stirnräder	Schräg hängend Nockenwelle im Zylinderkopf Antrieb durch Stirnräder
Kurbelwellenlager	8 Auswechselbare Zylinderbüchsen	8 Auswechselbare Zylinderbüchsen
Kühlung	Wasser/Pumpe	Wasser/Pumpe
Batterie	12 V 75 Ah	12 V 75 Ah
Lichtmaschine	300 W	300 W
Anlasser	1,8 PS	1,8 PS
Kraftübertragung	Antrieb auf Ketten-Laufwerk Zweischeibentrockenkupplung Schalthebel für Vor- und Rückwärtsfahrt sowie Vorwählhebel in Fahrzeugmitte	Antrieb auf Ketten-Laufwerk Zweischeibentrockenkupplung 2 Schalthebel in Fahrzeugmitte
Getriebe	Halbautomatisches Schaltreglergetriebe (Maybach Variorex SRG 102128 H) mit Gangvorwahl und selbsttätiger Gang- schaltung durch Unterdruck beim Niedertreten der Kupplung 7 Vorwärts-, 3 Rückwärtsgänge	4 Gang + Vorgelege (8 Vorwärts-, 2 Rückwärtsgänge)
Übersetzungen	I. 8,20, II. 5,40, III. 3,53, IV. 2,28, V. 1,49, VI. 1,02, VII. 1,00	I. 3,47, II. 1,80, III. 1,01, IV. 0,63 Gelände: I. 8,63, II. 4,47, III. 2,52, IV. 1,58
Antriebs-Übersetzung		9,80
Fahrwerk	Selbsttragende Stahlblech-Wanne Panzerstahl-Aufbau	Kastenprofil-Rahmen Panzerstahl-Aufbau
Vorderradaufhängung	starr, 1 Querfeder	starr, 1 Querfeder
Ketten-Laufwerk	2 Gleisketten zu je 38 Glieder mit Gummipolstern Teilung 160 mm 1 Triebrad vorn, 1 Leitrad 4 große Doppel-Laufräder in Schachtelanordnung 1 Federstab je Doppel-Laufrad	2 Gleisketten links 55, rechts 56 Glieder mit Gummipolstern, Teilung 140 mm 1 Triebrad vorn, 1 Leitrad 6 große Doppel-Laufräder in Schachtelanordnung 1 Federstab je Doppel-Laufrad
Lenkung	Schneckenlenkung + hydraulische Cletrac-Lenkbremse	Schneckenlenkung + hydraulische Cletrac-Lenkbremse
Fußbremse	Hydraulisch	Hydraulisch
Fußbremse wirkt auf	Triebräder der Gleisketten	Triebräder der Gleisketten
Allgemeine Daten		
Kettenauflage	1020 mm	1800 mm
Kettenlänge	6080 mm	links 7700, rechts 7840 mm
Spur Vorderräder	1630 mm	1650 mm
Spur Gleisketten	1580 mm	1600 mm
Kettenbreite	240 mm	280 mm
Gesamtmaße	4560 x 1950 x 1660 mm (ohne MG-Schild)	5800 x 2000 x 1750 mm (ohne MG-Schild)
Reifen Vorderräder	6,00–20 Gelände	190–18 Gelände
Bodenfreiheit	285 mm	320 mm
Watfähigkeit	700 mm	500 mm
Wendekreis-∅	10 Meter	13,5 Meter
Fahrzeuggewicht	5000 kg	7400 kg
Zuläss. Gesamtgewicht	5700 kg	8500 kg
Nutzlast	700 kg	1100 kg
Höchstgeschwindigkeit	Straße 65 km/h	Straße 52,5 km/h
Verbrauch/100 km	Straße 40, Gelände 70 Liter	Straße 50, Gelände 85 Liter
Kraftstofftank	140 Liter	160 Liter
Fahrbereich	Straße 350, Gelände 200 km	Straße 320, Gelände 180 km
Panzerung	Front 12, Seiten und Heck 7 mm	Front 12, Seiten und Heck 7 mm
Besatzung	6 Mann	12 Mann
Bewaffnung	1 MG	2 MG

Als ganz erstklassiges Fahrzeug erwies sich der leichte Schützen-Panzerwagen (le. SPW.), aufgebaut auf dem um ein Laufrad verkürzten Fahrgestell der Eintonner-Halbketten-Zugmaschine. Eingesetzt wurden diese Fahrzeuge vornehmlich für Führungs-, Aufklärungs- und Sonderaufgaben, wie beispielsweise für Artillerie-Beobachter. Es gab von diesem Modell zahlreiche Abarten, die sich aber äußerlich kaum voneinander unterschieden. Weit überwiegend besaßen sie den oben offenen Aufbau, großenteils mit der aufgesetzten Rahmenantenne, welche den leichten SPW. ihr besonders typisches Erscheinungsbild gaben.

Wie der leichte, so hat sich auch der große Schützen-Panzerwagen (mittl. SPW.) allerbestens bewährt. Er diente hauptsächlich als Gruppenfahrzeug für mot. Schützen- und Panzergrenadiere, wurde jedoch in zahlreichen Abarten auch für Zwecke der Artillerie, der Pioniere und der Nachrichtentruppen verwendet. Die oberen Bilder zeigen die ältere Ausführung des mittl. SPW mit abgewinkelter Rückwand, während man auf dem unteren Bild die neuere Ausführung mit gerader, ausladender Heckwand erkennt.

Mittl. SPW. bei den Pionieren.

Hitler besichtigt einen mittl. SPW. mit 2 cm Fla-Drilling.

Ein Fahrzeug der Heeres-Flak, dessen Vorderteil dem normalen mittl. SPW. entsprach, während der Kampfraum ungepanzert blieb, um den Schußbereich der Kanone nicht einzuschränken. Als sehr glückliche Lösung war auch diese Flak-Selbstfahrlafette kaum zu bezeichnen.

Völlig überlastet war die französische Somua Halbketten-Zugmaschine, nachdem sie überpanzert und als Selbstfahrlafette für die 7,5 cm Pak 40 L/46 verwendet wurde. Etliche Stück der SPW. Somua (f) setzte man auch als Selbstfahrlafette für Nebelwerfer ein. Bei diesen Umbauten ging es darum, vorhandenes Beutematerial bestmöglich auszunützen. Es waren und blieben jedoch nur Behelfe.

Den Nebelwerfern, ursprünglich meistens von 3 to Zugmaschinen gezogen, wollte man ebenfalls eine größere Beweglichkeit und raschere Einsatzbereitschaft verleihen, indem man sie selbstfahrend machte. (Die gefürchtete „Stalinorgel" der Sowjetrussen war von Anfang an auf Sechsrad-Lastwagen aufgebaut und machte nahezu nach jeder Salve Stellungswechsel.) Für den Nebelwerfer 42 wurde das leicht überpanzerte Fahrgestell des Opel-Blitz „Maultier" verwendet, wobei man das aus 10 Rohren bestehende Salvengeschütz rundum schwenkbar aufsetzte. Diese Fahrzeuge zeichneten sich durch gute Geländegängigkeit aus, waren aber überlastet.

Im Hinblick auf die Überlastung des oben gezeigten Fahrzeugs ging man 1944 dazu über (oder plante es wenigstens), die Wergeschütze auf das überpanzerte Fahrgestell des schweren Wehrmacht-Schleppers (s. WS.) aufzusetzen. Ob derartige Selbstfahrlafetten noch an die Front gelangten, weiß der Verfasser nicht.

Sd. Kfz. 251/1 SPW. mit 28 oder 32 cm Wurfrahmen („Stuka zu Fuß")

Die deutschen Panzerkampfwagen 1916 bis 1945 und die davon abgeleiteten Fahrzeuge

Ab 1926 begann man in Deutschland wieder, sich mit der Entwicklung eigener Panzerkampfwagen zu beschäftigen. Unter strengster Geheimhaltung ließ die Reichswehr bei den Firmen Rheinmetall-Borsig, Krupp, MAN und Daimler-Benz verschiedene Versuchsfahrzeuge bauen. Erprobt wurden diese in der Kampfwagenschule Kama bei Kasan, einem der drei Ausbildungs-, Versuchs- und Übungslager der Reichswehr in der Sowjet-Union, wo man bis 1933 mit der Roten Armee eine für beide Seiten recht gedeihliche Zusammenarbeit pflegte.

Die Entwicklung galt zunächst 3 leichten und 2 mittleren Baumustern, von welchen je 2 Prototypen angefertigt wurden. Von allen diesen Fahrzeugen sind bis heute nur wenige Einzelheiten bekannt. Einer von den leichten Panzerwagen, die übrigens sämtliche die Tarnbezeichnung „Leichter Traktor" erhielten, hatte den Motor vorn und den Kampfraum hinten, etwa entsprechend einem Vollketten-Panzerautomobil. Das von der Firma Rheinmetall gebaute Fahrzeug verfügte über eine 3,7 cm Schnellfeuer-Kanone im Drehturm und bestand wie alle seinerzeitigen Prototypen provisorisch aus Weichstahl. Das Gewicht des „Leichten Traktors" betrug etwa 9,5 to und die Geschwindigkeit ungefähr 18 km/h.

Etwas mehr weiß man von den damaligen mittleren Kampfwagen, die als „Großtraktor" bezeichnet wurden. Den „Großtraktor I" baute Daimler-Benz nach Plänen von Ferdinand Porsche, der ja bis Ende 1928 Chefkonstrukteur dieser Firma war. Der Panzer hatte eine 7,5 cm Kanone und 3 bzw. 4 MGs. Der „Großtraktor II", hergestellt von Rheinmetall-Borsig, war ähnlich, besaß jedoch eine 10,5 cm Kanone, wog 21 to und lief 18 km/h.

Im Gesamtbild nicht viel anders, aber mit wesentlich höherem Gewicht (25 to) entstand 1933 wiederum bei Rheinmetall das „Nb. Fz." (Neubau-Fahrzeug). 5 Stück dieses Modells haben die Firmen Rheinmetall und Krupp gebaut. Es gab zwei Versionen, später als „Panzerkampfwagen V" und „Panzerkampfwagen VI" bezeichnet. Beide Typen waren identisch, ausgenommen den Drehturm und die Hauptwaffe. Der eine besaß eine 7,5, der andere eine 10,5 cm Kanone, beide außerdem eine 3,7 cm Kanone sowie je 1 MG im Front- und im Heckturm. Vorbild dieser Konstruktion waren offensichtlich der englische Vickers „Independent" von 1926 und der russische T 32 von 1929.

Gerade zu der Zeit aber, als man die „Großtraktoren" erprobte, wendete sich das Interesse der maßgebenden Offiziere vornehmlich den leichten Tanks zu, die im Hinblick auf die nunmehr geplante rasche Aufrüstung möglichst bald in die Serienproduktion gehen sollten. So wurde die Weiterentwicklung der schweren Panzer – fälschlicherweise, wie sich 1941 herausstellte – vorerst aufgegeben. Einen der einstigen Prototypen präsentierte man zwar zur Propaganda auf dem Stand der Wehrmacht bei der Berliner Automobil-Ausstellung im Februar 1939, doch tatsächlich besaßen diese Panzer-Kampfwagen bei Kriegsausbruch keinen Gefechtswert, zumal von Leuten, die es wissen müßten, berichtet wird, daß auch diese Fahrzeuge nur aus Weichstahl bestanden. Immerhin wurden die drei noch vorhandenen Fahrzeuge ein einziges Mal eingesetzt, nämlich 1940 bei der Besetzung von Oslo. Zwei davon gingen in Norwegen verloren, den dritten zerstörten die Russen kurz vor dem Kriegsende in Rumänien.

Panzer I

Im Jahre 1933 vergab das Heereswaffenamt den Entwicklungsauftrag für einen leichten Panzer-Kampfwagen der 5 to-Klasse an die Firmen MAN, Krupp, Henschel, Daimler-Benz und Rheinmetall-Borsig. Als endgültige Entwicklungsfirma wurde Krupp bestimmt, wobei das Projekt nunmehr die Tarnbezeichnung „Landwirtschaftlicher Schlepper" (LaS) erhielt. Bei der Firma Henschel, welche bereits im Dezember 1933 die ersten 3 Prototypen fertiggestellt hatte, begann im Juni 1934 die Serienproduktion des „LaS Krupp", wobei zunächst 150 Fahrzeuge in Auftrag gegeben worden waren. Ab Dezember 1934 wurde der „LaS Krupp" auch bei der MAN in Nürnberg gebaut. Die

Truppe führte das neue Gerät als „Panzer-Kampfwagen (MG) Sd. Kfz. 101", während ihm die Soldaten den Namen „Krupp Sport" beilegten. In der Praxis erwies es sich freilich bald, daß der 60 PS Krupp-Motor für diesen Zweck viel zu schwach war, so daß bereits nach kurzer Zeit die Notwendigkeit bestand, das Fahrzeug wesentlich zu ändern.

Ab 1935 und bei der MAN ab März 1936 trat der „LaS Maybach" an die Stelle des „LaS Krupp". Es wurde nunmehr ein 100 PS Maybach Sechszylinder-Motor eingebaut. Da dieser sehr viel mehr Raum brauchte, mußte die Panzerwanne und infolgedessen auch das Ketten-Laufwerk (um 1 Laufradpaar) verlängert werden. Weil aber andererseits die Kettenauflage-Länge und damit die Wendigkeit des Fahrzeugs erhalten bleiben sollte, hat man nun die Leiträder hoch gelegt. Dieses Fahrzeug wurde als „Panzer-Kampfwagen I Ausf. B" bezeichnet, während das Ursprungsmodell von nun ab als Ausf. A lief. In der verbesserten Ausführung wurde der Panzer I bis zum Jahre 1939 von den Firmen Henschel, MAN und Wegmann gebaut, und zwar insgesamt etwa 2000 Stück. Der Gefechtswert dieser Fahrzeuge war gering, was sich schon bei den ersten Einsätzen herausstellte. Ob jedoch, wie später von den verantwortlichen Offizieren behauptet wurde, der Panzer I von vornherein nur als Übungs- und Exerzierpanzer vorgesehen war, darf man wohl bezweifeln.

Als Aufklärungs- und Luftlande-Panzer baute Krauss-Maffei im Jahr 1942 noch 40 Stück eines Panzer-Kampfwagens I Ausf. C. Hier war ein 150 PS Maybach HL 45 Sechszylinder-Motor eingebaut, die Panzerung betrug 10 bis 30 mm, die Höchstgeschwindigkeit 65 km/h.

Auf der internationalen Automobil-Ausstellung in Berlin im Februar 1939, nur ein halbes Jahr vor Kriegsbeginn, zeigte man auf dem Stand der Wehrmacht der beeindruckten Öffentlichkeit des In- und Auslands diesen schweren deutschen Panzerkampfwagen. Es war reiner Bluff. In Wirklichkeit handelte es sich um einen der 1933/34 erbauten Prototypen des sogenannten „Neubau-Fahrzeugs" (Nb.Fz.), das nicht in Serie ging und 1939 längst keine Aktualität mehr besaß, ja überhaupt nicht gefechtstauglich war. – Im Krieg, als dann erst recht jedes Mittel recht war, ging man sogar so weit, die drei vorhandenen Prototypen 1940 bei der Besetzung von Oslo einzusetzen, wovon das Bild unten zeugt.

Ebenfalls bei Krauss-Maffei entstand ferner als Sturmpanzer für die Infanterie der Panzer-Kampfwagen I n. A. verst. (neue Ausführung, verstärkt), dessen besonderes Merkmal die 80 mm starke Panzerung darstellte. Wiederum verwendete man den Maybach HL 45-Motor, doch die Geschwindigkeit des nunmehr 19 to schweren Fahrzeugs hatte sich auf 25 km/h verringert. Die Bewaffnung bestand nach wie vor aus 2 MG, die Besatzung aus 2 Mann. 1941/42 wurden 30 Stück dieses Typs fertiggestellt.

Panzer I ohne Aufbau gab es längst vor dem Krieg als Fahrschulwagen sowie dann auch als Munitionsschlepper. Seit dem Polenfeldzug wurden nun unbrauchbar gewordene Panzer-Kampfwagen I dergestalt umgebaut, daß man ihre Fahrgestelle als Selbstfahrlafetten verwendete. Das geschah vor allem durch Aufsetzen der tschechischen 4,7 cm Pak. Dieses erste Panzerjäger-Fahrzeug war insoweit beispielhaft, für Rußland aber nur unzureichend bewaffnet und gepanzert. Das Infanteriegeschütz 33 hat die Firma Alkett sogar komplett samt Lafette und Rädern auf dem Fahrgestell des Panzer I untergebracht, wobei freilich diese Fahrzeuge viel zu hoch und zu schwer ausfielen. Zu den bekannten Erscheinungen gehörten die Panzer-Befehlswagen I, kaum hingegen die Pionier-Kampfwagen I, die keinen Turm, sondern statt dessen Aufbauten zur Unterbringung von Pioniergerät besaßen.

Panzer II

Für einen Panzer-Kampfwagen der 10 to-Gewichtsklasse, bewaffnet mit einer 2 cm-Maschinenkanone und einem MG, vergab das Heereswaffenamt im Jahre 1934 Entwicklungsaufträge an die Firmen MAN, Henschel und Krupp. Nachdem man sich für den Entwurf der MAN (Nürnberg) entschieden hatte, wurde dieses Werk als endgültige Entwicklungsfirma bestimmt. Die Tarnbezeichnung für den neuen Panzertyp lautete „LaS 100“ (Landwirtschaftlicher Schlepper 100). Die ersten Serienfahrzeuge kamen 1935 als „Panzerkampfwagen II (2 cm) (Sd. Kfz. 121)“ zur Truppe. Die enorm kurze Entwicklungszeit erscheint bemerkenswert. Sie erklärt sich mit der hektischen Eile der damaligen Wiederaufrüstung, doch hatte sie andererseits auch häufige Modelländerungen zur Folge. Deshalb beschränkten sich die beiden ersten Produktionsserien a 1 und a 2 auf nur je 25 Fahrzeuge, a 3 auf 50 und Serie b auf 100 Fahrzeuge. Erst ab Serie c, welche nun das endgültige Standard-Laufwerk mit 5 mittelgroßen Laufrädern und Viertelfedern erhalten hatte, begann eine Herstellung größeren Stils, woran nun neben der MAN auch Famo, Henschel, Miag und Wegmann als Nachbaufirmen beteiligt waren.

Die Ausführungen c, A, B, C, und F des Panzer-Kampfwagens II wurden von 1937 bis 1944 gebaut, wobei sich die einzelnen Serien im wesentlichen nur durch Detailänderungen sowie die immer stärker werdende Panzerung unterschieden. Es fällt auf, wie lange der Panzer II gefertigt wurde, obwohl schon im Westfeldzug 1940 seine Panzerung und seine Bewaffnung kaum mehr den zeitgemäßen Anforderungen entsprachen.

Außer den bisher genannten Ausführungen des Panzers II, welche die LaS 100-Reihe umfassen, gab es ferner die Ausführungen D und E (Tarnbezeichnung: LaS 138). Diese beruhten auf einer Entwicklung der Daimler-Benz AG. (Berlin-Marienfelde) aus dem Jahre 1938. Hier handelte es sich um die den damaligen leichten Divisionen zugeteilten „Schnellkampfwagen“, welche sich von den anderen Panzern II durch einen größeren Motor, ein Variorex-Vorwählgetriebe sowie ein Christie-Laufwerk mit Federstäben sowie Kupplungs-Lenkung unterschieden, während Aufbau, Turm und Bewaffnung mit jenen übereinstimmten. Diese Fahrzeuge konnten wesentlich schneller fahren, mußten aber bei längeren Märschen verladen werden.

Aus dem LaS 138 entstanden durch Weiterentwicklung die Ausführungen G (Werksbezeichnung VK 901) und J (VK 1601) des Panzer-Kampfwagens II. Die Ausf. G war schnell, aber nur schwach gepanzert, die Ausf. J war ein stark gepanzertes Aufklärungsfahrzeug. Diese Modelle, vorübergehend in kleiner Serie produziert, waren Vorläufer des Panzer-Kampfwagens II Ausf. L, der als Panzer-Spähwagen „Luchs“ bei Aufklärungseinheiten lief. Dieser recht gut bewährte Typ war für besonders schwieriges Gelände bestimmt, weil dort die Halbketten-Spähwagen zuweilen nicht mehr durchkamen.

Naturgemäß wurden auch ausgemusterte Panzer II, deren Fahrgestell verwendbar geblieben war, in ziemlich großer Zahl umgebaut. Zunächst hat man etwa 100 „Schnellkampfwagen“ der Ausführungen D und E zu Flammenwerferpanzern gemacht. Nachdem diese nicht den Erwartungen entsprachen, wurden sie wiederum zum Bau von Pak-Selbstfahrlafetten verwendet, wobei zunächst fast ausschließlich die russische 7,62 cm Beute-Pak Verwendung fand. Ab 1942 gab es Selbstfahrlafetten auf den normalen LaS 100-Fahrgestellen, außerdem auch entsprechende Neubauten der

Firmen Famo und Alkett. Es handelte sich um den 7,5 cm Panzerjäger „Marder II“, die leichte 10,5 cm Feldhaubitze als „Wespe“ sowie, allerdings nur in geringer Zahl, das 15 cm Infanteriegeschütz als „Sturmpanzer II“. Das letzgenannte Fahrzeug, übrigens formal durch seine sehr niedrige Silhouette gut gelungen, gab es 1943 teilweise auch mit um ein Laufradpaar verlängertem Ketten-Laufwerk.

Panzer 35 (t) und 38 (t)

Wie immer man die Besetzung der Tschechoslowakei im Frühjahr 1939 politisch und moralisch werten mag, für die deutsche Panzerwaffe, noch im Aufbau begriffen, bedeutete sie eine beträchtliche Stärkung. Die tschechische Armee verfügte zu jener Zeit über schätzungsweise 1 000 Panzer-Kampfwagen, welche sich zur Weiterverwendung in der Wehrmacht eigneten, und überdies handelte es sich hierbei um Fahrzeuge von bemerkenswert fortschrittlicher Konstruktion.

Zum einen fand man den bereits jahrealten Panzer-Kampfwagen 35 (t) vor, ein Erzeugnis der Skoda-Werke, der sich durch außergewöhnliche Robustheit und Lebensdauer auszeichnete. Etwa 300 Stück dieses Modells hat die Wehrmacht übernommen und hauptsächlich im Rahmen der 6. Pz. Division eingesetzt. Mitte 1942 war immer noch die Hälfte des einstigen Bestandes vorhanden, allerdings nunmehr reif zur Aussonderung.

Zahlenmäßig wichtiger und für die Wehrmacht geradezu unersetzlich war der von der Firma Praga gebaute Panzer-Kampfwagen 38 (t) samt seinen Abarten. Dieses ausgezeichnete Fahrzeug, hauptsächlich bei der 7. und 8. Pz. Division in den Planstellen des Panzer-Kampfwagens III eingesetzt, wurde nach der Besetzung der Tschechoslowakei bis zum Jahre 1942 weitergebaut. Ab Ende 1941 kam allerdings der Einsatz gegen russische Fahrzeuge kaum mehr in Betracht, weil hierfür die Bewaffnung und die Panzerung zu schwach geworden waren. Indes blieb der Pz. 38 (t) bis zum Kriegsende die Basis für zahlreiche Selbstfahrlafetten und andere Fahrzeuge.

Bereits 1940 hatte die Firma Alkett begonnen, schwere Infanteriegeschütze auf die Fahrgestelle ausgemusterter Pz. 38 (t) zu setzen. Diese Selbstfahrlafetten waren zwar als kriegsmäßige Behelfslösung zu werten, doch erfüllten sie ihren Zweck recht gut und gingen dann jahrelang bei Praga in die reguläre Produktion. Eine parallele Entwicklung sollte freilich noch weit größere Bedeutung erlangen. Nach Beginn des Rußlandfeldzuges und vor allem nach dem Auftreten des russischen T 34, von dem die Wehrmacht genauso unvorbereitet betroffen wurde wie 1916 das kaiserliche Heer vom Erscheinen der britischen Tanks, war die eklatante Wirkungslosigkeit der viel zu schwachen deutschen Panzerabwehr-Waffen unerträglich geworden. Unsere Pak, die Abkürzung für Panzerabwehrkanone, hieß in der drastischen Landsersprache bald nur noch „Panzeranklopfgerät“. Es war ein grotesker Umstand, daß damals eine Zeitlang nur russische 7,62 cm Beutegeschütze („Ratsch-Bumm“ nannten sie unsere Soldaten, denn das einschlagende Geschoß war eher zu hören als der Abschuß!) eine wirksame Abwehr ermöglichten. Entsprechend begehrt waren diese Geschütze, und glücklicherweise standen sie nach den beutereichen Kesselschlachten der ersten Monate des Ostfeldzuges bereits in großer Zahl zur Verfügung. Ende 1941 erhielt die Böhmisch-Mährische Maschinenfabrik AG., wie von 1940 bis 1945 die Praga-Werke genannt wurden und wie sie schon einmal in der Zeit bis 1918 geheißen hatten, den Auftrag, das Fahrgestell des Pz. 38 (t) mit der russischen 7,62 cm Pak als Panzerjäger zu liefern. Dieses Modell, das den Suggestiv-Namen „Marder III“ erhielt, befand sich vom Frühjahr bis Herbst 1942 in der Produktion. Bis März 1943 wurde das Fahrzeug als „Marder III“ Ausführung H mit der inzwischen entwickelten 7,5 cm Pak deutscher Konstruktion weitergebaut, und von da an bis Mai 1944 lieferte Praga als dritte Serie den „Marder III“ Ausf. M, bei welchem der Motor vom Heck in die Fahrzeugmitte vorverlegt war, wodurch es gelang, sowohl die Anlage des Kampfraumes als auch die Lastverteilung wesentlich zu verbessern. Der „Marder III“, insbesondere als Ausführung M, war lange Zeit die wirksamste Waffe der deutschen Panzerabwehr.

Ab Mai 1944 stand ein noch besseres Fahrzeug zur Verfügung, der Jagdpanzer 38 (t) „Hetzer“, der ohne Zweifel in seiner Gattung zu den bestgelungenen Konstruktionen der damaligen Zeit gehörte. Er stellte die Abschlußausführung dieser Typenreihe dar und gleichzeitig war er deren meistgebautes Modell. Nach Art der Sturmgeschütze besaß der „Hetzer“ keinen Turm, andererseits aber eine besonders starke Panzerung sowie eine günstige Form mit sehr schrägen Außenflächen. Das kompakte Fahrzeug verfügte über eine höhere Motorleistung sowie über stärkere und breitere Gleisketten als alle früher vom Pz. 38 (t) abgeleiteten Modelle. Zu erwähnen bleibt schließlich der Flakpanzer 38 (t), der mit einer 2 cm Flak zwar ungenügend bestückt, aber immerhin das erste Fahrzeug dieser Art im Truppengebrauch war.

Selbstfahrlafetten auf französischen Fahrgestellen

Frankreich besaß vor dem deutschen Einmarsch 1940 etwa 3500 Panzerfahrzeuge, darunter freilich nur ungefähr 800 mittlere oder schwere Panzerkampfwagen neueren Datums. Ein beträchtlicher Teil dieses Materials wurde von den deutschen Truppen erbeutet. Im Gegensatz zu den hervorragenden Panzern, die ein Jahr vorher in der Tschechoslowakei vorgefunden und weitergebaut wurden, übernahm die deutsche Wehrmacht keine französischen Panzer ohne Umbau in den Truppendienst. Die Fahrzeuge waren großenteils veraltet, und auch die neueren Konstruktionen entsprachen nicht den Anforderungen des deutschen Heeres. Insbesondere kamen die Einmann-Türme der französischen Panzerkampfwagen nicht in Betracht, weil hier der Kommandant gleichzeitig auch die Funktionen des Lade- und des Richtschützen zu übernehmen hatte. Andererseits gebot es der Fahrzeug- und Materialmangel auf deutscher Seite vor allem im späteren Verlauf des Krieges, das französische Beutematerial bestmöglich nutzbar zu machen. So wurde ein Teil der Fahrzeuge als Infanterie- oder Munitionsschlepper eingesetzt, etliche leichte Panzerkampfwagen dienten zur Objektsicherung im Hinterland, die Mehrzahl der noch brauchbaren Fahrzeuge wurde jedoch zu Selbstfahrlafetten für Panzerabwehr- und Haubitzengeschütze umgebaut. Dies geschah hauptsächlich durch die Firma Alfred Becker in Krefeld. Es handelte sich jedoch durchweg um mehr oder weniger behelfsmäßige Umbauten, oft zu hoch und zu schwer für die relativ kleinen und schwach motorisierten Fahrgestelle. Diese Selbstfahrlafetten traten auf allen Kriegsschauplätzen auf, doch wurden sie überwiegend 1943/44 in Frankreich eingesetzt, um die erwartete Invasion der Westmächte verhindern zu helfen. Aber auch die 25. Panzer-Division war hauptsächlich mit französischen Panzerfahrzeugen ausgestattet, als sie Ende 1943 an die Ostfront kam.

Am meisten von allen französischen Typen fand man in der Wehrmacht den Lorraine-Schlepper in verschiedenen Ausführungen. Er besaß einen 6 Liter 70 PS-Sechszylinder Delahaye-Motor und hatte als 7,5 cm Panzerjäger „Marder I“ ein Gewicht von 8 to. Einigermaßen bekannt war auch der Renault R 35 mit Vierzylinder 5,9 Liter 80 PS-Motor, der als Panzerjäger mit der tschechischen 4,7 cm Pak auf stattliche 10,5 to Gewicht kam. Der Hotchkiss H 39, nur in geringer Zahl verwendet, wog als 7,5 cm Panzerjäger 13,5 to, sein Sechszylinder-Motor leistete 120 PS. Der Panzer-Kampfwagen F. C. M. 36, gebaut bei Forges et Chantiers de la Méditerranée, hatte eine Panzerung von 40 mm, einen Vierzylinder 90 PS-Motor und ein seitlich abgedecktes Laufwerk. Als leichter Infanterieschlepper diente der Renault UE mit 7 mm Panzerung und Vierzylinder 35 PS-Motor.

Im übrigen verwendete die Wehrmacht natürlich auch britische, amerikanische, italienische und russische Beutefahrzeuge, meist im Originalzustand, teilweise aber auch umgebaut. Alle diese Modelle waren jedoch nur in sehr geringer Zahl vorhanden und traten folglich kaum in Erscheinung.

Panzer III

Als wichtigsten Typ für die im Aufbau begriffene Panzertruppe gedachte die Wehrmachtführung seinerzeit einen mittelschweren Panzerkampfwagen einzuführen, der über eine panzerbrechende Kanone und 2 MGs verfügen sowie mit 5 Mann (Kommandant, Richt- und Ladeschütze, Fahrer und Funker) besetzt sein sollte. Im Jahre 1935 vergab das Heereswaffenamt Entwicklungsaufträge für einen Panzerkampfwagen der 15 to-Gewichtsklasse – Tarnbezeichnung „ZW“ (Zugführerwagen) – an die Firmen Daimler-Benz (Berlin-Marienfelde), Krupp, MAN und Rheinmetall-Borsig. Auf Grund der mit den Prototypen durchgeführten Versuche wurde Daimler-Benz als endgültige Entwicklungs- und Produktionsfirma bestimmt, wobei später wie üblich weitere Fabriken Nachbau-Aufträge erhielten.

In den Jahren 1936 bis 1939 lieferte Daimler-Benz die ersten vier Serien, nämlich die Ausführungen A bis D des Panzerkampfwagens III in einer Auflage von insgesamt 95 Stück. Mit diesen Fahrzeugen wurden verschiedene Ketten-Laufwerke erprobt. Außerdem stellte sich die Notwendigkeit einer wesentlich stärkeren Panzerung heraus, was naturgemäß zu einem sehr viel höheren Gewicht führte und damit wiederum einen stärkeren Motor bedingte. Am 27. 9. 1939, also erst etliche Wochen nach Kriegsbeginn, wurde im Heeresverordnungsblatt der „Panzerkampfwagen III (3,7 cm) (Sd. Kfz. 141)“ auf Grund der bei der Truppe erfolgten Erprobung für einführungs- und beschaffungsreif erklärt. Nun erst setzte der Großserienbau ein, wobei die mit dem Nachbau beauftragte Altmärkische Kettenfabrik GmbH. mit Fahrgestellbau im Werk Falkensee und Montage in Berlin-Spandau bald zum größten und wichtigsten deutschen Panzerhersteller gedieh. Außer Alkett und Daimler-Benz bauten Famo, Henschel, MAN und noch vier weitere vor, daß man selbst tief in Rußland feindliche Flieger noch mit dem MG 34 zu bekämpfen trachtete. Nun, gut ausgerüstete Verbände besaßen immerhin schon 2 und 3,7 cm Flak auf ungepanzerten oder teilgepanzerten Zugmaschinen, wobei aber auch im letzteren Falle die Geschützbedienung selbst ohne jeden Panzerschutz blieb. Je mehr im Verlauf des Krieges die deutsche Luftüberlegenheit verlorenging, um so dringender ergab sich die Notwendigkeit, die Panzerverbände endlich wirksam gegen Luftangriffe zu schützen. Man forderte Flakpanzer, ohne freilich zunächst eine Vorstellung zu haben, wie ein solches Fahrzeug aussehen müßte. Als erster dieser Gattung erschien 1943 der Flakpanzer 38 (t), der jedoch mit seiner einzelnen 2 cm Flak zu schwach bewaffnet und außerdem nur in geringer Zahl vorhanden war. Noch im gleichen Jahr erschien, ebenfalls bei Praga, ein Flakpanzer auf Sf. IV, der sowohl mit einem 2 cm Flak-Vierling als auch mit einer 3,7 cm Flak bestückt werden konnte. Wegen seines hohen Aufzugs und seiner eckigen Form wurde dieses Fahrzeug von den Soldaten „Möbelwagen" getauft. Hier war der Kampfraum mit 10 mm starken Panzerwänden umgeben, die aber bei Feuereröffnung heruntergeklappt werden mußten, so daß die Geschützbedienung während der entscheidenden Phase ihres Einsatzes wiederum keinen Panzerschutz besaß. Dieser Mangel führte zur Entwicklung eines weiteren Flakpanzers IV, der ebenfalls wahlweise mit 2 cm Flak-Vierling (Fahrzeugbezeichnung „Wirbelwind") oder mit einer 3,7 cm Flak (Fahrzeugbezeichnung „Ostwind") ausgerüstet werden konnte. Hier war die Waffe in einem großen Drehturm untergebracht, der zwar oben offen war, aber doch wenigstens seitlichen Panzerschutz auch während des Einsatzes bot. Andererseits bestand darüber Klarheit, daß der Flakpanzer noch längst nicht seine endgültige Gestalt gefunden hatte. Weitere Entwicklungen waren der Flakpanzer IV „Kugelblitz" mit 3 cm Zwillings-Kanone und kugelförmigem Drehturm. Dieses Fahrzeug, von Daimler-Benz in Berlin-Marienfelde entwickelt, war eine interessante Lösung, aber viel zu schwer für das Panzer IV-Fahrgestell. Dennoch sollten ab März 1945 monatlich 30 Stück davon gebaut werden, wozu es jedoch nicht mehr kam. 5 Prototypen waren vorhanden, wurden aber nicht eingesetzt. Die Firma Ostbau arbeitete an den zwei Modellen Flakpanzer IV „Zerstörer 45" mit 3 cm-Vierling und „Ostwind II" mit 3,7 cm-Zwilling, außerdem die Firma Alkett an einem Flakpanzer IV mit 3,7 cm-Zwilling. Alle diese Vorhaben kamen nicht mehr zur Ausführung.

Panzer „Tiger" und „Panther"

Seit dem Bau der „Großtraktoren" in den Jahren 1933/34 zeigte die Führung der Wehrmacht kaum noch Interesse an der Entwicklung oder gar am Bau schwerer Panzer-Kampfwagen. Die Planung solcher Fahrzeuge ließ man zwar nebenher weiterlaufen, doch wurde ihr jahrelang nur untergeordnete Bedeutung zugebilligt. Erst als Hitler anläßlich einer Führerbesprechung Ende Mai 1941 schwere Panzer-Kampfwagen forderte, weil er das Vorhandensein eines solchen Typs bei den Engländern vermutete, wurden die Firma Henschel sowie Professor Porsche beauftragt, unabhängig voneinander je ein entsprechendes Modell von etwa 36 bis 40 to Gefechtsgewicht zu entwickeln. Unvorhergesehene Dringlichkeit erhielten diese Pläne, seit im Herbst 1941 angesichts der überlegenen russischen Panzerabwehrgeschütze und mit dem überraschenden Auftreten des T 34 das deutsche Feldheer schnellstmöglich mit besser bewaffneten und stärker gepanzerten Kampffahrzeugen versehen werden mußte.

In der Rekordzeit von knapp einem Jahr nach Auftragserteilung wurden am 20. April 1942 je ein Prototyp beider Entwicklungen vorgeführt. Während das Fahrzeug der Firma Henschel ziemlich konservativ konstruiert war, hatte Professor Porsche sein Modell mit vielen technischen Neuerungen versehen. Er wollte parallel nebeneinander zwei luftgekühlte Dieselmotoren eigener Konstruktion einbauen, V10 Zylinder mit je 300 PS. Nachdem klar war, daß es bis zu deren Serienreife lange dauern würde, wollte man es mit einem anderen luftgekühlten Dieselmotor versuchen, nämlich einem 16 Zylinder in X-Form. Dazu wurden von der Firma Voith in Heidenheim 50 hydraulische Getriebe bestellt, von denen aber nur eines jemals zum Einbau kam. Schließlich ging Porsche zum dieselelektrischen Antrieb über, wobei jeder der beiden ursprünglich vorgesehenen Motoren mit einem elektrischen Generator gekuppelt werden sollte. Auch für das Ketten-Laufwerk und dessen Lenkung ließ sich Hitlers liebster Panzerkonstrukteur außergewöhnliche Möglichkeiten einfallen, insgesamt ohne Zweifel sehr interessant, aber überkompliziert, produktionstechnisch viel zu schwierig und für die Zwecke eines Gefechtsfahrzeugs recht wenig geeignet.

Bei der erwähnten Vorführung der Prototypen an Hitlers Geburtstag 1942 zeigte das Henschel-Modell einige der nach so kurzer Entwicklungszeit unvermeidlichen Mängel, erwies sich aber als tauglich und brauchbar. Der Prototyp von Porsche hingegen versagte völlig. Dennoch stand der letztere im Mittelpunkt des Interesses, weil Professor Porsche bei Hitler ein geradezu magisches Ansehen genoß und auch, weil seine ausgefallenen Konstruktionsideen auf jeden technisch interessierten Menschen faszinierend wirkten. Serienreif jedenfalls waren beide Fahrzeuge offensichtlich noch nicht. Während die Fachleute vorschlugen, sich nunmehr auf die Weiterentwicklung und die Produktion des Henschel-Tigers zu konzentrieren, befahl Hitler, die Serienfertigung beider Fahrzeuge unverzüglich vorzubereiten. Das geschah, und Henschel lieferte, bereits im August beginnend, bis Jahresende 1942 schon die ersten 83 Fahrzeuge der Ausführung E, später „Tiger I" genannt. In bemerkenswert kurzer Zeit war es gelungen, anfängliche Schwierigkeiten zu beheben, so daß das zunächst nahezu unerprobte Fahrzeug trotz seiner Größe und seines Gewichts zufriedenstellend funktionierte. Der erste Einsatz, der im September 1942 bei Leningrad erfolgte, führte allerdings zum Totalverlust aller beteiligten Tiger-Panzer, was jedoch ausschließlich an deren völlig unzweckmäßiger Verwendung gelegen hatte, die von Hitler persönlich in allen Einzelheiten festgelegt worden war.

Die Produktion des Tiger (P) nach Porsches Konstruktion wurde bei den zu Steyr gehörenden Nibelungen-Werken in St. Valentin vorbereitet. Unendliche Schwierigkeiten, die sich aus der komplizierten Technik dieses Modells ergaben, führten dazu, daß nur 2 Stück Panzer-Kampfwagen fertiggestellt wurden, die niemals Frontreife erlangten. Schließlich entschloß man sich 1943, in die 90 inzwischen vorhandenen Fahrgestelle zwei der bewährten Maybach-Vergaser- statt der unfertigen Porsche-Dieselmotoren einzubauen und unter Verzicht auf den ursprünglich vorgesehenen Aufbau bei der Firma Alkett in Berlin-Spandau entwickelte feste Aufbauten mit einer 8,8 cm Pak aufzusetzen. Der so entstandene Jagdpanzer hieß zunächst „Ferdinand" zu Ehren seines Schöpfers, bis ihm Hitler den Namen „Elefant" gab. Die 90 Panzerjäger dieses Modells gingen teils an die russische, teils an die italienische Front, wo sie binnen kürzester Zeit „aufgebraucht" waren.

Nachdem sich der „Tiger" in der Henschel-Bauart zwar als Schwerpunktwaffe gut bewährte, insgesamt aber doch recht aufwendig und schwerfällig war, zumal sein Gefechtsgewicht infolge der zwischenzeitlich von Hitler befohlenen Änderungen nun 60 statt 40 to betrug, wurde der Bau eines neuen 35 to Panzer-Kampfwagens beschlossen. Bei ihm konnten, vor allem in der Formgebung, bereits die Erfahrungen mit dem inzwischen bekannten T 34 verwertet werden. So erhielten Ende November 1941 die Firmen MAN und Daimler-Benz den Auftrag zu entsprechenden Entwicklungen. An Hand der beiderseitigen Konstruktionen entschied man sich im Mai 1942 für das produktionstechnisch einfachere Modell der MAN, dessen Serie dann noch am Ende des gleichen Jahres anlief. Die Fahrzeuge kamen als Panzer-Kampfwagen V „Panther" Ausführung D (Sd. Kfz. 171) zur Truppe. Wieder einmal rächte es sich, daß man der Industrie nie Zeit ließ, neue Waffen und Geräte frontreif werden zu lassen, ehe man sie dem Feldheer übergab. Auch den Panther schickte man entgegen den Warnungen der Fachleute viel zu früh ins Gefecht, nämlich zur großen Offensive bei Kursk („Unternehmen Zitadelle") im Juli 1943. Ein Viertel der 204 Fahrzeuge fiel schon auf der Fahrt von Orel, wohin sie mit der Bahn gebracht worden waren, zum Einsatzort Bjelgorod aus, und auch von den übrigen blieb kaum einer lange im Einsatz. Es gab Motorbrände infolge unzureichender Kühlung sowie Laufwerk- und Getriebeschäden, alles Mängel, die sich beheben ließen und die auch bald behoben wurden, doch die erste Serie von etwa 50 Fahrzeugen war eben noch nicht frontbrauchbar. Im übrigen geriet auch dieser Typ wieder infolge der ständigen Änderungswünsche Hitlers um 10 to schwerer als vorgesehen, was natürlich ebenfalls zu den Anfangsschwierigkeiten beitrug. Nach deren erstaunlich rascher Behebung ging die zweite Produktionsserie des Panthers, die Ausführung A, im Sommer 1943 in Großserie, woran außer MAN die Maschinenfabrik Niedersachsen, Daimler-Benz und Henschel beteiligt waren. Diese Fahrzeuge, bis 1944 gebaut, haben sich hervorragend bewährt, sie gehörten zu den wirksamsten Waffen der damit ausgerüsteten Panzereinheiten.

Ab 1944 bis Kriegsende setzte als dritte Produktionsserie die Ausführung G des Panzer-Kampfwagens Panther ein. Sie besaß eine andere, fertigungsmäßig günstigere Form der Wanne, es entfiel die Fahrersehklappe und schließlich wurden bei einigen der von Daimler-Benz gebauten Fahrzeuge auch bereits die Laufräder sowie die Laufradanordnung des „Tiger II" für den Panther übernommen.

Diese zuletzt erwähnte Änderung ist darauf zurückzuführen, daß bereits seit Februar 1943 das Waffenamt die Firmen Henschel und MAN zu einer möglichst weitgehenden Angleichung ihrer Typen Tiger und Panther zu veranlassen suchte. Zwecks Vereinfachung der Produktion bei der Zulieferindustrie und des Ersatzteilwesens bei der Truppe sollten ganze Baugruppen für beide Panzerfahrzeuge verwendbar gemacht werden. Beim Tiger führte dies praktisch zu einer Neukonstruktion, die als „Tiger II" Ausführung B, auch „Königstiger" genannt, mit Beginn des Jahres 1944 bei Henschel in Serie ging, während übrigens die gleiche Firma den „Tiger I" ebenfalls noch bis Juli/August 1944 baute. Im Endeffekt war der „Tiger II" dem „Panther" zwar nicht entscheidend viel ähnlicher, dafür aber nochmals wesentlich schwerer geworden. Die erneute Gewichtszunahme um über 11 to sowie die Verwendung der 8,8 cm KwK 43 statt der 8,8 cm KwK 36 bedingten vor allem ein wesentlich anderes Laufwerk, das dann, wie erwähnt, ganz zuletzt doch auch noch für einige Panther Verwendung fand. Die neue Waffe bedingte auch einen anderen Turm. In die ersten 50 Tiger II baute man die für den Porsche-Tiger bestimmt gewesenen, bereits fertiggestellten Türme ein, die freilich wegen ihres hohen Fertigungsaufwandes für die weitere Serie außer Betracht blieben. Vom 51. Wagen an verwendete Henschel beim Tiger II den sogenannten Produktionsturm, der von Krupp entwickelt worden war und sich durch eine stärkere Frontpanzerung bei verkleinerter Auftrefffläche auszeichnete. Der zylindrische Turm mit senkrechten Wänden und der schlankere, abgeschrägte Turm sind rein optisch das wichtigste Unterscheidungsmerkmal zwischen Tiger I und II.

Der Königstiger genoß bei den Landsern ein geradezu legendäres Ansehen, doch darf man vielleicht sagen, daß er im allgemeinen ebenso eher überbewertet wie der Tiger I unterbewertet wurde. Wohl besaß das neuere Modell die fortschrittlichere und optisch gefälligere Form, es bot noch besseren Panzerschutz und die Durchschlagskraft der Kanone 8,8 cm L/71 brachte eine deutliche Überlegenheit. Andererseits zeigte eben diese Kanone eine kürzere Lebensdauer, sie schoß ungenauer als die 8,8 cm L/56, und überdies mußte sie häufiger nachjustiert werden. Der Innenraum des Königstiger war recht beengt. Auch konnten nur 84, mit Porsche-Turm sogar nur 78 Granaten mitgenommen werden statt deren 92 Stück im Tiger I. Der Königstiger war noch schwerer als sein Vorgänger, und dafür dann zu schwach motorisiert. Trotz ihrer Schwächen zeigten beide Tiger eine enorme Kampfkraft. Ihre Überlegenheit gegenüber praktisch allen damaligen Feindpanzern führte zwar zu stolzen Abschußzahlen, die freilich dennoch nur Tröpfchen auf dem heißen Stein blieben, denn die Zahl der Tiger war halt viel zu klein im Vergleich zu der materiellen Übermacht unserer Gegner. Im übrigen ließen es beide Tiger offensichtlich werden, daß man mit Kampffahrzeugen solcher Größe und solchen Gewichts an der Grenze des Zweckmäßigen angelangt war.

Im Zuge der erstrebten Angleichung der Tiger und Panther sollte letzterer ebenfalls umkonstruiert werden, nämlich zum Panther II. Während die Umstellung auf den Tiger II verhältnismäßig rasch erfolgt war, weil die Firma Henschel davon ausging, daß dies ihrem Panzertyp zum Vorteil gereichen könnte, hat die MAN die Umkonstruktion des Panther zwar nicht abgelehnt, aber so hinhaltend bearbeitet, bis sie sich durch das Kriegsende von selbst erledigte. Das Motiv hierfür dürfte gewesen sein, daß man den inzwischen gut durchgearbeiteten, bei der Fronttruppe sehr geschätzten und beliebten Panzertyp nicht erneuten, durchaus vermeidbaren Kalamitäten aussetzen wollte. Dies war nach Lage der Dinge zweifellos ein vernünftiger Standpunkt. Andererseits erschien es durchaus sinnvoll, wenn das Waffenamt anstrebte, den Tiger und den Panther im Rahmen des Möglichen zu vereinheitlichen. Rückblickend sei freilich der Einwand erlaubt, daß es doch wohl einfacher und zweckmäßiger gewesen wäre, sich bereits Anfang 1942 für die Einführung eines einzigen Typs zu entscheiden und nicht für deren drei, nämlich für den MAN-Panther, den Henschel-Tiger und den Porsche-Tiger, wobei die zwei, die nachher übrig blieben, eben immer noch zu viele waren. Und daß die Truppe den Panther dringender brauchte als den Tiger, mußte selbst in jenem frühen Stadium der Entwicklung jedem einsichtigen Fachmann klar sein. Ganz abgesehen davon hätte es die damalige militärische Führung nicht versäumen dürfen, dafür zu sorgen, daß ein entsprechender Panzerkampfwagen der kämpfenden Front schon zwei Jahre früher zur Verfügung stand als es tatsächlich der Fall war.

Von sämtlichen Ausführungen des Panther und des Tiger wurden jeweils etliche Fahrzeuge als Panzer-Befehlswagen ausgeliefert, die auf Grund der Erfahrungen mit den älteren Befehlswagen der kleineren Panzertypen das gleiche Aussehen und die gleiche Bewaffnung besaßen wie die normalen Panzerkampfwagen. Sie verfügten lediglich über eine umfangreichere Funkausstattung und führten dafür weniger Munition mit. Ferner existierten Panzer-Bergewagen sämtlicher Typen, darunter vor allem fast 300 Bergepanther, die seit dem Einsatz der schweren Panzertypen dringend notwendig waren, weil für diese die 18 to-Zugmaschinen bei weitem nicht genügten. Natürlich gab es auch Versuche, Panther- und Tiger-Fahrgestelle als Selbstfahrlafetten für schwere Geschütze zu verwenden, was aber unterblieb, weil die Produktion der Grundtypen ohnehin kaum den vordringlichsten Bedarf der Fronttruppen zu decken vermochte. Lediglich die Herstellung schwerer Panzerjäger fand in begrenztem Umfang bis Kriegsende statt. Der Jagdpanther, ein ganz hervorragendes, mit der langen 8,8 cm Pak ausgerüstetes Fahrzeug, lief als Ersatz für das den Anforderungen der Truppe nicht genügende „Nashorn" (8,8 cm Pak Sfl. auf Gw. III/IV) sowie ferner als Ersatz für den mißlungenen „Elefant" (Jagdpanzer Porsche-Tiger). Größtes, gewichts- und waffenmäßig schwerstes Panzerfahrzeug der deutschen Truppen war schließlich der vom Königstiger abgeleitete Jagdtiger, ausgerüstet mit der erst 1944 fertig gewordenen 12,8 cm Pak. Es gab keinen Feindpanzer, der gegen den Jagdtiger hätte bestehen können, doch war sein Hauptfehler, daß es bei weitem nicht so viele davon gab, wie man gebraucht hätte. Der Vollständigkeit halber sei auch noch der „Sturmtiger" erwähnt, ein schwer gepanzertes Sturmfahrzeug mit 38 cm Raketenwerfer, von dem die Firma Alkett 18 Stück mittels Umbau unbrauchbar gewordener Tiger I lieferte.

E-Typen, „Maus", „Karl"

Die Betrachtung der bei der deutschen Wehrmacht vorhandenen Panzer-Modelle offenbart die für einen Laien kaum überschaubare Typenvielfalt, die zum Teil unvermeidlich, zum Teil aber auch überflüssig war. Noch viel verwirrender würde das Bild, wenn man die unzähligen Ideen, Pläne, Entwicklungen, Projekte und Prototypen berücksichtigen wollte, an denen vielerorts gearbeitet wurde. Erwähnt seien beispielsweise die verschiedenen Waffenträger-Serien (Heuschrecke, Grille, Scorpion, Ardelt-Reihe), bei welchen entweder das Geschütz oder der komplette Turm mittels eines fest eingebauten Hebezeugs abgelastet und wieder aufgesetzt werden sollte. Auch an ungepanzerte Waffenträger war gedacht, weshalb bereits 1942 bei Steyr entsprechende Versuchsausführungen auf Vorserienfahrzeugen des RSO entwickelt wurden, die aber ebenfalls nie zur Einführung gelangten.

Indes begnügte man sich keineswegs etwa nur mit Vorhaben, welche sich auf vorhandene Typen stützten. Noch Mitte 1943, als die Kriegs- und Rüstungssituation wahrhaftig schon prekär genug waren, ließ das Heereswaffenamt ein Programm zur Entwicklung einer kompletten Reihe völlig neuer Panzerfahrzeuge anlaufen. Gewiß waren die hier geplanten Standardtypen sehr interessant, modern und zweckmäßig konzipiert, doch war es seinerzeit kaum mehr zu verantworten, hochqualifiziertes Personal der Rüstungsindustrie mit Entwicklungen zu beschäftigen, welche in diesem Krieg bestimmt nicht mehr von Nutzen sein konnten.

Für die E-Typen (Entwicklungs-Typen) waren schon wieder viel zu viele, nämlich 6 Grundmodelle vorgesehen: E 5, E 10, E 25, E 50, E 75 und E 100, wobei die Zahl jeweils die Gewichtsklasse angab beziehungsweise deren untere Grenze, denn man rechnete von vornherein mit jeweils höheren Gefechtsgewichten. Befaßt waren mit diesen Entwicklungen die Firmen Adler, Magirus, Argus, Auto Union, MAN, Daimler-Benz, Maybach und noch zahlreiche andere. Bis Kriegsende ist der E 100 am weitesten gediehen, für den die Adler-Werke verantwortlich zeichneten. Ein Prototyp ohne Turm wurde von den alliierten Truppen auf dem Erprobungsplatz Haustenbeck der Firma Henschel vorgefunden.

Doch selbst mit diesen E-Typen hatte es noch keineswegs sein Bewenden. Völlig unabhängig davon bereitete nämlich auch Professor Porsche eine neue Reihe von Panzerfahrzeugen vor. Es handelte sich um die Projekt-Nummern 245, 250, 255 und vor allem 205. Unter der zuletzt genannten Zahl lief die Entwicklung der „Maus", eines beweglichen Bunkers, nahezu 200 to schwer, für den man als Bewaffnung eine 15 cm KwK, eine 7,5 cm KwK und 2 MG vorgesehen hatte. Der Antrieb sollte in Zusammenarbeit mit Siemens-Schuckert benzin- oder dieselelektrisch erfolgen, wozu Daimler-Benz je einen Muster-Motor mit jeweils etwa 1200 PS beisteuerte. Das Laufwerk der 110 cm breiten Ketten bestand beiderseits aus 6 Rollenwagen mit je 4 Laufrädern. 2 Prototypen, bei Kriegsende nahezu fertig, wurden kurz vor der Ankunft der Russen in Kummersdorf gesprengt. Aus noch vorgefundenen Bestandteilen ergab sich, daß anscheinend 10 Prototypen gebaut werden sollten. Wenn man die Probleme bedenkt, welche der Eisenbahntransport, das Überwinden von Wasserläufen oder die Bergung eines derartigen Mammutfahrzeugs aufgeben, dann erhellt allein schon daraus dessen praktische Unverwendbarkeit für Gefechtszwecke. Doch die Gigantomanie, der Adolf Hitler ebenso verfallen war wie Professor Porsche, hinderte offensichtlich diese technisch hochbegabten Männer daran, die Grenzen zwischen Träumen und Wirklichkeit zu sehen.

Und als ob Porsches Maus und der E 100 von Adler noch nicht genug gewesen wären, beauftragte das Heereswaffenamt die Firma Krupp, sich ebenfalls mit der Entwicklung derartiger Riesenfahrzeuge zu befassen. Es entstanden die Studien für 110, 130, 150 und 170 to-Panzer, die alle als „Krupp-Maus" bezeichnet wurden. Von einem dieser Ungetüme errichtete man in Essen ein Holzmodell im Maßstab 1:1, das zu Alkett nach Berlin-Spandau verbracht wurde, wo man sich an den Bau des Fahrzeugs machte. Es kam zu Erprobungen des Fahrgestells, das sich zwar mit erstaunlicher Leichtigkeit handhaben ließ, sich aber sofort tief in den Boden wühlte, sobald man eine Kette abbremste. Über das weitere Schicksal dieses Riesenpanzers ist anscheinend nichts mehr bekannt. Übrigens gab es bei Krupp auch ein Projekt namens „Bär" für den 30,5 cm Mörser. Der spektakulärste Entwurf aber galt einem 1500 to-Fahrzeug mit einer 80 cm-Kanone als Hauptwaffe und zwei 15 cm-Kanonen in besonderen Türmen. Die Frontpanzerung dieser fahrenden Festung sollte 250 mm bei 45 Grad Neigung betragen.

In diesem Zusammenhang sei noch ein anderes Monstrum erwähnt, das einen riesigen Aufwand an Material und Personal kostete, der sich nicht im entferntesten gelohnt hat. Das ab 1937 bei der Firma Rheinmetall entwickelte „Gerät 40", auch als 60 cm Mörser „Karl" oder als „Thor" bezeichnet, diente zur Bekämpfung schwerster Festungswerke. Es war 1941 gegen Brest-Litowsk und 1942 gegen Sewastopol eingesetzt. Dieser Mörser mit 61,5 cm Kaliber und einer Rohrlänge von über 5 Meter saß auf einer Wanne aus 12 mm Panzerstahl und einem Ketten-Laufwerk mit 8 oder 11 Mehrfach-Laufrädern. Zum Antrieb diente ein 580 PS Mercedes-Benz Zwölfzylinder Diesel-Motor. Ein einziges Geschoß wog 2200 kg und das Gefechtsgewicht des kompletten Geräts betrug 124 to. Später wurde („Gerät 041") das Kaliber des Mörsers, von welchem 7 Exemplare existierten, auf 54 cm verringert bei einer Rohrlänge von nun 7,1 Meter, wobei die mögliche Schußweite von 6,8 auf 10,5 Kilometer stieg. Das Fahrgestell des Mörsers „Karl" wollten übrigens die Firmen Krupp und Rheinmetall als Selbstfahrlafette für ihre geplanten 24 cm Kanonen benützen. Diese Entwicklungen wurden 1942 in Auftrag gegeben, aber beide nicht realisiert.

Wenn es auch nicht in den Rahmen dieses Buches gehört, so sei hier doch auch an die 80 cm Kanone „Dora" erinnert, jenes riesige Eisenbahngeschütz, das vor Sewastopol seine einzige Vorstellung gab. Zum Aufbau und Einsatz dieser Wunderkanone waren 1300 Mann nötig, um gar nicht erst von den Sonderzügen und dem sonstigen Aufwand zu reden.

Solche Beispiele zeigen, daß man sich bei uns während des Krieges in der Waffen- wie in der Kraftfahrzeugtechnik unendlich viele, oft äußerst interessante Gedanken machte, die teilweise bis zu weitreichenden Versuchen sowohl bei der Industrie als auch bei der Truppe gediehen. Aber man darf wohl sagen, daß hier des Guten zu viel geschah. Trotz der diktatorischen Vollmachten, welche damals der politischen und der militärischen Führung gegeben waren, gelang es selbst in der kritischen Zeit der letzten Kriegsjahre nicht, die Produktion der verschiedenen Wirtschaftszweige und Fabrikbetriebe straff zu koordinieren sowie nicht mehr zeitgemäße Entwicklungen, die zahlreiches Personal und oft unersetzliches Material beanspruchten, zu unterbinden. Wenn dennoch die Industrieproduktion in den Jahren 1943/44 ein geradezu phantastisches Volumen erreichte, so war das in erster Linie eine organisatorische Glanzleistung des Rüstungsministers Speer. Freilich konnte auch er nicht verhindern, daß viel Unnötiges herumentwickelt und herumgeändert wurde, wozu übrigens die militärische Führung samt Adolf Hitler, dem Generalstab und dem Waffenamt mindestens ebenso viel beitrug wie das private Interesse einflußreicher Konstrukteure und Industrieunternehmen.

Die Herstellung der Panzer sowie einige Bemerkungen über Motoren, Kanister und andere Dinge

Als Lieferfirma eines Panzerwagens wurde im allgemeinen jene bezeichnet, welche die Endmontage besorgte. Man wußte über die Herkunft der Motoren, Getriebe und Ketten-Laufwerke Bescheid, weitgehend unbekannt blieben der Öffentlichkeit hingegen die Entwicklungs- und Lieferfirmen für die Panzergehäuse bzw. deren Teile. In den Anlaufjahren der Wehrmacht fungierten für die Aufbauten der damaligen Radpanzer die Deutschen Edelstahl-Werke (Krefeld) als Entwicklungs- und Lieferfirma, wozu jedoch später wegen des steigenden Bedarfs noch andere Werke hinzukamen. Vor allem aber war es für die stärkeren Panzerungen der Panzerkampfwagen I bis IV notwendig, schon 1935 vier, 1937 sieben und 1943 achtzehn Firmen einzuschalten, welche Panzerbleche und Panzergehäuse in geschweißter Ausführung herstellen konnten. Zu diesen kamen im Laufe des Krieges weitere 18 Firmen, die sich mit gegossenen Panzerteilen (Türme, Blenden, Getriebeschüsseln usw.) befaßten. Allerdings waren davon nur einige wenige in der Lage, stärkere und stärkste Panzerungen herzustellen, die beispielsweise beim Jagdtiger an der Geschützblende das Höchstmaß von 250 mm Dicke erreichte. Im einzelnen läßt es sich heute kaum mehr eruieren, welche Panzerfirma welche Teile an welche Montagefirma geliefert hat. Die Hersteller der Einzelteile wechselten nämlich häufig je nach dem im Augenblick gerade dringendsten Bedarf und auch infolge von Kriegsschäden. Den Montagebetrieben oblag es, aus teils selbst hergestellten, teils angelieferten Baugruppen das fast fertige Fahrzeug zu „konfektionieren", welches dann erst noch bei den Zeugämtern seine Bewaffnung und Funkausrüstung sowie eventuelle Sondereinrichtungen erhielt.

Alle Kettenfahrzeuge der Wehrmacht, die Panzer ebenso wie die Halbketten-Zugmaschinen, waren mit Maybach-Motoren ausgerüstet, außerdem übrigens auch die Pionier-Sturmboote. Während der Kriegsjahre wurden insgesamt etwa 140 000 Maybach-Motoren für Wehrmacht-Fahrzeuge geliefert. 1944 fertigte das Werk in Friedrichshafen monatlich 1000 Stück, und zwar hauptsächlich den im Panther und Tiger eingebauten HL 230 mit 700 PS Leistung, womit Maybach seinerzeit einer der größten Motorenhersteller Europas war. Dennoch hätte diese Produktion nicht zur Deckung des riesigen Bedarfs gereicht, weshalb bedeutende Firmen mit dem lizenzweisen Nachbau beauftragt waren, so vor allem die Nordbau-Werke (Berlin), ferner Adler (Frankfurt), Daimler-Benz (Stuttgart), Hanomag (Hannover), Krauss-Maffei (München), MAN (Nürnberg), Auto Union/Wanderer (Chemnitz) u. a. Alles in allem haben sich diese Motoren hervorragend bewährt. Selbstverständlich führten die oft extrem ungünstigen Betriebsbedingungen auch zu Motorschäden, doch sie waren weit seltener als etwa technische Ausfälle an den Kraftübertragungen (insbesondere Vorgelegen), an den Ketten und an den Laufwerken. Begreiflicherweise versuchten Konkurrenzfirmen wie vor allem Daimler-Benz, aber zum Beispiel auch Deutz immer wieder, das Monopol der Maybach-Motoren im deutschen Panzerbau zu brechen, was jedoch niemals gelang und wozu auch rein sachlich kein Anlaß bestand. Man könnte sich allenfalls darüber wundern, wieso anscheinend niemals ernstlich erwogen wurde, auch andere deutsche Panzerfahrzeuge als nur den Achtrad-Spähwagen sowie einige Prototypen mit Dieselmotoren auszurüsten. Vermutlich hat man darauf verzichtet, weil wohl Klarheit darüber bestand, daß sich die Vorzüge und die Nachteile der beiden Bauarten bei der Verwendung in Panzerfahrzeugen gegenseitig ziemlich genau ausgleichen.

Zu den besonderen Verdiensten des späteren General Guderian zählt es, daß er bereits in den dreißiger Jahren richtig erkannte und gegen harten Widerstand durchsetzte, daß jedes einzelne Panzerfahrzeug mit Sprechfunk ausgestattet werden müsse. Während noch die ersten Serien des Panzer I ohne Funk liefen, gab es ab etwa 1937 kein gepanzertes Kampffahrzeug mehr ohne eine solche Ausrüstung. Das hat dann im Krieg wesentlich zur anfänglichen Überlegenheit der Wehrmacht beigetragen, weil dadurch die Panzertruppen zweckmäßiger und wirksamer eingesetzt werden konnten.

Befehls- und Beobachtungspanzer bedurften weitreichender Funkgeräte. Sie wurden deshalb lange Zeit mit den hierfür besonders geeigneten, aber auch äußerlich sehr auffallenden Rahmenantennen ausgestattet. Weil diese Fahrzeuge naturgemäß die besondere Aufmerksamkeit des Feindes auf sich zogen, durften sie sich in den letzten Kriegsjahren äußerlich nicht mehr von den normalen Kampfwagen unterscheiden. Darüber hinaus gab man ihnen nunmehr auch die für den jeweiligen Typ übliche Bewaffnung statt der früheren Holzkanonen, wobei zugunsten der umfangreicheren Funkausrüstung lediglich auf einen Teil des Munitionsvorrates verzichtet wurde. Das störte nicht, zumal ohnehin nur selten die volle Munitionsausstattung vorhanden war oder verbraucht werden durfte.

Ab 1943 wurden nahezu alle mittleren und schweren Panzer mit seitlichen, 5 mm starken Schürzen versehen, welche den Ketten samt Laufwerken einen gewissen Schutz boten. Ebenso wurden damals, allerdings nur eine Zeitlang, die deutschen Panzer mit dem betonartigen Zimmerit-Anstrich versehen, der feindlichen Einzelkämpfern die Anbringung magnetischer Haftladungen unmöglich machen sollte.

An weiteren Besonderheiten sei die sogenannte Ostkette erwähnt, die sehr viel breiter war als die normale. Die Panzerfahrzeuge sollten damit im tiefen Schnee besser einsatzfähig bleiben. Das war zwar der Fall, doch hatte die Ostkette den Nachteil, daß sie bei einseitiger Belastung des überragenden Teils von den Rädern ablief, und das kam leider häufig vor.

Verschiedene Panzereinheiten waren mit Infrarot-Nachtsichtgeräten ausgestattet, womit in einzelnen Fällen überraschende Erfolge erzielt werden konnten. Der damals noch damit verbundene Aufwand lohnte sich aber nur bei seltenen Gelegenheiten, die man noch dazu vorher kennen oder ahnen mußte.

In den Jahren 1940/41 wurden im Hinblick auf die geplante Besetzung Englands 210 Panzer III und IV so umgebaut, daß sie bis zu 15 Meter Tiefe unter Wasser fahren konnten. Ein Teil dieser Fahrzeuge durchfuhr bei Beginn des Rußlandfeldzuges den Bug in Tauchfahrt. Von weiteren Taucheinsätzen ist nichts bekannt, doch wurde bei der späteren Neukonstruktion von Panzerfahrzeugen zunächst immer wieder Tauchfähigkeit gefordert. Daher kommt es, daß beispielsweise in der Tabelle auf Seite 300 für einen Teil der ersten 500 Tiger eine Watfähigkeit von fast 4 Meter angegeben wird. Auch heute noch würden es die Militärs gern sehen, daß jeder Panzer nicht nur fahren, sondern auch schwimmen und tauchen, ja möglichst auch noch fliegen kann.

Abschließend seien einige Sätze ehrenden Angedenkens dem Benzinkanister der Wehrmacht gewidmet. Dieser 20 Liter-Behälter, der einigermaßen handlich war und sich tadellos stapeln ließ, war geradezu ideal gestaltet. Er hat sich dementsprechend großartig bewährt. „Erfunden" bzw. entwickelt wurde der Einheitskanister bei der Firma Ambi-Budd in Berlin, die ihn in riesigen Mengen herstellte. Es ist geradezu ein Witz, daß ausgerechnet die Tochterfirma eines amerikanischen Konzerns die deutsche Wehrmacht mit einem Einheitskanister versorgte, der unvergleichlich praktischer war als jener der amerikanischen Armee. Für die Panzerkampfwagen mit ihrem gewaltigen Benzinverbrauch spielte der Wehrmachtskanister keine so sehr große Rolle, aber in Verbindung mit allen anderen Kraftfahrzeugen könnte man sich heute kaum vorstellen, wie der Krieg ohne jene Kanister möglich gewesen wäre.

Gepanzerte Vollketten-Fahrzeuge der Wehrmacht (1. Teil)

Sd. Kfz.	Typ	Hersteller	Baujahr	Stückzahl
101	**Pz. Kampfwagen I (MG) Ausf. A**	Henschel (349), MAN (128)	1934–1936	477
111	Munitionsschlepper (Pz. I Ausf. A)	Alkett	1939–1940	Umbau (ca. 50)
101	**Pz. Kampfwagen I (MG) Ausf. B**	Henschel	1935–1939	} ca. 2000
		MAN (75)	1936–1937	
		Wegmann	1936–1939	
265	Kl. Pz. Befehlswagen (Pz. I Ausf. B)	Daimler-Benz	1936–1938	ca. 200
	Pionier-Kampfwagen I			
	4,7 cm Pak (t) Sfl. auf Pz. I Ausf. B	Alkett	1939–1940	Umbau (132)
	15 cm s. IG. 33 Sfl. auf Pz. I Ausf. B	Alkett	1939–1940	Umbau (38)
	Pz. Kampfwagen I (MG) Ausf. C	Krauss-Maffei	1942	40
	Pz. Kampfwagen I (MG) n. A. verst.	Krauss-Maffei	1942	30
121	**Pz. Kampfwagen II (2 cm) Ausf. a1, a2, a3, b**	MAN (400) 1936–1939	1935–1936	200
121	**Pz. Kampfwagen II (2 cm) Ausf. c**	Henschel 1937–1943	1937	} ca. 700
121	**Pz. Kampfwagen II (2 cm) Ausf. A, B, C**	Famo 1936–1943	1938–1940	
		Wegmann 1935–1941		
121	**Pz. Kampfwagen II (2 cm) Ausf. F**	Miag 1936–1940	1940–1943	625
132	7,62 cm Pak (r) auf Gw. II „Marder II"	Alkett	1942	Umbau (185)
131	**7,5 cm Pak 40/2 auf Gw. II „Marder II"**	MAN (Aufbau: Alkett)	1942–1943	531
124	**10,5 cm le. FH. 18/2 auf Gw. II „Wespe"**	Famo	1942–1944	(z. T. Umbau) 682
	15 cm s. IG. 33 auf Sf. II „Sturmpanzer II"		1942–1943	wenige
121	**Pz. Kampfwagen II (2 cm) Ausf. D, E**	Daimler-Benz, MAN (68)	1938–1941	ca. 250
122	Pz. Kampfwagen II (Flamm)	Wegmann	1940–1942	Umbau (ca. 100)
132	7,62 cm Pak (r) auf Gw. II „Marder II"	Alkett	1941–1942	Umbau (ca. 150)
	Pz. Kampfwagen II (2 cm) Ausf. G	MAN (36), Daimler-Benz	1940–1941	75
	Pz. Kampfwagen II (2 cm) Ausf. J	MAN (22), Daimler-Benz	1940–1941	30
123	**Pz. Kampfwagen II (2 cm) Ausf. L bzw. Pz. Spähwagen II „Luchs"**	MAN (113), Henschel (18)	1941–1943	131
	Munitionsschlepper	Alkett	1943–1944	Umbau (158)
	Pz. Kampfwagen 35 (t) (3,7 cm)	Skoda	1935–1937	ca. 300
	Mörserzugmittel 35 (t)			Umbau
	Zugkraftwagen 35 (t)			Umbau
	Pz. Kampfwagen 38 (t) (3,7 cm)	Praga	1937–1942	ca. 1500
	Pz. Befehlswagen 38 (t)	Praga		
138/1	15 cm s. IG. auf Gw. 38 (t)	Alkett	1940–1942	Umbau
	Mun. Pz. 38 (t)	Alkett	1940–1942	Umbau (102)
139	**7,62 cm Pak (r) auf Gw. 38 (t) „Marder III"**	Praga	1942	344
138	**7,5 cm Pak auf Gw. 38 (t) „Marder III" Ausf. H**	Praga	1942–1943	418

138	**7,5 cm Pak auf Gw. 38 (t) „Marder III“ Ausf. M**	Praga	1943–1944	381
138/1	**15 cm s. IG. auf Gw. 38 (t) „Bison“ Ausf. H**	Praga	1942–1943	} 370
138/1	**15 cm s. IG. auf Gw. 38 (t) „Bison“ Ausf. M**	Praga	1943–1944	
140	**2 cm Flak auf Sf. 38 (t) Flakpanzer 38 (t)**	Praga	1943–1944	162
140/1	Aufklärungspanzer 38 (t)	Praga	1943	70
	le. Panzerjäger 38 (t) Jagdpanzer 38 (t) „Hetzer“	Praga, Skoda	1943–1945	1577
	Flammpanzer 38 (t)	Praga	1944–1945	wenige
	Bergepanzer 38 (t)	Praga	1944–1945	wenige
	4,7 cm Pak (f) auf Gw. Lorraine Schlepper (f)		1941	Umbau (wenige)
	Munitions-Schlepper Lr. S. (f)		1941	Umbau
135	7,5 cm Pak 40 L/48 auf Gw. Lr. S. (f) „Marder I“	Becker (Krefeld)	1942–1943	Umbau (184)
	10,5 cm le. FH. auf Gw. Lr. S. (f)	Becker (Krefeld)	1942–1943	Umbau (24)
	15 cm s. FH. 13 auf Gw. Lr. S. (f)	Becker (Krefeld)	1942–1943	Umbau (102)
135/1	15 cm s. IG. 33 auf Gw. Lr. S. (f)			Umbau (wenige)
	Pz. Kampfwagen 35 R (f) (MG 34)		1942–1943	Umbau
	Munitionspanzer 35 R (f)		1942–1943	Umbau
	Zugkraftwagen 35 R (f)		1942–1943	Umbau
	4,7 cm Pak (t) oder (f) auf Gw. Renault 35 R (f)		1942–1943	Umbau (226)
	10,5 cm le. FH. 18 auf Sf. Renault R 35 (f)			Umbau
	Munitions-Schlepper 39 H (f)		1941–1942	Umbau
	7,5 cm Pak 40 L/48 auf Gw. Hotchkiss H 39 (f)	Becker (Krefeld)	1943–1944	Umbau (24)
	10,5 cm le. FH. 18 auf Gw. Hotchkiss H 39 (f)	Becker (Krefeld)	1943–1944	Umbau (48)
	7,5 cm Pak 40 L/48 auf Gw. F. C. M. (f)	Becker (Krefeld)	1943	Umbau (10)
	10,5 cm le. FH. 18 auf Gw. F. C. M. (f)	Becker (Krefeld)	1943	Umbau (24)
	Infanterie-Schlepper UE 630 (f)		1943–1944	Umbau
	MG 34 auf Inf. Schlepper UE (f)		1941–1944	Umbau
	3,7 cm Pak 35/36 auf Inf. Schlepper UE (f)		1941	Umbau
	28 cm Wurfrahmen auf Inf. Schlepper UE (f)		1943–1944	Umbau
	Pz. Spähwagen AMR (f) (2 cm)		1943–1944	Umbau
	8 cm s. Gr. W. 34 auf Pz. Spähwagen AMR (f)		1943–1944	Umbau
	i9,4 cm s. Mörser auf Sfl. Schneider 485 (f)		1943	Umbau
	Pz. Kpfwg. B1/B2 (f) Fahrschulwagen		1942	Umbau
	Pz. Kpfwg. B1/B2 (f) (Flamm)		1943	Umbau (24)
	10,5 cm le. FH. 18/2 auf Sfl. B2 (f)	Rheinmetall-Borsig	1943–1944	Umbau (wenige)

Gepanzerte Vollketten-Fahrzeuge der Wehrmacht (2. Teil)

Sd. Kfz.	Typ	Hersteller		Baujahr	Stückzahl
141	**Pz. Kampfwagen III (3,7 cm) Ausf. A**	Daimler-Benz		1936	10
141	**Pz. Kampfwagen III (3,7 cm) Ausf. B**	Daimler-Benz		1937	15
141	**Pz. Kampfwagen III (3,7 cm) Ausf. C**	Daimler-Benz		1937–1938	15
141	**Pz. Kampfwagen III (3,7 cm) Ausf. D**	Daimler-Benz		1938–1939	55
141	**Pz. Kampfwagen III (3,7 cm) Ausf. E**	Alkett		1939–1940	ca. 500
141	**Pz. Kampfwagen III (5 cm) Ausf. F**	Daimler-Benz		1940	ca. 500
141	**Pz. Kampfwagen III (5 cm) Ausf. G**	Famo		1940	ca. 500
141	**Pz. Kamfpwagen III (5 cm) Ausf. H**	Henschel	1939–1940	1940–1941	ca. 1 400
141/1	**Pz. Kampfwagen III (5 cm L/60) Ausf. J**	MAN (794)	1939–1943	1941	
141/1	**Pz. Kampfwagen III (5 cm L/60) Ausf. L**	Miag (1091)	1941–1943	1941–1942	ca. 1 900*)
141/1	**Pz. Kampfwagen III (5 cm L/60) Ausf. M**	Wegmann	1939–1942	1942	
141/2	**Pz. Kampfwagen III (7,5 cm) Ausf. N**	MNH ab	1940	1942–1943	660
141/3	Pz. Kampfwagen III (Flamm) Ausf. M	Praga (502)	1942	1942	100
	Pz. Befehlswagen III Ausf. D1	Miag (Ausrüstung: Wegmann)		1938–1939	30
266	Pz. Befehlswagen III Ausf. E	Daimler-Benz		1940	45
267	Pz. Befehlswagen III Ausf. H	Daimler-Benz		1941–1942	145
268	Pz. Befehlswagen III Ausf. K	Daimler-Benz		1942–1943	
	Pz. Beobachtungswagen III	Daimler-Benz		1942	
143	Pz. Bergewagen III	Alkett		1939–1943	Umbau (262)
142	**Sturmgeschütz III (7,5 cm) Ausf. A**	Alkett		1940	734
142	**Sturmgeschütz III (7,5 cm) Ausf. B bis E**	Alkett		1940–1941	
142/1	**Sturmgeschütz 40 (7,5 cm) Ausf. F und G**	Alkett, Daimler-Benz, Miag (2683)		1942–1945	7 900
142/2	**Sturmhaubitze 42 (10,5 cm)**	Alkett		1942–1944	1 114
	Sturm-Infanteriegeschütz 33	Alkett		1941	12
	Munitionspanzerwagen III				

*) einschl. Pz. Befehlswagen Ausf. K und Pz. Beobachtungswagen III

Sd. Kfz.	Typ	Hersteller	Baujahr	Stückzahl
161	**Pz. Kampfwagen IV (7,5 cm) Ausf. A**	Krupp	1936–1937	35
161	**Pz. Kampfwagen IV (7,5 cm) Ausf. B**	Krupp	1937–1938	42
161	**Pz. Kampfwagen IV (7,5 cm) Ausf. C**	Krupp	1938	140
161	**Pz. Kampfwagen IV (7,5 cm) Ausf. D**	Krupp	1938–1939	250
161	**Pz. Kampfwagen IV (7,5 cm) Ausf. E**	Krupp	1939	150
161	**Pz. Kampfwagen IV (7,5 cm) Ausf. F1**	Krupp	1940–1942	
161	**Pz. Kampfwagen IV (7,5 cm lang) Ausf. F2**	Krupp	1942	1 724
161/1	**Pz. Kampfwagen IV (7,5 cm lang) Ausf. G**	Krupp, bis 1942	1942	
161/2	**Pz. Kampfwagen IV (7,5 cm lang) Ausf. H**	Nibelungenwerk 1942–1945	1943	
	Pz. Befehlswagen IV Ausf. H	Vomag, ab 1942	1943	3 073
	Pz. Beobachtungswagen IV Ausf. H	BMM (Praga) ab 1942	1943	
	Pz. Kampfwagen IV (7,5 cm lang) Ausf. J		1944–1945	ca. 3 800
161/2	Bergepanzer IV			Umbau (wenige)
	Munitionspanzerwagen IV			Umbau

163	**Sturmgeschütz IV (7,5 cm L/48) „Jagdpanzer IV“**	Krupp	1943	ca. 1 500
162	Jagdpanzer IV (7,5 cm L/48) Ausf. F „Panzerjäger 39“	Vomag	1943–1944	ca. 1 500
162/1	**Jagdpanzer IV (7,5 cm L/70) „Panzer IV lang“**	Vomag	1944–1945	ca. 1 200
166	**Sturmpanzer IV (15 cm) „Brummbär“**	Deutsche Eisenwerke	1943–1944	ca. 300
165/1	le. FH. 18/1 auf Gw. IV b	Krupp	1942	8
	7,5 cm Pak L/48 auf Gw. IV b	Krupp	1943	wenige
165	**15 cm Pz. Haubitze auf Gw. III/IV „Hummel“**	Alkett, Deutsche Eisenwerke	1942–1944	666
	Gw. III/IV (Mun.) Munitionsträger Hummel	Deutsche Eisenwerke	1943–1944	150
164	**8,8 cm Pak auf Gw. III/IV „Hornisse“ bzw. „Nashorn“**	Alkett	1943–1944	493
	2 cm Flak-Vierling oder 3,7 cm Flak auf Sf. IV „Möbelwagen“	BMM (Praga)	1943–1944	150
	2 cm Flak-Vierling auf Sf. IV „Wirbelwind“	Ostbau (Sagan)		150
	3,7 cm Flak auf Sf. IV „Ostwind“	Deutsche Eisenwerke	1944	40
171	**Pz. Kampfwagen „Panther“ (7,5 cm) Ausf. D**	MAN	1942–1943	ca. 50
267/268	Pz. Befehlswagen „Panther“ (7,5 cm) Ausf. D	MAN	1943	
	Pz. Beobachtungswagen „Panther“ Ausf. D			Umbau (wenige)
171	**Pz. Kampfwagen „Panther“ (7,5 cm) Ausf. A**	MAN (ca. 1950)	1943–1944	ca. 6 000
267/268	Pz. Befehlswagen „Panther“ (7,5 cm) Ausf. A	Henschel (200) 1943	1943–1944	
171	**Pz. Kampfwagen „Panther“ (7,5 cm) Ausf. G**	MNH (1750)	1944–1945	
267/268	Pz. Befehlswagen „Panther“ (7,5 cm) Ausf. G	Daimler-Benz (ca. 1600)	1944–1945	
173	**8,8 cm Panzerjäger „Jagdpanther“**	Miag (270), MNH (112)	1944–1945	382
179	Panzer-Bergewagen „Bergepanther“	Demag (Benrath)	1944–1945	297
181	**Pz. Kampfwagen „Tiger I“ (8,8 cm) Ausf. E**	Henschel	1942–1944	1 355
267/268	Pz. Befehlswagen „Tiger I“ (8,8 cm) Ausf. E	Henschel	1943–1944	
182	**Pz. Kampfwagen „Tiger II“ (8,8 cm) Ausf. B „Königstiger“**	Henschel	1944–1945	487
267/268	Pz. Befehlswagen „Tiger II“ (8,8 cm) Ausf. B	Henschel	1944–1945	
184	**Jagdpanzer Tiger (P) „Elefant“ („Ferdinand“)**	Nibelungenwerke	1943	90
186	**Jagdpanzer „Jagdtiger“ Ausf. B**	Nibelungenwerke	1944–1945	70
	Sturmpanzer „Sturmtiger“ Ausf. E	Alkett		Umbau (18)
	Pz. Bergewagen „Tiger I“			
	Pz. Bergewagen „Tiger II“			

Panzer-Kampfwagen I
Ausf. A

Panzer-Kampfwagen I
Ausf. B
(Parade am Führer-
Geburtstag 1937)

Panzer-Kampfwagen I
Ausf. C

Panzer-Befehlswagen I
Ausf. B

15 cm s.IG.33 Selbstfahrlafette
auf Pz.Kpfw. I Ausf. B

4,7 cm Pak (t) Selbstfahrlafette
auf Pz.Kpfw. I Ausf. B

	Panzer-Kampfwagen I Ausf. A Sd. Kfz. 101 (Henschel, MAN) 1934–1936	Panzer-Kampfwagen I Ausf. B Sd. Kfz. 101 (Henschel, MAN, Wegmann) 1935–1939
Motor	Vergasermotor	
	Krupp M 305	
	Leichtmetall-Kurbelgehäuse	
Zylinderzahl	4 (Boxer)	
Bohrung x Hub	92 x 130 mm	
Hubraum	3460 ccm	
Leistung	60 PS bei 2500 U/min	
Drehmoment		
Verdichtung	1 : 5,2	
Vergaser	2 Solex 40 JFP	
Ventile	Hängend	
	Zentrale Nockenwelle	
	Antrieb durch Stirnräder	
Kurbelwellenlager	2	
Kühlung	Luft/Gebläse	
Batterie	12 V 105 Ah	
Lichtmaschine	600 W	
Anlasser		
Kraftübertragung	Motor im Heck, Antrieb auf	
	Ketten-Laufwerk	
	Zweischeibentrockenkupplung	
	Schalthebel Fahrzeugmitte	
Getriebe	ZF-Aphon FG 35	
	5 Vorwärtsgänge, 1 Rückwärtsgang	
	II.–IV. Gang synchronisiert	
Übersetzungen	Hauptvorgelege 1,31	
	I. 4,66, II. 2,50, III. 1,35, IV. 0,85, V. 0,50	
	Seitenvorgelege 1,00	
Fahrwerk und Aufbau	Selbsttragende Panzerwanne	Selbsttragende Panzerwanne
	Panzer-Aufbau mit Drehturm	Panzer-Aufbau mit Drehturm
Ketten-Laufwerk	2 Gleisketten zu je 84 Glieder	
	Triebrad vorn, Leitrad hinten (tiefliegend)	
	4 mittelgr. Laufräder in Reihe (Tragbalken)	
	3 Stützrollen	
	1 Schrauben-, 2 Doppel-Viertelfedern	
Lenkung und Bremsen	Kupplungs-Lenkgetriebe	
	+ mechanische Lenkbremsen	
	Betätigung durch 2 Lenkhebel	
Allgemeine Daten		
Kettenauflage	2470 mm	2470 mm
Kettenlänge		
Spur	1670 mm	1670 mm
Kettenbreite	280 mm	280 mm
Gesamtmaße	4020 x 2060 x 1720 mm	4430 x 2060 x 1720 mm
Bodenfreiheit	295 mm	295 mm
Watfähigkeit	600 mm	600 mm
Wendekreis-Ø	2,1 Meter	2,1 Meter
Gefechtsgewicht	5400 kg	6000 kg
Nutzlast		340 kg
Höchstgeschwindigkeit	37 km/h	40 km/h
Verbrauch/100 km	Straße 70, Gelände 100 Liter	Straße 80, Gelände 110 Liter
Kraftstoffvorrat	2 x 72 = 144 Liter (im Motorraum)	84 + 62 = 146 Liter (im Motorraum)
Fahrbereich	Straße 200, Gelände 140 km	Straße 180, Gelände 130 km
Besatzung	2 Mann	2 Mann
Panzerung	rundum 13 mm	rundum 13 mm
Bewaffnung	2 MG	2 MG

Kl. Pz. Befehlswagen (Pz. I Ausf. B) Sd. Kfz. 265 (Daimler-Benz) 1936–1938	4,7 cm Pak (t) Selbstfahrlafette auf Pz. Kpfw. I Ausf. B (Umbau: Alkett) 1939–1940	15 cm s. I. G. 33 Selbstfahrlafette auf Pz. Kpfw. I Ausf. B (Umbau: Alkett) 1939–1940

Vergasermotor
Maybach NL 38 TRKM

6
90 x 100 mm
3790 ccm
100 PS bei 3000 U/min
25 mkg
1 : 6,7
1 Solex 40 JFF II
Schräg hängend
Nockenwelle im Zylinderkopf
Antrieb durch Stirnräder
8
Auswechselbare Zylinderbüchsen
Wasser/Pumpe
12 V
600 W
1,4 PS

Motor im Heck, Antrieb auf Ketten-Laufwerk
Zweischeibentrockenkupplung
Schalthebel Fahrzeugmitte

ZF-Aphon FG 31
5 Vorwärtsgänge, 1 Rückwärtsgang
II.–IV. Gang synchronisiert

I. 4,28, II. 2,04, III. 1,10, IV. 0,69, V. 0,50

Selbsttragende Panzerwanne Panzer-Aufbau ohne Drehturm	Selbsttragende Panzerwanne Kampfraum vorn und seitlich gepanzert	Selbsttragende Panzerwanne Kampfraum vorn und seitlich gepanzert

2 Gleisketten zu je 100 Glieder
Triebrad vorn, Leitrad hinten (hochgelegt)
5 mittelgroße Laufräder in Reihe (Tragbalken)
4 Stützrollen
1 Schrauben-, 2 Doppel-Viertelfedern
Kupplungs-Lenkgetriebe
+ mechanische Lenkbremsen
Betätigung durch 2 Lenkhebel

2470 mm	2470 mm	2470 mm
1670 mm	1670 mm	1670 mm
280 mm	280 mm	280 mm
4420 x 2060 x 1960 mm	4420 x 1850 x 2250 mm	4420 x 2600 x 3350 mm
295 mm	295 mm	295 mm
600 mm	600 mm	600 mm
2,1 Meter	2,1 Meter	2,1 Meter
5880 kg	6400 kg	8500 kg
40 km/h	40 km/h	35 km/h
Straße 80, Gelände 110 Liter	Straße 80, Gelände 110 Liter	Straße 90, Gelände 120 Liter
146 Liter	146 Liter	146 Liter
Straße 180, Gelände 130 km	Straße 180, Gelände 130 km	Straße 160, Gelände 120 km
3 Mann	3 Mann	4 Mann
rundum 14,5 mm	Wanne 13, Kampfraum 10 mm	Wanne 13, Kampfraum 10 mm
1 MG	4,7 cm Pak (t) L/43	s. I. G. 33 L/11

Panzer-Kampfwagen II
Ausf. b
(bei Beginn des Rußland-feldzuges, mit Benzin-anhänger und Fliegertuch)

Panzer-Kampfwagen II
Ausf. A, B oder C
(7. Panzer-Division im Osten)

Panzer-Kampfwagen II
Ausf. A, B oder C
(in Afrika)

Panzer-Kampfwagen II
Ausf. A, B oder C
(Fabrikneu,
noch ohne Waffen)

Panzer-Kampfwagen II
Ausf. D oder E

Panzer-Spähwagen „Luchs"
(Panzer-Kampfwagen II
Ausf. L)

<table>
<tr><th></th><th>Pz. Kampfwagen II
Ausf. a1, a2, a3
Sd. Kfz. 121
(MAN)
1935–1936</th><th>Pz. Kampfwagen II
Ausf. b
Sd. Kfz. 121
(MAN)
1936</th><th>Pz. Kampfwagen II
Ausf. c
Sd. Kfz. 121
(MAN, Henschel, Famo)
1937</th></tr>
<tr><td>Motor</td><td>Vergasermotor
Maybach HL 57 TR</td><td colspan="2">Vergasermotor
Maybach HL 62 TRM</td></tr>
<tr><td>Zylinderzahl</td><td>6</td><td colspan="2">6</td></tr>
<tr><td>Bohrung x Hub</td><td>100 x 120 mm</td><td colspan="2">105 x 120 mm</td></tr>
<tr><td>Hubraum</td><td>5698 ccm</td><td colspan="2">6191 ccm</td></tr>
<tr><td>Leistung</td><td>130 PS bei 2600 U/min</td><td colspan="2">140 PS bei 2600 U/min</td></tr>
<tr><td>Drehmoment</td><td>36 mkg</td><td colspan="2">41,5 mkg</td></tr>
<tr><td>Verdichtung</td><td>1 : 6,5</td><td colspan="2">1 : 6,5</td></tr>
<tr><td>Vergaser</td><td>1 Solex 40 IFF II</td><td colspan="2">1 Solex 40 IFF II</td></tr>
<tr><td>Ventile</td><td>Schräg hängend
Nockenwelle im Zylinderkopf
Antrieb durch Stirnräder</td><td colspan="2">Schräg hängend
Nockenwelle im Zylinderkopf
Antrieb durch Stirnräder</td></tr>
<tr><td>Kurbelwellenlager</td><td>8
Auswechselbare Zylinder-
büchsen</td><td colspan="2">8
Auswechselbare Zylinderbüchsen</td></tr>
<tr><td>Kühlung</td><td>Wasser/Pumpe</td><td colspan="2">Wasser/Pumpe</td></tr>
<tr><td>Batterie</td><td>12 V 105 Ah</td><td colspan="2">12 V 105 Ah</td></tr>
<tr><td>Lichtmaschine</td><td>600 W</td><td colspan="2">600 W</td></tr>
<tr><td>Kraftübertragung</td><td>Motor im Heck
Antrieb auf Ketten-Laufwerk
Zweischeibentrocken-
kupplung
Schalthebel Fahrzeugmitte</td><td colspan="2">Motor im Heck
Antrieb auf Ketten-Laufwerk
Zweischeibentrockenkupplung
Schalthebel Fahrzeugmitte</td></tr>
<tr><td>Getriebe</td><td>ZF
6 Vorwärtsgänge
1 Rückwärtsgang</td><td colspan="2">ZF-Aphon SSG 45
6 Vorwärtsgänge
1 Rückwärtsgang
II.–VI. Gang synchronisiert</td></tr>
<tr><td>Fahrwerk und Aufbau</td><td colspan="2">Selbsttragende Panzerwanne
Panzer-Aufbau mit Drehturm</td><td>Selbsttragende Panzerwanne
Panzer-Aufbau mit Drehturm</td></tr>
<tr><td>Ketten-Laufwerk</td><td colspan="2">2 Gleisketten zu je
108 Glieder (Teilung 91 mm)
Triebrad vorn, Leitrad hinten
6 kleine Laufräder
mit Tragbalken
3 Stützrollen
3 Halbfedern</td><td>2 Gleisketten zu je
108 Glieder (Teilung 91 mm)
Triebrad vorn, Leitrad hinten
5 mittelgroße Laufräder
in Reihe
4 Stützrollen
5 Viertelfedern</td></tr>
<tr><td>Lenkung und Bremsen</td><td colspan="2">Planeten-Lenkgetriebe
+ mechanische Lenkbremsen
Betätigung durch 2 Lenkhebel</td><td>Planeten-Lenkgetriebe
+ mechanische Lenkbremsen
Betätigung durch 2 Lenkhebel</td></tr>
<tr><td>Allgemeine Daten</td><td></td><td></td><td></td></tr>
<tr><td>Kettenauflage</td><td>2400 mm</td><td>2400 mm</td><td>2400 mm</td></tr>
<tr><td>Spur</td><td>1780 mm</td><td>1780 mm</td><td>1880 mm</td></tr>
<tr><td>Kettenbreite</td><td>300 mm</td><td>300 mm</td><td>300 mm</td></tr>
<tr><td>Gesamtmaße</td><td>4380 x 2140 x 2000 mm</td><td>4750 x 2140 x 2000 mm</td><td>4750 x 2140 x 2000 mm</td></tr>
<tr><td>Bodenfreiheit</td><td>300 mm</td><td>300 mm</td><td>340 mm</td></tr>
<tr><td>Watfähigkeit</td><td>800 mm</td><td>800 mm</td><td>800 mm</td></tr>
<tr><td>Wendekreis-∅</td><td>4,8 Meter</td><td>4,8 Meter</td><td>4,8 Meter</td></tr>
<tr><td>Gefechtsgewicht</td><td>7600 kg</td><td>7900 kg</td><td>8900 kg</td></tr>
<tr><td>Höchstgeschwindigkeit</td><td>40 km/h</td><td>40 km/h</td><td>40 km/h</td></tr>
<tr><td>Verbrauch/100 km</td><td>Straße 90, Gelände 130 Liter</td><td>Straße 100, Gelände 150 Liter</td><td>Straße 110, Gelände 170 Liter</td></tr>
<tr><td>Kraftstoffvorrat</td><td>170 Liter (2 Tanks)</td><td>170 Liter (2 Tanks)</td><td>170 Liter (2 Tanks)</td></tr>
<tr><td>Fahrbereich</td><td>Straße 180, Gelände 120 km</td><td>Straße 170, Gelände 110 km</td><td>Straße 150, Gelände 100 km</td></tr>
<tr><td>Besatzung</td><td>3 Mann</td><td>3 Mann</td><td>3 Mann</td></tr>
<tr><td>Panzerung</td><td>14,5 mm rundum</td><td>14,5 mm rundum</td><td>Front 30 mm
Seiten und Heck 14,5 mm</td></tr>
<tr><td>Bewaffnung</td><td>2 cm KwK 30 + 1 MG 34</td><td>2 cm KwK 30 + 1 MG 34</td><td>2 cm KwK 30 + 1 MG 34</td></tr>
</table>

<table>
<tr><th>Pz. Kampfwagen II
Ausf. A, B, C
Sd. Kfz. 121
(MAN, Henschel, Famo)
1938–1940</th><th>Pz. Kampfwagen II
Ausf. F
Sd. Kfz. 121
(MAN, Henschel, Famo)
1940–1943</th><th>Pz. Kampfwagen II
Ausf. D, E
Sd. Kfz. 121
(Daimler-Benz, MAN)
1938–1941</th><th>Pz. Kampfwagen II
Ausf. L
Pz. Spähwagen II „Luchs"
(MAN, Henschel)
1941–1943</th></tr>
<tr><td colspan="2">Vergasermotor</td><td colspan="2">Vergasermotor</td></tr>
<tr><td colspan="2">Maybach HL 62 TRM</td><td colspan="2">Maybach HL 66 P</td></tr>
<tr><td colspan="2">6</td><td colspan="2">6</td></tr>
<tr><td colspan="2">105 x 120 mm</td><td colspan="2">105 x 130 mm</td></tr>
<tr><td colspan="2">6191 ccm</td><td colspan="2">6754 ccm</td></tr>
<tr><td colspan="2">140 PS bei 2600 U/min</td><td colspan="2">180 PS bei 3200 U/min</td></tr>
<tr><td colspan="2">41,5 mkg</td><td colspan="2"></td></tr>
<tr><td colspan="2">1 : 6,5</td><td colspan="2"></td></tr>
<tr><td colspan="2">1 Solex 40 IFF II</td><td colspan="2">2 Solex</td></tr>
<tr><td colspan="2">Schräg hängend</td><td colspan="2">Schräg hängend</td></tr>
<tr><td colspan="2">Nockenwelle im Zylinderkopf</td><td colspan="2">Nockenwelle im Zylinderkopf</td></tr>
<tr><td colspan="2">Antrieb durch Stirnräder</td><td colspan="2">Antrieb durch Stirnräder</td></tr>
<tr><td colspan="2">8</td><td colspan="2">8</td></tr>
<tr><td colspan="2">Auswechselbare Zylinderbüchsen</td><td colspan="2">Auswechselbare Zylinderbüchsen</td></tr>
<tr><td colspan="2">Wasser/Pumpe</td><td colspan="2">Wasser/Pumpe</td></tr>
<tr><td colspan="2">12 V 105 Ah</td><td colspan="2"></td></tr>
<tr><td colspan="2">600 W</td><td colspan="2"></td></tr>
<tr><td colspan="2">Motor im Heck</td><td colspan="2">Motor im Heck</td></tr>
<tr><td colspan="2">Antrieb auf Ketten-Laufwerk</td><td colspan="2">Antrieb auf Ketten-Laufwerk</td></tr>
<tr><td colspan="2">Zweischeibentrockenkupplung</td><td colspan="2">Zweischeibentrockenkupplung</td></tr>
<tr><td colspan="2">Schalthebel Fahrzeugmitte</td><td>Saugluft-Vorwählschaltung</td><td>Schalthebel Fahrzeugmitte</td></tr>
<tr><td colspan="2">ZF-Aphon SSG 46</td><td>Maybach Variorex 102128 H</td><td>ZF-Aphon SSG 46</td></tr>
<tr><td colspan="2">6 Vorwärtsgänge</td><td>7 Vorwärtsgänge</td><td>6 Vorwärtsgänge</td></tr>
<tr><td colspan="2">1 Rückwärtsgang</td><td>3 Rückwärtsgänge</td><td>1 Rückwärtsgang</td></tr>
<tr><td colspan="2">II.–VI. Gang synchronisiert</td><td></td><td>II.–VI. Gang synchronisiert</td></tr>
<tr><td colspan="2">Selbsttragende Panzerwanne</td><td>Selbsttragende Panzerwanne</td><td>Selbsttragende Panzerwanne</td></tr>
<tr><td colspan="2">Panzer-Aufbau mit Drehturm</td><td>Panzer-Aufbau mit Drehturm</td><td>Panzer-Aufbau mit Drehturm</td></tr>
<tr><td colspan="2">2 Gleisketten zu je</td><td>2 Gleisketten zu je</td><td>2 Gleisketten zu je</td></tr>
<tr><td colspan="2">108 Glieder (Teilung 91 mm)</td><td>95 Glieder (Teilung 106 mm)</td><td>95 Glieder (Teilung 106 mm)</td></tr>
<tr><td colspan="2">Triebrad vorn, Leitrad hinten</td><td>Triebrad vorn, Leitrad hinten</td><td>Triebrad vorn, Leitrad hinten</td></tr>
<tr><td colspan="2">5 mittelgroße Laufräder</td><td>4 große Laufräder</td><td>5 große Laufräder</td></tr>
<tr><td colspan="2">in Reihe</td><td>in Reihe</td><td>in Schachtel-Anordnung</td></tr>
<tr><td colspan="2">4 Stützrollen</td><td>keine Stützrollen</td><td>keine Stützrollen</td></tr>
<tr><td colspan="2">5 Viertelfedern</td><td>2 Federstäbe je Laufrad</td><td>2 Federstäbe je Laufrad</td></tr>
<tr><td colspan="2">Planeten-Lenkgetriebe</td><td>Kupplungs-Lenkgetriebe</td><td>Kupplungs-Lenkgetriebe</td></tr>
<tr><td colspan="2">+ mechanische Lenkbremsen</td><td>+ mechanische Lenkbremsen</td><td>+ mechanische Lenkbremsen</td></tr>
<tr><td colspan="2">Betätigung durch 2 Lenkhebel</td><td>Betätigung durch 2 Lenkhebel</td><td>Betätigung durch 2 Lenkhebel</td></tr>
<tr><td colspan="2">2400 mm</td><td>2200 mm</td><td>2200 mm</td></tr>
<tr><td colspan="2">1880 mm</td><td>1920 mm</td><td>2080 mm</td></tr>
<tr><td colspan="2">300 mm</td><td>300 mm</td><td>360 mm</td></tr>
<tr><td colspan="2">4810 x 2280 x 2020 mm</td><td>4640 x 2300 x 2020 mm</td><td>4630 x 2480 x 2210 mm</td></tr>
<tr><td colspan="2">340 mm</td><td>290 mm</td><td>340 mm</td></tr>
<tr><td colspan="2">925 mm</td><td>850 mm</td><td>1320 mm</td></tr>
<tr><td colspan="2">4,8 Meter</td><td></td><td></td></tr>
<tr><td colspan="2">9500 kg</td><td>10 000 kg</td><td>11 800 kg</td></tr>
<tr><td colspan="2">40 km/h</td><td>55 km/h</td><td>60 km/h</td></tr>
<tr><td colspan="2">Straße 110, Gelände 170 Liter</td><td>Straße 120, Gelände 180 Liter</td><td>Straße 120, Gelände 180 Liter</td></tr>
<tr><td colspan="2">170 Liter (2 Tanks)</td><td>200 Liter</td><td>235 Liter</td></tr>
<tr><td colspan="2">Straße 150 km, Gelände 100 km</td><td>Straße 160, Gelände 110 km</td><td>Straße 190, Gelände 130 km</td></tr>
<tr><td colspan="2">3 Mann</td><td>3 Mann</td><td>4 Mann</td></tr>
<tr><td>Front 30 mm</td><td>Front 30 bis 35 mm</td><td>Front 30 mm</td><td>Front 30 mm</td></tr>
<tr><td>Seiten und Heck 14,5 mm</td><td>Seiten u. Heck 14,5–20 mm</td><td>Seiten und Heck 14,5 mm</td><td>Seiten 20 mm</td></tr>
<tr><td>2 cm KwK 30 + 1 MG 34</td><td>2 cm KwK 38 L/55 + 1 MG 34</td><td>2 cm KwK 38 L/55 + 1 MG 34</td><td>2 cm KwK 38 L/55 + 1 MG 34
Fahrzeug Nr. 101 bis 131:
5 cm KwK 39 L/60 + 1 MG 34</td></tr>
</table>

„Marder II“ 7,62 cm Pak 36 (r) auf Gw. II Ausf. D

„Sturmpanzer II“ 15 cm s. IG. 33 auf Sf. II

„Wespe“ 10,5 cm le. FH. 18/2 auf Gw. II

Motor

Zylinderzahl
Bohrung x Hub
Hubraum
Leistung
Drehmoment
Verdichtung
Vergaser
Ventile

Kurbelwellenlager

Kühlung
Batterie
Lichtmaschine

Kraftübertragung

Getriebe

Fahrwerk und Aufbau

Ketten-Laufwerk

Lenkung und Bremsen

Allgemeine Daten
Kettenauflage
Kettenlänge
Spur
Kettenbreite
Gesamtmaße

Bodenfreiheit
Watfähigkeit
Wendekreis-∅
Gefechtsgewicht
Höchstgeschwindigkeit
Verbrauch/100 km
Kraftstoffvorrat
Fahrbereich
Besatzung
Panzerung

Bewaffnung

<table>
<tr><th>7,62 cm Pak (r) auf Gw. II
Sd. Kfz. 132 „Marder II“
(Umbau: Alkett)
1942–1943</th><th>7,5 cm Pak 40/2 auf Gw. II
Sd. Kfz. 131 „Marder II“
(Umbau: Famo, Alkett)
1942–1943</th><th>15 cm s. I. G. 33 auf Sf. II
„Sturmpanzer II“
1942–1943</th><th>10,5 cm le. FH. 18/2 auf Gw. II
Sd. Kfz. 124 „Wespe“
(Umbau: Famo, Alkett)
1942–1944</th></tr>
<tr><td colspan="4">Vergasermotor</td></tr>
<tr><td colspan="4">Maybach HL 62 TRM</td></tr>
<tr><td colspan="4">6</td></tr>
<tr><td colspan="4">105 x 120 mm</td></tr>
<tr><td colspan="4">6191 ccm</td></tr>
<tr><td colspan="4">140 PS bei 2600 U/min</td></tr>
<tr><td colspan="4">41,5 mkg</td></tr>
<tr><td colspan="4">1 : 6,5</td></tr>
<tr><td colspan="4">1 Solex 40 IFF II</td></tr>
<tr><td colspan="4">Schräghängend</td></tr>
<tr><td colspan="4">Nockenwelle im Zylinderkopf</td></tr>
<tr><td colspan="4">Antrieb durch Stirnräder</td></tr>
<tr><td colspan="4">8</td></tr>
<tr><td colspan="4">Auswechselbare Zylinderbüchsen</td></tr>
<tr><td colspan="4">Wasser/Pumpe</td></tr>
<tr><td colspan="4">12 V 105 Ah</td></tr>
<tr><td colspan="4">600 W</td></tr>
<tr><td>Motor im Heck</td><td>Motor im Heck</td><td>Motor im Heck</td><td>Motor in Fahrzeugmitte</td></tr>
<tr><td>Antrieb auf Ketten-Laufwerk</td><td>Antrieb auf Ketten-Laufwerk</td><td>Antrieb auf Ketten-Laufwerk</td><td>Antrieb auf Ketten-Laufwerk</td></tr>
<tr><td>Zweischeibentrocken-
kupplung</td><td>Zweischeibentrocken-
kupplung</td><td>Zweischeibentrocken-
kupplung</td><td>Zweischeibentrocken-
kupplung</td></tr>
<tr><td>Schalthebel Fahrzeugmitte</td><td>Schalthebel Fahrzeugmitte</td><td>Schalthebel Fahrzeugmitte</td><td>Schalthebel Fahrzeugmitte</td></tr>
<tr><td>ZF-Aphon SSG 46</td><td>ZF-Aphon SSG 46</td><td>ZF-Aphon SSG 46</td><td>ZF-Aphon SSG 46</td></tr>
<tr><td>6 Vorwärtsgänge</td><td>6 Vorwärtsgänge</td><td>6 Vorwärtsgänge</td><td>6 Vorwärtsgänge</td></tr>
<tr><td>1 Rückwärtsgang</td><td>1 Rückwärtsgang</td><td>1 Rückwärtsgang</td><td>1 Rückwärtsgang</td></tr>
<tr><td>II.–VI. Gang synchronisiert</td><td>II.–VI. Gang synchronisiert</td><td>II.–VI. Gang synchronisiert</td><td>II.–VI. Gang synchronisiert</td></tr>
<tr><td>Selbsttragende Panzerwanne</td><td>Selbsttragende Panzerwanne</td><td>Selbsttragende Panzerwanne</td><td>Selbsttragende Panzerwanne</td></tr>
<tr><td>Offener Kampfraum</td><td>Offener Kampfraum</td><td>Offener Kampfraum</td><td>Offener Kampfraum</td></tr>
<tr><td>vorn und seitlich gepanzert</td><td>vorn und seitlich gepanzert</td><td>vorn und seitlich gepanzert</td><td>vorn und seitlich gepanzert</td></tr>
<tr><td>2 Gleisketten zu je</td><td>2 Gleisketten zu je</td><td>2 Gleisketten zu je</td><td>2 Gleisketten zu je</td></tr>
<tr><td>95 Glieder (Teilung 106 mm)</td><td>108 Glieder (Teilung 91 mm)</td><td>108 Glieder (Teilung 91 mm)</td><td>108 Glieder (Teilung 91 mm)</td></tr>
<tr><td>Triebrad vorn,</td><td>Triebrad vorn,</td><td>Triebrad vorn,</td><td>Triebrad vorn,</td></tr>
<tr><td>Leitrad hinten</td><td>Leitrad hinten</td><td>Leitrad hinten</td><td>Leitrad hinten</td></tr>
<tr><td>4 große Laufräder</td><td>5 mittelgroße Laufräder</td><td>5 mittelgroße Laufräder</td><td>5 mittelgroße Laufräder</td></tr>
<tr><td>in Reihe</td><td>in Reihe</td><td>in Reihe</td><td>in Reihe</td></tr>
<tr><td>keine Stützrollen</td><td>4 Stützrollen</td><td>4 Stützrollen</td><td>4 Stützrollen</td></tr>
<tr><td>1 Federstab je Laufrad</td><td>5 Viertelfedern</td><td>5 Viertelfedern</td><td>5 Viertelfedern</td></tr>
<tr><td>Kupplungs-Lenkgetriebe</td><td>Kupplungs-Lenkgetriebe</td><td>Kupplungs-Lenkgetriebe</td><td>Kupplungs-Lenkgetriebe</td></tr>
<tr><td>+ mechanische Lenkbremsen</td><td>+ mechanische Lenkbremsen</td><td>+ mechanische Lenkbremsen</td><td>+ mechanische Lenkbremsen</td></tr>
<tr><td>Betätigung durch</td><td>Betätigung durch</td><td>Betätigung durch</td><td>Betätigung durch</td></tr>
<tr><td>2 Lenkhebel</td><td>2 Lenkhebel</td><td>2 Lenkhebel</td><td>2 Lenkhebel</td></tr>
<tr><td>2200 mm</td><td>2400 mm</td><td>2400 mm</td><td>2400 mm</td></tr>
<tr><td>1920 mm</td><td>1880 mm</td><td>1880 mm</td><td>1880 mm</td></tr>
<tr><td>300 mm</td><td>300 mm</td><td>300 mm</td><td>300 mm</td></tr>
<tr><td>5650 x 2300 x 2600 mm</td><td>4620 x 2270 x 2200 mm</td><td>4750 x 2240 x 1600 mm</td><td>4810 x 2280 x 2320 mm</td></tr>
<tr><td></td><td>Länge mit Rohr: 6360 mm</td><td></td><td></td></tr>
<tr><td>290 mm</td><td>340 mm</td><td>340 mm</td><td>340 mm</td></tr>
<tr><td>850 mm</td><td>920 mm</td><td>800 mm</td><td>800 mm</td></tr>
<tr><td></td><td>4,8 Meter</td><td>4,8 Meter</td><td>4,8 Meter</td></tr>
<tr><td>11 500 kg</td><td>10 800 kg</td><td>12 000 kg</td><td>11 800 kg</td></tr>
<tr><td>55 km/h</td><td>40 km/h</td><td>40 km/h</td><td>40 km/h</td></tr>
<tr><td>Straße 130, Gelände 190 Liter</td><td>Straße 110, Gelände 170 Liter</td><td>Straße 120, Gelände 180 Liter</td><td>Straße 120, Gelände 180 Liter</td></tr>
<tr><td>200 Liter</td><td>170 Liter (2 Tanks)</td><td>170 Liter (2 Tanks)</td><td>170 Liter (2 Tanks)</td></tr>
<tr><td>Straße 150, Gelände 100 km</td><td>Straße 150, Gelände 100 km</td><td>Straße 140, Gelände 90 km</td><td>Straße 140, Gelände 90 km</td></tr>
<tr><td>4 Mann</td><td>4 Mann</td><td>5 Mann</td><td>5 Mann</td></tr>
<tr><td>Wanne 14,5 bis 30 mm</td><td>Wanne 14,5 bis 35 mm</td><td>10 bis 20 mm</td><td>Wanne 14,5 bis 20 mm</td></tr>
<tr><td>Kampfraum 14,5 mm</td><td>Kampfraum 8 bis 10 mm</td><td></td><td>Kampfraum 10 bis 12 mm</td></tr>
<tr><td>7,62 cm Pak (r) L/54,8</td><td>7,5 cm Pak 40/2 L/46</td><td>15 cm s. I. G. 33 L/12</td><td>10,5 cm le. F.H. 18/2 L/26</td></tr>
<tr><td></td><td></td><td></td><td>+ 1 MG</td></tr>
</table>

Panzer-Kampfwagen Skoda 35 (t)

Panzer-Kampfwagen Praga 38 (t)

„Bison“ Ausf. M
15 cm s.IG. auf Gw. 38 (t)

„Bison“ Ausf. H
15 cm s.IG. auf Gw. 38 (t)

„Marder III“
7,62 cm Pak (r) auf Gw. 38 (t)

„Marder III“ Ausf. M
7,5 cm Pak auf Gw. 38 (t)

„Marder III“ Ausf. H
7,5 cm Pak auf Gw. 38 (t)

„Marder III“
7,62 cm Pak (r) auf Gw. 38 (t)

Flakpanzer 38 (t)
2 cm Flak auf Sf. 38 (t)

„Hetzer“ Jagdpanzer 38 (t) (7,5 cm)

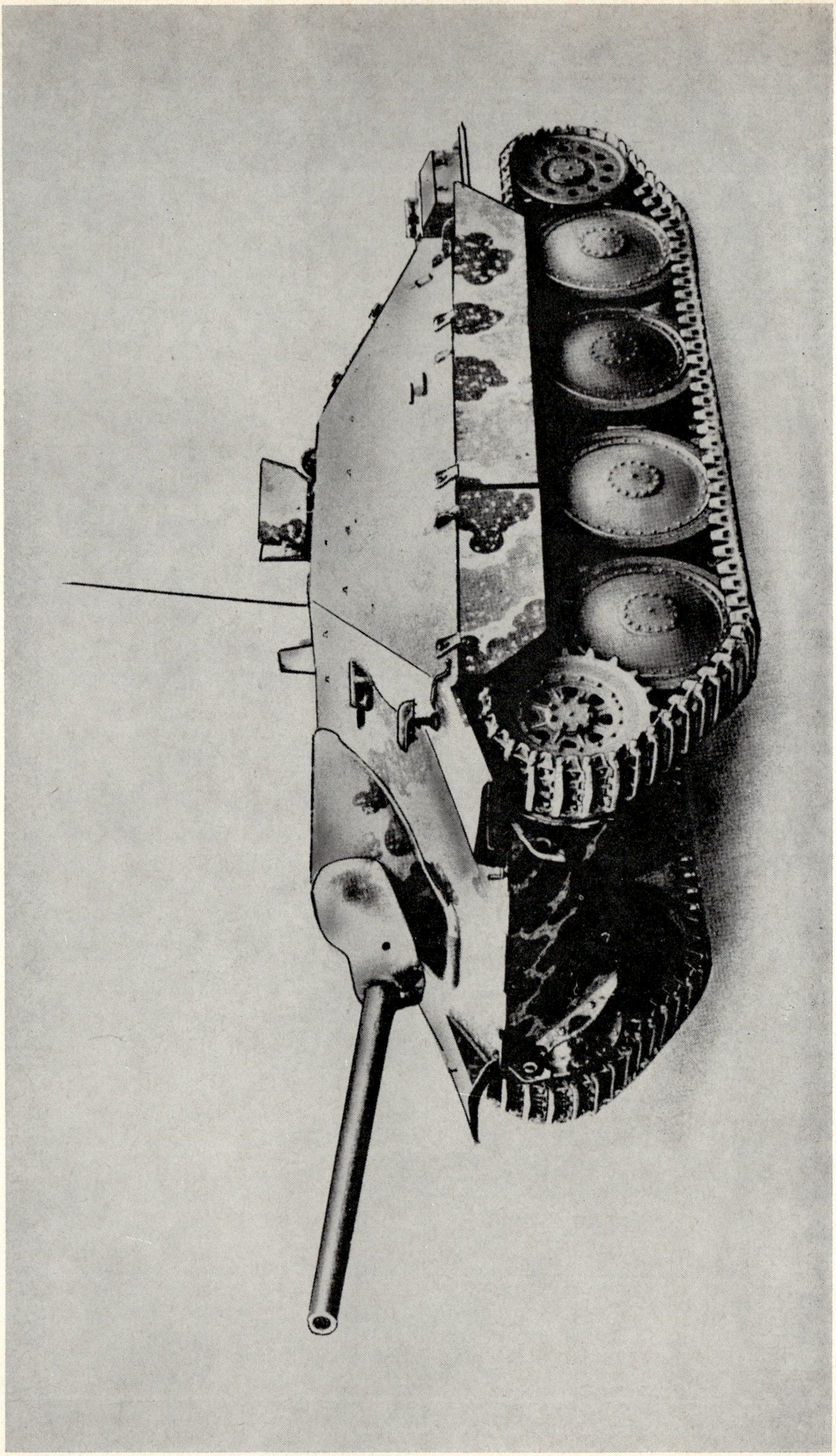

	Panzer-Kampfwagen 35 (t) Skoda LT 35 1935–1937	Panzer-Kampfwagen 38 (t) Praga TNHP-S 1937–1942	Aufklärungspanzer 38 (t) Sd. Kfz. 140/1 1943–1944
Motor	Vergasermotor	Vergasermotor	Vergasermotor
	Skoda T 11/0	Praga EPA	Praga AC
Zylinderzahl	4	6	6
Bohrung x Hub	140 x 140 mm	110 x 136 mm	110 x 136 mm
Hubraum	8620 ccm	7754 ccm	7754 ccm
Leistung	115 PS bei 1800 U/min	125 PS bei 2200 U/min	150 PS bei 2600 U/min
Drehmoment		48 mkg bei 2000 U/min	48 mkg bei 2000 U/min
Verdichtung		1 : 7	1 : 7
Vergaser		1	2 Solex 46 FNVP
Ventile		Hängend	Hängend
		Seitliche Nockenwelle	Seitliche Nockenwelle
		Antrieb durch Stirnräder	Antrieb durch Stirnräder
Kurbelwellenlager		7	7
Kühlung	Wasser/Pumpe	Wasser/Pumpe	Wasser/Pumpe
Batterie		12 V	12 V
Kraftübertragung	Motor im Heck	Motor im Heck	Motor in Fahrzeugmitte
	Antrieb auf Ketten-Laufwerk	Antrieb auf Ketten-Laufwerk	Antrieb auf Ketten-Laufwerk
Getriebe	Druckluftschaltung	Praga-Wilson-	Praga-Wilson-
	6 Vorwärtsgänge	Planetengetriebe	Planetengetriebe
	6 Rückwärtsgänge	mit Vorwählschaltung	mit Vorwählschaltung
		5 Vorwärtsgänge	5 Vorwärtsgänge
		1 Rückwärtsgang	1 Rückwärtsgang
Fahrwerk und Aufbau	Selbsttragende Panzerwanne	Selbsttragende Panzerwanne	Selbsttragende Panzerwanne
	Panzer-Aufbau mit Drehturm	Panzer-Aufbau mit Drehturm	Panzer-Aufbau mit offenem
			Drehturm des Sd. Kfz. 222
Ketten-Laufwerk	2 Gleisketten zu je	2 Gleisketten zu je	2 Gleisketten zu je
	ca. 105 Glieder	93 Glieder	93 Glieder
	Triebrad hinten,	Triebrad vorn,	Triebrad vorn,
	Leitrad vorn	Leitrad hinten	Leitrad hinten
	9 kleine Doppel-Laufräder	4 große Laufräder in Reihe	4 große Laufräder in Reihe
	4 Stützrollen	2 Stützrollen	1 Stützrolle
	2 x 2 Halbfedern	2 Halbfedern	2 Halbfedern
Lenkung und Bremsen	Planeten-Lenkgetriebe	Kupplungs-Lenkgetriebe	Kupplungs-Lenkgetriebe
	+ mechanische Lenkbremsen	+ mechanische Lenkbremsen	+ mechanische Lenkbremsen
	Druckluft-Betätigung	Betätigung durch	Betätigung durch
	durch 2 Lenkhebel	2 Lenkhebel	2 Lenkhebel
Allgemeine Daten			
Kettenauflage	3140 mm	2920 mm	2920 mm
Kettenlänge			
Spur	1660 mm	1775 mm	1775 mm
Kettenbreite	320 mm	293 mm	293 mm
Gesamtmaße	4650 x 2250 x 2350 mm	4900 x 2060 x 2370 mm	
Bodenfreiheit	350 mm	400 mm	400 mm
Watfähigkeit	770 mm	900 mm	900 mm
Wendekreis-Ø	7 Meter	5 Meter	5 Meter
Gefechtsgewicht	11 000 kg	10 500 kg	9750 kg
Höchstgeschwindigkeit	34 km/h	42 km/h	42 km/h
Verbrauch/100 km	Straße 80, Gelände 120 Liter	Straße 90, Gelände 135 Liter	Straße 100, Gelände 150 Liter
Kraftstoffvorrat	153 Liter	218 Liter	218 Liter
Fahrbereich	Straße 190, Gelände 120 km	Straße 240, Gelände 160 km	Straße 210, Gelände 140 km
Besatzung	4 Mann	4 Mann	4 Mann
Panzerung	Front 25, Seiten 16 mm	Front 25, Seiten 17,5 mm	Front 25, Seiten 17,5 mm
Bewaffnung	3,7 cm KwK (t)	3,7 cm KwK (t) L/40	2 cm KwK
	+ 2 MG (t)	oder 3,7 cm KwK L/45	
		+ 2 MG (t)	

	7,62 cm Pak (r) auf Gw. 38 (t) „Marder III“ Sd. Kfz. 139 1942	7,5 cm Pak auf Gw. 38 (t) „Marder III“ Ausf. H Sd. Kfz. 138 1942–1943	15 cm s. IG. auf Gw. 38 (t) „Bison“ Ausf. H Sd. Kfz. 138/1 1942–1943
Motor	Vergasermotor Praga EPA		
Zylinderzahl	6		
Bohrung x Hub	110 x 136 mm		
Hubraum	7754 ccm		
Leistung	125 PS bei 2200 U/min		
Drehmoment	48 mkg bei 2000 U/min		
Verdichtung	1 : 7		
Vergaser	1		
Ventile	Hängend Seitliche Nockenwelle Antrieb durch Stirnräder		
Kurbelwellenlager	7		
Kühlung	Wasser/Pumpe		
Batterie	12 V		
Kraftübertragung	Motor im Heck Antrieb auf Ketten-Laufwerk		
Getriebe	Praga-Wilson-Planetengetriebe mit Vorwählschaltung 5 Vorwärtsgänge 1 Rückwärtsgang		
Fahrwerk und Aufbau	Selbsttragende Panzerwanne Offener Kampfraum vorn und seitlich gepanzert		
Ketten-Laufwerk	2 Gleisketten zu je 93 Glieder Triebrad vorn, Leitrad hinten 4 große Laufräder in Reihe 2 Stützrollen 2 Halbfedern		
Lenkung und Bremsen	Kupplungs-Lenkgetriebe + mechanische Lenkbremsen Bedienung durch 2 Lenkhebel		
Allgemeine Daten			
Kettenauflage	2920 mm	2920 mm	2920 mm
Kettenlänge			
Spur	1775 mm	1775 mm	1775 mm
Kettenbreite	293 mm	293 mm	293 mm
Gesamtmaße	4870 x 2150 x 2500 mm Mit Rohr: 5850 x 2150 x 2500 mm	4500 x 2150 x 2400 mm Mit Rohr: 5680 x 2150 x 2400 mm	4870 x 2630 x 2470 mm Mit Rohr: 5600 x 2630 x 2470 mm
Bodenfreiheit	380 mm	380 mm	380 mm
Watfähigkeit	900 mm	900 mm	900 mm
Wendekreis-∅	5 Meter	5 Meter	5 Meter
Gefechtsgewicht	11 500 kg	10 800 kg	12 700 kg
Höchstgeschwindigkeit	42 km/h	47 km/h	35 km/h
Verbrauch/100 km	Straße 90, Gelände 135 Liter	Straße 90, Gelände 135 Liter	Straße 100, Gelände 150 Liter
Kraftstoffvorrat	218 Liter	218 Liter	218 Liter
Fahrbereich	Straße 240, Gelände 160 km	Straße 240, Gelände 160 km	Straße 210, Gelände 140 km
Besatzung	4 Mann	4 Mann	5 Mann
Panzerung	10 bis 50 mm	11 bis 25 mm	10 bis 40 mm
Bewaffnung	7,62 cm Pak 36 (r) L/54 + 1 MG	7,5 cm Pak 40/3 L/46 + 1 MG	15 cm s. IG.

<table>
<tr><th>7,5 cm Pak auf Gw. 38 (t)
„Marder III“ Ausf. M
Sd. Kfz. 138
1943–1944</th><th>15 cm s. IG. auf Gw. 38 (t)
„Bison“ Ausf. M
Sd. Kfz. 138/1
1943–1944</th><th>2 cm Flak auf Sf. 38 (t)
Flakpanzer 38 (t)
Sd. Kfz. 140
1943–1944</th><th>le. Panzerjäger 38 (t)
Jagdpanzer 38 (t)
„Hetzer“
1943–1945</th></tr>
<tr><td colspan="3">Vergasermotor
Praga AC
6
110 x 136 mm
7754 ccm
150 PS bei 2600 U/min
48 mkg bei 2000 U/min
1 : 7
2 Solex 46 FNVP
Hängend
Seitliche Nockenwelle
Antrieb durch Stirnräder
7
Wasser/Pumpe
12 V</td><td>Vergasermotor
Praga AC/2800
6
110 x 136 mm
7754 ccm
160 PS bei 2800 U/min

1 : 7
2 Solex 46 FNVP
Hängend
Seitliche Nockenwelle
Antrieb durch Stirnräder
7
Wasser/Pumpe
12 V</td></tr>
<tr><td colspan="3">Motor in Fahrzeugmitte
Antrieb auf Ketten-Laufwerk
Praga-Wilson-Planetengetriebe
mit Vorwählschaltung
5 Vorwärtsgänge
1 Rückwärtsgang</td><td>Motor im Heck
Antrieb auf Ketten-Laufwerk
Praga-Wilson-Planeten-
getriebe
mit Vorwählschaltung
5 Vorwärtsgänge
1 Rückwärtsgang</td></tr>
<tr><td colspan="3">Selbsttragende Panzerwanne
Offener Kampfraum vorn und seitlich gepanzert
2 Gleisketten zu je
93 Glieder
Triebrad vorn, Leitrad hinten
4 große Laufräder in Reihe
1 Stützrolle
2 Halbfedern</td><td>Selbsttragende Panzerwanne
Panzeraufbau ohne Turm
2 Gleisketten zu je
98 Glieder
Triebrad vorn, Leitrad hinten
4 große Laufräder in Reihe
2 Stützrollen
2 Halbfedern</td></tr>
<tr><td colspan="3">Kupplungs-Lenkgetriebe
+ mechanische Lenkbremsen
Bedienung durch 2 Lenkhebel</td><td>Kupplungs-Lenkgetriebe
+ mechanische Lenkbremsen
Bedienung durch 2 Lenk-
hebel</td></tr>
<tr><td>2920 mm</td><td>2920 mm</td><td>2920 mm</td><td>2690 mm</td></tr>
<tr><td>1775 mm</td><td>1775 mm</td><td>1775 mm</td><td>2140 mm</td></tr>
<tr><td>293 mm</td><td>293 mm</td><td>293 mm</td><td>350 mm</td></tr>
<tr><td>4500 x 2150 x 2480 mm
Mit Rohr:
4650 x 2150 x 2480 mm</td><td>4950 x 2150 x 2470 mm
(Kein Rohr-Überhang)</td><td>4610 x 2130 x 2250 mm
(Kein Rohr-Überhang)</td><td>4870 x 2630 x 2170 mm
Mit Rohr:
6270 x 2630 x 2170 mm</td></tr>
<tr><td>380 mm</td><td>380 mm</td><td>380 mm</td><td>420 mm</td></tr>
<tr><td>900 mm</td><td>900 mm</td><td>900 mm</td><td>1000 mm</td></tr>
<tr><td>5 Meter</td><td>5 Meter</td><td>5 Meter</td><td>5 Meter</td></tr>
<tr><td>10 500 kg</td><td>12 000 kg</td><td>9800 kg</td><td>16 000 kg</td></tr>
<tr><td>45 km/h</td><td>35 km/h</td><td>42 km/h</td><td>42 km/h</td></tr>
<tr><td>Straße 100, Gelände 150 Liter</td><td>Straße 110, Gelände 165 Liter</td><td>Straße 100, Gelände 150 Liter</td><td>Straße 120, Gelände 180 Liter</td></tr>
<tr><td>218 Liter</td><td>218 Liter</td><td>218 Liter</td><td>320 Liter</td></tr>
<tr><td>Straße 210, Gelände 140 km</td><td>Straße 190, Gelände 130 km</td><td>Straße 210, Gelände 140 km</td><td>Straße 260, Gelände 170 km</td></tr>
<tr><td>4 Mann</td><td>4 Mann</td><td>5 Mann</td><td>4 Mann</td></tr>
<tr><td>11 bis 25 mm</td><td>15 bis 40 mm</td><td>10 bis 50 mm</td><td>Front 60, Seiten/Heck 20 mm</td></tr>
<tr><td>7,5 cm Pak 40/3 L/46</td><td>15 cm s. IG.</td><td>2 cm Flak 38 L/55</td><td>7,5 cm Pak 39 L/48
+ 1 MG
Später: 7,5 cm KwK 42 L/70
+ 1 MG</td></tr>
</table>

Panzer-Kampfwagen III
Ausf. A

Panzer-Kampfwagen III
Ausf. J
(Winter in Rußland 1941/42)

Für den Transport fahrunfähig gewordener Panzer verfügte die Wehrmacht über etwa 200 Tiefladeanhänger. Ihr Eigengewicht betrug 13,8 to, die Nutzlast 22 to. Der Stückpreis der von verschiedenen Firmen hergestellten Anhänger betrug 28 000 RM. Gebaut wurden sie bis 1943.

Panzer-Kampfwagen III
Ausf. E
(Ablieferungsfertig
bei Daimler-Benz
Werk Berlin-Marienfelde)

Panzer-Kampfwagen III
Ausf. L
(Ablieferungsfertig
bei MAN
Werk Nürnberg)

Panzer-Kampfwagen III
Ausf. L

Panzer-Kampfwagen IV Ausf. H (lange 7,5 cm Kanone, ohne und mit Schürzen)

Bilder oben:
„Hummel“
15 cm Pz.Haubitze
auf Gw. III/IV

Bild links:
„Hornisse“
bzw. „Nashorn“
8,8 cm Pak
auf Gw. III/IV

<table>
<tr><th></th><th>Panzer-Kampfwagen IV
Ausführung A
(Krupp)
1936–1937</th><th>Panzer-Kampfwagen IV
Ausführung B
(Krupp)
1937–1938</th><th>Panzer-Kampfwagen IV
Ausführung C, D
(Krupp)
1938–1939</th></tr>
<tr><td>Motor</td><td>Vergasermotor</td><td colspan="2">Vergasermotor</td></tr>
<tr><td></td><td>Maybach HL 108 TR</td><td colspan="2">Maybach HL 120 TRM</td></tr>
<tr><td>Zylinderzahl</td><td>12 (60°-V-Form)</td><td colspan="2">12 (60°-V-Form)</td></tr>
<tr><td>Bohrung x Hub</td><td>100 x 115 mm</td><td colspan="2">105 x 115 mm</td></tr>
<tr><td>Hubraum</td><td>10838 ccm</td><td colspan="2">11867 ccm</td></tr>
<tr><td>Höchstleistung</td><td>250 PS bei 3000 U/min</td><td colspan="2">300 PS bei 3000 U/min</td></tr>
<tr><td>Dauerleistung</td><td>230 PS bei 2600 U/min</td><td colspan="2">265 PS bei 2600 U/min</td></tr>
<tr><td>Drehmoment</td><td>70 mkg</td><td colspan="2">80 mkg bei 2150 U/min</td></tr>
<tr><td>Verdichtung</td><td>1:6,5</td><td colspan="2">1:6,5</td></tr>
<tr><td>Vergaser</td><td colspan="3">2 Zweistufen-Gelände-Fallstromvergaser Solex 40 JFF II</td></tr>
<tr><td>Ventile</td><td colspan="3">Schräg hängend, 1 Nockenwelle je Zylinderkopf, Antrieb durch Stirnräder</td></tr>
<tr><td>Kurbelwellenlager</td><td colspan="3">7</td></tr>
<tr><td></td><td colspan="3">Auswechselbare Zylinderbüchsen</td></tr>
<tr><td>Kühlung</td><td colspan="3">Wasser/Pumpe</td></tr>
<tr><td>Batterie</td><td colspan="3">4 x 12 V 105 Ah</td></tr>
<tr><td>Lichtmaschine</td><td>300 W</td><td colspan="2">600 W</td></tr>
<tr><td>Anlasser</td><td>4 PS</td><td colspan="2">4 PS</td></tr>
<tr><td>Kraftübertragung</td><td>Motor im Heck</td><td colspan="2">Motor im Heck</td></tr>
<tr><td></td><td>Antrieb auf Ketten-Laufwerk</td><td colspan="2">Antrieb auf Ketten-Laufwerk</td></tr>
<tr><td></td><td>Dreischeibentrockenkupplung</td><td colspan="2">Dreischeibentrockenkupplung</td></tr>
<tr><td>Getriebe</td><td>ZF SFG 75</td><td colspan="2">ZF-Aphon SSG 76</td></tr>
<tr><td></td><td>5 Vorwärtsgänge</td><td colspan="2">6 Vorwärtsgänge</td></tr>
<tr><td></td><td>1 Rückwärtsgang</td><td colspan="2">1 Rückwärtsgang</td></tr>
<tr><td>Übersetzungen</td><td>Seitenvorgelege 4,00</td><td colspan="2">Seitenvorgelege 3,23</td></tr>
<tr><td>Fahrwerk und Aufbau</td><td colspan="3">Selbsttragende Panzerwanne</td></tr>
<tr><td></td><td colspan="3">Panzer-Aufbau mit Drehturm</td></tr>
<tr><td></td><td colspan="3">Elektrischer Turmantrieb mit 15 PS 585 ccm DKW Zweizylinder-Zweitakt-Motor</td></tr>
<tr><td>Ketten-Laufwerk</td><td colspan="3">2 Gleisketten zu je 101 Glieder</td></tr>
<tr><td></td><td colspan="3">Triebrad vorn, Leitrad hinten</td></tr>
<tr><td></td><td colspan="3">8 kleine Doppel-Laufräder in Reihe</td></tr>
<tr><td></td><td colspan="3">4 Stützrollen</td></tr>
<tr><td></td><td colspan="3">4 Viertelfedern (1 je Laufradpaar)</td></tr>
<tr><td>Lenkung und Bremsen</td><td colspan="3">Mechanisch betätigtes Planeten-Lenkgetriebe</td></tr>
<tr><td></td><td colspan="3">+ mechanische Lenkbremsen</td></tr>
<tr><td></td><td colspan="3">2 Lenkhebel</td></tr>
<tr><td>Allgemeine Daten</td><td></td><td></td><td></td></tr>
<tr><td>Kettenauflage</td><td>3720 mm</td><td>3720 mm</td><td>3720 mm</td></tr>
<tr><td>Spur</td><td>2390 mm</td><td>2390 mm</td><td>2390 mm</td></tr>
<tr><td>Kettenbreite</td><td>360 mm</td><td>360 mm</td><td>360 mm</td></tr>
<tr><td>Gesamtmaße</td><td>5600 x 2750 x 2650 mm</td><td>5870 x 2750 x 2650 mm</td><td>C: 5870 x 2750 x 2650 mm
D: 5920 x 2860 x 2680 mm</td></tr>
<tr><td>Panzerung</td><td>14,5 bis 20 mm</td><td>14,5 bis 28 mm</td><td>14,5 bis 28 mm</td></tr>
<tr><td>Bodenfreiheit</td><td>400 mm</td><td>400 mm</td><td>400 mm</td></tr>
<tr><td>Watfähigkeit</td><td>800 mm</td><td>800 mm</td><td>C: 800, D: 1000 mm</td></tr>
<tr><td>Wendekreis-∅</td><td>6 Meter</td><td>6 Meter</td><td>6 Meter</td></tr>
<tr><td>Zuläss. Gesamtgewicht</td><td>17 300 kg</td><td>17 700 kg</td><td>20 000 kg</td></tr>
<tr><td>Nutzlast</td><td>1500 kg</td><td>1500 kg</td><td>1500 kg</td></tr>
<tr><td>Höchstgeschwindigkeit</td><td>32 km/h</td><td>40 km/h</td><td>40 km/h</td></tr>
<tr><td>Verbrauch/100 km</td><td>Straße 180, Gelände 270 Liter</td><td>Straße 180, Gelände 270 Liter</td><td>Straße 200, Gelände 300 Liter</td></tr>
<tr><td>Kraftstoffvorrat</td><td>453 Liter</td><td>470 Liter</td><td>470 Liter</td></tr>
<tr><td>Fahrbereich</td><td>Straße 250, Gelände 160 km</td><td>Straße 260, Gelände 170 km</td><td>Straße 230, Gelände 150 km</td></tr>
<tr><td>Besatzung</td><td>5 Mann</td><td>5 Mann</td><td>5 Mann</td></tr>
<tr><td>Bewaffnung</td><td>7,5 cm KwK L/24 + 2 MG</td><td>7,5 cm KwK L/24 + 1 MG</td><td>C: 7,5 cm KwK L/24 + 1 MG
D: 7,5 cm KwK L/24 + 2 MG</td></tr>
</table>

Panzer-Kampfwagen IV Ausführung E (Krupp) 1939	Panzer-Kampfwagen IV Ausführung F1 (Krupp) 1940–1941	Panzer-Kampfwagen IV Ausführung F2, G (Krupp, Steyr, Vomag, Praga) 1942	Panzer-Kampfwagen IV Ausführung H, J (Krupp, Steyr, Vomag, Praga) 1943–1945

Vergasermotor
Maybach HL 120 TRM
12 (60°-V-Form)
105 x 115 mm
11 867 ccm
300 PS bei 3000 U/min
265 PS bei 2600 U/min
80 mkg bei 2150 U/min
1 : 6,5
2 Zweistufen-Gelände-Fallstromvergaser Solex 40 JFF II
Schräg hängend, 1 Nockenwelle je Zylinderkopf, Antrieb durch Stirnräder
7
Auswechselbare Zylinderbüchsen
Wasser/Pumpe
4 x 12 V 105 Ah
600 W
4 PS

Motor im Heck
Antrieb auf Ketten-Laufwerk
Dreischeibentrockenkupplung

Ausf. E bis F2: ZF-Aphon SSG 76 6 Vorwärtsgänge 1 Rückwärtsgang	Ausf. G. bis J: ZF-Aphon SSG 77 6 Vorwärtsgänge 1 Rückwärtsgang II.-VI. Gang synchronisiert
Seitenvorgelege 3,23	Seitenvorgelege 3,23

Selbsttragende Panzerwanne
Panzer-Aufbau mit Drehturm
Elektrischer Turmantrieb mit 500 ccm DKW Zweizylinder-Zweitakt-Motor
Ausf. J: Ohne elektrischen Turmantrieb
2 Gleisketten zu je 101 Glieder (Ausf. E) bzw. 99 Glieder (Ausf. F1 bis J)
Triebrad vorn, Leitrad hinten
8 kleine Doppel-Laufräder in Reihe
4 Stützrollen, ab 1945: 3 Stützrollen
4 Viertelfedern (1 je Laufradpaar)
Mechanisch betätigtes Planeten-Lenkgetriebe
+ mechanische Lenkbremsen
2 Lenkhebel

3720 mm	3520 mm	3520 mm	3520 mm
2390 mm	2450 mm	2450 mm	2450 mm
360 mm	400 mm	400 mm	400 mm
5920 x 2860 x 2680 mm	5930 x 2880 x 2680 mm	5930 x 2880 x 2680 mm Mit Rohr: 6630 x 2880 x 2680 mm	5930 x 2880 x 2680 mm Mit Rohr und Schürzen: 7015 x 3350 x 2680 mm
Wanne Front 50 mm	Wanne Front 50, z. T. 50 + 30 mm	Wanne Front 50, z. T. 50 + 30 mm	Wanne Front 80 mm
Wanne Seiten 20 + 20 mm	Wanne Seiten 20 + 20 mm	Wanne Seiten 20+20 mm (F2) Wanne Seiten 30 mm (Ausf.G)	Wanne Seiten 30 mm Seitl. Schürzen 5 mm oder Ausf. J: z.T. Drahtgeflecht
Wanne Heck 20 mm	Wanne Heck 20 mm	Wanne Heck 20 mm	Wanne Heck 20 mm
Turm 20 bis 30 mm	Turm 30 bis 50 mm	Turm 30 bis 50 mm	Turm 30 bis 50 mm
400 mm	400 mm	400 mm	400 mm
1000 mm	1000 mm	1000 mm	1200 mm
6 Meter	6 Meter	6 Meter	6 Meter
21 000 kg	22 300 kg	23 600 kg	25 000 kg
1500 kg	1500 kg	1500 kg	1500 kg
40 km/h	40 km/h	40 km/h	38 km/h
Straße 210, Gelände 310 Liter	Straße 230, Gelände 340 Liter	Straße 240, Gelände 360 Liter	Straße 250, Gelände 370 Liter
470 Liter	470 Liter	470 Liter	Ausf. H: 470 Liter Ausf. J: 680 Liter
Straße 220, Gelände 150 km	Straße 200, Gelände 130 km	Straße 190, Gelände 130 km	Ausf. H: 180/120 km Ausf. J: 270/180 km
5 Mann	5 Mann	5 Mann	5 Mann
7,5 cm KwK L/24 + 2 MG	7,5 cm KwK L/24 + 2 MG	7,5 cm KwK L/43 + 2 MG	7,5 cm KwK L/48 + 2 MG

Panzerjäger 39
Jagdpanzer IV Ausf. F
(7,5 cm Pak L/48)

10,5 cm le. FH. 18/1 auf Gw. IV b

„Brummbär“ Sturmpanzer IV (15 cm Sturmhaubitze L/12)

Motor
Zylinderzahl
Bohrung x Hub
Hubraum
Höchstleistung
Dauerleistung
Drehmoment
Verdichtung
Vergaser
Ventile
Kurbelwellenlager

Kühlung
Batterie
Lichtmaschine
Anlasser

Kraftübertragung

Getriebe

Übersetzungen

Fahrwerk und Aufbau

Ketten-Laufwerk

Lenkung und Bremsen

Allgemeine Daten

Kettenauflage
Spur
Kettenbreite
Gesamtmaße

Panzerung

Bodenfreiheit
Watfähigkeit
Wendekreis-∅
Zuläss. Gesamtgewicht
Nutzlast
Höchstgeschwindigkeit
Verbrauch 100/km
Kraftstoffvorrat
Fahrbereich
Besatzung
Bewaffnung

Sturmgeschütz IV Jagdpanzer IV (Krupp) 1943	Panzerjäger 39 Jagdpanzer IV Ausf. F (Vomag) 1943–1944	Jagdpanzer IV/70 „Panzer IV lang“ (Vomag) 1944–1945	Sturmpanzer IV „Brummbär“ (Deutsche Eisenwerke) 1943–1944

Vergasermotor Maybach HL 120 TRM
12 (60°-V-Form)
105 x 115 mm
11867 ccm
300 PS bei 3000 U/min
265 PS bei 2600 U/min
80 mkg bei 2150 U/min
1 : 6,5
2 Zweistufen-Gelände-Fallstromvergaser Solex 40 JFF II
Schräg hängend, 1 Nockenwelle je Zylinderkopf, Antrieb durch Stirnräder
7
Auswechselbare Zylinderbüchsen
Wasser/Pumpe
4 x 12 V 105 Ah
600 W
4 PS

Motor im Heck
Antrieb auf Ketten-Laufwerk
Dreischeibentrockenkupplung

ZF-Aphon SSG 77
6 Vorwärtsgänge
1 Rückwärtsgang
II.–VI. Gang synchronisiert
Stirnradvorgelege 3,23

Selbsttragende Panzerwanne
Panzer-Aufbau ohne Drehturm
2 Gleisketten zu je 99 Glieder
Triebrad vorn, Leitrad hinten
8 kleine Doppel-Laufräder in Reihe
4 Stützrollen, ab 1945: 3 Stützrollen
4 Viertelfedern (1 je Laufradpaar)
Mechanisch betätigtes Planeten-Lenkgetriebe
+ mechanische Lenkbremsen
2 Lenkhebel

3520 mm	3520 mm	3520 mm	3520 mm
2450 mm	2450 mm	2450 mm	2450 mm
400 mm	400 mm	400 mm	400 mm
5930 x 2950 x 2200 mm	5900 x 3170 x 1860 mm	6020 x 3170 x 1850 mm	5930 x 2880 x 2520 mm
Mit Rohr:	Mit Rohr:	Mit Rohr:	
6700 x 2950 x 2200 mm	6850 x 3170 x 1860 mm	8600 x 3170 x 1850 mm	
Front 80 mm	Front 60 mm	Front 80 mm	Front 100 mm
Seiten 30 mm	Seiten 40 mm	Seiten 30 mm	Seiten 40 bis 50 mm
Heck 20 mm	Heck 30 mm	Heck 20 mm	Heck 20 bis 30 mm
400 mm	400 mm	400 mm	400 mm
1200 mm	1000 mm	1000 mm	1000 mm
6 Meter	6 Meter	6 Meter	6 Meter
23 000 kg	24 000 kg	25 800 kg	28 200 kg
2000 kg	1500 kg	1500 kg	1500 kg
38 km/h	40 km/h	35 km/h	40 km/h
Straße 230, Gelände 340 Liter	Straße 240, Gelände 360 Liter	Straße 250, Gelände 370 Liter	Straße 260, Gelände 380 Liter
430 Liter	470 Liter	470 Liter	470 Liter
Straße 180, Gelände 120 km	Straße 190, Gelände 130 km	Straße 180, Gelände 120 km	Straße 180, Gelände 120 km
4 Mann	4 oder 5 Mann	4 oder 5 Mann	5 Mann
7,5 cm StuK L/48	7,5 cm Pak L/48	7,5 cm StuK L/70	15 cm StuH L/12
+ 1 MG	+ 1 MG	+ 1 MG	+ 1 MG (lose)

„Möbelwagen“ Flakpanzer IV (3,7 cm Flak L/60)

„Wirbelwind“ Flakpanzer IV (2 cm Flak-Vierling L/55)

„Kugelblitz“ Flakpanzer IV (3 cm Flak-Zwilling) (Prototyp)

Motor
Zylinderzahl
Bohrung x Hub
Hubraum
Höchstleistung
Dauerleistung
Drehmoment
Verdichtung
Vergaser
Ventile
Kurbelwellenlager

Kühlung
Batterie
Lichtmaschine
Anlasser

Kraftübertragung

Getriebe

Übersetzungen

Fahrwerk und Aufbau

Ketten-Laufwerk

Lenkung und Bremsen

Allgemeine Daten
Kettenauflage
Spur
Kettenbreite
Gesamtmaße

Panzerung

Bodenfreiheit
Watfähigkeit
Wendekreis-∅
Zuläss. Gesamtgewicht

Nutzlast
Höchstgeschwindigkeit
Verbrauch/100 km
Kraftstoffvorrat
Fahrbereich
Besatzung

Bewaffnung

15 cm Pz. Haubitze auf Gw. III/IV „Hummel" 1942–1944	8,8 cm Pak auf Gw. III/IV „Hornisse" bzw. „Nashorn" 1943–1944	Flakpanzer IV „Möbelwagen" 1943–1944	Flakpanzer IV „Wirbelwind" 1943–1944 „Ostwind" 1944
Vergasermotor Maybach HL 120 TRM		Vergasermotor Maybach HL 120 TRM/112	
12 (60°-V-Form)		12 (60°-V-Form)	
105 x 115 mm		105 x 115 mm	
11 867 ccm		11 867 ccm	
300 PS bei 3000 U/min		310 PS bei 3200 U/min	
265 PS bei 2600 U/min		272 PS bei 2800 U/min	
80 mkg bei 2150 U/min			
1 : 6,5		1 : 6,5	
2 Zweistufen-Gelände-Fallstromvergaser Solex 40 JFF II			
Schräg hängend, 1 Nockenwelle je Zylinderkopf, Antrieb durch Stirnräder			
7			
Auswechselbare Zylinderbüchsen			
Wasser/Pumpe			
2 x 12 V 105 Ah		4 x 12 V 105 Ah	
600 W		600 W	
4 PS		4 PS	
Motor in Fahrzeugmitte		Motor im Heck	
Antrieb auf Ketten-Laufwerk		Antrieb auf Ketten-Laufwerk	
Dreischeibentrockenkupplung		Dreischeibentrockenkupplung	
ZF-Aphon SSG 77		ZF-Aphon SSG 77	
6 Vorwärtsgänge		6 Vorwärtsgänge	
1 Rückwärtsgang		1 Rückwärtsgang	
II.–VI. Gang synchronisiert		II.–VI. Gang synchronisiert	
Seitenvorgelege 4,00		Seitenvorgelege 3,23	
Selbsttragende Panzerwanne		Selbsttragende Panzerwanne	Selbsttragende Panzerwanne
Gepanzerter Kampfraum		Gepanzerter Kampfraum	Panzer-Aufbau mit
oben offen		oben offen	oben offenem Drehturm
		Seitliche Panzerwände in	
		Feuerstellung abgeklappt	
2 Gleisketten zu je 103 Glieder		2 Gleisketten zu je 99 Glieder	
Triebrad vorn, Leitrad hinten		Triebrad vorn, Leitrad hinten	
8 kleine Doppel-Laufräder in Reihe		8 kleine Doppel-Laufräder in Reihe	
4 Stützrollen		4 Stützrollen	
4 Viertelfedern (1 je Laufradpaar)		4 Viertelfedern (1 je Laufradpaar)	
Mechanisch betätigtes Planeten-Lenkgetriebe		Mechanisch betätigtes Planeten-Lenkgetriebe	
+ mechanische Lenkbremsen		+ mechanische Lenkbremsen	
2 Lenkhebel		2 Lenkhebel	
3800 mm	3800 mm	3520 mm	3520 mm
2450 mm	2450 mm	2450 mm	2450 mm
400 mm	400 mm	400 mm	400 mm
6200 x 2950 x 2850 mm	6200 x 2950 x 2940 mm	4610 x 2900 x 3100 mm	5920 x 2900 x 2760 mm
Mit Rohr:	Mit Rohr:		
6670 x 2950 x 2850 mm	8440 x 2950 x 2940 mm		
Wanne 20 mm rundum	Wanne Front 30 mm	Wanne Front 80 mm	Wanne Front 80 mm
Kampfraum 10 mm rundum	Wanne Seiten u. Heck 20 mm	Wanne Seiten 30 mm	Wanne Seiten 30 mm
	Kampfraum 10 mm rundum	Wanne Heck 20 mm	Wanne Heck 20 mm
		Kampfraum 10 mm	Wirbelwind: Turm 16 mm
			Ostwind: Turm 25 mm
400 mm	400 mm	400 mm	400 mm
800 mm	800 mm	1200 mm	1200 mm
6 Meter	6 Meter	6 Meter	6 Meter
23 500 kg	24 000 kg	25 000 kg	Wirbelwind: 22 000 kg
			Ostwind: 25 000 kg
3000 kg	3000 kg		Wirbelwind: 2000 kg
40 km/h	40 km/h	38 km/h	38 km/h
Straße 240, Gelände 360 Liter	Straße 240, Gelände 360 Liter	Straße 250, Gelände 370 Liter	Straße 250, Gelände 370 Liter
600 Liter	600 Liter	470 Liter	470 Liter
Straße 250, Gelände 160 km	Straße 250, Gelände 160 km	Straße 180, Gelände 120 km	Straße 180, Gelände 120 km
6 bis 7 Mann	4 bis 5 Mann	2 cm Flak: 5 Mann	2 cm Flak: 5 Mann
		3,7 cm Flak: 7 Mann	3,7 cm Flak: 7 Mann
15 cm s. FH. 18 L/30	8,8 cm Pak L/71	2 cm Flak-Vierling L/55	Wirbelwind:
+ 1 MG	+ 1 MG	oder	2 cm Flak-Vierling L/55
		3,7 cm Flak L/60	+ 1 MG
			Ostwind:
			3,7 cm Flak L/60 + 1 MG

Panzer-Kampfwagen „Panther“ Ausf. A, jedoch bereits ausgestattet mit Kommandantenkuppel nach Ausf. G

Panzer-Kampfwagen „Panther“ Ausf. D

Panzer-Kampfwagen „Panther“ Ausf. A

„Jagdpanther“
8,8 cm Panzerjäger Panther

„Befehlspanther“
Panzer-Befehlswagen
Panther Ausf. D

Panzer-Bergewagen
„Bergepanther“

<table>
<tr><th></th><th>Panzer-Kampfwagen V
„Panther“ Ausf. D
(MAN)
1942–1943</th><th>Panzer-Kampfwagen
„Panther“ Ausf. A
(MAN, MNH, Daimler, Henschel)
1943–1944</th><th>Panzer-Kampfwagen
„Panther“ Ausf. G
(MAN, MNH, Daimler-Benz)
1944–1945</th></tr>
<tr><td>Motor</td><td colspan="3">Vergasermotor Maybach HL 230 P 30</td></tr>
<tr><td>Zylinderzahl</td><td colspan="3">12 (60°-V-Form)</td></tr>
<tr><td>Bohrung x Hub</td><td colspan="3">130 x 145 mm</td></tr>
<tr><td>Hubraum</td><td colspan="3">23 880 ccm</td></tr>
<tr><td>Höchstleistung</td><td colspan="3">700 PS bei 3000 U/min</td></tr>
<tr><td>Dauerleistung</td><td colspan="3">600 PS bei 2500 U/min</td></tr>
<tr><td>Verdichtung</td><td colspan="3">1 : 6,8</td></tr>
<tr><td>Vergaser</td><td colspan="3">4 Doppel-Fallstrom-Geländevergaser Solex 52 JFF II D</td></tr>
<tr><td>Ventile</td><td colspan="3">Hängend, 1 Nockenwelle je Zylinderkopf, Antrieb durch Stirnräder</td></tr>
<tr><td>Kurbelwellenlager</td><td colspan="3">8</td></tr>
<tr><td></td><td colspan="3">Auswechselbare Zylinderbüchsen</td></tr>
<tr><td>Kühlung</td><td colspan="3">Wasser/Pumpe</td></tr>
<tr><td>Batterie</td><td colspan="3">2 x 12 V 120 oder 150 Ah</td></tr>
<tr><td>Lichtmaschine</td><td colspan="3">700 W</td></tr>
<tr><td>Anlasser</td><td colspan="3">6 PS</td></tr>
<tr><td>Kraftübertragung</td><td colspan="3">Motor im Heck, Antrieb auf Ketten-Laufwerk</td></tr>
<tr><td></td><td colspan="3">Dreischeibentrockenkupplung</td></tr>
<tr><td>Getriebe</td><td colspan="3">ZF-Synchron AK 7–200</td></tr>
<tr><td></td><td colspan="3">7 Vorwärtsgänge</td></tr>
<tr><td></td><td colspan="3">1 Rückwärtsgang</td></tr>
<tr><td></td><td colspan="3">II.–VII. Gang synchronisiert</td></tr>
<tr><td>Übersetzungen</td><td colspan="3">Stirnradvorgelege 8,4</td></tr>
<tr><td>Fahrwerk und Aufbau</td><td colspan="3">Selbsttragender Panzer-Aufbau</td></tr>
<tr><td></td><td colspan="3">Drehturm, Antrieb durch Fahrzeugmotor</td></tr>
<tr><td>Ketten-Laufwerk</td><td colspan="3">2 Gleisketten zu je 86 Glieder</td></tr>
<tr><td></td><td colspan="3">Triebrad vorn, Leitrad hinten</td></tr>
<tr><td></td><td colspan="3">8 große Doppel-Laufräder in Schachtelanordnung</td></tr>
<tr><td></td><td colspan="3">2 Federstäbe je Doppel-Laufrad</td></tr>
<tr><td>Lenkung und Bremsen</td><td colspan="3">Hydraulisch betätigtes Einradien-Lenkgetriebe</td></tr>
<tr><td></td><td colspan="3">Triebräder mit hydraulisch betätigten Argus-Scheibenbremsen</td></tr>
<tr><td>Allgemeine Daten</td><td></td><td></td><td></td></tr>
<tr><td>Kettenauflage</td><td>3900 mm</td><td>3900 mm</td><td>3900 mm</td></tr>
<tr><td>Spur</td><td>2620 mm</td><td>2620 mm</td><td>2620 mm</td></tr>
<tr><td>Kettenbreite</td><td>660 mm</td><td>660 mm</td><td>660 mm</td></tr>
<tr><td>Gesamtmaße</td><td>6870 x 3270 x 2950 mm
Mit Rohr:
8650 x 3270 x 2950 mm</td><td>6870 x 3270 x 3100 mm
Mit Rohr und Schürzen:
8650 x 3420 x 3100 mm</td><td>6870 x 3270 x 2995 mm
Mit Rohr und Schürzen:
8650 x 3420 x 2995 mm</td></tr>
<tr><td>Panzerung</td><td>Wanne Front 80 mm
Wanne Seiten und Heck
40 mm
Turm Front 80 mm
Turm Seiten und Heck
45 mm</td><td>Wanne Front 80 mm
Wanne Seiten und Heck
40 mm
Turm Front 100 m
Turm Seiten und Heck
45 mm</td><td>Wanne Front 80 mm
Wanne Seiten und Heck
40 mm
Turm Front 100 mm
Turm Seiten und Heck
45 mm</td></tr>
<tr><td>Bodenfreiheit</td><td>540 mm</td><td>540 mm</td><td>540 mm</td></tr>
<tr><td>Watfähigkeit</td><td>1700 mm</td><td>1700 mm</td><td>1700 mm</td></tr>
<tr><td>Wendekreis-∅</td><td>10 Meter</td><td>10 Meter</td><td>10 Meter</td></tr>
<tr><td>Zulässiges Gesamtgewicht</td><td>44 000 kg</td><td>45 500 kg</td><td>44 800 kg</td></tr>
<tr><td>Nutzlast</td><td>1 500 kg</td><td>1 500 kg</td><td>1 500 kg</td></tr>
<tr><td>Höchstgeschwindigkeit</td><td>46 km/h</td><td>46 km/h</td><td>46 km/h</td></tr>
<tr><td>Verbrauch/100 km</td><td>Straße 450, Gelände 670 Liter</td><td>Straße 450, Gelände 670 Liter</td><td>Straße 450, Gelände 670 Liter</td></tr>
<tr><td>Kraftstoffvorrat</td><td>730 Liter (5 Tanks)</td><td>730 Liter (5 Tanks)</td><td>730 Liter (5 Tanks)</td></tr>
<tr><td>Fahrbereich</td><td>Straße 160, Gelände 100 km</td><td>Straße 160, Gelände 100 km</td><td>Straße 160, Gelände 100 km</td></tr>
<tr><td>Besatzung</td><td>5 Mann</td><td>5 Mann</td><td>5 Mann</td></tr>
<tr><td>Bewaffnung</td><td>7,5 cm KwK L/70 + 2 MG</td><td>7,5 cm KwK L/70 + 3 MG</td><td>7,5 cm KwK L/70 + 3 MG</td></tr>
</table>

<table>
<tr><th>8,8 cm Panzerjäger Panther
„Jagdpanther“
(Miag, MNH)
1944–1945</th><th>Panzer-Bergewagen Panther
„Bergepanther“
(Demag)
1944–1945</th></tr>
<tr><td colspan="2">Vergasermotor Maybach HL 230 P 30</td></tr>
<tr><td colspan="2">12 (60°-V-Form)</td></tr>
<tr><td colspan="2">130 x 145 mm</td></tr>
<tr><td colspan="2">23 880 ccm</td></tr>
<tr><td colspan="2">700 PS bei 3000 U/min</td></tr>
<tr><td colspan="2">600 PS bei 2500 U/min</td></tr>
<tr><td colspan="2">1 : 6,8</td></tr>
<tr><td colspan="2">4 Doppel-Fallstrom-Geländevergaser Solex 52 JFF II D</td></tr>
<tr><td colspan="2">Hängend, 1 Nockenwelle je Zylinderkopf,
Antrieb durch Stirnräder</td></tr>
<tr><td colspan="2">8</td></tr>
<tr><td colspan="2">Auswechselbare Zylinderbüchsen</td></tr>
<tr><td colspan="2">Wasser/Pumpe</td></tr>
<tr><td colspan="2">2 x 12 V 120 oder 150 Ah</td></tr>
<tr><td colspan="2">700 W</td></tr>
<tr><td colspan="2">6 PS</td></tr>
<tr><td colspan="2">Motor im Heck, Antrieb auf Ketten-Laufwerk</td></tr>
<tr><td colspan="2">Dreischeibentrockenkupplung</td></tr>
<tr><td colspan="2">ZF-Synchron AK 7–400</td></tr>
<tr><td colspan="2">7 Vorwärtsgänge</td></tr>
<tr><td colspan="2">1 Rückwärtsgang</td></tr>
<tr><td colspan="2">II.–VII. Gang synchronisiert</td></tr>
<tr><td colspan="2">Stirnradvorgelege 8,4</td></tr>
<tr><td>Selbsttragender
Panzer-Aufbau
ohne Drehturm</td><td>Selbsttragender
Panzer-Aufbau
oben offen</td></tr>
<tr><td colspan="2">2 Gleisketten zu je 86 Glieder</td></tr>
<tr><td colspan="2">Triebrad vorn, Leitrad hinten</td></tr>
<tr><td colspan="2">8 große Doppel-Laufräder in Schachtelanordnung</td></tr>
<tr><td colspan="2">2 Federstäbe je Doppel-Laufrad</td></tr>
<tr><td colspan="2">Hydraulisch betätigtes Einradien-Lenkgetriebe</td></tr>
<tr><td colspan="2">Triebräder mit hydraulisch betätigten
Argus-Scheibenbremsen</td></tr>
<tr><td>3900 mm</td><td>3900 mm</td></tr>
<tr><td>2620 mm</td><td>2620 mm</td></tr>
<tr><td>660 mm</td><td>660 mm</td></tr>
<tr><td>6870 x 3270 x 2715 mm</td><td>8080 x 3270 x 2740 mm</td></tr>
<tr><td>Mit Rohr und Schürzen:
9860 x 3420 x 2715 mm</td><td>Mit Schürzen:
8080 x 3420 x 2740 mm</td></tr>
<tr><td>Front 80 mm</td><td>Front 80 mm</td></tr>
<tr><td>Seiten u. Heck 40 bis 50 mm</td><td>Seiten und Heck 40 mm</td></tr>
<tr><td>540 mm</td><td>540 mm</td></tr>
<tr><td>1550 mm</td><td>1700 mm</td></tr>
<tr><td>10 Meter</td><td>10 Meter</td></tr>
<tr><td>46 000 kg</td><td>42 700 kg</td></tr>
<tr><td>46 km/h</td><td>46 km/h</td></tr>
<tr><td>Straße 460, Gelände 690 Liter</td><td>Straße 430, Gelände 640 Liter</td></tr>
<tr><td>700 Liter</td><td>1075 Liter</td></tr>
<tr><td>Straße 150, Gelände 100 km</td><td>Straße 240, Gelände 160 km</td></tr>
<tr><td>5 Mann</td><td>2 bis 5 Mann</td></tr>
<tr><td>8,8 cm Pak L/71 + 1 MG</td><td>2 cm KwK L/51 + 1 MG</td></tr>
</table>

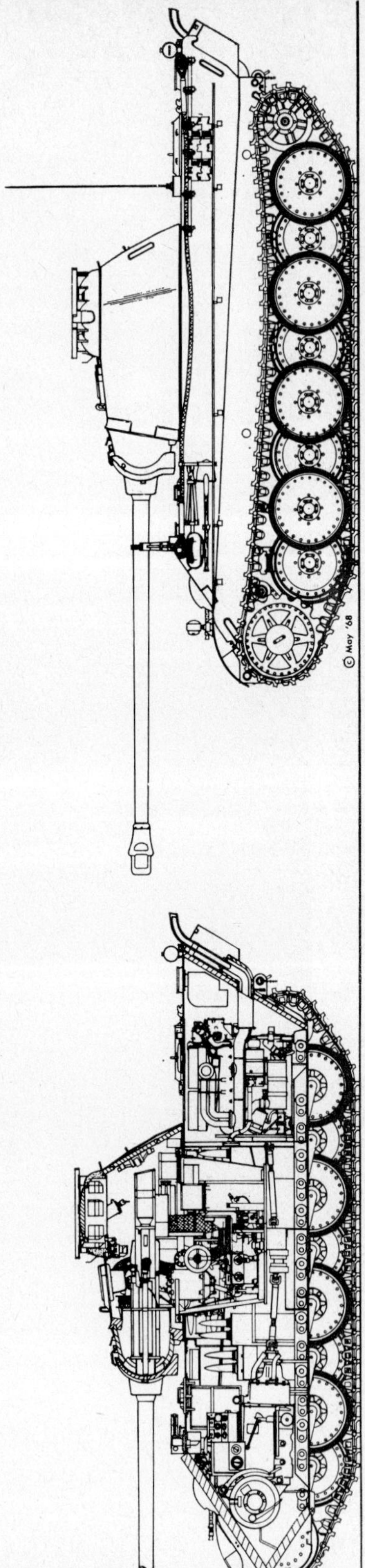

Panzer-Kampfwagen „Panther“ Ausf. G
(Aus: „Bellona“ Military Vehicle Prints, Serie 16)

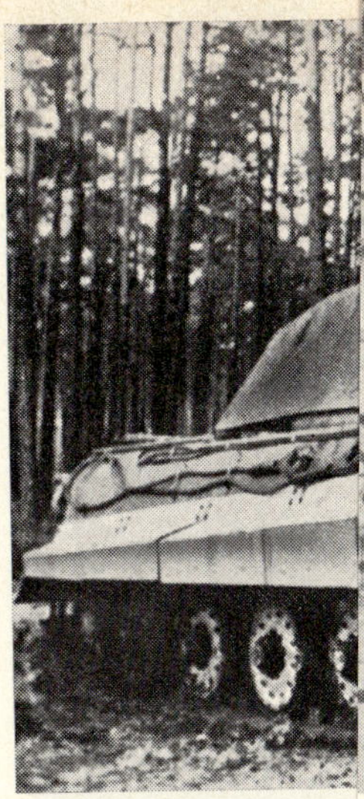

Panzer-Kampfwagen „Tiger I“ Ausf. E (8,8 cm KwK 36 L/56)

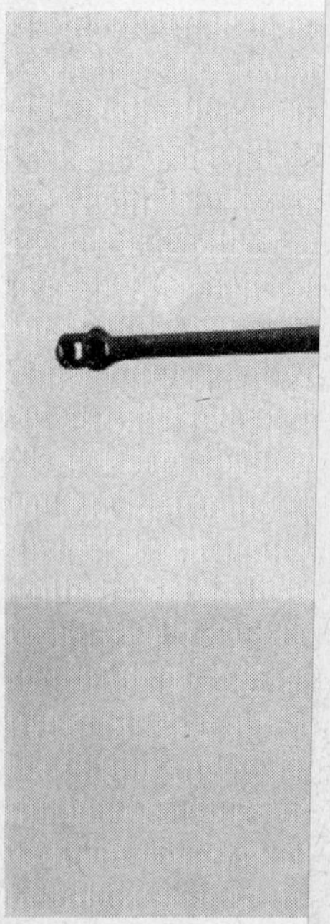

<table>
<tr><th></th><th>Panzer-Kampfwagen VI „Tiger I“
Ausführung E
(Henschel)
1942–1944</th><th>Panzer-Kampfwagen VI „Tiger II“
Ausführung B („Königstiger“)
(Henschel)
1944–1945</th></tr>
<tr><td>Motor</td><td>Wagen 1 bis 250
Vergasermotor
Maybach HL 210 P 45</td><td>Ab Wagen 251
Vergasermotor
Maybach HL 230 P 45</td></tr>
<tr><td>Zylinderzahl</td><td>12 (60°-V-Form)</td><td>12 (60°-V-Form)</td></tr>
<tr><td>Bohrung x Hub</td><td>125 x 145 mm</td><td>130 x 145 mm</td></tr>
<tr><td>Hubraum</td><td>21 353 ccm</td><td>23 880 ccm</td></tr>
<tr><td>Höchstleistung</td><td>650 PS bei 3000 U/min</td><td>700 PS bei 3000 U/min</td></tr>
<tr><td>Dauerleistung</td><td></td><td>600 PS bei 2500 U/min</td></tr>
<tr><td>Verdichtung</td><td>1 : 6,8</td><td>1 : 6,8</td></tr>
<tr><td>Vergaser</td><td colspan="2">4 Solex 52 JFF II D
Doppel-Fallstrom-Geländevergaser</td></tr>
<tr><td>Ventile</td><td colspan="2">Hängend
1 Nockenwelle je Zylinderkopf
Antrieb durch Stirnräder</td></tr>
<tr><td>Kurbelwellenlager</td><td colspan="2">8
Auswechselbare Zylinderbüchsen</td></tr>
<tr><td>Kühlung</td><td colspan="2">Wasser/Pumpe</td></tr>
<tr><td>Batterie</td><td colspan="2">2 x 12 V 150 Ah</td></tr>
<tr><td>Lichtmaschine</td><td colspan="2">1000 W</td></tr>
<tr><td>Anlasser</td><td colspan="2">6 PS</td></tr>
<tr><td>Kraftübertragung</td><td colspan="2">Motor im Heck
Antrieb auf Ketten-Laufwerk</td></tr>
<tr><td>Getriebe</td><td colspan="2">Halbautomatisches Vorwählgetriebe
Maybach Olvar 40 12 16
8 Vorwärtsgänge
4 Rückwärtsgänge</td></tr>
<tr><td>Übersetzungen</td><td colspan="2">Seitenvorgelege 10,7</td></tr>
<tr><td>Fahrwerk und Aufbau</td><td colspan="2">Selbsttragende Panzerwanne
Panzer-Aufbau mit Drehturm, Antrieb durch Fahrzeugmotor</td></tr>
<tr><td>Ketten-Laufwerk</td><td>2 Gleisketten zu je
96 Glieder (Teilung 130 mm)
Triebrad vorn, Leitrad hinten
8 große Dreifach-Laufräder
in Schachtelanordnung
2 Federstäbe je Dreifach-Laufrad</td><td>2 Gleisketten zu je
96 Glieder (Teilung 130 mm)
Triebrad vorn, Leitrad hinten
9 große Doppel-Laufräder
in Staffelanordnung
2 Federstäbe je Doppel-Laufrad</td></tr>
<tr><td>Lenkung und Bremsen</td><td>Hydraulisch mittels Lenkrad betätigtes
Zweiradien-Lenkgetriebe
Triebräder mit hydraulisch betätigten
Argus-Scheibenbremsen</td><td>Hydraulisch mittels Lenkrad betätigtes
Zweiradien-Lenkgetriebe
Triebräder mit hydraulisch betätigten
Argus-Scheibenbremsen</td></tr>
<tr><td>Allgemeine Daten</td><td></td><td></td></tr>
<tr><td>Kettenauflage</td><td>3610 mm</td><td>4130 mm</td></tr>
<tr><td>Spur</td><td>2822, mit Verladekette 2620 mm</td><td>2790, mit Verladekette 2610 mm</td></tr>
<tr><td>Kettenbreite</td><td>725, Verladekette 520 mm</td><td>800, Verladekette 600 mm</td></tr>
<tr><td>Gesamtmaße</td><td>6200 x 3550 x 2880 mm
Mit Rohr und Schürzen:
8240 x 3730 x 2880 mm
Gesamtbreite bei Verladung 3150 mm</td><td>7260 x 3625 x 3090 mm
Mit Rohr und Schürzen:
10286 x 3755 x 3090 mm
Gesamtbreite bei Verladung 3270 mm</td></tr>
<tr><td>Panzerung</td><td>Front 100 mm
Seiten und Heck 60 bis 80 mm</td><td>Front 100 bis 185 mm
Seiten und Heck 80 mm</td></tr>
<tr><td>Bodenfreiheit</td><td>470 mm</td><td>485 mm</td></tr>
<tr><td>Watfähigkeit</td><td>1200 mm
(Wagen 1 bis 500: z. T. 3960 mm)</td><td>1600 mm</td></tr>
<tr><td>Wendekreis-∅</td><td>7 Meter</td><td>5 Meter</td></tr>
<tr><td>Zulässiges Gesamtgewicht</td><td>56 900 kg</td><td>68 000 kg</td></tr>
<tr><td>Höchstgeschwindigkeit</td><td>38 km/h</td><td>40 km/h</td></tr>
<tr><td>Verbrauch/100 km</td><td>Straße 570, Gelände 850 Liter</td><td>Straße 680, Gelände 1000 Liter</td></tr>
<tr><td>Kraftstoffvorrat</td><td>534 Liter (4 Tanks)</td><td>860 Liter (7 Tanks)</td></tr>
<tr><td>Fahrbereich</td><td>Straße 90, Gelände 60 km</td><td>Straße 120, Gelände 80 km</td></tr>
<tr><td>Besatzung</td><td>5 Mann</td><td>5 Mann</td></tr>
<tr><td>Bewaffnung</td><td>8,8 cm KwK 36 L/56 + 2 MG</td><td>8,8 cm KwK 43 L/71 + 2 MG</td></tr>
</table>

Jagdpanzer Tiger (P) „Elefant" („Ferdinand") (Porsche/Steyr/Alkett) 1943	Jagdpanzer „Jagdtiger" Ausführung B (Henschel/Steyr) 1944–1945
2 x Vergasermotor	Vergasermotor
Maybach HL 120 TRM	Maybach HL 230 P 30
2 x 12 (60°-V-Form)	12 (60°-V-Form)
105 x 115 mm	130 x 145 mm
2 x 11 867 ccm	23 880 ccm
2 x 320 PS bei 2800 U/min	700 PS bei 3000 U/min
2 x 265 PS bei 2600 U/min	600 PS bei 2500 U/min
1 : 6,5	1 : 6,8
2 x 2 Solex 40 JFF II	2 Solex 52 JFF II D
Doppel-Fallstrom-Geländevergaser	Doppel-Fallstrom-Geländevergaser
Schräg hängend	Hängend
1 Nockenwelle je Zylinderkopf	1 Nockenwelle je Zylinderkopf
Antrieb durch Stirnräder	Antrieb durch Stirnräder
2 x 7	8
Auswechselbare Zylinderbüchsen	Auswechselbare Zylinderbüchsen
Wasser/Pumpe	Wasser/Pumpe
2 x 12 V 120 Ah	2 x 12 V 150 Ah
2 x 600 W	1000 W
2 x 4 PS	6 PS
2 x Motor im Heck	Motor im Heck
Benzin-Elektrischer Antrieb auf Ketten-Laufwerk	Antrieb auf Ketten-Laufwerk
Bauart Porsche/Siemens-Schuckert	Halbautomatisches Vorwählgetriebe
3 Vorwärtsgänge	Maybach Olvar 40 12 16
	8 Vorwärtsgänge
	4 Rückwärtsgänge
Gesamt 16,75	Stirnradvorgelege 10,7
Selbsttragende Panzerwanne	Selbsttragende Panzerwanne
Panzer-Aufbau ohne Drehturm	Panzer-Aufbau ohne Drehturm
2 Gleisketten zu je 109 Glieder	2 Gleisketten zu je 96 Glieder (Teilung 130 mm)
Triebrad hinten, Leitrad vorn	Triebrad vorn, Leitrad hinten
8 große Doppel-Laufräder	9 große Doppel-Laufräder
in Reihe	in Staffelanordnung
2 Federstäbe je Doppel-Laufrad	2 Federstäbe je Doppel-Laufrad
Hydropneumatische Lenkbremsen	Hydraulisch mittels Lenkrad betätigtes
	Zweiradien-Lenkgetriebe
	Triebräder mit hydraulisch betätigten
	Argus-Scheibenbremsen
4175	4240 mm
2680 mm	2790, mit Verladekette 2610 mm
650 mm	800, Verladekette 600 mm
6800 x 3430 x 29270 mm	7800 x 3625 x 2945 mm
Mit Rohr:	Mit Rohr:
8140 x 3430 x 2970 mm	10654 x 5625 x 2945 mm
Front 200 mm	Front 200 mm
Seiten und Heck 80 mm	Seiten und Heck 80 mm
480 mm	480 mm
1000 mm	1750 mm
2,5 Meter	5 Meter
68 000 kg	75 000 kg
20 km/h	35 km/h
Straße 700, Gelände 1000 Liter	Straße 700, Gelände 1000 Liter
950 Liter	860 Liter
Straße 130, Gelände 90 km	Straße 120, Gelände 80 km
6 Mann	6 Mann
8,8 cm Pak 43/2 L/71	12,8 cm Pak 44 L/55
+ 1 MG (zunächst lose im Wagen,	(z. T. auch 8,8 cm Pak 43/2 L/71)
zuletzt im Bug montiert)	+ 1 MG

Genau 18 Stück gab es vom „Sturmtiger" Sturmpanzer Tiger Ausf. E (38 cm Raketenwerfer). Die Firma Alkett hat unbrauchbar gewordene Tiger I auf diese Art wieder nutzbar gemacht.

Rüstungsskandale hat es schon immer gegeben, nicht erst heutzutage, sondern genauso zu Hitlers gloriosen Zeiten. Ein typisches Beispiel hierfür bietet der Jagdpanzer Tiger (P) „Ferdinand" bzw. „Elefant" (8,8 cm Pak). Die Geschichte dieser Schöpfung von Professor Porsche steht auf Seite 247.

Auf dem ursprünglich für den „schweren Panzerjäger" entwickelten Sonderfahrgestell baute die Firma Rheinmetall den Prototyp der 8,8 cm Panzerflak, der jedoch nicht mehr in Serie ging. Gefechtsgewicht 38 t, Besatzung 8 Mann, Geschwindigkeit 55 km/h.

Prototyp des von Professor Porsche konstruierten 200 t Panzerkampfwagens „Maus“.

Hitler besichtigt das naturgroße Holzmodell der „Maus“. Neben ihm Professor Porsche, hinter diesem Minister Speer. Hinten auf der Straße stehen, von den Bäumen verdeckt, drei der im Führerhauptquartier eingesetzten Mercedes G 4.

60 cm Mörser „Karl", auch „Thor" genannt, auf Selbstfahrlafette mit 8 Laufrollen (Bild oben) oder mit 11 Laufrollen (Bild unten). Das untere Bild zeigt auch, wie das Riesengeschütz nach dem Abschuß ein Stück in den Boden eingesunken ist. Bild rechts: Für die je 2200 kg schweren Granaten benötigte man einen speziell hierfür gebauten Munitionspanzer IV mit 2,5 t-Kran.

Aus dem Raritäten-Kabinett der deutschen Wehrmacht

Zu einer gewissen Berühmtheit brachte es schon Mitte der dreißiger Jahre der damals noch junge Konstrukteur Hanns Trippel, der sich auf den Bau von Schwimmwagen spezialisiert hatte. Es lag nahe, daß sich die Wehrmacht bald für diese Konstruktionen interessierte, und so erhielt Trippel im Jahre 1939 den Auftrag, eine breite Spezialausführung seines Schwimmwagens für die Pioniertruppe zu schaffen, mit welcher 16 Mann im Wasser befördert werden könnten. Nach dem Frankreich-Feldzug übernahm Trippel das Bugatti-Werk in Molsheim (Elsaß), wo er nun die Möglichkeit fand, seine Fahrzeuge in etwas größerer Stückzahl zu bauen. Vom wichtigsten Typ, dem SG 6, der den 2,5 Liter-Motor des damaligen Opel Kapitän besaß, wurden bis 1944 immerhin über 1000 Stück fertiggestellt, die in der Mehrzahl bei der SS, zum Teil aber auch beim Heer Verwendung fanden. Eine Serie davon wurde übrigens mit Limousinen-Aufbau

Trippel-Schwimmwagen SG 6 mit Schwimmanhänger. Die wichtigsten Daten des SG 6: 6 Zylinder 2,5 Liter 55 PS Opel Motor, Dreigang-Getriebe + Vorgelege, Vierrad-Antrieb, Radstand 2489 mm, Gesamtmaße 4825 × 1800 × 1910 mm, Gewicht 1750 kg.

Schwimmwagen Trippel SG 6 im Wasser

Eine Serie des Trippel Schwimmwagens wurde 1942 mit geschlossenem Aufbau versehen. Sie waren zum Einsatz bei Propagandakompanien bestimmt.

versehen und an Propagandakompanien geliefert. Wiewohl Trippel allgemein als Schöpfer des Schwimmwagens gilt, dessen Pionier er ohne Zweifel war, sei klargestellt, daß er mit der Konstruktion des VW-Schwimmwagens nicht befaßt war. Dieses Fahrzeug hat vielmehr Professor Porsche entwickelt, wobei ihm allerdings die Wehrmacht bei Auftragserteilung einen Trippel-Schwimmwagen zum genauen Studium überlassen hatte.

In den Jahren 1941/42 beschäftigte sich Trippel mit der Entwicklung eines Amphibien-Spähwagens. Dieses kleine Panzerfahrzeug, „Schildkröte" genannt, war vom Schwimmwagen SG 6 abgeleitet. Drei Prototypen wurden fertiggestellt, jedoch erfolgte keine serienmäßige Herstellung. 1944 wurden allerdings drei Amphibien-Panzerspähwagen mit Vierradantrieb und luftgekühltem Tatra V8-Motor im Heck an die Wehrmacht geliefert.

Einen ganz merkwürdigen Vogel baute Trippel einmal im Auftrag der Luftwaffe. Es war eine Limousine, angetrieben durch einen am Heck angebauten Flugmotor mit Schubpropeller. Sie konnte auf Rädern rollen oder mittels untergesetzter Kufen über den Schnee gleiten, wobei diese Kufen als Schwimmkörper gestaltet waren, die das Fahrzeug auch zum Schwimmen befähigten. Der Sinn lag darin, daß man über die weiten zugefrorenen Seen im Nordabschnitt der Ostfront auch dann fahren wollte, wenn Gefahr bestand, daß das Eis brechen würde.

Einer der Prototypen von Trippel's Amphibien-Panzer-Spähwagen „Schildkröte" im Wasser. Die Versuche wurden Ende 1942 eingestellt.

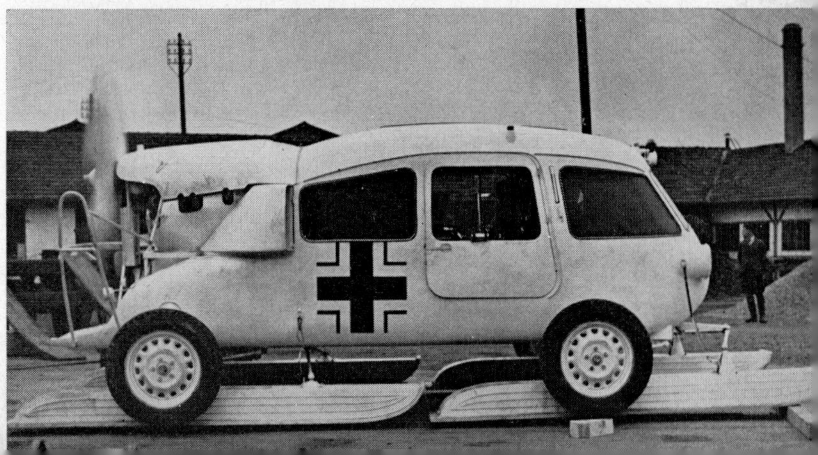

Das skurrilste Wehrmachtfahrzeug, das es je gab, war vermutlich dieses hier. Die Luftwaffe hatte die Limousine als Einzelexemplar bestellt. Sie kann auf Rädern fahren, auf Kufen gleiten und im Wasser schwimmen. Der Antrieb erfolgt über einen Flugmotor im Heck, aber fliegen kann das vielseitige Auto nicht.

Die Wehrmacht und insbesondere die Luftwaffe machte im russischen Winter gern von solchen Motor-Schlitten Gebrauch. Die Fahrzeuge mit drei Kufen und Propeller-Antrieb waren ganz einfach, aber zweckentsprechend gebaut. Es waren russische Motor-Schlitten, welche die Wehrmacht im ersten Winter 1941/42 erbeutet hatte.

Der Tatra V 855 ist der Prototyp eines Motorschlittens, den die Tatra-Werke 1942 unter Verwendung des Motors T 87 bauten. Es blieb, soweit bekannt, bei diesem Einzelexemplar.

Ein ähnlich aussehendes Fahrzeug, allerdings ausschließlich als Schnee-Automobil gedacht, haben auch die Tatra-Werke gebaut, doch hat der Prototyp, soweit bekannt, nie das Werk verlassen. Er steht heute noch im dortigen Museum. Tatsächlich liefen freilich als Melde- und Verbindungsfahrzeuge des öfteren kleine Schnee-Automobile an der Ostfront. Wohl muteten sie ziemlich primitiv an, erfüllten aber bestens ihren Zweck. Sie waren von Leuten erbaut, die mit dem russischen Winter Bescheid wußten: von Russen. Die Wehrmacht hatte die Schlitten erbeutet.

Bei der Besprechung des Einheits-Diesel-Lastwagens war bereits erwähnt, daß dieser auch als vierachsiges Modell geplant war, vorgesehen als mittelschwerer Lastkraftwagen für 4 to Nutzlast bei 8,5 to Gesamtgewicht. 1937/38 wurden vier Musterexemplare dieses Fahrzeugs bei der MAN gebaut und auch vom Waffenamt erprobt, doch kamen sie nie in den Truppengebrauch. Auch gedieh der für diesen Wagen bestimmte 120 PS V8 Zylinder Einheits-Dieselmotor (110 mm Bohrung, 130 mm Hub) nicht zur Serienreife. Man tat sicher gut daran, auf den vierachsigen Einheits-Diesel zu verzichten, wäre bei ihm doch das Verhältnis von Eigengewicht zu Nutzlast noch ungünstiger gewesen als beim dreiachsigen Modell, so sehr auch dessen sonstige Bewährung außer Frage steht. Vergessen freilich hat man die ominösen Vierachser nicht. Alle vier Musterwagen wurden 1940/41 zu Amphibienfahrzeugen umgebaut, erhielten aber nicht den ursprünglich vorgesehenen V8-, sondern einen 150 PS Sechszylinder-Motor. Die vierachsigen Amphibien waren dazu ausersehen, kleinere Kraftfahrzeuge über Flüsse und andere Gewässer zu befördern. Man hat sie mit einer einfachen Beladevorrichtung sowie einer starken Seilwinde ausgestattet, die sich beispielsweise auch zum Ziehen eines Grabenaushub-Gerätes eignete. Bei Versuchen auf den oberösterreichischen Seen sollen sich die Fahrzeuge zufriedenstellend bewährt haben, doch zu ihrer Verwendung bei der Truppe kam es anscheinend nicht.

Den „Einheits-Diesel“ sollte es auch als vierachsiges Modell geben, vorgesehen als mittelschwerer geländegängiger Lastkraftwagen für 4 to Nutzlast bei 8,5 to Gesamtgewicht. Die MAN baute vier Musterexemplare, von denen hier eines im Oktober 1938 auf dem Truppenübungsplatz Ohrdruf fotografiert wurde.

In den ersten Kriegsjahren hat man die vier vorhandenen Achtrad-Einheits-Diesel zu Schwimmlastwagen umgebaut. Auf dem oberen Bild sieht man sie bei einer Versuchsfahrt am Traunsee. Zur Truppe kamen diese Amphibien nicht, soviel man weiß.

Daimler-Benz experimentierte schon 1934 mit einem Achtrad-Gelände-Lastwagen. Es war der Mercedes-Benz Typ LG 65/4 mit 100 PS Dieselmotor. Das einzige Exemplar dieses Wagens ging 1936 an das Heeres-Waffenamt und wurde 1938 auf der Berliner Automobil-Ausstellung gezeigt.

Die beiden oberen Bilder zeigen den Prototyp der bei Steyr entwickelten schwimmfähigen Ausführung des Raupenschleppers Ost (RSO).

In dieser Ausführung wurde der Schwimm-RSO serienmäßig hergestellt.

Im August 1943 auf einem polnischen Bahnhof fotografiert: Ein Güterzug, beladen mit fabrikneuen Schwimm-RSO, rollt an die Ostfront.

Tatsächlich realisiert hat man hingegen die Absicht, schwimmfähige Raupenschlepper Ost (RSO) an die Front zu schicken. Wie die Bilder zeigen, sollte dies zunächst dadurch bewerkstelligt werden, daß man dem Fahrgestell des RSO einen bootsförmigen Aufbau aufsetzte. Schließlich aber erhielt das ganz serienmäßig mit Fahrerhaus und Holzpritsche versehene Fahrzeug eine zusätzliche Schwimmverkleidung. Es läßt sich denken, mit wieviel Freude und Gottvertrauen die armen Soldaten mit diesem Vehikel auf das Wasser gegangen sein mögen. Immerhin seien nach Berichten von Augenzeugen im Sommer 1943 einige hundert Stück solcher Schwimm-RSO per Bahntransport an die Ostfront gegangen. Ob sie im Gefechtseinsatz jemals ihre spezielle Fähigkeit beweisen mußten, entzieht sich der Kenntnis des Verfassers.

Entwickelt wurden ferner zwei Modelle von amphibischen Zugmaschinen, Land-Wasser-Schlepper (LWS.) genannt. Sie sahen aus wie größere Boote auf Panzerfahrgestellen, und sie besaßen 100 PS Maybach V12-Motoren. Vom einen Modell wurden, soviel man weiß, kurz vor dem Krieg 21 Exemplare unter Beteiligung der Firma Alkett auf der Boizenburger Binnenwerft Gebrüder Sachsenberg gebaut. Vom anderen Modell entstanden während der ersten Kriegsjahre zwei Exemplare bei Magirus. Zwei LWS. dieser Bauart konnten mit dazwischengekuppelten Pontonbooten als Panzerfähre verwendet werden.

Bilder oben: Den Land-Wasser-Schlepper (LWS) darf man als Vorläufer der Amphibischen Transportfahrzeuge betrachten, welche heute bei der Bundesmarine im Einsatz stehen. Vom LWS wurden kurz vor 1939 in Boizenburg/Elbe 21 Stück gebaut. Wichtigste Daten: Maybach V12-Motor HL 108 TR, 5 Gang-Getriebe, Gesamtmaße 8600 × 3160 × 3130 mm, Einsatzgewicht 13 000 kg, Geschwindigkeit auf dem Land 35, im Wasser 12,5 km/h. Von Fronteinsätzen des LWS ist nichts bekanntgeworden.

Magirus war ebenfalls mit der Entwicklung eines Land-Wasser-Schleppers beauftragt und hat zwei Prototypen gebaut. Die Bilder zeigen diese Fahrzeuge, unten zusammen mit einem Boizenburger LWS, im September 1943 an der Ostsee.

Brückenleger I (Prototyp)

Brückenleger I (Prototyp)

Brückenleger II (Prototyp)

Im Hinblick auf die eminent wichtige Rolle, welche in der Planung der militärischen Führung die Überwindung von Gewässern spielt, lag es nahe, daß die Wehrmacht bereits frühzeitig die Entwicklung von Brückenlegepanzern veranlaßte. Es entstanden, was bis heute nahezu unbekannt blieb, Prototypen auf der Basis der Panzer I bis IV, doch gedieh keiner davon zur Serienreife und es kamen, wenn überhaupt, nur einzelne solcher Fahrzeuge zur Fronttruppe. In den Allgemeinen Heeresmitteilungen wurde bereits 1941 verfügt, daß die in den Kriegsstärkenachweisen der Panzerpionierkompanien vorgesehenen Brückenlegezüge entfallen, da geeignete Fahrzeuge weder vorhanden sind noch in absehbarer Zeit beschafft werden können. Freilich war man damals noch so sehr auf die Strategie der Blitzkriege eingeschworen, daß man damit rechnete, durch schnelle Panzervorstöße in den Besitz eines im wesentlichen unzerstörten Straßennetzes zu gelangen. Später wiederum hatte man wichtigere Sorgen als sich mit der aufwendigen Konstruktion der vergleichsweise nicht sehr vordringlichen Brückenleger zu beschäftigen.

Auch der Brückenleger III existierte lediglich als Prototyp. Er war als befahrbare Brücke das größte Modell der Wehrmacht. Auf dem oberen Bild rollt er, durch einen Tarnüberzug vor neugierigen Blicken geschützt, zu einem versuchsmäßigen Einsatz. Das Bild rechts zeigt eine Vorführung des Brückenlegers III.

Vom Brückenleger IV S „Sturmsteg" gab es, soweit bekannt, ebenfalls nur ein einziges Musterexemplar. Die Bilder hier zeigen ein Modell dieses Fahrzeugs. Die Länge des Brückenstegs betrug 26 Meter und das Gewicht etwa 50 kg/m.

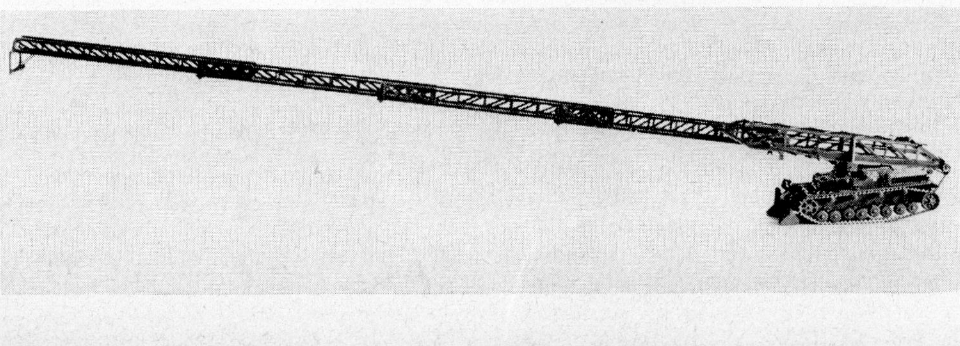

Eine andere Sonderentwicklung auf dem Panzergebiet fand bei Saurer (Wien) statt. Dort wurde in den Jahren 1942/43 aus dem Panzer III durch Einbau eines einziehbaren Schienenlaufwerks ein Fahrzeug geschaffen, das sich auf der Schiene schnell fortbewegen konnte, nämlich mit einer Geschwindigkeit bis zu 100 km/h. Das vom Motor des Panzers angetriebene Hubwerk wurde über vier Gewindespindeln in die Wanne eingezogen, wenn das Fahrzeug im Gelände fuhr. Zwei oder drei Versuchsexemplare liefen angeblich zufriedenstellend, dennoch war es wohl richtig, die Angelegenheit dann auf sich beruhen zu lassen.

In das Raritäten-Kabinett der früheren Wehrmacht gehören vielleicht auch die Funklenkpanzer, die ferngelenkten Sprengstoff- oder Ladungsträger. Borgward beschäftigte sich schon seit 1940 mit der Entwicklung solcher Pioniergeräte. Damals kamen bereits 150 Stück des „Minenräumwagens Sd. Kfz. 300" zur Lieferung. 1942 bis 1944 baute Borgward den Typ B IV, genannt „Schwerer Ladungsträger Sd. Kfz. 301", von dem es je eine 4, 5 und 6 to schwere Ausführung gab, alle ausgelegt für eine Sprengladung von 500 kg. Ähnlich sah ein unbemannter Aufklärungspanzer aus, der horchen und fotografieren konnte. Während diese Fahrzeuge kaum bekannt wurden, brachte es der „Leichte Ladungsträger" mit dem Namen „Goliath" zu einiger Berühmtheit. Dieser Kleinpanzer war als Sd. Kfz. 303 mit einem 700 ccm-Zweitaktmotor ausgestattet und wurde über ein abrollendes Drahtkabel gelenkt oder er besaß als Sd. Kfz. 302 einen Elektromotor und Len-

Panzer III als Schienen-Ketten-Fahrzeug SK 1 Prototyp 1942/43 von Saurer (Wien)

kung durch Funk. Er konnte 75 kg tragen und hatte die Aufgabe, Minenfelder oder Straßensperren zu beseitigen, was beispielsweise zu Beginn der Panzerschlacht bei Kursk gut funktionierte. Dieser Ladungsträger stammte ebenfalls von Borgward, lief aber dann später bei Zündapp (Nürnberg) in Serie. Schließlich existierte noch der „Mittlere Ladungsträger Sd. Kfz. 304" („Springer"), 1944 von NSU unter Verwendung von Teilen des Ketten-Krads sowie dessen 1,5 Liter Opel-Motor entwickelt. Als Nutzlast waren 300 kg vorgesehen. Dieses Modell sollte 1945 in großer Serie produziert werden, doch wurden bis Kriegsende nur mehr wenige Exemplare fertig. Alle Geräte dieser Art brachten zwar gelegentlich schöne Erfolge, doch wirklich lohnende Einsatzmöglichkeiten boten sich verhältnismäßig selten.

An dieser Stelle sei erwähnt, daß gegen Ende des Krieges die Entwicklung kleiner Zweimann-Panzer betrieben wurde, die dank einfacher Technik in großer Serie billig hätten gebaut werden können. Man geht kaum fehl in der Annahme, daß es sich hier gewissermaßen um ein Gegenstück zum sogenannten Volksjäger der Luftwaffe handeln sollte, wobei die schönen Reden, mit denen man solche Projekte motivierte, den wahren Grund nicht mehr verschleiern konnten: Es fehlte an Material, es fehlte vor allem das Benzin für die großen Panzermotoren, es fehlte an allen Ecken und Enden. Der Krieg war damals längst verloren.

Der Funklenkpanzer vom Typ B IV (Sd. Kfz. 301), bereits vor dem Rußlandfeldzug von Borgward entwickelt und serienmäßig an die Wehrmacht geliefert, war der erste seiner Art. Das Fahrzeug diente als ferngelenkter Sprengstoff- oder Ladungsträger. Ab 1942 gab es davon verschiedene Abarten. Einige hundert Stück waren offenbar insgesamt vorhanden.

Bekannter als die großen Funklenkpanzer, überwiegend vom Typ B IV, waren die kleinen Ladungsträger „Goliath“, wobei freilich die Propaganda für diese Pioniergeräte größer war als ihr praktischer Wert. Auch diese kleinen Ladungsträger waren bei Borgward entwickelt, aber dann bei Zündapp (Nürnberg) gebaut worden.

Letztes Produktionsmodell eines ferngelenkten Kleinpanzers war der „Springer“, den NSU auf der Basis des Ketten-Krads entwikkelt hatte. Er sollte in großer Zahl gebaut werden, wozu es aber wegen des Kriegsendes nicht mehr kam. Nur wenige Exemplare erlebten ihre Fertigstellung.

Rückblende zum ersten Weltkrieg: 1917 baute die Firma Hansa-Lloyd (Bremen) dieses recht eigenwillige Geländefahrzeug, das jedoch wenig Beachtung fand und später fast ganz in Vergessenheit geriet. Das Vehikel erhielt den Namen „Treff-As“, der dann verständlicher wird, wenn man weiß, daß Hansa-Lloyd damals einen Ackerschlepper serienmäßig produzierte, der „Treff-Bube“ hieß.

Abschließend verdienen die interessanten Gedanken und Projekte eines Außenseiters rühmende Erwähnung. Ein Stuttgarter Steinbruchbesitzer namens Lauster suchte nach Möglichkeiten, Kraftfahrzeuge von optimaler Geländetüchtigkeit zu schaffen. Ähnlich wie bereits die Firma Hansa-Lloyd mit dem „Treff-As“ im ersten Weltkrieg verfiel Lauster auf ein aus zwei Walzen und einem Spornrad bestehendes Fahrzeug, genannt „Wargel“, das zwar noch primitiv aussah, aber dennoch bereits imponierende Leistungen in Schlamm, Sumpf und Sand vollbrachte. 1942 entstand ein weiteres Versuchs- und Studienfahrzeug als Lastwagen, ausgerüstet mit zwei luftgekühlten 75 PS Tatra-Motoren. 1943 folgte mit dem LW 5 das Versuchsmodell einer Zugmaschine zum Bergen schwerer Panzer und zum Ziehen des Schützengrabenpfluges. Eine besondere Eigenart war hier die Verbindung der beiden Fahrzeugteile durch ein Knick-Verbindungsgelenk. Über weitere Zwischenstufen entstand 1944/45 im Auftrag der Luftwaffe der LW 72 E, bestimmt zur Anlage und Planierung von Feldflugplätzen. Der Antrieb dieses mächtigen Motorschürfwagens erfolgte dieselelektrisch mittels eines 145 PS Daimler-Benz Dieselmotors und eines 440 Volt Compound-Generators sowie eines Hauptstrommotors in jeder Trommel. Das Kriegsende unterbrach für Jahre die Lauster'schen Entwicklungen, ehe sie inzwischen wieder höchste Aktualität erlangten, worüber im weiteren Verlauf dieses Buches noch berichtet wird.

Ohne die geringste Kenntnis des 1917 in Bremen gebauten „Treff-As“ erstellte der Stuttgarter Steinbruchbesitzer Lauster im Jahre 1942 ein Versuchs- und Studienfahrzeug, das in seinen wesentlichen Merkmalen und Proportionen erstaunliche Ähnlichkeit mit der 25 Jahre älteren Konstruktion zeigte. Lausters Wargel LW 3 wog 7,65 to und besaß zwei 75 PS Tatra-Motoren.

Das Luftwaffenamt beauftragte die Adler-Werke (Frankfurt), auf der Basis des Lauster LW 3 einen Walzenschlepper mit Trommelrädern als Sd. Kfz. 325 zu entwickeln, von dem 1943 zwei Prototypen hergestellt wurden.

Als weiteres Versuchs- und Studienfahrzeug baute Lauster 1943 den LW 5, gedacht als Zugmaschine zum Ziehen des Schützengrabenpfluges. Besonderes Merkmal des 36 to schweren und mit zwei 235 PS Maybach HL 108-Motoren ausgerüsteten Fahrzeugs war die hier erstmals angewendete Knicklenkung, bei der nicht die Räder eingeschlagen, sondern Vorder- und Hinterwagen gegeneinander abgewinkelt werden.

Ebenfalls noch 1943 entstand der LW 71 als Lastwagen und Zugmaschine mit enormer Zugkraft. In den beiden Trommeln befand sich je ein 3,6 Liter Opel-Blitz-Motor samt 5 Gang-Getriebe und Vorgelege. Das 10,2 Meter lange, 3 Meter breite und 3 Meter hohe Fahrzeug wog 12,5 to und konnte 10 to Nutzlast laden.

Zur Anlage und Planierung von Feldflugplätzen baute Lauster 1944/45 den Motorschürfwagen (Scraper) LW 72 E mit dieselelektrischem Antrieb. Die Trommeln waren je 2,4 Meter breit und hoch, die Gesamtmaße des Geräts betrugen 11,6×2,4×3,3 Meter, das Eigengewicht 24 to, die Nutzlast 14 to und der Kübelinhalt fast 10 Kubikmeter. Zum Einsatz kam das Monsterfahrzeug vermutlich nicht mehr.

Statistik und Industriefirmen

Ungefähre Soll-Stärken bei den wichtigsten Divisions-Typen des Feldheeres im Jahre 1939

	Inf.Div.	I.D. (mot)	Pz.Div.	le. Div.
Offiziere	500	500	400	400
Beamte	100	100	100	100
Unteroffiziere	2 500	2 500	2 000	1 600
Mannschaften	13 400	13 400	9 300	8 700
Gesamtstärke	16 500	16 500	11 800	10 800
M. G.	500	500	220	460
Granatwerfer	140	140	50	60
Inf. Geschütze	25	25	10	10
Pak 3,7 cm	75	75	50	50
Haubitzen und Kanonen	48	48	28	24
Flak 2 cm	12	12	12	12
Pz.Spähwagen	3	30	100	100
Pz.Kampfwagen	—	—	324	86
Lastkraftwagen	500	1 700	1 400	1 400
Personenkraftwagen	400	1 000	560	600
Krafträder	500	1 300	1 300	1 100
Beiwagen	200	600	700	600
Pferde	5 000	—	—	—
Bespannte Fahrzeuge	1 000	—	—	—

Preise deutscher Wehrmacht-Fahrzeuge

(ohne Waffen, Funk, Optik und Sonderausrüstungen)

VW Kübelwagen Typ 82	RM	2 782,–
VW Schwimmwagen Typ 166	RM	4 667,–
Mittl. Einheits-Pkw Kfz. 15/16	RM	10 500,–
Vierrad-Panzer-Spähwagen	RM	20 000,–
Mittl. Halbketten-Schützenpanzerwagen	RM	23 000,–
Panzer II	RM	50 000,–
Achtrad-Panzer-Spähwagen	RM	53 000,–
Geschützwagen 38 (t)	RM	53 000,–
Sturmgeschütz III	RM	85 000,–
Panzer III	RM	100 000,–
Panzer IV	RM	110 000,–
Panther	RM	120 000,–
Tiger	RM	260 000,–
Zum Vergleich:		
Jagdflugzeug Me 109	RM	60 000,–
bzw. mit Waffen, Funk usw.	ca. RM	100 000,–

Deutsche Rüstungs-Produktion in den Jahren 1940 bis 1944

	1940	1941	1942	1943	1944
Kettenkrad	–	420	985	2 450	4 490
Lkw. bis 1,5 to		9 504	14 436	21 365	21 017
Lkw. bis 3 to		43 800	51 804	49 472	38 053
Lkw. bis 4,5 und mehr to		9 096	11 952	11 040	9 882
Lkw. insgesamt		**62 400**	**78 192**	**81 877**	**68 952**
Raupenschlepper Ost	–	–	1 452	14 012	11 921
Maultier 3 to	–	–	1 635	13 000	7 310
Maultier 4,5 to	–	–	–	594	886
Zgkw. 1 to	3 096	4 741	2 868	2 724	873
Zgkw. 3 to	728		1 572	2 153	1 308
Zgkw. 5 to (einschl. s. WS.)	348	360	564	563	729
Zgkw. 8 to	996	1 320	1 392	3 251	3 298
Zgkw. 12 to	516	828	840	507	602
Zgkw. 18 to	240	240	384	643	834
RSO, Maultier, Zgkw. insgesamt	**3 224**	**7 489**	**10 704**	**37 427**	**27 761**
SPW 1 to	–	–	1 340	2 900	1 690
SPW 3 to	348	947	1 190	4 250	7 800
Pz. Spähwagen	163	385	583	613	391
Pz. Kpfwg. II	9	233	306	77	7
Pz. Kpfwg. 38 (t)	275	698	195	87	124
le. Panzerwagen insgesamt	**795**	**2 263**	**3 614**	**7 927**	**10 012**
Pz. Kpfwg. III	895	1 845	2 555	349	–
Pz. Kpfwg. IV	280	480	964	3 073	3 366
Stu. Gesch. III/IV	184	550	828	3 319	7 628
Jagdpanzer 38	–	–	–	–	1 598
Sfl. auf mittl. Pz. Fgst.	–	–	1 248	2 657	1 248
mittl. Panzerwagen insgesamt	**1 359**	**2 875**	**5 595**	**9 398**	**12 096**
Panther	–	–	–	1 850	3 964
Jagdpanther	–	–	–	–	215
Tiger I	–	–	78	647	623
Königstiger	–	–	–	–	379
Jagdtiger	–	–	–	2	51
schw. Panzerwagen insgesamt	**–**	**–**	**78**	**2 499**	**5 232**
Panzerfahrzeuge insgesamt	**2 154**	**5 138**	**9 287**	**19 824**	**27 340**
Zum Vergleich:					
Lokomotiven	1 688	1 918	2 637	5 243	3 495
Waggons	28 200	44 845	60 892	66 263	45 189
Flugzeuge	10 250	11 030	14 700	25 220	37 950
Karabiner	1 371 700	1 358 500	1 370 180	2 244 100	2 585 600
Automat. Inf.-Waffen	170 880	324 800	316 690	435 500	787 100
Granatwerfer	4 380	4 230	9 780	22 970	30 860
le. Flak, automat. Bordwaffen	1 140	22 850	56 685	130 390	320 100
Geschütze ab 7,5 cm	5 964	8 124	14 316	35 796	55 936
davon in Panzerfahrzeugen eingebaute Geschütze ab 7,5 cm	465	1 032	2 328	8 892	15 252

Produktion an Panzerkampfwagen, Sturmgeschützen und Pak-Selbstfahrlafetten 1941 bis 1945

	1941	1942	1943	1944	Jan./Febr. 1945	Jan. 1941 bis Febr. 1945
Pz.Kpfwg. II (2 cm)	233	276	—	—	—	**509**
Pz.Kpfwg. 38 (t) (3,7 cm)	698	195	—	—	—	**893**
Pz.Kpfwg. III (3,7/5/7,5 cm)	1 713	2 605	215	—	—	**4 533**
Pz.Kpfwg. III (Flamm)	—	—	100	—	—	**100**
Pz.Kpfwg. IV (7,5 cm L/24)	480	125	—	—	—	**605**
Pz.Kpfwg. IV (7,5 cm L/43, L/48)	—	869	3 023	3 125	330	**7 347**
Jagd-Pz. IV (7,5 cm L/70)	—	—	—	766	390	**1 156**
Pz.Kpfwg. Panther (7,5 cm L/70)	—	—	1 845	3 784	337	**5 966**
Pz.Kpfwg. Tiger I (8,8 cm L/56)	—	77	643	623	—	**1 343**
Pz.Kpfwg. Tiger II (8,8 cm L/71)	—	—	1	376	82	**459**
Flak-Pz. 38 (t) und IV	—	—	87	260	25	**372**
Pz.Befwg. I—VI	132	131	13	—	—	**276**
Berge-Pz. 38 (t), III—V	—	—	82	227	30	**339**
Stu.Gesch. III (7,5 cm L/24)	540	93	—	—	—	**633**
Stu.Gesch. III/IV (7,5 cm L/48)	—	695	3 041	4 930	644	**9 310**
Stu.Haub. III (10,5 cm L/28)	—	—	204	903	95	**1 202**
Stu.Pz. IV (15 cm L/12)	—	—	70	215	14	**299**
Jagd-Pz. 38 (t), IV (7,5 cm L/48)	—	—	—	2 357	832	**3 189**
Jagd-Panther (8,8 cm L/71)	—	—	1	226	114	**341**
Elefant (8,8 cm L/71)	—	—	90	—	—	**90**
Jagd-Tiger (12,8 cm L/55)	—	—	—	51	23	**74**
7,5/7,62 cm Pak auf Gw. 38, II usw.	—	1 123	1 030	308	—	**2 461**
Nashorn (8,8 cm L/71)	—	—	345	133	15	**493**
	3 796	**6 189**	**10 747**	**18 284**	**2 931**	**41 947**

Totalverluste an Panzerkampfwagen, Sturmgeschützen und Pak-Selbstfahrlafetten 1941 bis 1945

	1941	1942	1943	1944	Jan. 1945	Jan. 1941 bis Jan. 1945
Pz.Kpfwg. I (MG)	345	60	—	—	—	**405**
Pz.Kpfwg. II (2 cm)	393	287	408	61	—	**1 149**
Pz.Kpfwg. 38 (t) (3,7 cm)	773	196	96	—	—	**1 065**
Pz.Kpfwg. III (3,7/5/7,5 cm)	782	1 501	2 395	115	—	**4 808**
Pz.Kpfwg. III (Flamm)	—	—	63	19	—	**82**
Pz.Kpfwg. IV (7,5 cm L/24/43/48)	369	502	2 352	2 643	287	**6 153**
Jagd-Pz. IV (7,5 cm L/70)	—	—	—	53	93	**146**
Pz.Kpfwg. Panther (7,5 cm L/70)	—	—	525	2 297	237	**3 059**
Pz.Kpfwg. Tiger I (8,8 cm L/56)	—	3	307	783	62	**1 155**
Pz.Kpfwg. Tiger II (8,8 cm L/71)	—	—	—	51	6	**57**
Flak-Pz. 38 (t) und IV	—	—	—	91	22	**113**
Pz.Befwg. I—VI	96	99	209	271	46	**721**
Berge-Pz. 38 (t), III — V	—	—	7	35	11	**53**
Stu.Gesch. III, III/IV	95	330	1 566	3 558	317	**5 866**
Stu.Haub. III (10,5 cm L/28)	—	—	71	437	59	**567**
Stu.Pz. IV (15 cm L/12)	—	—	24	83	1	**108**
Jagd-Pz. 38 (t), IV (7,5 cm L/48)	—	—	—	344	216	**560**
Jagd-Panther (8,8 cm L/71)	—	—	—	33	17	**50**
Elefant (8,8 cm L/71)	—	—	44	35	—	**79**
Jagd-Tiger (12,8 cm L/55)	—	—	—	—	1	**1**
7,5/7,62 cm Pak auf Gw. 38, II usw.	—	127	833	981	48	**1 989**
Nashorn (8,8 cm L/71)	—	—	92	174	10	**276**
	2 853	**3 105**	**8 992**	**12 079**	**1 433**	**28 462**

Bestand an Panzerkampfwagen, Sturmgeschützen und Pak-Selbstfahrlafetten 1939 bis 1945

	1.9.1939	**1.6.1941**	**1.1.1942**	**1.1.1943**	**1.1.1944**	**1.1.1945**
Pz.Kpfwg. I (MG)	1 445	877	723	—	—	—
Pz.Kpfwg. II (2 cm)	1 223	1 072	837	997	399	—
Pz.Kpfwg. II (Flamm)	3	85	89	—	—	—
Pz.Kpfwg. 35 (t) (3,7 cm)	—	187	197	—	—	—
Pz.Kpfwg. 38 (t) (3,7 cm)	—	754	381	287	227	—
Pz.Kpfwg. III (3,7/5/7,5 cm)	98	1 440	1 849	2 944	920	534
Pz.Kpfwg. III (Flamm)	—	—	—	—	30	—
Pz.Kpfwg. IV (7,5 cm L/24/43/48)	211	517	513	1 077	1 668	534
Jagd-Pz. IV (7,5 cm L/70)	—	—	—	—	—	575
Pz.Kpfwg. Panther (7,5 cm L/70)	—	—	—	—	1 084	1 982
Pz.Kpfwg. Tiger I (8,8 cm L/56)	—	—	—	65	395	245
Pz.Kpfwg. Tiger II (8,8 cm L/71)	—	—	—	—	—	183
Flak-Pz. 38 (t) und IV	—	—	—	—	—	256
Pz.Befwg. I—VI	215	330	307	278	477	320
Berge-Pz. 38 (t), III—V	—	—	—	—	66	505
Stu.Gesch. III (7,5 cm L/24)	5	377	625	1 146	193	225
Stu.Gesch. III/IV (7,5 cm L/48)	—	—	—		1 945	3 501
Stu.Haub. III (10,5 cm L/28)	—	—	—	9	97	573
Stu.Pz. IV (15 cm L/12)	—	—	—	—	31	188
Jagd-Pz. 38 (t), IV (7,5 cm L/48)	—	—	—	—	—	1 478
Jagd-Panther (8,8 cm L/71)	—	—	—	—	—	149
Elefant (8,8 cm L/71)	—	—	—	—	47	—
Jagd-Tiger (12,8 cm L/55)	—	—	—	—	—	41
7,5/7,62 cm Pak auf Gw. 38, II usw.	—	—	—	1 124	1 306	581
Nashorn (8,8 cm L/71)	—	—	—	—	263	155
	3 200	**5 639**	**5 521**	**7 927**	**9 148**	**13 175**

Kfz.-Nummernsystem der Wehrmacht

Angewendet bis 1943, wurden die einzelnen Fahrzeugarten mit Nummern bezeichnet. Diese bedeuteten jedoch keineswegs eine Marken- oder Typenkennzeichnung, sondern klassifizierten lediglich das Fahrzeug nach seinem Verwendungszweck.

Kfz. 1 bis 10	le. Pkw.
Kfz. 11 bis 30	mittl. und schw. Pkw.
Kfz. 31 bis 100	Lkw.
ab Kfz. 300	Spezialfahrzeuge der Luftwaffe
Sd. Kfz. 1 bis 100	Sonder-Kraftfahrzeuge ungepanzert
ab Sd. Kfz. 101	Pz. I und davon abgeleitete Fahrzeuge
ab Sd. Kfz. 121	Pz. II und davon abgeleitete sowie vergleichbare Fahrzeuge
ab Sd. Kfz. 141	Pz. III und davon abgeleitete Fahrzeuge
ab Sd. Kfz. 161	Pz. IV und davon abgeleitete Fahrzeuge
ab Sd. Kfz. 171	Pz. V und davon abgeleitete Fahrzeuge
ab Sd. Kfz. 181	Pz. VI und davon abgeleitete Fahrzeuge
ab Sd. Kfz. 201	Gepanzerte Räder- und Halbketten-Fahrzeuge sowie Befehlspanzer
ab Sd. Kfz. 301	Funklenkpanzer bzw. ferngelenkte Ladungsträger

Wehrmacht-übliche Kurzbezeichnungen

l., le.	leicht
m., mittl.	mittel
s., schw.	schwer
t, to	Tonne
gp., gep.	gepanzert
gf.	geländefähig
gl.	geländegängig
wg.	wassergängig
schwf., schf.	schwimmfähig
schg.	schienengängig
ve.	vollentstört
(o)	handelsüblich
(t)	tschechisch
(f)	französisch
(e)	englisch
(i)	italienisch
(r)	russisch

Kfz.	Kraftfahrzeug
Sd. Kfz.	Sonder-Kraftfahrzeug
Fgst.	Fahrgestell
E., Einh.	Einheits-
Krad.	Kraftrad
Kw.	Kraftwagen
Pkw.	Personenkraftwagen
Krkw.	Krankenkraftwagen
Sankra.	Sanitätskraftwagen
Lkw.	Lastkraftwagen
Kom.	Kraftomnibus
Zgkw.	Zugkraftwagen
Schlp.	Schlepper
Pz. Kpfw.	Panzer-Kampfwagen
Stu. Gesch.	Sturmgeschütz
Pz. Jg., Pz. Jäg.	Panzerjäger
Pz. Spähw., Pz. Sp. Wg.	Panzer-Spähwagen
Schtz. Pz. Wg., SPW	Schützenpanzerwagen
MTW	Mannschafts-Transportwagen
Pz. Bef. Wg.	Panzer-Befehlswagen
Mun. Pz.	Munitions-Panzerwagen

Sfl., Sf.	Selbstfahrlafette
Gw.	Geschützwagen
MG	Maschinengewehr
KwK.	Kraftwagenkanone
StuK.	Sturmkanone
StuH.	Sturmhaubitze
Flak	Fliegerabwehr-Kanone
Pak	Panzerabwehr-Kanone
Gr. W.	Granatwerfer
I. G.	Infanterie-Geschütz
le. F. H.	Leichte Feldhaubitze
s. F. H.	Schwere Feldhaubitze
L/xx	Länge des Geschützrohres: xx mal Kaliber
Fe	Fernsprech-
Fu	Funk-

Klassifikation der Kfz. nach D 600 v. 9. 11. 1935		Klassifikation der Kfz. nach D 600 v. 10. 4. 1940	
l. Pkw.	bis 1500 ccm, bis 30 PS	l. Pkw.	bis 1500 ccm, bis 37 PS
		l. gl. Pkw.	bis 1500 ccm, bis 45 PS
m. Pkw.	bis 3000 ccm, bis 60 PS	m. Pkw.	bis 3000 ccm, bis 80 PS
		m. gl. Pkw.	bis 3600 ccm, bis 80 PS
s. Pkw.	über 3000 ccm, über 60 PS	s. Pkw.	über 3000 ccm, über 80 PS
		s. gl. Pkw.	über 3600 ccm, über 80 PS
l. Lkw.	über 3000 ccm, über 40 PS, bis 2 to	l. Lkw.	über 3500 ccm, bis 65 PS, bis 2 to
l. gl. Lkw.	über 3500 ccm, über 65 PS, Nutzlast Straße 1,5 to, Gelände 1 to	l. gl. Lkw.	über 3500 ccm, bis 65 PS, bis 1,5 to
m. Lkw.	über 4500 ccm, über 70 PS, bis 3,5 to	m. Lkw.	über 4500 ccm, über 70 PS, bis 3,5 to
m. gl. Lkw.	über 6000 ccm, über 90 PS, Nutzlast Straße 3 to, Gelände 2 to	m. gl. Lkw.	über 6000 ccm, bis 110 PS, bis 2,5 to
s. Lkw.	über 10 000 ccm, über 120 PS, 6,5 to	s. Lkw.	über 10 000 ccm, über 120 PS, über 3,5 to
l. Kom.	bis 3000 ccm, bis 50 PS, bis 15 Mann	l. Kom.	bis 3000 ccm, bis 50 PS
m. Kom.	bis 9000 ccm, bis 90 PS, bis 30 Mann	m. Kom.	bis 9000 ccm, bis 90 PS
s. Kom.	üb. 9000 ccm, üb. 90 PS, üb. 30 Mann	s. Kom.	über 9000 ccm, über 90 PS

Liste der Hersteller von Kraftfahrzeugen und Panzern für die Wehrmacht

Adler (Frankfurt/M.)
Kübel-Pkw. Adler Favorit, Standard 6, 3 Gd (1929–1940)
Pz.Spähwagen Adler Standard 6 (1932–1934)
Lkw. 1,5 to Adler W 61 (1938–1939)
Kranken-Kw. Adler W 61 (1938–1939)
Halbketten-Zgkw. 1 to (Nachbau 1940–1944)
Halbketten-SPW 1 to (Nachbau 1940–1944)
Halbketten-Zgkw. 3 to (Nachbau 1942–1945)
Halbketten-SPW 3 to (Nachbau 1942–1944)
Motor Maybach HL 42 für Zgkw. 1 und 3 to (Nachbau)
Maybach-Olvar-Getriebe für Henschel-Tiger (Nachbau)

Alkett (Rheinmetall) (Berlin-Spandau, ab 1944 auch Berlin-Falkensee)
Mun. Pz. I, II, 38 (t) (Umbau 1939–1944)
4,7 cm Pak Sf. I (Umbau 1939–1940)
15 cm s. IG. auf Sf. I (Umbau 1939–1940)
7,62 cm Pak (Sf) „Marder II" (Umbau 1941–1942)
7,5 cm Pak (Sf) „Marder II" (Umbau 1942–1943)
15 cm s. IG auf Gw. 38 (t) (Umbau 1940–1942)
Pz.Kampfwagen III (1939–1943)
Sturmgeschütz III (1940–1945)
Sturmhaubitze III (1942–1944)
8,8 cm Pak auf Gew. III/IV „Hornisse" (1943–1944)
Panzerjäger Tiger (P) „Elefant" (Aufbau 1943)
Sturmpanzer „Sturmtiger" (Umbau)

Ambi-Budd (Berlin-Johannisthal)
Karosserien für mittl. und schwere Einheits-Pkw.
Karosserien für VW Kübel- und Schwimmwagen
Einheits-Benzinkanister 20 Liter

Auto Union, Werk Horch (Zwickau)
Kübel-Pkw. und Fu-Wagen Horch 830, 830 B (1933–1938)
Mittl. Einheits-Pkw. (offen, geschlossen, Cabriolet) (1937–1943)
Schw. Einheits-Pkw. (1939–1941)
4 Rad-Pz.Spähwagen auf Einh. Fgst. (1936–1942)

Auto Union, Werk Wanderer (Siegmar)
Kübel-Pkw. Wanderer W 11, W 14, W 23 S, W 24 (1929–1940)
s. Pkw. Steyr 1500 A (Nachbau, ab 1942)
Raupenschlepper Ost RSO (Steyr, Nachbau 1942–1945)
Halbketten-Zgkw. und SPW 3 to (Nachbau)
Motor Maybach 12 Zyl. 700 PS (Nachbau 1942–1945)

Alfred Becker (Krefeld)
Sf-Geschütze auf französischen Pz. Fahrgestellen (1941–1944)

BMW (München, Eisenach, Berlin-Spandau)
Kraftrad BMW R 12, R 35, R 61, R 71, R 75 (1935–1944)
Kübel-Pkw. Dixi-BMW 3/15 PS (1928–1931)
Kübel-Pkw. BMW 309, 303, 315 (1934–1936)
le. Einheits-Pkw. BMW 325 (1937–1940)

Borgward, bis 1938: Hansa-Lloyd-Goliath (Bremen)
Lkw. 3 to Borgward B 3000 (1939–1944)
Halbketten-Zgkw. 3 to (1937–1944)
Halbketten-SPW 3 to (1939–1944)
Halbketten-Zgkw. 8 to (ab 1936)
Funklenkpanzer Ladungsträger (1940–1944)

Breda (Mailand)
Halbketten-Zgkw. 8 to (Nachbau)

Büssing-NAG (Braunschweig, Berlin-Oberschöneweide, Leipzig, bis 22. 1. 1945 Elbing)
6 Rad-Gelände-Lkw. 1,5 to Büssing-NAG G 31 (1931–1935)
6 Rad-Gelände-Lkw. 3 to Büssing-NAG GL 6 (1931–1938)
6 Rad-Gelände-Lkw. 2,5 to Einheits-Diesel (1938–1940)
Lkw. 4,5 to Büssing-NAG 500, 4500 (1940–1945)
6 Rad-Pz. Spähwagen Büssing-NAG G 31 P (1933–1935)
8 Rad-Pz. Spähwagen Büssing-NAG Typ GS, Typ ARK (1937–1945)
Halbketten-Zgkw. und SPW 1 to (Nachbau 1939–1943)
Halbketten-Zgkw. 5 to (1935–1943)
Halbketten-Zgkw. 8 to (1934–1935)
Schwerer Wehrmacht-Schlepper s. WS. (1943–1945)

Citroën (Paris)
Lkw. 2 to Citroën 23 R (1940–1943)
Lkw. 4,5 to Citroën 45 (1940–1943)

Daimler-Benz (Stuttgart, Mannheim, Gaggenau)
Kübel-Pkw. Mercedes 200, 260, 290, 320, 340 (1928–1939)
Kübel-Pkw. Mercedes-Benz 170 V (1936–1942)
Gelände-Pkw. Mercedes-Benz G 5 (1937–1941)
s. Pkw./le. Lkw. Mercedes-Benz L 1500 (1942–1944)
Lkw. 3 to Mercedes-Benz L 3000 (1938–1942)
Lkw. 3 to Opel-Blitz (Nachbau 1944–1945)
Lkw. 4,5 to Mercedes-Benz L 4500 (1939–1944)
Lkw. „Maultier" 4,5 to Mercedes-Benz L 4500 R (1944–1945)
Lkw. 6,5 to Mercedes-Benz L 6500 (1938–1940)

Daimler-Benz (Berlin-Marienfelde)
6 Rad-Gelände-Pkw. Mercedes-Benz G 4 (1933–1939)
6 Rad-Gelände-Lkw. Mercedes-Benz G 3 a (1929–1935)
6 Rad-Pz.Spähwagen Mercedes-Benz G 3 a (1930–1935)
6 Rad-Gelände-Lkw. Mercedes-Benz LG 3000 (1935–1938)
Halbketten-Zgkw. 5 to (1935–1938)
Halbketten-Zgkw. 8 to (1934–1935)
Halbketten-Zgkw. 12 to (1934–1944)
Pz.Befehlswagen I (1934–1938)
Pz.Kampfwagen II (1938–1941)
Pz.Spähwagen „Luchs" (Aufbau 1943)
Pz.Kampfwagen III (1936–1943)
Pz.Befehlswagen III (1938–1943)
Sturmgeschütz 40 (1942–1945)
Pz.Kampfwagen V „Panther" (1943–1945)
Motor Maybach 12 Zyl. 700 PS (Nachbau 1942–1945)

Demag (Wetter/Ruhr, Benrath, 1943 auch Berlin-Falkensee)
Halbketten-Zgkw. 1 to (1937–1944)
Halbketten-SPW 1 to (1940–1944)
Pz.Bergewagen „Bergepanther" (1944–1945)

Deutsche Eisenwerke (Duisburg, Mülheim/Ruhr, Teplitz-Schönau)
Sturmpanzer IV „Brummbär" (1943–1944)
8,8 cm Pak auf Gw. III/IV „Nashorn" (1943–1944)
15 cm Pz. Haubitze auf Gw. III/IV „Hummel" (1942–1944)
Flakpanzer IV „Ostwind" (1944)

Famo (Breslau, Warschau)
Halbketten-Zgkw. 18 to (1938–1944)
Pz.Kampfwagen II (1936–1943)
10,5 cm le. FH. (Sf) „Wespe" (1942–1944)
Pz.Kampfwagen III (1939–1945)

Faun (Nürnberg)
Schw. Straßen-Zugmaschine Faun ZR
Zwei- und dreiachsige Munitions-, Geräte- und Mannschafts-Lkw.

Ford (Köln, Berlin, Amsterdam)
Schw. Einheits-Pkw. (1939–1941)
Lkw. 3 to Ford G 917 T, V 3000 S (1939–1945)
Lkw. „Maultier“ 3 to Ford 3000 S/SSM (1942–1944)

Fross-Büssing (Wien)
Lkw. 3 to MAN E 3000 (Nachbau 1940–1942)
Wehrmacht-Omnibus MAN E 3000 (Nachbau 1940–1942)
Lkw. 6,5 to MAN F 4 (Nachbau 1940–1942)

Gaubschat (Berlin-Neukölln)
Karosserien für Kübelsitz-Pkw.
Karosserien für mittl. und schwere Einheits-Pkw.
Kofferaufbauten für Lkw.-Fahrgestelle
Sonderaufbauten für Lkw.-Anhänger
Instandsetzung russischer Beute-Motorschlitten

Gräf & Stift (Wien)
Kommando-Omnibus Gräf & Stift S 6 (1939–1940)
Raupenschlepper Ost RSO (Nachbau 1942–1944)

Hanomag (Hannover)
Kübel-Pkw. Hanomag 3/16 PS, 4/23 PS, Kurier, Rekord (1928–1938)
le. Einheits-Pkw. Hanomag 20 B (1937–1940)
Straßen-Zugmaschine Hanomag 55 und 100 PS
Halbketten-Zgkw. und SPW 3 to (1938–1944)
Panzer-Motoren Maybach (Nachbau)

Henschel (Kassel)
6 Rad-Gelände-Lkw. 3 to Henschel 33 D 1, 33 G 1 (1933–1941)
6 Rad-Gelände-Lkw. 2,5 to Einheits-Diesel (1937–1940)
Pz.Kampfwagen I (1934–1939)
Pz.Kampfwagen II (1937–1943)
Pz.Kampfwagen III (1939–1940)
Pz.Kampfwagen V „Panther“ (1943)
Pz.Kampfwagen VI „Tiger“ (1942–1945)

Klöckner-Deutz-Magirus, bis 1935: Magirus (Ulm, Mainz)
6 Rad-Gelände-Lkw. 1,5 to Magirus M 206 (1934–1937)
6 Rad-Pz.Spähwagen Magirus M 206 (1934–1936)
Aufbauten für BMW und Hanomag Fernsprech-Pkw. (1935)
6 Rad-Gelände-Lkw. 3 to Magirus 33 G 1 (Liz. Henschel 1936–1940)
6 Rad-Gelände-Lkw. 2,5 to Einheits-Diesel (1939–1940)
Lkw. 3 to Klöckner-Deutz 3000 (1941–1943)
Lkw. „Maultier“ 3 to Klöckner-Deutz 3000 (1942–1944)
Raupenschlepper Ost RSO (1943–1945)

Krauss-Maffei (München)
Halbketten-Zgkw. 8 to (1934–1944)
Halbketten-Zgkw. 12 to (Nachbau)
Pz.Kampfwagen I (1942)
Panzer-Motoren Maybach (Nachbau)

Krupp (Essen, Mühlhausen)
6 Rad-Gelände-Lkw. 1 to Krupp L 2 H 43, L 2 H 143 (1934–1941)
6 Rad-Gelände-Lkw. 3 to Krupp L 3 H 63, L 3 H 163 (1931–1938)
Lkw. 6,5 to Krupp LD 6,5 (1939–1941)
Halbketten-Zgkw. 12 to (Nachbau)

Krupp (Gruson-Werk Magdeburg)
Pz.Kampfwagen IV (1936–1942)
Sturmgeschütz IV (1943)

Ludewig (Essen-Altenessen)
Aufbauten für Opel-Blitz 3 to Wehrmacht-Omnibus (2880 Stück)
Einheits-Kofferaufbau für Mercedes-Benz und Opel 3 to Lkw. (ca. 750 St.)
Schlauch-Tender-Aufbauten für Feuerwehr (ca. 100 Stück)

MAN (Nürnberg)
Lkw. 3 to MAN E 3000 (1940–1944)
Wehrmacht-Omnibus MAN E 3000 (1940–1943)
Lkw. 4,5 to MAN ML 4500 (1940–1945)
Lkw. 6,5 to MAN F 4 (1938–1940)
6 Rad-Gelände-Lkw. 2,5 to Einheits-Diesel (1937–1940)
Pz.Kampfwagen I (1934–1937)
Pz.Spähwagen II „Luchs" (1941–1943)
Pz.Kampfwagen II (1935–1943)
Pz.Kampfwagen III (1939–1943)
Pz.Kampfwagen V „Panther" (1942–1945)
Motor Maybach HL 120 (Nachbau 1944–1945)

Miag (Amme-Werk Braunschweig)
Pz.Kampfwagen II (1936–1940)
Pz.Kampfwagen III (1941–1943)
Sturmgeschütz 40 (1942–1945)
8,8 cm Panzerjäger „Jagdpanther" (1944–1945)

MNH (Maschinenfabrik Niedersachsen Hannover)
Pz.Kampfwagen III (1940–1945)
Pz.Kampfwagen V „Panther" (1943–1945)
8,8 cm Panzerjäger „Jagdpanther" (1944–1945)

Nordbau (Norddeutscher Motorenbau, Berlin)
Panzer-Motoren Maybach (Nachbau)

Nowack (Bautzen/Sa.)
Lkw.- und Krankenwagen-Aufbauten auf Phänomen-Fahrgestellen

NSU (Neckarsulm)
Kraftrad NSU 601 OSL (1938–1939)
Ketten-Krad NSU (1941–1944)
Funklenkpanzer „Springer" (1945)

ÖAF (Österreichische Automobil-Fabrik, Wien)
Lkw. 4,5 to ÖAF ML 4500 (Nachbau MAN, 1941–1944)

Opel (Rüsselsheim, Brandenburg)
Kübel-Pkw. Opel P 4 (1937–1938)
Mittl. Einheits-Pkw. (1940–1943)
Lkw. 1,5 to Opel-Blitz (1938–1942)
Lkw. 3 to Opel-Blitz (1937–1944)
Lkw. „Maultier" 3 to Opel-Blitz (1942–1944)
Wehrmacht-Omnibus Opel-Blitz (1939–1944)

Ostbau (Sagan/Schlesien)
Flakpanzer IV „Wirbelwind" (1943–1944)

Phänomen (Zittau, Cottbus)
Kübel-Pkw. Phänomen Granit 25 (1935)
Kranken-Kw. Phänomen Granit 25 H (1936–1939)
Kranken-Kw. Phänomen Granit 1500 S (1940–1944)
s. Pkw. Phänomen Granit 1500 A (1942–1943)
Halbketten-Zgkw. 1 to (Nachbau)

Praga (Böhmisch-Mährische Maschinenfabrik, Prag)
6 Rad-Gelände-Pkw. Praga AV (1936–1939)
6 Rad-Gelände-Lkw. 2 to Praga RV (1935–1939)
Artillerie-Schlepper (Ketten-Zugmaschinen 1938–1944)
Pz.Kampfwagen 38 (t) (1937–1942)
7,5/7,62 cm Pak auf Gw. 38 (t) „Marder III“ (1942–1944)
15 cm s. IG. auf Gw. 38 (t) „Bison“ (1942–1944)
Flakpanzer 38 (t) (1943–1944)
Jagdpanzer 38 (t) „Hetzer“ (1943–1945)
Pz.Kampfwagen III (Nachbau 1942)
Pz.Kampfwagen IV (Nachbau ab 1942)
Flakpanzer IV „Möbelwagen“ (1943–1944)

Saurer (Wien)
Pz.Beobachtungswagen RR 7/2 (1937–1939)
Lkw. 4,5 to Saurer BT 4500 (1940–1943)
Lkw. 4,5 to Saurer SG 4500 (1943–1944)
Lkw. 4,5 to Mercedes-Benz L 4500 A (Nachbau 1944–1945)
Halbketten-Zgkw. und SPW 1 to (Nachbau 1940–1943)
Halbketten-Zgkw. 8 to (Nachbau 1941–1944)

Skoda (Pilsen, Königgrätz)
Pkw. Skoda Popular 1100 (1939–1942)
Pkw. Skoda Superb 3000 (1941–1943)
6 Rad-Gelände-Pkw. Skoda (1941–1942)
6 Rad-Gelände-Lkw. 4 to Skoda (bis 1939)
6 Rad-Artillerie-Schlepper Skoda (1939–1940)
Halbketten-Zgkw. 3 to (Nachbau)
Halbketten-Zgkw. 12 to (Nachbau)
Pz.Kampfwagen 35 (t) (1935–1937)
Jagdpanzer 38 (t) „Hetzer“ (1944–1945)
Radschlepper Ost RSO (Prototypen Porsche 1942)

Steyr (Wien, Steyr)
Motor-Karette Austro-Daimler ADMK (1935–1938)
6 Rad-Gelände-Lkw. 3 to Austro-Daimler ADGR (1936–1940)
8 Rad-Pz.-Spähwagen Austro-Daimler ADGZ (1935–1942)
6 Rad-Gelände-Lkw. 1,5 to Steyr 640 (1937–1941)
Gelände-Pkw. Steyr Typ 250 (1938–1940)
s. Pkw./le. Lkw. Steyr 1500 A, 2000 A (1941–1944)
Raupenschlepper Ost RSO (1942–1943)

Steyr (ab 1940: Nibelungenwerk St. Valentin/Niederösterreich)
Pz.Kampfwagen IV (1942–1945)
Panzerjäger Tiger (P) „Elefant“ (Fahrgestell 1943)
Jagdpanzer „Jagdtiger“ (1944–1945)

Stoewer (Stettin)
Kübel-Pkw. Stoewer M 12 (1935)
le. Einheits-Pkw. Stoewer (1936–1942)
Ketten-Krad NSU (Nachbau 1942–1944)

Tatra (Nesselsdorf/Mähren)
le. Pkw. Tatra 57 K (1941–1943)
Kübel-Pkw. Tatra V 809 (1940)
6 Rad-Gelände-Pkw. Tatra T 93 (1939–1940)
6 Rad-Gelände-Lkw. 2 to Tatra T 92 (1937–1940)
6 Rad-Lkw. 6 to Tatra 111 (1942–1944)
Schw. Wehrmacht-Schlepper s. WS. (Nachbau)

Trippel (Molsheim/Elsaß)
Schwimmwagen SG 6 (1941–1944)

Trutz (Coburg)
Karosserien für Kübel-Pkw. (1934–1936)
Geschlossene Karosserien für Funk-Kfz. (1935–1936)
Karosserien für le., mittl. und schw. Einheits-Pkw. (1936–1943)
Karosserien für s. Pkw. Steyr 1500 A

Volkswagenwerk (Wolfsburg)
VW Kübelwagen Typ 62, Typ 82 (1939–1945)
VW Schwimmwagen Typ 128, Typ 166 (1941–1944)
VW Limousine Typ 87, Typ 82 E (1942–1945)

Vomag (Plauen)
Lkw. 6,5 to Vomag 6 L (1938–1939)
Pz.Kampfwagen IV (ab 1942)
Panzerjäger IV (1943–1945)

Wegmann (Kassel)
Pz.Kampfwagen I (1936–1939)
Pz.Kampfwagen II (1935–1941)
Pz.Kampfwagen III (1939–1942)

Westfalia (Wiedenbrück)
Pritschenaufbauten auf Henschel 33 G 1, 33 D 1
Pritschenaufbauten auf Krupp L 3 H 63, L 3 H 163
Pritschenaufbauten auf Büssing-NAG 3 GL 6
Pritschenaufbauten auf Mercedes-Benz LG 3000
Pritschenaufbauten auf Ford G 917 T, V 3000 S
Panzerwerfer 42 auf Lkw. Maultier Opel-Blitz
Feldküchen

Zündapp (Nürnberg)
Kraftrad K 500, K 800, KS 600, KS 750 (1934–1944)
Funklenkpanzer „Goliath" (1944–1945)

Kraftfahrzeuge der Bundeswehr

Nur noch sehr leichte Maschinen

Krafträder spielen in der Bundeswehr bei weitem nicht mehr jene wichtige Rolle wie einstens in der Reichswehr und in der Wehrmacht. Truppen-Einheiten nach Art der früheren Kradschützen gibt es nicht mehr. Hingegen bleibt das Krad für Melder- und Kurieraufgaben sowie für die Aufklärung, Störungssuche und etliche andere Zwecke trotz der hochentwickelten Funk- und Nachrichtentechnik weiterhin ein höchst nützliches Gerät, auch und gerade wieder im Falle der Gefahr eines Atomkrieges. Anders als früher bevorzugen die maßgebenden Obersoldaten jedoch heute für den militärischen Einsatz leichte Krafträder, obwohl man mit solchen in Rußland gewiß recht betrübliche Erfahrungen gemacht hatte. Es wird unterstellt, daß in einem künftigen Ernstfall nicht mit jenen besonders harten Bedingungen gerechnet zu werden braucht, wie sie seinerzeit im Osten gegeben waren. Ob diese Überlegung stimmt oder nicht, bleibt hoffentlich unbewiesen.

In den Aufbaujahren ab 1955 hatte die Bundeswehr die verschiedensten Motorrad-Typen im Gebrauch. Zunächst wurden vielfach 250 ccm BMW-Maschinen vom Bundesgrenzschutz übernommen. Auch heute noch fahren die Feldjäger für den Verkehrsleit-, Kontroll- und Protokolldienst (Eskorten!) etliche 250er sowie 12 Stück 500er BMWs, durchweg Modelle älterer Jahrgänge, zumal die Produktion der Einzylinder-Maschinen schon 1967 eingestellt wurde.

Die erste feldmäßige Neuausstattung der Bundeswehr in größerem Stil erfolgte mit DKW 175 ccm- und Triumph 250 ccm-Maschinen, die nahezu unverändert den damals handelsüblichen Straßenmotorrädern entsprachen. Nachdem sie sich im Truppengebrauch absolut nicht bewährten, entschloß man sich zur Beschaffung eines speziell den Anforderungen der Bundeswehr angepaßten, geländetauglichen Standardmodells.

Seit 1960
10 Jahre lang bewährt:
Maico M 250/B

So kam es zur Einführung der 250er Maico. In der Tat hatte sich dieses Fabrikat damals wie kaum ein anderes bereits im zivilen Bereich durch die Konstruktion ausgezeichneter Geländesport-Maschinen hervorgetan. In den Jahren von 1960 bis 1966 wurden 10 000 Kräder des Typs Maico M 250/B zum Stückpreis von je etwa 2000 DM an die Bundeswehr geliefert. Ungefähr ein Drittel dieser Maschinen baute die Zweirad-Union (Nürnberg), wobei auch hier die Firma Maico (Pfäffingen bei Tübingen) den kompletten Motor, den Tank, die Naben und die Gabeln lieferte. Das Modell erfuhr in dem genannten Zeitraum keine technischen Änderungen. Es befindet sich noch heute, Jahre später, im Dienst und bewährt sich, sachgemäße Pflege und ordentliche Behandlung vorausgesetzt, nach wie vor sehr gut. Dennoch sind diese Maschinen alters- und gebrauchsbedingt nunmehr reif zur Aussonderung.

Nach jahrelanger Erprobung verschiedener Modelle im Truppenversuch entschied sich die Bundeswehr für die Hercules K 125 Bw als Nachfolgemodell. Ihr wohl einziger wesentlicher Vorzug gegenüber der Maico besteht darin, daß sie etwa einen halben Zentner weniger wiegt, wobei freilich die Maschine immer noch viel zu schwer bleibt, um von einem einzelnen Mann auch unter widrigen Bedingungen ohne unzumutbare Anstrengung gehandhabt werden zu können. Problematisch für ein Soldaten-Motorrad erscheint die fast rennmäßige Charakteristik des hochtourigen Zweitaktmotors in Verbindung mit dem dazu notwendigen Fünfganggetriebe, was rein fahrtechnisch unnötig hohe Ansprüche vorraussetzt und überdies zuweilen durchdringend laute Geräusche ergibt. Auch in manchen technischen Details (offene Kette, exponierte Anbringung der Batterie und der Blinkleuchten, ungeschützte Bowdenzüge u. ä.) fordert die Hercules K 125 Bw zur Kritik heraus. Positiv zu werten ist der dank Handelsüblichkeit relativ niedrige Preis, denn sie dürfte pro Stück etliches weniger als 2000 DM kosten (bei einem Listenpreis von DM 2650,– für private Käufer). Im Hinblick auf die vielfach kaum miteinander zu vereinbarenden Wünsche des Auftraggebers mag die Hercules ein guter Kompromiß sein, doch erhebt sich dann eben zwangsläufig die Frage, ob die militärischen Forderungen zu den praktischen Möglichkeiten in einem realistischen Verhältnis standen. Die Erfahrungen der kommenden Jahre werden Klarheit über derzeit noch vorhandene Meinungsverschiedenheiten bringen.

Die härteste Beanspruchung eines Kraftrads der Bundeswehr besteht übrigens nicht in der Bewältigung extremer Geländeschwierigkeiten, sondern darin, daß es sich oft in der Hand

Das neue Krad der Bundeswehr: Hercules K 125 Bw

Ein Bild aus den Anfangsjahren der Bundeswehr: Kradmelder eines Panzerartilleriebataillons bei der Verkehrsregelung während der Herbstmanöver. Marschbewegungen gepanzerter Verbände bedürfen sorgfältiger Vorbereitung und Durchführung. Hierbei sind Feldjäger und Kradmelder unentbehrlich. Bei der Maschine handelt es sich um die Mitte der fünfziger Jahre eingeführte Triumph BDG 250 SL, die bald durch die Maico abgelöst wurde.

ungeübter und zuweilen sogar un- oder böswilliger Fahrer befindet, zumal manche Soldaten heutzutage sowieso sauer sind, wenn man sie auf zwei statt auf vier Räder setzt. Überhaupt haben sich die Verhältnisse gründlich geändert. Die ersten Jahre der Bundeswehr fielen noch in jene Glanzzeit des Motorrads, als jeder zweite Rekrut seinen Motorrad-Führerschein und einschlägige Erfahrungen bereits aus dem zivilen Leben mitbrachte. Längst fangen künftige Kradmelder wieder mit der Fahrschule an!

Motor
Zylinderzahl
Bohrung x Hub
Hubraum
Leistung
Drehmoment
Verdichtung
Vergaser
Spülung
Kurbelwellenlager
Kühlung
Schmierung
Batterie

Kraftübertragung

Kupplung
Getriebe
Schaltung
Übersetzungen

Antriebsübersetzung

Fahrwerk
Vorderradgabel

Hinterradfederung

Fußbremse
Handbremse

Allgemeine Daten
Radstand
Gesamtlänge
Gesamtbreite
Lenkerhöhe
Sitzhöhe
Reifen
Bodenfreiheit
Watfähigkeit
Fahrzeuggewicht
Zuläss. Gesamtgewicht
Höchstgeschwindigkeit
Verbrauch/100 km

Kraftstofftank
Fahrbereich

Krad 175 DKW RT 175 VS 1955–1958	**Krad 250 Triumph BDG 250 SL 1955–1957**	**gl Kraftrad Maico M 250/B 1960–1966**	**gl Kraftrad Hercules K 125 Bw ab 1970**
Auto Union/DKW	Triumph	Maico	Sachs 251/5 B
1 Zylinder (Zweitakt)	1 Doppelkolben (Zweitakt)	1 Zylinder (Zweitakt)	1 Zylinder (Zweitakt)
62 x 58 mm	2 x 45 x 78 mm	67 x 70 mm	54 x 54 mm
174 ccm	248 ccm	247 ccm	122 ccm
9,6 PS bei 5000 U/min	12 PS bei 4600 U/min	14,5 PS bei 5200 U/min	12,5 PS bei 7000 U/min
		2,18 mkg bei 3750 U/min	1,4 mkg bei 6500 U/min
1:6,2	1:6,2	1:7	1:9
1 Bing 24 ⌀	1 Bing 26 ⌀	1 Bing 26 ⌀	1 Bing 24 ⌀
Umkehrspülung	Gleichstromspülung	Umkehrspülung	Umkehrspülung
3	2	2	3
Luft (Fahrtwind)	Luft (Fahrtwind)	Luft (Fahrtwind)	Luft (Fahrtwind)
Gemisch 1:25	Gemisch 1:20	Gemisch 1:25	Gemisch 1:25
6 V 6 Ah	6 V 6 Ah	6 V 6 Ah	6 V 12 Ah
Antrieb auf Hinterrad	Antrieb auf Hinterrad	Antrieb auf Hinterrad	Antrieb auf Hinterrad
über vollgekapselte Kette	über vollgekapselte Kette	über vollgekapselte Kette	über offene Kette
Mehrscheibenkupplung in Öl	Mehrscheibenkupplung in Öl	Mehrscheibenkupplung in Öl	Mehrscheibenkupplung in Öl
4 Gang	4 Gang	4 Gang	5 Gang
Fußschaltung	Fußschaltung	Fußschaltung	Fußschaltung
I. 3,19	I. 3,25	I. 3,275	I. 4,60
II. 1,86	II. 1,80	II. 1,945	II. 2,73
III. 1,33	III. 1,33	III. 1,335	III. 1,85
IV. 1,00	IV. 1,00	IV. 1,000	IV. 1,39
			V. 1,153
	Motor/Getriebe 1,88	Motor/Getriebe 2,1	Motor/Getriebe 2,1
	Getriebe/Hinterrad 2,70	Getriebe/Hinterrad 3,28	Getriebe/Hinterrad 3,69
Rohrrahmen	Preßstahl-Rohrrahmen	Rohrrahmen	Rohrrahmen
Teleskop-Federgabel	Teleskop-Federgabel	Teleskop-Federgabel	Halblange Schwinge
			Federweg 140 mm
Schraubenfedern	Schraubenfedern	Längsschwinge	Längsschwinge
			Federweg 100 mm
Gestänge auf Hinterrad	Gestänge auf Hinterrad	Seilzug auf Hinterrad	Gestänge auf Hinterrad
Seilzug auf Vorderrad	Seilzug auf Vorderrad	Seilzug auf Vorderrad	Seilzug auf Vorderrad
1278 mm	1330 mm	1330 mm	1295 mm
1975 mm	2080 mm	2010 mm	2035 mm
660 mm	760 mm	800 mm	930 mm (mit Blinkleuchten)
926 mm	985 mm	1075 mm	1060 mm, mit Spiegel 1260 mm
			810 mm
3,25–19	3,25–19	3,25/3,50-18 Gelände GS 2	3,25/3,50-18 Gelände GS 2
120 mm	122 mm	140 mm	
135 kg	160 kg	165 kg	140 kg
280 kg	308 kg	335 kg	300 kg
95 km/h	100 km/h	96 km/h	95 km/h
Straße: 3,5 Liter Gemisch	Straße: 4 Liter Gemisch	Straße: 4 Liter Gemisch	Straße: 5 Liter Gemisch
		Gelände: 6 Liter Gemisch	Gelände: 7 Liter Gemisch
15 Liter	14 Liter	16 Liter	15 Liter
Straße: 420 km	Straße: 350 km	Straße: 400 km	Straße: 300 km
		Gelände: 250 km	Gelände: 200 km

Vom Zweitakt-Geländewagen zum Europa-Jeep

Als 1954 die eben installierte Bundeswehr ihren Bedarf an neuen Kübelwagen für die folgenden 5 Jahre auf 10 000 Stück veranschlagte, erwies es sich bald, daß die Wahl des hierfür in Betracht kommenden Modells äußerst problematisch war. Im Gegensatz zu späteren Zeiten mußte damals noch a) an Devisen und b) überhaupt sehr gespart werden, weshalb von vornherein Kübelwagen deutscher Herkunft den Vorzug erhielten. Das wurde an und für sich nicht als Nachteil empfunden. Der Ankauf fabrikneuer Jeeps aus Amerika wäre zu teuer und die Übernahme solcher Fahrzeuge aus nicht mehr benötigten Beständen der US-Army wäre zwar billig, jedoch im Hinblick auf die großenteils notwendigen Reparaturen zu unwirtschaftlich gewesen. Gar nicht zu befreunden vermochten sich die Beschaffer mit dem englischen Land-Rover, der zwar als robust, aber in der Konstruktion und in der Verarbeitung als zu wenig kultiviert und zuverlässig galt. Bald waren dennoch zahlreiche Fahrzeuge vom Typ Land-Rover in der Bundeswehr vorhanden, weil bei deren Aufstellung zwei Divisionen des Bundesgrenzschutzes samt kompletter Ausstattung übernommen wurden, wozu dort damals die Land-Rover gehörten. Eher angesprochen hätte offenbar der französische Delahaye Geländewagen, für den aber die Produktionskapazität der (inzwischen längst nicht mehr existierenden) Herstellerfirma bei weitem zu gering gewesen wäre.

Innerhalb erstaunlich kurzer Zeit boten drei deutsche Firmen die Prototypen entsprechender Neukonstruktionen an: Porsche, Goliath und die Auto Union führten bereits am Jahresende 1954 ihre ersten Musterexemplare vor. Der, den man am liebsten gesehen hätte, nämlich eine Weiterentwicklung des VW-Kübelwagens aus dem zweiten Weltkrieg, war leider nicht dabei: Der damalige VW-Chef Nordhoff lehnte es ab, einen von der Serie abweichenden Wagen für die Bundeswehr zu bauen, weil ihm dieses Geschäft zu wenig Gewinn versprach.

Unter den drei Bewerbern um die Gunst der Bundeswehr schien technisch und formal der Kübelwagen von Porsche die interessanteste Lösung zu bieten. Er besaß einen luftgekühlten Heckmotor, wobei es sich um den des damaligen Sportwagens handelte, leistungsmäßig gedrosselt und mit nur einem Vergaser bestückt. Angetrieben wurden alle vier Räder, und die (zunächst) türlose Karosserie war schwimmfähig, wenn auch ohne Eigenantrieb. Man konnte das Fahrzeug über das Wasser ziehen oder aus mehreren Wagen einen Schleppzug bilden. Bis 1958 wurde am Porsche 597, wie die Werksbezeichnung hieß, ständig weiter gearbeitet, wobei er zuletzt auch Türen erhielt. Insgesamt 71 Vorserienwagen gingen in den Werks- und in den Truppenversuch, jedoch kam es nicht zur Serienherstellung. Anerkennung fanden zwar die Motorleistung, die Luftkühlung, die Schwimmfähigkeit und die Geräumigkeit des Wagens. Andererseits wurde das ziemlich mühsame Ein- und Aussteigen über die hohe, breite Bordwand bemängelt, es störten die Empfindlichkeit und der zu hohe Verbrauch des Motors, Getriebe, Federung und Lenkung befriedigten nicht, der Fahrer hatte schlechte Sicht und notwendige Reparaturen machten sehr viel Umstände. Entscheidend aber sprach gegen dieses Modell, daß es mit einem Preis von etwa 16 000 DM überaus teuer und außerdem kurzfristig gar nicht in genügender Zahl lieferbar gewesen wäre. Die Kapazität des Porsche-Werks war durch die zivile Produktion ausgelastet. Für das Geländefahrzeug hätte eine neue Fabrik gebaut (und womöglich vom Staat vorfinanziert) werden müssen, worauf man weder warten wollte noch konnte.

Die zur Borgward-Gruppe gehörende Firma Goliath stellte einen Geländewagen vor, der mit einem 900 ccm-Zweitakt-Einspritzmotor und ab 1957 mit dem Vierzylinder-Viertakt-Boxer des damals neuen Hansa 1100 ausgerüstet war. Von der Zweitaktausführung standen etwa 20, vom späteren Modell 80 Vorserienwagen für Werks- und Truppenversuche zur Verfügung. Straßenlage, Federung, Lenkung und Bremsen des Goliath wurden sehr gut beurteilt, während die Funktionssicherheit des Getriebes und des Allrad-Antriebs zu Klagen Anlaß gaben. Vor allem aber scheint Borgward die Beschaffer der Bundeswehr dadurch verprellt zu haben, daß er in der entscheidenden Zeit eigensinnig darauf bestand, den störungsanfälligen Zweitakt-Einspritzmotor durchzusetzen. Als man dann doch den an sich prächtigen Viertakt-Boxer präsentierte, war es zu spät: DKW hatte das Rennen bereits gewonnen!

Die Entscheidung fiel im Frühjahr 1956 zugunsten des Wagens der Auto Union. Sein spezielles, am meisten umstrittenes Merkmal war und blieb der Zweitaktmotor, denn von diesem abgesehen hat sich das Fahrzeug rundum hervorragend bewährt. Nach Behebung der anfangs häufigen Kupplungsschäden gibt es an der robusten Kraftübertragung, am Fahrwerk und an der Karosserie keine wesentlichen Beanstandungen. Der Zweitaktmotor aber, der unter Automobil-Fachleuten damals schon im zivilen Bereich auf wachsende Ablehnung stieß, eignet sich eben wenig für einen Militär-Geländewagen. Es fehlt ihm an Drehmoment und damit an Elastizität bei niedriger Motordrehzahl. Die diffizile Zündung und Kurbelwellenschäden, welche die Lebensdauer eines Motors oft genug auf nur 10 bis 20000 km reduzieren, beeinträchtigen die erforderliche Robustheit und Betriebssicherheit. Die Gemisch-Schmierung ist trotz Mischvorrichtung bedienungsmäßig unbefriedigend. Vor allem aber stört die berüchtigte Gasfahne des Zweitakters im Kolonnenverkehr, der nun mal zum militärischen Betrieb gehört. Es war von jeher eine Zumutung, hinter einem DKW herfahren zu müssen, wenn man sich dessen üblem Auspuffgeruch weder durch Überholen noch durch weites Zurückbleiben entziehen konnte. Gewiß haben viele Menschen unempfindliche Nasen, bei anderen aber führt solche Belästigung zu Brechreiz oder sonstigen Beschwerden. In Manövergebieten hat man schon manchen Soldaten am Straßenrand leiden sehen . . .

Daß die Bundeswehr seinerzeit auf den DKW Geländewagen der Auto Union verfiel, hatte verschiedene Gründe. Das Fahrzeug entsprach voll den datenmäßig gestellten Forderungen, es wies bei den Geländeerprobungen unter den drei zur Debatte stehenden Modellen die wenigsten Schäden oder Mängel auf, und es war infolgedessen am ehesten als serienreif zu bezeichnen. Dazu kam der wichtige Umstand, daß die Auto Union jede benötigte Stückzahl des Wagens in kürzester Zeit bauen und zu einem relativ günstigen Preis (unter 10000 DM) liefern konnte, wobei überdies die wünschenswerte Parallelität zu einem handelsüblichen Großserienmodell (zunächst) gewahrt blieb.

Bis Ende 1968 lief die Produktion des Auto Union Geländewagens. Etwa 55000 Fahrzeuge wurden insgesamt gebaut, von denen um die 38000 an die Bundeswehr gingen. Im Laufe der Jahre machte der Motor die jeweiligen Weiterentwicklungen des Serienmodells mit, und bereits ab 1955 verzichtete man auf die Abschaltbarkeit des Hinterradantriebs, so daß, was nicht unbedingt als Vorteil gelten sollte, nur noch mit Allradantrieb gefahren wurde. Ansonsten blieb das Auto während der 14 Jahre dauernden Produktionszeit nahezu unverändert, was für die Güte seiner Konstruktion spricht. Nur der Motor war es, der die Wahl des Auto Union-Geländewagens zum Standard-Fahrzeug der Bundeswehr von Anfang an als Fehlentscheidung erscheinen ließ, auch wenn man die Gründe anerkennt, die für ihn sprachen.

Während sich die Truppe noch jahrelang mit der Gasfahne der zahlreich vorhandenen Auto Union-Geländewagen wird abfinden müssen, besitzt dieses anrüchige Kapitel der westdeutschen Wiederaufrüstung für die obersten Planer und Beschaffer der Bundeswehr längst keine aktuelle Bedeutung mehr. Bereits seit 1963 haben sie den Nachfolgetyp im Auge. Nach den Wünschen der Militärs soll dieses Fahrzeug auf ebener Straße 90 und mit Anhänger 70 km/h erreichen, den Fußtruppen mit 4 km/h folgen können und einen Fahrbereich von mindestens 800 km aufweisen. Bei einem Leergewicht von 1500 kg soll die Tragfähigkeit 500 kg (Besatzung bis zu 6 Mann) und die Anhängelast 750 kg betragen. Der Wagen muß geländegängig und voll schwimmfähig sein, ABC-Schutz und Tarnung gegen Infrarot, Radar und Schallortung bieten. Besonderer Wert wird auf die Luftverlastbarkeit gelegt sowie auf die Absetzbarkeit mittels Fallschirm, wobei bis zu einer Auftreffgeschwindigkeit von 10 m/s keine Fahrzeugteile beschädigt werden oder sich lösen dürfen. Angestrebt wird ein Vielstoffmotor mit einer spezifischen Leistung von etwa 40 PS/t.

Das geplante 0,5 t Führungs- und Verbindungsfahrzeug heißt in der Umgangssprache »Europa-Jeep«. An ihm wird seit 1965 gearbeitet und es soll in gemeinschaftlichem Zusammenwirken deutscher, französischer und italienischer Firmen entstehen. Drei Industriegruppen wollten ursprünglich miteinander konkurrieren, nämlich Glas-MAN/Fiat/Renault-Saviem, dann Büssing/Lancia/Hotchkiss und schließlich NSU/Moto-Guzzi/Panhard-Citroën. Die zuletzt genannte Gruppe, innerhalb welcher übrigens NSU dem Wankelmotor Geltung verschaffen wollte, schied allerdings schon nach dem ersten Anlauf aus. Die Verbindung zwischen den Firmen Glas und MAN beruhte darauf, daß die beiden auf dem Gebiet des militärischen Fahrzeugbaus schon jahrelang vorher zusammengearbeitet hatten, indem Glas (Dingolfing) die Einheits-Kofferaufbauten für den 5 t Nato-Lkw der MAN (München) lieferte.

Die Prototypen der beiden noch zur Wahl verbliebenen Konstruktionen befanden sich seit 1968 bei den drei Nato-Streitkräften im Versuch. Die ursprüngliche Absicht, diese Erprobung bis Ende 1969 abzuschließen und das endgültige Modell ab Ende 1970 bei der Truppe einzuführen, wurde allerdings längst aufgegeben. Ohnehin scheinen beide Konstruktionen keine allzu große Begeisterung ausgelöst zu haben. Anfang 1972 fiel nun die Entscheidung, daß der Hotchkiss mit vorn eingebautem Lancia-Motor wegen seiner schlechten Sichtverhältnisse und der ungünstigen Achslastverteilung nicht mehr in Frage kommt, während das hauptsächlich bei Fiat (Turin) entwickelte Modell mit im Heck angeordnetem BMW Vergaser- oder MAN Vielstoff-Motor nun zur Serienreife gebracht werden soll. Ob dieser Wagen vielleicht ab 1974 bei den Armeen der drei Partnerländer eingeführt werden kann, muß als sehr fraglich bezeichnet werden. Bei der Planung des Europa-Jeep hatte man einen Bedarf von 50000 Stück veranschlagt, wovon 30000 der Bundeswehr und je 10000 den Streitkräften Frankreichs und Italiens zugedacht waren. Inzwischen rechnet man mit bedeutend bescheideneren Zahlen. Das Fahrzeug wird infolge seiner aufwendigen Konstruktion ziemlich teuer werden, weshalb man seine Einführung nun auf Planstellen beschränken möchte, wo es unbedingt gebraucht und auch sinnvoll ausgenützt werden kann. In diesem Sinne dürften für die Bundeswehr höchstens etwa 12000 Stück zur Debatte stehen, die Franzosen reflektieren auf noch 2500 Wagen und die Italiener haben sich zu der für die dortige Topographie zweifellos begründeten Erkenntnis durchgerungen, daß sie eigentlich überhaupt keinen Geländewagen brauchen, der schwimmen kann. Da erhebt sich die Frage, ob die Produktion eines Europa-Jeep in trilateraler Zusammenarbeit überhaupt noch lohnend und sinnvoll erscheint.

Schon 1963, also bereits zwei Jahre vor Beginn der Planung des Europa-Jeep, hatte die Firma Glas (Dingolfing) begonnen, in Zusammenarbeit mit der Bundeswehr einen neuen Geländewagen zu entwickeln, der bereits weitgehend dem späteren trilateralen Konzept entsprach. BMW führte diese Entwicklung nach Übernahme von Glas weiter, wobei bis heute die einzige wesentliche Änderung darin besteht, daß man wahlweise den eigenen Motor oder den Vielstoffmotor von MAN vorsieht. Dieser Geländewagen, der interessante Einzelheiten, aber auch gravierende Mängel aufweist, galt jahrelang als mögliche nationale Alternative zum Europa-Jeep, stellt aber heute lediglich noch ein Studienobjekt dar, das kaum mehr eine Chance zur serienmäßigen Fertigung besitzt, zumal sich BMW selbst nie sonderlich dafür engagierte.

Da man jedoch nach Lage der Dinge nicht auf die mögliche Alternative zum Europa-Jeep verzichten kann, laufen derzeit noch andere Projekte, wie beispielsweise das eines VW-Geländewagens mit Allrad-Antrieb. Ferner sei der amphibische Gelände-Pkw der Firma Messerschmitt-Bölkow-Blohm (MBB) erwähnt. Dieser Anfang 1971 vorgestellte Prototyp, entwickelt in Zusam-

Zwar hat die Bundeswehr den Land-Rover nie direkt angekauft, besaß ihn aber in den Anfangsjahren ziemlich zahlreich, weil ihn zwei Divisionen des Bundesgrenzschutzes bei ihrer Übernahme in die Bundeswehr mitgebracht hatten. Hier sieht man einen Land-Rover der Bundeswehr bei der „7. Schweren Schwäbischen Geländefahrt", die 1960 in Künzelsau veranstaltet wurde. Eigentlich ist es schade, daß es solche Veranstaltungen heute praktisch nur noch für Krafträder gibt.

menarbeit mit der Bundeswehr, besitzt einen selbsttragenden, in Sandwich-Bauweise hergestellten Kunststoff-Aufbau (Chemiewerkstoff der Farbenfabriken Bayer, Leverkusen), einen BMW 2 Liter-Motor im Heck, Fünfganggetriebe und Allrad-Antrieb. Das Gewicht des schwimmfähigen Fahrzeugs beträgt 1700, seine Nutzlast 500 kg. Ob dieser Wagen je zur Einführung kommen wird, vermag heute noch niemand zu sagen, doch stellt er eine bemerkenswerte Studie dar.

Nicht nur Überlegungen wegen der Kosten waren es, sondern auch die zunehmend spürbar werdende Zeitnot im Hinblick auf die noch jahrelange Frist bis zur Lieferung des Europa-Jeep oder eines entsprechenden neuen Modells, die nach einer Ausweichlösung suchen ließen. Man fand sie durch den Ankauf des seit Herbst 1969 gebauten VW 181, den die Bundeswehr als Pkw 0,4 t oder auch als VW-Kurierwagen bezeichnet. Im Anlaufjahr wurden zunächst 2000 Stück angekauft, seitdem liegt die jährliche Anschaffungsquote bei etwa 3000 Stück. Diese Wagen werden für Personen- und Materialtransporte im Führungs- und Verbindungsdienst hinter dem Gefechtsfeld verwendet. Dafür genügt eine beschränkte Geländetüchtigkeit, weshalb auf Zusatz-Übersetzung, Sperrdifferential (an sich als Sonderausstattung lieferbar) und Allrad-Antrieb verzichtet wurde. Freilich wäre zu bemerken, daß auch der Wehrmacht-Kübelwagen (bei allerdings wesentlich schwächerer Motorleistung) keinen Allrad-Antrieb besaß und trotzdem über eine erstaunliche Geländegängigkeit verfügte. Ohne Zweifel wird der neue VW-Kübelwagen bei der Bundeswehr für viele Verwendungszwecke ausreichen, für welche man keineswegs einen hochkarätigen Gelände-Pkw benötigt. Der VW 181 wird privaten Kunden für 9100 DM (bis 1970: 8500 DM) angeboten, während ein Europa-Jeep mindestens den doppelten Preis kosten dürfte, und das nicht nur bei der Anschaffung, sondern auch im Betrieb.

Im übrigen laufen bei der Bundeswehr noch zahlreiche handelsübliche Pkw, so vor allem VW-Käfer 1200 und 1300, VW-Variant 1500 und 1600, Opel Rekord (bis 1970 nur 1,5 Liter!) sowie verschiedene Modelle der Marke Mercedes-Benz. Die Opel und Mercedes stehen in der Hauptsache Kommandeuren oder Dienststellenleitern in entsprechender Stellung als Dienstwagen zur Verfügung, wobei normalerweise Stabsoffizieren ein Opel und nur Generälen ein Mercedes zusteht.

Dieses Bild zeigt das Panzerabwehr-Raketensystem „Cobra", das von der Firma Bölkow (Ottobrunn) entwickelt und hier auf einem Auto Union-Geländewagen aufgebaut wurde. Die Reichweite der Lenkrakete beträgt bis 2000 Meter. Statt der Cobra wird in absehbarer Zeit bei der Bundeswehr das Panzerabwehr-Raketensystem 2 (PARS 2) eingeführt. – Den DKW 0,25 t gab es übrigens auch als Träger für das Leichtgeschütz 75 mm (Recoilles Rifle).

Porsche Geländewagen
Prototyp 1954

Porsche Geländewagen
Ausführung 1955/56

Porsche Geländewagen
Ausführung 1957/58

<table>
<tr><th></th><th>Lkw 0,25 t gl (4 x 4) Porsche
1954 – Herbst 1955</th><th>Lkw 0,25 t gl (4 x 4) Porsche
Herbst 1955–1958</th></tr>
<tr><td>Motor</td><td>Porsche 597</td><td>Porsche 597</td></tr>
<tr><td>Zylinderzahl</td><td>4 Zylinder (Boxer)
Leichtmetallblock</td><td>4 Zylinder (Boxer)
Leichtmetallblock</td></tr>
<tr><td>Bohrung x Hub</td><td>80 x 74 mm</td><td>82,5 x 74 mm</td></tr>
<tr><td>Hubraum</td><td>1488 ccm</td><td>1582 ccm</td></tr>
<tr><td>Leistung</td><td>50 PS bei 4000 U/min</td><td>50 PS bei 4200 U/min</td></tr>
<tr><td>Drehmotor</td><td>10,2 mkg bei 2300 U/min</td><td>10,7 mkg bei 2400 U/min</td></tr>
<tr><td>Verdichtung</td><td>1:7</td><td>1:6,5</td></tr>
<tr><td>Vergaser</td><td colspan="2">1 Doppel-Fallstrom-Geländevergaser Zenith 32 NDIX</td></tr>
<tr><td>Ventile</td><td colspan="2">V-förmig hängend, Stoßstangen und Kipphebel
Zentrale Nockenwelle, Antrieb durch Stirnräder</td></tr>
<tr><td>Kurbelwellenlager</td><td colspan="2">4</td></tr>
<tr><td>Kühlung</td><td colspan="2">Luft/Gebläse</td></tr>
<tr><td>Schmierung</td><td colspan="2">Druckumlaufschmierung, 5 Liter Öl</td></tr>
<tr><td>Batterie</td><td colspan="2">2 x 12 V 45 Ah (unter hinterer Sitzbank)</td></tr>
<tr><td>Lichtmaschine</td><td colspan="2">600 W</td></tr>
<tr><td>Kraftübertragung</td><td colspan="2">Allrad-Antrieb
Hinterrad-Antrieb mit selbstsperrendem Differential
Vorderrad-Antrieb abschaltbar
Motor hinter, Getriebe vor der Hinterachse</td></tr>
<tr><td>Kupplung</td><td colspan="2">Einscheibentrockenkupplung</td></tr>
<tr><td>Schaltung</td><td colspan="2">Stockschaltung/Wagenmitte</td></tr>
<tr><td>Getriebe</td><td colspan="2">5 Gang</td></tr>
<tr><td>Synchronisierung</td><td colspan="2">II–V</td></tr>
<tr><td>Übersetzungen</td><td colspan="2">I. 5,00
II. 3,15
III. 1,70
IV. 1,07
V. 0,80</td></tr>
<tr><td>Antriebs-Übersetzung</td><td colspan="2">6,50</td></tr>
<tr><td>Fahrwerk</td><td colspan="2">Selbsttragender, schwimmfähiger Stahlblech-Aufbau</td></tr>
<tr><td>Vorderradaufhängung</td><td colspan="2">Kurbellenker oben und unten, 2 quer durchgehende Vierkant-Federstäbe</td></tr>
<tr><td>Hinterradaufhängung</td><td colspan="2">Pendelachse, Längslenker, beiderseits quer 1 runder Federstab</td></tr>
<tr><td>Lenkung</td><td colspan="2">Spindel (14,15:1)</td></tr>
<tr><td>Fußbremse</td><td colspan="2">Hydraulisch, Alu-Trommelbremsen
Trommel-⌀ 280 mm, Bremsfläche 788 cm²</td></tr>
<tr><td>Allgemeine Daten</td><td colspan="2"></td></tr>
<tr><td>Radstand</td><td colspan="2">2060 mm</td></tr>
<tr><td>Spur</td><td colspan="2">1340/1385 mm</td></tr>
<tr><td>Gesamtmaße</td><td colspan="2">Mit Verdeck: 3700 x 1610 x 1610 mm
Ohne Verdeck, Frontscheibe vorgeklappt: 3700 x 1560 x 1235 mm</td></tr>
<tr><td>Reifen</td><td colspan="2">6,00–16 extra M</td></tr>
<tr><td>Bodenfreiheit</td><td colspan="2">250 mm</td></tr>
<tr><td>Watfähigkeit</td><td colspan="2">500 mm</td></tr>
<tr><td>Spurkreis-⌀</td><td colspan="2">10,4 Meter</td></tr>
<tr><td>Wendekreis-⌀</td><td colspan="2">11 Meter</td></tr>
<tr><td>Fahrzeuggewicht</td><td colspan="2">1090 kg</td></tr>
<tr><td>Zuläss. Gesamtgewicht</td><td colspan="2">1500 kg</td></tr>
<tr><td>Höchstgeschwindigkeit</td><td colspan="2">100 km/h</td></tr>
<tr><td>Mindestgeschwindigkeit</td><td colspan="2">2,8 km/h</td></tr>
<tr><td>Verbrauch/100 km</td><td colspan="2">Straße 14, Gelände 16 Liter</td></tr>
<tr><td>Kraftstofftank</td><td colspan="2">60 Liter (vorn im Wagen)</td></tr>
<tr><td>Fahrbereich</td><td colspan="2">Straße 420, Gelände 370 km</td></tr>
</table>

Goliath Geländewagen
Ausführung 1954—1956

Goliath Geländewagen
Ausführung 1957—1959

	Lkw 0,25 t gl (4 x 4) Goliath 1954–1956	Lkw 0,25 t gl (4 x 4) Goliath 1957–1959	
Motor	Goliath	Goliath GM 1100 J	
Zylinderzahl	Zweitakt-Zweizylinder	4 Zylinder (Boxer)	
		Leichtmetallblock	
Bohrung x Hub	84 x 80 mm	74 x 64 mm	
Hubraum	886 ccm	1093 ccm	
Leistung	40 PS bei 4000 U/min	50 PS bei 5000 U/min	
Drehmoment	7,5 mkg bei 2750 U/min	8,06 mkg bei 4000 U/min	
Verdichtung	1:7,7	1:7,9	
	Direkte Benzin-Einspritzung	1 Doppel-Fallstrom-Geländevergaser	
	Bosch Einspritzpumpe	Zenith 32 NDIX	
Ventile	Ohne	Hängend	
		Stoßstangen und Kipphebel	
		Zentrale Nockenwelle	
		Antrieb durch Stirnräder	
Kurbelwellenlager	3	3	
Kühlung	8,5 Liter Wasser/Pumpe	10 Liter Wasser/Pumpe	
Schmierung	Frischöl-Schmierung	Druckumlaufschmierung	
	Bosch Kolbenpumpe	3 Liter Öl	
	3 Liter Öltank im Motorraum		
Batterie	2 x 12 V 45 Ah	2 x 12 V 45 Ah	
Lichtmaschine	600 W	600 W	
Kraftübertragung	Allrad-Antrieb	Allrad-Antrieb	
	Hinterrad-Antrieb abschaltbar	Hinterrad-Antrieb nicht abschaltbar	
	Motor vor Vorderachse	Motor vor Vorderachse	
Kupplung	Einscheibentrockenkupplung	Einscheibentrockenkupplung	
Schaltung	1 Mittelschalthebel	2 Mittelschalthebel	
Getriebe	5 Gang	4 Gang + Vorgelege	
Synchronisierung	I–V	I–IV	
Übersetzungen	I. 7,40	Ohne Vorgelege	Mit Vorgelege
	II. 4,45	I. 4,90	I. 6,848
	III. 2,75	II. 2,72	II. 3,290
	IV. 1,73	III. 1,50	III. 2,200
	V. 1,07	IV. 0,97	IV. 1,350
Antriebs-Übersetzung	5,833	6,33	
Fahrwerk	Kastenprofil-Rahmen	Kastenprofil-Rahmen	
	Ganzstahlkarosserie	Ganzstahlkarosserie	
Vorderradaufhängung	1 Querfeder oben	1 Querfeder oben	
	Querlenker unten	Querlenker unten	
Hinterradaufhängung	starr, Halbfedern	starr, Halbfedern	
Lenkung	Zahnstange	Zahnstange	
Fußbremse	Hydraulisch	Hydraulisch	
	Trommel-∅ 230 mm	Trommel-∅ 230 mm	
	Bremsfläche 736 cm^2	Bremsfläche 736 cm^2	
Allgemeine Daten			
Radstand	2150 mm	2150 mm	
Spur	1320/1320 mm	1320/1320 mm	
Gesamtmaße	Mit Verdeck:	Mit Verdeck:	
	3780 x 1600 x 1780 mm	3735 x 1580 x 1680 mm	
	Ohne Verdeck, Frontscheibe vorgeklappt:	Ohne Verdeck, Frontscheibe vorgeklappt:	
	3780 x 1600 x 1335 mm	3735 x 1580 x 1275 mm	
Reifen	6,00–16 extra M	6,00–16 extra M	
Bodenfreiheit	235 mm	235 mm	
Watfähigkeit	500 mm	500 mm	
Spurkreis-∅	10,76 Meter	10,76 Meter	
Wendekreis-∅	12 Meter	12 Meter	
Fahrzeuggewicht	1150 kg	1210 kg	
Zuläss. Gesamtgewicht	1600 kg	1800 kg	
Höchstgeschwindigkeit	90 km/h	95 km/h	
Mindestgeschwindigkeit	3 km/h	3 km/h	
Verbrauch/100 km	Straße 12, Gelände 16 Liter	Straße 12, Gelände 15 Liter	
Kraftstofftank	45 Liter (im Heck)	45 Liter (im Heck)	
Fahrbereich	Straße 370, Gelände 280 km	Straße 370, Gelände 300 km	

Seit Herbst 1969 fährt die Bundeswehr den als Pkw 0,4 t bezeichneten VW 181, bestimmt als teilgeländegängiges Mehrzweckfahrzeug für rückwärtig eingesetzte Truppenteile. Die Geländegängigkeit dieses Modells ist beschränkt, jedoch für viele Einsatzmöglichkeiten völlig ausreichend.

	Pkw 0,4 t (4 x 2) VW 181 1969	
Motor	VW	
Zylinderzahl	4 Zylinder (Boxer) Leichtmetallblock	
	Ab August 1969	**Ab August 1970**
Bohrung x Hub	83 x 69 mm	85,5 x 69 mm
Hubraum	1493 ccm	1584 ccm
Leistung	44 PS bei 4000 U/min	44 PS bei 3800 U/min
Drehmoment	10,2 mkg bei 2000 U/min	10,0 mkg bei 2000 U/min
Verdichtung	1:7,5	1:6,6
Vergaser	1 Fallstromvergaser Solex 30 PICT	
Ventile	Hängend, Stoßstangen und Kipphebel Zentrale Nockenwelle, Antrieb durch Stirnräder	
Kurbelwellenlager	4	
Kühlung	Luft/Gebläse	
Schmierung	Druckumlaufschmierung, 2,5 Liter Öl	
Batterie	12 V 45 Ah (unter hinterer Sitzbank)	
Lichtmaschine	280 W, auf Wunsch 2 Lichtmaschinen	
Anlasser	0,7 PS	
Kraftübertragung	Hecktriebblock Motor hinter, Getriebe vor der Hinterachse Auf Wunsch: Sperrdifferential	
Kupplung	Einscheibentrockenkupplung	
Schaltung	Stockschaltung/Wagenmitte	
Getriebe	4 Gang	
Synchronisierung	I – IV	
Übersetzungen	I. 3,80 II. 2,06 III. 1,22 IV. 0,82	
Antriebs-Übersetzung	3,875 + Vorgelege 1,39 bzw. (ab März 1971) 1,26	
Fahrwerk	Zentralrohr-Plattformrahmen Ganzstahl-Karosserie	
Vorderradaufhängung	Kurbellenker oben und unten, 2 quer durchgehende Vierkant-Federstäbe, Stabilisator	
Hinterradaufhängung	Pendelachse, Längslenker, beiderseits quer 1 runder Federstab, Ausgleichsfeder	
Lenkung	Schnecke (14,34 : 1)	
Fußbremse	Zweikreis-Hydraulik, 4 Räder, Trommel-∅ 230 mm, Bremsfläche 726 cm^2	
Handbremse	Mechanisch, Hinterräder	
Allgemeine Daten		
Radstand	2400 mm	
Spur	Mit 15″-Reifen 1324/1426 mm, mit 14″-Reifen 1354/1446 mm	
Gesamtmaße	3780 x 1640 x 1620 mm	
Reifen	165 SR 15 M+S bzw. (ab März 1971) 185 SR 14 M+S	
Bodenfreiheit	205 mm	
Watfähigkeit	396 mm	
Spurkreis-∅	10,2 Meter	
Wendekreis-∅	11,1 Meter	
Fahrzeuggewicht	910 kg	
Zuläss. Gesamtgewicht	1340 kg	
Anhängelast	Gebremst 500, ungebremst 400 kg	
Höchstgeschwindigkeit	115 km/h	
Verbrauch/100 km	Straße 12, Gelände 15 Liter	
Kraftstofftank	40 Liter (vorn im Wagen)	
Fahrbereich	Straße 320, Gelände 260 km	

Glas/BMW
Geländewagen
Prototyp 1967/68

Lkw 0,5 t gl
schwimmfähig
BMW Prototyp
1971

Lkw 0,5 t gl schwimmfähig Messerschmitt-Bölkow-Blohm Prototyp 1971

	Lkw 0,5 t gls (4 x 4) BMW Prototyp 1971		Lkw 0,5 t gls (4 x 4) Messerschmitt-Bölkow-Blohm Prototyp 1971
Motor	BMW 2000	MAN L 9094 FmV 2 Vielstoffmotor	BMW 2000
Zylinderzahl	4	4	4
Bohrung x Hub	89 x 80 mm	90 x 95 mm	89 x 80 mm
Hubraum	1990 ccm	2417 ccm	1990 ccm
Leistung	80 PS bei 4800 U/min	70 PS bei 3800 U/min	80 PS bei 4800 U/min
Drehmoment	14,3 mkg bei 3000 U/min	14 mkg bei 2200 U/min	14,3 mkg bei 3000 U/min
Verdichtung			
Vergaser	1 Flachstromvergaser Stromberg CDS 175		1 Flachstromvergaser Stromberg CDS 175
Ventile	V-förmig schräg hängend Nockenwelle im Zylinderkopf Antrieb durch Duplexkette		V-förmig schräg hängend Nockenwelle im Zylinderkopf Antrieb durch Duplexkette
Kurbelwellenlager	5	5	5
Kühlung	Wasser/Pumpe	Luft/Gebläse	Wasser/Pumpe
Schmierung	Druckumlaufschmierung	Druckumlaufschmierung	Druckumlaufschmierung
Batterie			
Lichtmaschine	600 W	600 W	600 W
Anlasser			
Kraftübertragung	Allrad-Antrieb Motor zwischen Vordersitzen Vorderrad-Antrieb abschaltbar Sperrdifferential hinten Wasserfahrt: Propeller-Antrieb		Allrad-Antrieb Hecktriebblock Vorderrad-Antrieb abschaltbar 2 Sperrdifferentiale Wasserfahrt: Propellerantrieb
Kupplung	Einscheibentrockenkupplung		Einscheibentrockenkupplung
Schaltung			
Getriebe	5 Gang	4 Gang + Vorgelege	5 Gang
Synchronisierung			
Übersetzungen Getriebe		I. 3,918 II. 2,133 III. 1,361 IV. 1,000	
Übersetzungen Vorgelege		Straße 1,028 Gelände 4,39	
Antriebs-Übersetzung		4,22 oder 5,143	4,91
Fahrwerk	Selbsttragende, schwimmfähige Stahlblech-Wanne		Selbsttragende, schwimmfähige Kunststoffkarosserie in Sandwichbauweise
Vorderradaufhängung	Querlenker, Schraubenfedern		Querlenker, Schraubenfedern
Hinterradaufhängung	Längslenker, Schraubenfedern		Längslenker, Schraubenfedern
Lenkung	ZF-Gemmer (18,3 : 1) Lenkrad für Luftverlastung umklappbar		
Fußbremse	Zweikreis-Hydraulik, 4 Räder Trommel-∅ 260 mm, 60 mm breit		Zweikreis-Hydraulik, 4 Räder
Handbremse	Mechanisch, Kardanwelle		
Allgemeine Daten			
Radstand	1995 mm		2250 mm
Spur	1460/1460 mm		1420/1420 mm
Gesamtmaße	3780 x 1780 x 1835 mm Höhe der Wanne 1250 mm		3912 x 1840 x mm Höhe der Wanne 1180 mm
Ladefläche	2100 x 1400 mm		
Reifen	7,00-16 M		7,00-16 M
Bodenfreiheit	310 mm		280 mm
Watfähigkeit	schwimmfähig		schwimmfähig
Spurkreis-∅	9,3 Meter		
Wendekreis-∅	10,3, im Wasser 12 Meter		
Fahrzeuggewicht	1900 kg		1700 km
Zuläss. Gesamtgewicht	2400 kg		2200 kg
Anhängelast	750 kg		
Höchstgeschwindigkeit	Straße 105, Wasser 8 km/h		Straße 105 km/h
Verbrauch			
Kraftstofftank			
Fahrbereich	Straße 800 km (Soll)		Straße 800 km (Soll)

Lkw 0,5 t gl schwimmfähig Prototyp 1971, trilaterale Entwicklung der Firmengruppe Hotchkiss / Lancia / Büssing

	Lkw 0,5 t gls (4 x 4) Hotchkiss / Lancia / Büssing Prototyp 1971	
Motor	Lancia 208 000 Vergasermotor	Lancia 208 404 Einspritzmotor
Zylinderzahl	4 (Boxer)	4 (Boxer)
Bohrung x Hub	89 x 80 mm	90 x 82 mm
Hubraum	1991 ccm	2086 ccm
Leistung	92 PS bei 5500 U/min	74 PS bei 4500 U/min
Drehmoment	14,0 mkg bei 2700 U/min	13,1 mkg bei 4000 U/min
Verdichtung	1:8,3	1:5,2
Vergaser	Zweistufen-Fallstromvergaser Solex C 34 EIES	–
Einspritzpumpe	–	Kugelfischer (Saugrohr-Einspritzung)
Ventile	Hängend, Stoßstangen und Kipphebel 2 Nockenwellen, Antrieb durch Duplexkette	
Kurbelwellenlager	3	
Kühlung	Wasser / Pumpe	
Schmierung	Druckumlaufschmierung	
Batterie	2 x 12 V 100 Ah	
Lichtmaschine	Drehstrom 980 W	
Anlasser	1 PS	2 PS
Kraftübertragung	Allrad-Antrieb Fronttriebblock Hinterrad-Antrieb abschaltbar Wasserfahrt: Vierflügel-Propeller + Lenkungsruder-Anlage	
Kupplung und Getriebe	Einscheibentrockenkupplung + 5 Gang-Schaltgetriebe	Drehmomentwandler + 4 Gang-Schaltgetriebe
Synchronisierung	1–V	I–IV Drehmomentwandlung 2,0 bis 1,0
Übersetzungen	I. 7,718 II. 4,444 III. 2,632 IV. 1,551 V. 1,00	I. 5,395 II. 2,915 III. 1,641 IV. 1,00
Übersetzung Verteilergetriebe	1,937	1,937
Antriebs-Übersetzung	4,125	4,125
Fahrwerk	Selbsttragende, schwimmfähige Stahlblech-Wanne	
Vorderradaufhängung	Querlenker, Schraubenfedern	
Hinterradaufhängung	Querlenker, Schraubenfedern	
Lenkung	ZF-Gemmer (21:1)	
Fußbremse	Trommelbremsen, Zweikreis-Hydraulik, 4 Räder	
Handbremse	Mechanisch (Gestänge), Hinterachse	
Allgemeine Daten		
Radstand	2100 mm	
Spur	1360/1360 mm	
Gesamtmaße	4140 (mit Winde) x 1600 (Spiegel eingeklappt) x 1960 mm (über Verdeck) Höhe der festen Teile 1325 mm	
Ladefläche	1730 x 1460 mm	
Sitze	4 Sitze (einschl. Fahrer) + 2 Notsitze	
Reifen	7,50–16 V 10 TRT	
Bodenfreiheit	300 mm (beladen)	
Watfähigkeit	schwimmfähig	
Spurkreis-∅	10,2 Meter	
Wendekreis-∅	11,5 Meter	
Fahrzeuggewicht	1750 kg	
Zuläss. Gesamtgewicht	2250 kg	
Zuläss. Anhängergewicht	500 kg	
Höchstgeschwindigkeit	Straße 100 km/h, Wasser 10,5 km/h	
Mindestgeschwindigkeit	Straße 3 km/h	
Verbrauch/100 km	Straße 15 Liter	
Kraftstofftank	110 Liter	110 Liter
Fahrbereich	Straße 730 km	

Lkw 0,5 t gl schwimmfähig Prototyp 1972, trilaterale Entwicklung der Firmengruppe Fiat / MAN / Saviem

<table>
<tr><th></th><th colspan="2">Lkw 0,5 t gls (4 x 4)
Fiat / MAN / Saviem
Prototyp 1972</th></tr>
<tr><td>Motor</td><td>BMW 2000 M 28
Benzinmotor</td><td>MAN L 9094
Vielstoffmotor</td></tr>
<tr><td>Zylinderzahl</td><td>4 (Reihe)</td><td>4 (Reihe)</td></tr>
<tr><td>Bohrung x Hub</td><td>89 x 80 mm</td><td>90 x 95 mm</td></tr>
<tr><td>Hubraum</td><td>1990 ccm</td><td>2417 ccm</td></tr>
<tr><td>Leistung</td><td>80 PS bei 4800 U/min</td><td>90 PS bei 4000 U/min</td></tr>
<tr><td>Drehmoment</td><td>14,3 mkg bei 3000 U/min</td><td>14,0 mkg bei 2200 U/min</td></tr>
<tr><td>Verdichtung</td><td>1:7,5</td><td>1:16,2</td></tr>
<tr><td>Vergaser</td><td>1 Solex Gelände</td><td></td></tr>
<tr><td>Ventile</td><td>V-förmig schräg hängend
Nockenwelle im Zylinderkopf
Antrieb durch Duplexkette</td><td></td></tr>
<tr><td>Kurbelwellenlager</td><td>5</td><td>5</td></tr>
<tr><td>Kühlung</td><td>Wasser/Pumpe</td><td>Luft/Gebläse</td></tr>
<tr><td>Schmierung</td><td>Druckumlaufschmierung</td><td>Druckumlaufschmierung</td></tr>
<tr><td>Batterie</td><td></td><td></td></tr>
<tr><td>Lichtmaschine</td><td></td><td></td></tr>
<tr><td>Anlasser</td><td></td><td></td></tr>
<tr><td>Kraftübertragung</td><td colspan="2">Allrad-Antrieb
Hecktriebblock
Vorderrad-Antrieb abschaltbar
Wasserfahrt: Ruderpropeller im Heck</td></tr>
<tr><td>Kupplung und Getriebe</td><td colspan="2">Einscheibentrockenkupplung + 5 Gang-Schaltgetriebe
Übersetzungen einschl. Verteilergetriebe:
I. 5,45, II. 2,52, III. 1,37 IV. 0,83, V. 0,54
oder wahlweise
Drehmomentwandler + 4 Gang-Schaltgetriebe
Übersetzungen einschl. Verteilergetriebe
I. 3,44, II. 1,98, III. 0,95, IV. 0,54</td></tr>
<tr><td>Antriebs-Übersetzung</td><td colspan="2">3,182</td></tr>
<tr><td>Fahrwerk</td><td colspan="2">Selbsttragende, schwimmfähige Stahlblech-Wanne</td></tr>
<tr><td>Vorderradaufhängung</td><td colspan="2">Querlenker, Federstäbe, Gummipuffer</td></tr>
<tr><td>Hinterradaufhängung</td><td colspan="2">Querlenker, Federstäbe, Gummipuffer</td></tr>
<tr><td>Lenkung</td><td colspan="2">Kugelschnecke</td></tr>
<tr><td>Fußbremse</td><td colspan="2">Scheibenbremsen, hydraulisch, 4 Räder</td></tr>
<tr><td>Handbremse</td><td colspan="2">Trommelbremse am Schaltgetriebe</td></tr>
<tr><td>Allgemeine Daten</td><td colspan="2"></td></tr>
<tr><td>Radstand</td><td colspan="2">2150 mm</td></tr>
<tr><td>Spur</td><td colspan="2">1280/1280 mm</td></tr>
<tr><td>Gesamtmaße</td><td colspan="2">4000 x 1600 x 1900 mm</td></tr>
<tr><td>Ladefläche</td><td colspan="2">2200 x 1400 mm</td></tr>
<tr><td>Sitze</td><td colspan="2">4 Sitze (einschl. Fahrer) + 2 Notsitze</td></tr>
<tr><td>Reifen</td><td colspan="2">7,00–16 M</td></tr>
<tr><td>Bodenfreiheit</td><td colspan="2">375 mm (beladen)</td></tr>
<tr><td>Watfähigkeit</td><td colspan="2">schwimmfähig</td></tr>
<tr><td>Spurkreis-⌀</td><td colspan="2">11 Meter</td></tr>
<tr><td>Wendekreis-⌀</td><td colspan="2">12,1 Meter</td></tr>
<tr><td>Fahrzeuggewicht</td><td colspan="2">1900 kg</td></tr>
<tr><td>Zuläss. Gesamtgewicht</td><td colspan="2">2500 kg</td></tr>
<tr><td>Anhängelast</td><td colspan="2">950 kg</td></tr>
<tr><td>Höchstgeschwindigkeit</td><td colspan="2">Straße 100 km/h, Wasser 10 km/h</td></tr>
<tr><td>Verbrauch/100 km</td><td>Straße 17,5 Liter</td><td>Straße 12,5 Liter</td></tr>
<tr><td>Kraftstofftank</td><td>ca. 140 Liter</td><td>ca. 140 Liter</td></tr>
<tr><td>Fahrbereich</td><td>Straße 850 km</td><td>Straße 1100 km</td></tr>
</table>

Lastwagen-Generationen

Bereits 1952, als draußen im Lande noch kaum jemand die unmittelbar bevorstehende Wiederaufrüstung Westdeutschlands für möglich hielt oder gar wünschte, begannen in der beim Bundeskanzleramt eingerichteten Dienststelle Blank bereits konkrete Überlegungen, wie die Motorisierung des von der Bundesrepublik demnächst aufzustellenden NATO-Kontingents aussehen soll. Naturgemäß und notwendigerweise ging man dabei von den bereits bestehenden NATO-Normen aus, aber auch von den Erfahrungen des letzten Krieges und der früheren Kraftfahr-Versuchsstelle des Heereswaffenamtes, um die militärischen Forderungen festzulegen, welche an die Kraftfahrzeuge der künftigen Bundeswehr zu stellen seien. Wesentlicher Grundsatz bei diesen Überlegungen war es übrigens erklärtermaßen, daß man nicht wieder spezielle Wehrmacht- oder Einheitsfahrzeuge entwickeln wollte, ganz abgesehen davon, daß sich schon aus zeitlichen Gründen völlig neue Sonderkonstruktionen verboten. Die Fahrzeuge für die Bundeswehr mußten vielmehr von handelsüblichen Serienmodellen abgeleitet werden. Immerhin war damit – wenigstens theoretisch – gewährleistet, daß im wesentlichen bereits bewährte Baugruppen verwendet wurden. Außerdem war die Seriennähe insofern erwünscht, als man sich damit auf die zivile Reparatur- und Ersatzteil-Organisation der Industriefirmen stützen konnte. Auch die NATO-Norm verlangte ausdrücklich, daß sich selbst die taktischen Fahrzeuge soweit wie möglich an die der Wirtschaft anzugleichen hätten.

Für die Ausrüstung ihrer Streitkräfte unterschied bzw. unterscheidet die NATO heute noch drei Gruppen von Kraftfahrzeugen:

- ○ Kraftfahrzeuge im taktischen Bereich
- ○ Kraftfahrzeuge des allgemeinen Dienstes
- ○ Handelsübliche Kraftfahrzeuge.

Der Unterschied zwischen den beiden ersten Gruppen, welche alle eigentlichen Militär-Kfz umfassen, ist nur ein organisatorischer. Für beide Gruppen werden praktisch dieselben Forderungen erhoben. Alle militärischen Kfz werden als Lastkraftwagen (Lkw) bezeichnet und nach ihrer Nutzlast im Gelände klassifiziert (z. B.: Lkw 0,25 t gl). Der Begriff Personenkraftwagen (Pkw) kommt im offiziellen Sprachgebrauch nur noch bei handelsüblichen Kraftfahrzeugen vor.

Ab etwa 1955 gingen die ersten Großaufträge an die Fahrzeugindustrie. Im Laufe der kommenden Jahre bekam die Bundeswehr eine Erstausstattung von insgesamt etwa 100 000 Räderfahrzeugen, wofür der Kostenaufwand rund 1,5 Milliarden DM betrug. Folgende Lkw-Typen wurden für die neuen Streitkräfte unserer Republik ausgewählt:

Lkw 0,75 t	Borgward
Lkw 1,5 t	Mercedes-Benz Unimog
Lkw 3 t	Ford
Lkw 5 t	MAN und Mercedes-Benz
Lkw 7 t	Magirus-Deutz
Lkw 10 und 12 t	Faun

Man war offenbar darauf bedacht, möglichst alle interessierten Firmen an dem warmen Regen teilhaben zu lassen, der damals über Gerechte und Ungerechte niederging. Aber eine weitgehende Aufteilung mußte auch deshalb erfolgen, weil die einzelnen Firmen kapazitätsmäßig kaum Reserven besaßen, umgehender Lieferbeginn aber Voraussetzung für jeden Auftrag blieb. Heute freilich ist man gescheiter wie damals, und man weiß, daß manche Überlegungen, die sich plausibel anhörten, nicht der Praxis standhielten. Seriennähe zum Beispiel wird künftig nicht mehr so hoch im Kurs stehen, denn sie hält nicht lange vor. Die Bundeswehr muß 15 bis 20 Jahre lang an einem Typ festhalten, wenn er einmal eingeführt wurde, während die handelsüblichen Serienfahrzeuge laufend weiterentwickelt werden. Außerdem kommt es ja vor, daß große Werke, wie die der Borgward-Gruppe, verschwinden, daß eine Firma wie Ford unversehens keine Lastwagen mehr baut, oder daß eine Firma wie die Auto Union sich radikal von den Zweitaktern abwendet, welche sie bis dahin mit geradezu missionarischem Fanatismus angepriesen hatte.

Immerhin soll aber auch festgestellt werden, daß trotz mancher Unzulänglichkeiten und Mängel die bisherige Fahrzeugausstattung der Bundeswehr, alles in allem gesehen, einen recht ordentlichen Eindruck macht. Insbesondere die Lkw haben sich, von einem Fabrikat abgesehen, durchaus gut bewährt.

Die heutigen Bundeswehr-Lkw

Lkw 0,75 t gl. Verwendungszweck: Führungsfahrzeug; Fahrzeug für Hauptfeldwebeltrupp; Nachrichtenfahrzeug; Fahrbereitschaft fliegendes Personal; Fahrzeug für Instandsetzungs- und Wartungstrupp; Verbindungstrupp; Feuerleitstelle; Vermessungshalbtrupp; Lkw bei Luftlandeoperationen.

Zur Wahl standen in der kleinsten Lkw-Klasse Borgward, Opel und Hanomag. Lange sah es so aus, als ob Opel den Zuschlag erhalten würde. Hier handelte es sich um ein weitgehend neu konstruiertes Fahrzeug mit dem 2,5 Liter-Motor des Opel Kapitän. Borgward hatte ebenfalls eine Neuentwicklung präsentiert, die im Truppenversuch sehr gut abschnitt und zudem billiger angeboten wurde als der Opel. So wurde dieses Modell Borgwards Beitrag zur Erstausstattung der Bundeswehr. Weit überwiegend trat es als neunsitziger „Kübelwagen" in Erscheinung, der einen ähnlichen Aufbau besaß wie die früheren Fernsprech-Bauwagen der Wehrmacht. Für dieses Fahrzeug gab es vielerlei Verwendungen, auf der Straße war es einem jahrelang als Fahrschulwagen der Bundeswehr vertraut. Die andere, offensichtlich seltenere Ausführung war der Pritschenwagen für nominell 0,75 t bzw. effektiv 1 t Nutzlast. Der Borgward war mit einem 2,4 Liter Sechszylinder-Motor der Serien-Limousine Hansa 2400 ausgerüstet und hat sich, soweit bekannt, zufriedenstellend bewährt. In den Jahren 1955 bis 1961 hat Borgward etwa 6700 Stück dieser Geländewagen geliefert, deren Preis ungefähr 15 000 DM betrug. Sie sind inzwischen großenteils aufgebraucht und werden ausgeschieden. Ein Nachfolgemodell dieser Art und Größe ist nicht vorgesehen. Büssing hat als zeitweiliger Besitzer eines ehemaligen Borgward-Werks in den Jahren 1962 bis 1968 insgesamt 168 solcher Geländewagen unverändert für den Bundesgrenzschutz nachgebaut.

Lkw 1,5 t gl. Verwendungszweck: Materialtransport; Mannschaftstransport; Geschäftszimmerfahrzeug; Fahrzeug für Wartungs- und Instandsetzungstrupp; Nachrichtenfahrzeug; Krankenkraftwagen; Wettertrupp; Lkw für Luftlandeoperationen; Zugmaschine für Anhänger 1,5 t bzw. Aggregate oder Waffen bis zu 2,25 t (Ausnahme bis zu 3 t) Gesamtgewicht.

In dieser Klasse bewarben sich drei Marken um den Zuschlag: Hanomag, Borgward und der Unimog von Daimler-Benz. Der zuletzt genannte Wagen stellte zwar das teuerste Angebot dar, bot dafür aber auch das absolute Optimum an Geländegängigkeit und Leistung. Die Wahl war richtig, denn in der Tat erwies sich der Unimog S bisher als bemerkenswertester deutscher Gelände-Lkw der Nachkriegszeit. Über 59 000 Stück davon hat Daimler-Benz von 1955 bis 1970 (Zahlen für 1971 und später liegen noch nicht vor) gebaut. Ein sehr großer Teil davon, wahrscheinlich sogar die Mehrzahl, ging an die Bundeswehr. Bereits während des zweiten Weltkriegs plante man bei Daimler die Entwicklung einer kleinen Räder-Zugmaschine für die Wehrmacht, werksintern auch „Kurz-Lastwagen" genannt. Nach dem Zusammenbruch realisierten ein paar ehemalige Ingenieure der Firma ein ähnliches Fahrzeug für die Landwirtschaft, welches schließlich bei Böhringer (Göppingen) 1948 als Unimog („Universal-Motorgerät") erschien.

Der mit einem 25 PS 1,7 Liter-Dieselmotor von Daimler-Benz ausgerüstete Vielzweck-Schlepper erregte in der Fachwelt beträchtliches Aufsehen und fand bald guten Absatz. Im Jahre 1951 holte Daimler-Benz den Unimog zu sich, baute ihn von nun an in Gaggenau und schuf auf der Basis des Urmodells mittlerweile eine stattliche Typenreihe mit Motorleistungen von 30 bis 100 PS. Im Herbst 1955 präsentierte Daimler-Benz der Öffentlichkeit zum ersten Mal den Unimog S, einen speziell für die Bundeswehr entwickelten 1,5 Tonner Gelände-Lastwagen. Dieser Typ hat zwar den Namen mit den anderen Unimog-Reihen gemeinsam, doch zeigen seine Abmessungen und Leistungen, daß es sich hier keineswegs um eine Zugmaschine handelt, sondern eben um einen geländegängigen Lastkraftwagen. Obwohl er ursprünglich nur als Militärfahrzeug laufen sollte, findet er inzwischen auch in der gewerblichen Wirtschaft vielfache Verwendung, außerdem bei Bahn, Post und Kommunalbehörden. Die Bundeswehr führt den Unimog S entweder mit Pritschen- oder mit Koffer-Aufbau. Er dient für Mannschafts- und Materialtransporte, als Fernmelde-, Sanitäts- oder Schreibstubenwagen sowie für verschiedene Spezialzwecke. Als Fahrschul- und Kommandofahrzeug gibt es eine weitere Ausführung mit fünfsitziger Doppelkabine und verkürzter Zweimeter-Pritsche. Der Unimog S zeichnet sich durch eine außergewöhnlich gute Geländegängigkeit aus, bedingt durch den Allrad-Antrieb, die Differentialsperren in beiden Achsen, die vorbildlich gleichmäßige Achslastverteilung, den gleicherweise stabilen wie elastischen Rahmen sowie die große Boden- und Bauchfreiheit, begünstigt durch die Bauart der Portalachsen. Erwähnt sei auch die gute Sicht für den Fahrer, die sich aus dem kurzen Wagenvorbau ergibt. Der Unimog S hat sich als Militär-Lkw ausgezeichnet bewährt. Sein Preis beträgt ohne Sonderausrüstungen etwa 18 000 DM.

Lkw 3 t gl. Verwendungszweck: Materialtransport; Mannschaftstransport; Feldküchen-Kfz; Nachrichtenfahrzeug; Fahrzeug für Wartungs- und Instandsetzungstrupp bzw. -gruppe; Geschäftszimmer-Kfz; Fahrzeug für Schall- und Lichtmeß-Auswertung; Kartenstelle, Abschleppfahrzeug; Zugmaschine für 20 mm Flak-Vierling, mittl. Radar-Rundumsuchgerät oder leichte Feldhaubitze 105 mm.

Nach dem Ausscheiden von Hanomag (zu schwach) und Borgward (zu teuer) standen in dieser Klasse noch der Mercedes-Benz LG 3500, der Magirus-Deutz A 3500 und der Ford 3 t zur Wahl. Die beiden ersten blieben schließlich unberücksichtigt, weil die Kapazität der Herstellerfirmen für andere Tonnageklassen benötigt wurde, und überdies offerierte Ford das bei weitem billigste Angebot. So kam es zur Einführung des Ford Dreitonner-Lkw mit Allrad-Antrieb. Von 1957 bis 1961 wurden 6800 Stück geliefert, die heute (1972) zum größeren Teil aufgebraucht sind und nicht mehr ersetzt werden. Die Wahl dieses Modells, wie auch immer sie motiviert gewesen sein mag, war ein eklatanter Fehlgriff. Immerhin hatte man sich wenigstens nicht auf den Zweitakt-Dieselmotor eingelassen, mit dem in jenen Jahren die zivilen Ford-Lastwagen ausgerüstet waren und deren Ruf so vollends ruinierte, daß die Kölner Ford-Werke bald auf den Bau eigener Lastwagen verzichteten. Für den NATO-Lkw der Bundeswehr holte man doch tatsächlich wieder den uralten 3,9 Liter V8-Motor aus der Mottenkiste, der doch schon bis 1945 hinreichend genug bewiesen hatte, daß er sich für einen Militär-Lkw wenig eignet. Das hat sich nun – erwartungsgemäß für jeden erfahrenen Fachmann – bei der Bundeswehr wiederum bestätigt. Auch sonst gab dieses Modell zu manchen Klagen Anlaß. So hat der NATO-Ford die tückische Neigung, in Kurven ohne ersichtlichen Grund umzufallen.

Lkw 5 t gl. Verwendungszweck: Materialtransport; Mannschaftstransport; Nachrichten-Kfz; Abschlepp-, Bergungs- und Instandsetzungsfahrzeug; Sattelschlepper (verkürztes Fahrgestell); Zugmittel für Anhänger, Sonderanhänger und 40 mm Flak.

Ein besonders zahlreiches Angebot war in der 5 t-Nutzlastklasse zu prüfen. Als erster wurde der Krupp ausgeschieden, weil sein Zweitakt-Dieselmotor zu empfindlich gegen unsachgemäße Fahrweise war. Zufriedenstellend liefen zwar die Fahrzeuge von Büssing und von Henschel, doch war die Produktionskapazität beider Firmen zu gering. Ebenso kamen trotz guter Versuchsergebnisse Magirus-Deutz und Faun in dieser Klasse nicht zum Zug, weil ihre Kapazität für die schweren Tonnageklassen reserviert bleiben sollte. So waren schließlich die Fünftonner die einzigen, bei welchen die Bundeswehr zwei Lkw-Typen verschiedener Marken standardmäßig eingeführt hat, nämlich den MAN 630 L 2 A und den Mercedes-Benz LG 315. Das geschah, weil die MAN in jenen Jahren, als die meisten Fahrzeuge angeschafft wurden, nicht genügend Lieferkapazität besaß. Gebaut wurden seit 1958 rund 30 000 Lkw des MAN-Typs sowie in den Jahren 1958 bis 1960 und 1962 bis 1964 zusammen etwa 6 600 Lkw des Mercedes-Typs. Allerdings gingen nicht alle diese Fahrzeuge an die Bundeswehr. So kaufte beispielsweise die belgische Armee 1700 MAN-Lkw. Die beiden Serien von Mercedes unterschieden sich dadurch, daß bei der ersten eine werkseigene, bei der zweiten die sogenannte Einheitspritsche Verwendung fand. Bei der MAN wiederum gibt es ebenfalls zwei Ausführungen, nämlich den Typ A mit zwillingsbereiften Hinterrädern und den Typ AE, der, wie der Mercedes, wesentlich größer, aber dafür nur einfach bereift ist. Diese letzteren Fahrzeuge verfügen über die bessere Geländegängigkeit auf weichem Boden, sind aber höher und schwerer. Der MAN und, noch ausgeprägter, der Mercedes sind die beiden einzigen Bundeswehr-Kfz, die unmittelbar von früheren Wehrmacht-Modellen abstammen, nämlich vom MAN ML 4500 A und vom Mercedes-Benz L 4500 A. Bei beiden heutigen Typen bestand zur Zeit ihrer Entwicklung eine enge Anlehnung an die serienmäßigen, handelsüblichen Produktionsmodelle, welche jedoch, schon im Hinblick auf die inzwischen wesentlich angestiegenen Motorleistungen der zivilen Fahrzeuge, längst nicht mehr besteht. Eine Besonderheit für alle schweren Bundeswehr-Lkw ist die Ausrüstung mit Vielstoff-Dieselmotoren, die, wenn es darauf ankommt, auch mit Petroleum, Altöl, Düsenjäger-Treibstoff, Mogas, Superbenzin und wer weiß mit noch was allem betrieben werden können, wenn auch mit 10 bis 20 % Leistungsabfall. Mit den entsprechenden, an sich geringfügigen Umstellungen vermag dies freilich jeder Dieselmotor. Weil jedoch für Wirtschaftsfahrzeuge im zivilen Bereich solche vielseitige Verwendbarkeit keinen praktischen Nutzen bringt, bleibt der Vielstoff-Motor auf militärische Fahrzeuge beschränkt. Sowohl der MAN als auch der Mercedes gelten als gut und zuverlässig. Der Stückpreis beträgt ungefähr 30 000 DM.

Lkw 7 t gl. Verwendungszweck: Materialtransport; Abschlepp-, Bergungs- und Instandsetzungsfahrzeug; Sattelschlepper (verkürztes Fahrgestell); Zugmaschine für Anhänger, Sonderanhänger, Feldkanone 155 mm, 75 mm Flak sowie als Behelf für Feldhaubitze 203 mm und 90 mm Flak.

Büssing, Henschel und Krupp schieden hier aus, weil sie zu teuer waren und ohnehin nicht in genügendem Umfang hätten liefern können. Daimler-Benz und Faun waren bereits in anderen

Klassen hinreichend in Anspruch genommen. So erhielt für die Lastkraftwagen dieser Größenordnung Magirus-Deutz den Zuschlag, wobei hier der luftgekühlte Dieselmotor als besonders positives Merkmal herausgestellt wurde. Das Fahrzeug kam ursprünglich zweiachsig mit zwillingsbereiften Hinterrädern und erst später – in bezug auf Maße und Gewichte kaum verändert – als Sechsrad-Wagen Typ Jupiter zur Lieferung. Eine bemerkenswerte Ableitung hiervon ist der ab 1969 eingeführte, auf dem Sechsrad-Fahrgestell aufgebaute Mehrfach-Raketenwerfer. Die Bundeswehr-Lkw von Magirus-Deutz (Bestand derzeit etwa 8500 Stück) stehen bei der Truppe in gutem Ansehen. Die Luftkühlung für den Motor eines schweren Militärfahrzeugs hat freilich keineswegs nur Vorzüge, weshalb es einigermaßen verwundert, weshalb gerade hierauf maßgebende Stellen so großen Wert legen.

Lkw 10 t gl und 12 t gl. Verwendungszweck: Materialtransport; Abschlepp- und Bergungsfahrzeug; Zugmaschine für Anhänger, Sonderanhänger, mittlere und schwere Flakgeschütze; Sattelzugmaschine.

Nachdem Büssing und Kaelble aus Preis- und Kapazitätsgründen ausgeschieden waren, spezialisierten sich die Faun-Werke (Lauf/Pegnitz) auf die Herstellung von Schwerstfahrzeugen für die Bundeswehr. Die Produktion des relativ kleinen, aber sehr modernen Betriebs – etwa 2500 Beschäftigte bauen ungefähr 700 Fahrzeuge pro Jahr – wurde eine zeitlang fast ausschließlich und wird auch heute noch zu einem großen Teil durch Aufträge der Bundeswehr in Anspruch genommen. Die Truppe besitzt schätzungsweise 5500 Faun-Modelle der verschiedensten Ausführungen, deren Stückpreis durchschnittlich auf über 100 000 DM zu veranschlagen sein dürfte.

Handelsübliche Kfz. Im übrigen laufen bei der Bundeswehr auch handelsübliche Nutzfahrzeuge in beträchtlicher Zahl. Man sieht den VW-Transporter als Kastenwagen oder Bus, den Ford Transit 900 als Mannschafts- oder Krankenkraftwagen, Fahrzeuge der Typen 406 und 508 von Mercedes-Benz, den Opel-Blitz sowie schließlich Omnibusse der Marken Mercedes-Benz, Büssing und Magirus-Deutz. Alle diese Wagen gehören nicht zur Feldausrüstung, sie befinden sich größtenteils bei bodenständigen Dienststellen. Zur Feldausrüstung gehörten dagegen jene inzwischen ausgesonderten 3,5 Tonner Hauben-Lastwagen der Marken Mercedes-Benz und Magirus-Deutz, welche bei Aufstellung der Bundeswehr die beiden vom Bundesgrenzschutz übernommenen Divisionen mitgebracht hatten.

Nächste Lkw-Generation reift heran

Konnte man auch mit den meisten bei der Bundeswehr eingesetzten Lastwagen recht zufrieden sein, so bestand doch bald darüber Klarheit, daß der Erstausstattung aus militärischen, technischen und wirtschaftlichen Gründen nach angemessener Zeit eine völlig neue Fahrzeuggeneration folgen muß. In den Mittelpunkt der Überlegungen rückten dabei die mittleren und schweren Lastwagen im Verein mit gepanzerten Räderfahrzeugen, die als eine große Fahrzeug-Familie zu planen waren. Deren überragende Bedeutung erhellt daraus, daß sie zahlenmäßig etwa 50%, mit 4 Milliarden DM Kostenaufwand wertmäßig annähernd 80% und nach der Nutzlastkapazität 75 Prozent aller Räderfahrzeuge der Bundeswehr umfaßt.

Zur Entwicklung der Nachfolgegeneration der Lkw-Mittelklasse schlossen sich Ende 1964 fünf Lastwagenfabriken zu einem Gemeinschaftsbüro (GB) zusammen, das im Auftrag und mit finanzieller Hilfe des Bundesverteidigungsministeriums arbeitete. Dabei übernahm jede der beteiligten Firmen einen bestimmten Aufgabenbereich:

MAN	Rahmen, Fahrwerk
Magirus-Deutz	Motor, Kraftübertragung, Fahrerhaus
Rheinstahl-Henschel	Ladepritsche für Landfahrzeuge
Krupp	Schwimmbrücke und Schwimmantrieb
Büssing	Gepanzerte Räderfahrzeuge

Unabhängig, ohne amtlichen Auftrag und auf eigene Kosten entwickelte Daimler-Benz nach den festgelegten Grundmerkmalen und nach dem gleichen Zeitplan eine entsprechende Fahrzeug-Familie. Während sich aber das Gemeinschaftsbüro für luftgekühlte Motoren (Ausnahme: Spähpanzer), festes Fahrerhaus für die Lastwagen sowie Einzelradaufhängung mittels Doppelquerlenkern und Federstäben für die gepanzerten Fahrzeuge entschieden hatte, gab man bei Daimler-Benz wassergekühlten Motoren, kippbaren Fahrerhäusern und schraubengefederten Starrachsen für das Gesamtprogramm den Vorzug.

Die ersten Musterfahrzeuge sowohl des Gemeinschaftsbüros als auch von Daimler-Benz waren Ende 1967 fertig und standen dem Bund ab April 1968 für die Erprobung zur Verfügung. Allein von den gepanzerten Fahrzeugen, deren Entwicklung mit Vorrang betrieben wurde, waren im Frühjahr 1970 bereits 21 Stück vorhanden. Nach Auswertung vielfältiger Versuche und umfangreicher Prüfungen fiel im Januar 1971 die Entscheidung, daß Daimler-Benz innerhalb des Gesamtprogramms das Management für die Lieferung aller gepanzerten Fahrzeuge übernimmt, wobei die Produktion bzw. die Endmontage durchaus an eine andere Firma (möglicherweise an Büssing) vergeben werden kann. Im übrigen arbeiten Daimler-Benz und die Firmen des Gemeinschaftsbüros am Gesamtprojekt der Rad-Kfz-Folgegeneration nunmehr gemeinsam weiter. Für die ungepanzerten Fahrzeuge wurde die MAN als Generalunternehmer bestimmt, wobei Magirus-Deutz sämtliche luftgekühlten Motoren herstellen wird. Letztere beanspruchen stückzahlmäßig den Löwenanteil, weil nur die gepanzerten Fahrzeuge der neuen Generation mit wassergekühlten Motoren ausgerüstet werden. Dazu kommen allerdings auch einige Lastwagen der Nullserien, weil hier die gegenseitige Austauschbarkeit beider Motorenarten gewünscht wird. Ein wesentliches Element des anlaufenden Programms ist es, daß für alle Modelle durchgängig eine einheitliche Achse verwendet wird, gemeinsam von MAN und Daimler-Benz entwickelt, welche künftig auch in den Wirtschaftsfahrzeugen der Marken MAN, Büssing, Mercedes-Benz und Henschel weitgehend zur Anwendung kommt. Der seitherige Wettstreit zweier konkurrierender Gruppen hat die Entwicklung der Folgegeneration beschleunigt und die technische Reife der beiderseitigen Lösungen gefördert. Andererseits kam es im Endergebnis dazu, daß nun doch wieder zwei grundverschiedene, wenn auch handelsübliche Motor-Baureihen zum Zuge kommen, obwohl hierfür keinerlei sachliche Notwendigkeit bestünde.

Die ungepanzerten Lkw der Folgegeneration umfassen die Nutzlastklassen 4 t (4 x 4), 7 t (6 x 6) und 10 t (8 x 8) bei den taktisch eingesetzten Fahrzeugen sowie die Nutzlastklassen 7 t (4 x 4) und 10 t (6 x 6) bei den Fahrzeugen für den Einsatz im rückwärtigen Bereich. Alle Lkw haben Allrad-Antrieb und sind für den Transport von Mannschaften und Material bestimmt. Sie verfügen über eine beträchtliche Watfähigkeit, und ein kleiner Teil der Fahrzeuge wird durch Verwendung einer Schwimmpritsche mit Schwimmantrieb sogar schwimmfähig sein. Pritschen, Kofferaufbauten und Container-Grundplatten sind ohne große Umstände austauschbar, und ebenso können alle Fahrerhäuser samt Instrumentierung und Bedienungseinrichtung gegeneinander ausgewechselt werden. Achsen, Getriebe, Lenkungen, Bremsen, Elektrik und vieles andere sind handelsüblich und bei allen Fahrzeugen einheitlich.

Der Bedarf war ursprünglich auf etwa 40 000 taktische Lkw und etwa 10 000 Transport-Lkw veranschlagt. Einerseits sind Überlegungen im Gange, ob sich dieser Bedarf kürzen oder strecken läßt, andererseits decken schon die seitherigen Voranschläge keineswegs das planmäßige Soll. Zur Zeit laufen in der Bundeswehr etwa 50 000 Lkw der Klassen 5, 7 und 10 t. Der Sollbestand aber läge bei 60 000 Einheiten, wie folgende Aufstellung zeigt:

	Soll	Ist
Lkw 5 t	41 000	33 000
Lkw 7 t	10 000	8 500
Lkw 10 t und darüber	9 000	5 500

Eine beträchtliche Schrumpfung des Gesamtbestandes wäre allerdings bei einer Umstellung des gesamten Nachschubwesens vom Abhol- zum Zuführungsprinzip möglich, was offenbar derzeit erwogen wird. Das Streben nach einer entscheidenden Verbesserung der Wirtschaftlichkeit gerade auf diesem Gebiet wird verständlich, wenn man sich vergegenwärtigt, daß die planmäßige Instandhaltung und Überholung des gegenwärtigen Lkw-Parkes der Bundeswehr nunmehr auf ein jährliches Volumen von etwa 300 Millionen DM ansteigt, was allerdings auch durch die teilweise Überalterung des Bestandes verursacht wird. Etwas anderes macht diese Zahl jedoch ebenfalls deutlich: Es wird wirklich Zeit zur Einführung der neuen Lkw-Generation, und es rächt sich einmal mehr der überaus langwierige, zähe Ablauf militärischer Entwicklungs- und Beschaffungs-Programme.

Ohne Zusammenhang mit der neuen Fahrzeug-Familie reifen zwei weitere Projekte heran, nämlich der bei den Pkw besprochene 0,5 t Geländewagen sowie ein leichter Lkw für 2 t Nutzlast. Letzterer wird voraussichtlich ab etwa 1978 bei der Truppe eingeführt werden. Mit ziemlicher Wahrscheinlichkeit kommt hier eine Weiterentwicklung des bewährten Unimog S in Betracht, wobei für das künftige Modell folgende Merkmale kennzeichnend sein werden: Dieselmotor mit über 100 PS Leistung, Getriebe (möglicherweise mit Wandler-Schaltkupplung) nicht mehr mit dem Motor verblockt und zur Fahrgestellmitte hin verlegt, breitere Spur, größere Reifen, höhere Nutzlast. Aus Gründen der Wirtschaftlichkeit kommt der Unimog nur noch als taktisches Fahrzeug zum Einsatz, während für den rückwärtigen Dienst der im zivilen Bereich bereits weit verbreitete Mercedes-

Benz Typ L 508 D vorgesehen ist, der mit Hinterradantrieb und Zwillingsreifen völlig handelsüblich bleibt, jedoch die bereits vorhandene Pritsche der Bundeswehr erhält. Für die Zeit von 1972 bis 1974 stehen 1400 Mercedes-Benz L 508 D mit Unimog-Pritsche im Beschaffungsplan.

Amphibische Fahrzeuge

Die amphibischen Einheiten der Bundeswehr besaßen in den ersten Jahren ihres Bestehens amerikanische Schwimm-Lkw 2,5 t des Typs DUKW, von den Soldaten „Duck" (= Ente) genannt. Dieses Modell stammt noch aus dem zweiten Weltkrieg. In den Jahren 1942 bis 1945 hat die Lastwagenfirma GMC (General Motors) über 21 000 Stück davon gebaut! Es handelte sich um eine Ableitung von dem damals bei den alliierten Truppen in riesiger Zahl verwendeten Lkw 2,5 t 6 x 6, den in gleicher Ausführung die Firmen GMC, International und Studebaker lieferten.

Als Nachfolger der inzwischen technisch veralteten Weltkriegs-Veteranen erhielten die Amphibischen Transportbataillone der Bundesmarine ab 1965/66 neue amphibische Transportfahrzeuge der Typen LARC-5 und LARC-15. Angekauft wurden damals 200 Fahrzeuge des 5 t-Typs (Stückpreis 160 000 DM) und 60 Fahrzeuge des 15 t-Typs (Stückpreis 280 000 DM). Insgesamt wurden für dieses Beschaffungsobjekt rund 50 Mio. DM ausgegeben. Die Fahrzeuge der Typen LARC (= Lighter Amphibious Resupply Cargo) sind hochseetüchtig und dienen vor allem dem Güterumschlag zwischen Schiff und Küste. Das LARC-5 ist ohne, das LARC-15 mit Bugrampe zum Verladen von leichten Kraftfahrzeugen ausgerüstet. Alle vier Räder sind angetrieben und gelenkt, aber ungefedert, um die Radkästen möglichst klein halten zu können und den Widerstand im Wasser zu verringern. Die riesigen Niederdruckreifen müssen allein die Federung übernehmen.

Zu den technisch interessantesten Militärfahrzeugen, die seit dem zweiten Weltkrieg entstanden, gehört der „Stalwart" der englischen Firma Alvis. Es handelt sich um einen außergewöhnlich geländegängigen 5 t-Lkw von dem die Bundesmarine 1965 versuchsweise zwei Stück anschaffte. Die Firma Büssing hat in den Jahren 1963 bis 1967 einen Schwimm-Lastwagen entwickelt, der, ausgestattet mit einem 200 PS Unterflur-Diesel, auf dem Lande 4 und auf dem Wasser 2,5 t Nutzlast tragen kann. Drei Musterexemplare wurden an die Bundeswehr geliefert.

Über ein Fahrzeug in der Größenordnung des LARC-5 verfügen seit 1967 auch die Pioniereinheiten der Bundeswehr. Es ist das schwere Amphibische Brücken- und Übersetzfahrzeug M-2, entwickelt von einer wenig bekannten Spezialfirma in Kaiserslautern in Zusammenarbeit mit Klöckner-Humboldt-Deutz. Insgesamt 150 solcher Fahrzeuge zum Stückpreis von 640 000 DM sollen angeschafft werden. Aus dem bootsartigen Leichtmetallkörper des M-2 lassen sich beiderseits Seitenschwimmer hydraulisch ausschwenken, welche je eine Schraube für Wasserantrieb enthalten. Eine dritte Schraube zum Rudern befindet sich unter dem Fahrerhaus, über demselben ein Steuerstand für Wasserfahrt. Die normale Fahrtrichtung im Wasser verläuft übrigens umgekehrt als auf dem Land: das Fahrerhaus befindet sich bei Wasserfahrt am Heck. Die Amphibie kann je nach Bedarf als Fähre oder, mit anderen seitlich verkoppelt, als Brücke eingesetzt werden. Eine Brücke aus drei und mehr aneinandergereihten Fahrzeugen trägt bis zu 60 Tonnen Last und ist zweispurig befahrbar. Zum Bau einer 100 Meter langen Brücke braucht man 11 bis 12 Fahrzeuge und unter günstigen Voraussetzungen nur 1 Stunde Zeit. Als wichtigster Vorzug des neuen Geräts wird betont, daß im Vergleich zu seither mit einem Drittel des Mannschaftsbedarfs nur noch ein Viertel der Bauzeit für eine Schwimmbrücke benötigt wird, und außerdem verkürzt sich die Marschlänge bei Kolonnenfahrt um die Hälfte. Dennoch scheint man bislang mit dem M-2 noch nicht recht glücklich zu sein, denn der Einsatz des sehr teueren Geräts hat nur mit bestens ausgebildeten Bedienungsmannschaften Sinn und hängt überdies von Umständen wie Wasserbreite, Mindestwassertiefe und maximaler Strömungsgeschwindigkeit ab.

Lkw 0,75 t gl
Opel-Blitz A
Prototyp 1956

Lkw 0,75 t gl
Opel-Blitz A – 0,75 t
Prototyp 1956

Motor	Vergasermotor Opel 2,5 Liter
Zylinderzahl	6
Bohrung x Hub	80 x 82 mm
Hubraum	2473 ccm
Leistung	71 PS bei 3800 U/min
Drehmoment	16,5 mkg bei 1700 U/min
Verdichtung	1:6,5
Vergaser	1 Fallstromvergaser Opel (Lizenz Carter)
Ventile	Hängend, Stoßstangen und Kipphebel Seitliche Nockenwelle, Antrieb durch Stirnräder
Kurbelwellenlager	4
Kühlung	Wasser/Pumpe
Schmierung	Druckumlaufschmierung, 4,5 Liter Öl
Batterie	2 x 12 V 45 Ah
Lichtmaschine	600 W
Kraftübertragung	Allrad-Antrieb
Kupplung	Einscheibentrockenkupplung
Schaltung	2 Schalthebel/Wagenmitte
Getriebe	4 Gang + Vorgelege
Synchronisierung	II – IV
Übersetzungen Getriebe	I. 5,20 II. 2,82 III. 1,62 IV. 1,00
Übersetzungen Vorgelege	Straße 1,20 Gelände 2,29
Antriebs-Übersetzung	5,50
Fahrwerk	U-Profil-Rahmen
Vorderradaufhängung	starr, Halbfedern
Hinterradaufhängung	starr, Halbfedern
Lenkung	Schnecke
Fußbremse	Hydraulisch, 4 Räder
Handbremse	Mechanisch, Hinterräder

Allgemeine Daten	**Neunsitzer („Kübel")**	**Pritschenwagen 1 t**
Radstand	3300 mm	3300 mm
Spur	1560/1540 mm	1560/1540 mm
Gesamtmaße	5160 x 1900 x 2220 mm	5235 x 1990 x 2570 mm
Ladefläche	1100 x 1800 mm	2420 x 1810 mm
Reifen	9,00–16 (8 PR) M	9,00–16 (8 PR) M
Bodenfreiheit	270 mm	270 mm
Watfähigkeit	650 mm	650 mm
Spurkreis-∅	13,75 Meter	13,75 Meter
Wendekreis-∅	14,70 Meter	14,70 Meter
Fahrzeuggewicht	2400 kg	2400 kg
Zuläss. Gesamtgewicht	3400 kg	3400 kg
Höchstgeschwindigkeit	95 km/h	95 km/h
Mindestgeschwindigkeit	3 km/h	3 km/h
Verbrauch/100 km	18 Liter	18 Liter
Kraftstofftank	80 Liter (rechts am Rahmen)	80 Liter (rechts am Rahmen)
Fahrbereich	440 km	440 km

Bilder oben: Den Borgward 0,75 t führt die Bundeswehr entweder als Pritschenwagen oder als Neunsitzer mit Klappverdeck. Die letztere Aufbauform, zu Reichswehr- und Wehrmachts-Zeiten für die damaligen Fernsprechbau-Wagen viel verwendet, wird wohl die letzte ihrer Art bleiben. Bei der Bundeswehr wurde und wird dieses Modell besonders häufig als Fahrschulwagen verwendet.

Bild links: Büssing hat als zeitweiliger Besitzer eines der früheren Borgward-Werke den 0,75 t Lkw in den Jahren 1962 bis 1968 für den Bundesgrenzschutz weitergebaut. Die Stückzahl war jedoch relativ gering.

Lkw 0,75 t gl und 1,5 t gl
Borgward B 2000 A
1955–1961

Motor	Vergasermotor Borgward 6 M 2,4 A
Zylinderzahl	6
Bohrung x Hub	78 x 81,5 mm
Hubraum	2337 ccm
Leistung	80 PS bei 4000 U/min
Drehmoment	16,5 mkg bei 2400 U/min
Verdichtung	1:6,9
Vergaser	1 Doppel-Fallstromvergaser Solex 30 PAAJ
Ventile	Hängend, Stoßstangen und Kipphebel Seitliche Nockenwelle, Antrieb durch Stirnräder
Kurbelwellenlager	4
Kühlung	Wasser/Pumpe
Schmierung	Druckumlaufschmierung, 5,5 Liter Öl
Batterie	2 x 12 V 45 Ah
Lichtmaschine	600 W
Kraftübertragung	Allrad-Antrieb, Vorderrad-Antrieb abschaltbar Sperrdifferential
Kupplung	Einscheibentrockenkupplung
Schaltung	2 Schalthebel/Wagenmitte
Getriebe	4 Gang + Vorgelege
Synchronisierung	–
Übersetzungen Getriebe	I. 6,42 II. 3,10 III. 1,675 IV. 1,00
Übersetzungen Vorgelege	Straße 1,21 Gelände 2,30
Antriebsübersetzung	
Fahrwerk	U-Profil-Rahmen
Vorderradaufhängung	starr, Halbfedern
Hinterradaufhängung	starr, Halbfedern
Lenkung	Spindel (22,38:1)
Fußbremse	Hydraulisch, 4 Räder
Handbremse	Mechanisch, Hinterräder

Allgemeine Daten	**Neunsitzer („Kübel")**	**Pritschenwagen 0,75 t**	**Pritschenwagen 1,5 t**
Radstand	3200 mm	3200 mm	3400 mm
Spur	1550/1500 mm	1550/1500 mm	1550/1500 mm
Gesamtmaße	5350 x 1900 x 2150 mm	5350 x 1900 x 2575 mm	5800 x 2100 x 2900 mm
Höhe der festen Teile	1850 mm	1850 mm	1850 mm
Ladefläche	1050 x 1720 mm	2350 x 1700 mm	3000 x 2000 mm
Reifen	9,00–16 extra M	9,00–16 extra M	10,00–20 M
Bodenfreiheit	260 mm	260 mm	260 mm
Watfähigkeit	750 mm	750 mm	750 mm
Spurkreis-∅	12 Meter	12 Meter	12,25 Meter
Wendekreis-∅	13,25 Meter	13,25 Meter	13,5 Meter
Fahrzeuggewicht	2450 kg	2470 kg	2575 kg
Zuläss. Gesamtgewicht	3500 kg	3500 kg	4115 kg
Höchstgeschwindigkeit	94 km/h	94 km/h	79 km/h
Verbrauch/100 km	19 Liter	19 Liter	20 Liter
Kraftstofftank	90 Liter (rechts am Rahmen)	90 Liter (rechts am Rahmen)	90 Liter (rechts am Rahmen)
Fahrbereich	470 km	470 km	450 km

Mercedes-Benz Unimog S NATO-Ausführung.

Konstruktiv interessantester Lkw der heutigen Bundeswehr-Ausstattung ist wohl der Unimog S von Daimler-Benz. Dieser 1,5 Tonner mit Allrad-Antrieb, entwickelt aus der Unimog-Zugmaschine, wird seit 1955 in beträchtlicher Stückzahl gebaut, allerdings längst nicht mehr ausschließlich für militärische Zwecke.

Bild rechts: Unimog S mit Kofferaufbau.

Bilder unten: Krankenkraftwagen Unimog S (Aufbau Miesen) für 4 Tragen oder 2 Tragen + Klappsitzbank.

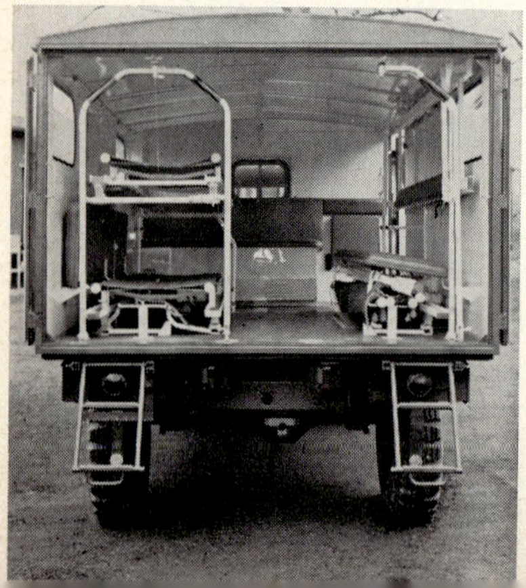

Lkw 1,5 t gl (4 x 4)
Mercedes-Benz Unimog S 404 B
Ab 1955

Motor	Vergasermotor Daimler-Benz M 180/II
Zylinderzahl	6
Bohrung x Hub	80 x 72,8 mm
Hubraum	2195 ccm
Leistung	82 PS bei 4850 U/min
Drehmoment	15,4 mkg bei 2800 U/min
Verdichtung	1:7
Vergaser	1 Geländevergaser Solex 32 DIN X
Ventile	Hängend, Nockenwelle im Zylinderkopf, Antrieb durch Duplex-Kette
Kurbelwellenlager	4
Kühlung	Wasser/Pumpe
Schmierung	Druckumlaufschmierung
Batterie	2 x 12 V 45 Ah
Lichtmaschine	600 W
Anlasser	0,8 PS
Kraftübertragung	Allrad-Antrieb, Vorderrad-Antrieb abschaltbar Sperrdifferential vorn und hinten
Kupplung	Einscheibentrockenkupplung
Schaltung	2 Schalthebel (1 für Rückwärtsfahrt) in Wagenmitte
Getriebe	6 Vorwärts-, 2 Rückwärtsgänge
Synchronisierung	1–VI
Übersetzungen	I. 14,93 II. 8,23 III. 4,47 IV. 2,46 V. 1,52 VI. 1,00
Antriebsübersetzung	7,61 (einschl. Laufrad-Vorgelegen)
Fahrwerk	U-Profil-Rahmen
Vorderradaufhängung	Portalachse starr, Schraubenfedern
Hinterradaufhängung	Portalachse starr, Doppel-Schraubenfedern
Lenkung	Kugelumlauf, Lenkungsdämpfer
Fußbremse	Hydraulisch, 4 Räder
Handbremse	Mechanisch, Hinterräder

Allgemeine Daten	**Pritschen-Aufbau**	**Koffer-Aufbau**
Radstand	2900 mm	2900 mm
Spur	1630/1630 mm	1630/1630 mm
Gesamtmaße	4925 x 2140 x 2540 mm Höhe der festen Teile 2040 mm Ladefläche 3000 x 2000 mm	4925 x 2140 x 2590 mm Laderaum 3000 x 2000 x 1400 mm
Reifen	10,00/10,50–20 (6 PR) M	
Bodenfreiheit	400 mm	
Watfähigkeit	800 mm	
Spurkreis-Ø	12,1 Meter	
Wendekreis-Ø	13 Meter	
Fahrzeuggewicht	2900 kg	3050 kg
Zuläss. Gesamtgewicht	4400 kg	4550 kg
Höchstgeschwindigkeit	95 km/h	
Mindestgeschwindigkeit	5 km/h	
Verbrauch/100 km	21 Liter	
Kraftstofftank	2 x 60 = 120 Liter (rechts am Rahmen)	
Fahrbereich	570 km	

Der Unimog S soll künftig nur noch dort verwendet werden, wo der Einsatz eines kostspieligen Gelände-Lkw wirklich Sinn hat. Aus rein wirtschaftlichen Gründen wird folglich die Bundeswehr in den nächsten Jahren eine größere Zahl des Mercedes-Benz Typ 508 D beschaffen, der sich hier von der zivilen Ausführung lediglich durch die Unimog-Pritsche unterscheidet.

Mercedes-Benz Typ 406 als Schreibstubenwagen bei einer Einheit der Bundesmarine, fotografiert im März 1971.

	Lkw 2 t (4 x 2) Mercedes-Benz L 508 DG/29 Ab 1972
Motor	Dieselmotor mit Direkteinspritzung Daimler-Benz OM 314.V
Zylinderzahl	4
Bohrung x Hub	97 x 128 mm
Hubraum	3785 ccm
Leistung	85 PS bei 2800 U/min
Drehmoment	24 mkg bei 1800 U/min
Verdichtung	1:17
Einspritzpumpe	Bosch
Ventile	Hängend, Stoßstangen und Kipphebel Seitliche Nockenwelle, Antrieb durch Stirnräder
Kurbelwellenlager	5
Kühlung	Wasser/Pumpe
Schmierung	Druckumlaufschmierung
Batterie	2 x 12 V 66 Ah
Lichtmaschine	Drehstrom 14 V 35 A
Anlasser	24 V 4 PS
Kraftübertragung	Motor vorn, Kurzhauber-Bauart Antrieb auf Hinterräder
Kupplung	Einscheibentrockenkupplung
Schaltung	Schalthebel zwischen den Sitzen
Getriebe	5 Gang Daimler-Benz G 20
Synchronisierung	I–V
Übersetzungen	I. 6,71, II. 3,88, III. 2,32, IV. 1,42, V. 1,00
Antriebs-Übersetzung	4,30 (43:10)
Fahrwerk	U-Profil-Rahmen
Vorderradaufhängung	starr, Halbfedern, Gummihohlfedern
Hinterradaufhängung	starr, Halbfedern, Gummihohlfedern
Lenkung	Kugelumlauf
Fußbremse	Hydraulisch, 4 Räder
Handbremse	Mechanisch, Hinterräder
Allgemeine Daten	
Radstand	2950 mm
Spur	1720/1492 mm
Gesamtmaße	5030 x 2110 x 2305 mm (Höhe über Fahrerhaus)
Ladefläche	3000 x 2000 mm
Reifen	6,50–16 XC
Bodenfreiheit	
Watfähigkeit	
Spurkreis-⌀	10 Meter
Wendekreis-⌀	11 Meter
Fahrzeuggewicht	2870 kg (einschl. Fahrer und Ausrüstung)
Zuläss. Gesamtgewicht	5000 kg
Höchstgeschwindigkeit	88 km/h
Verbrauch/100 km	15 Liter Diesel
Kraftstofftank	60 Liter (links seitlich am Rahmen)
Fahrbereich	400 km

Ford 3 t NATO-Lkw

Lkw 3 t gl (4 x 4)
Ford G 398 SAM
1957–1961

Motor	Vergasermotor Ford V8 – 3,9 Liter
Zylinderzahl	8 (90°-V-Form)
Bohrung x Hub	80,9 x 95,25 mm
Hubraum	3924 ccm
Leistung	92 PS bei 3500 U/min
Drehmoment	24,6 mkg bei 1750 U/min
Verdichtung	1:5,9
Vergaser	1 Doppel-Fallstromvergaser Solex 30 FFIK
Ventile	Stehend, Zentrale Nockenwelle, Antrieb durch Stirnräder
Kurbelwellenlager	3
Kühlung	Wasser/Pumpe
Schmierung	Druckumlaufschmierung
Batterie	2 x 12 V 100 Ah
Lichtmaschine	600 W
Kraftübertragung	Allrad-Antrieb, Vorderrad-Antrieb schaltbar Ohne Sperrdifferential
Kupplung	Einscheibentrockenkupplung
Schaltung	2 Schalthebel/Wagenmitte
Getriebe	4 Gang + Vorgelege
Synchronisierung	II–IV
Übersetzungen Getriebe	I. 6,40 II. 3,09 III. 1,69 IV 1,00
Übersetzungen Vorgelege	Straße 1,00 Gelände 1,87
Antriebsübersetzung	7,20
Fahrwerk	U-Profil-Rahmen
Vorderradaufhängung	starr, Halbfedern
Hinterradaufhängung	starr, Halbfedern und Zusatzfedern
Lenkung	ZF-Roß
Bremsen	Hydraulisch mit Zweikreis-Druckluft-Servohilfe, 4 Räder
Handbremse	Mechanisch, Hinterräder

Allgemeine Daten	**Pritschen-Aufbau**	**Koffer-Aufbau**
Radstand	4013 mm	4013 mm
Spur	1700/1700 mm	1700/1700 mm
Gesamtmaße	7250 x 2445 x 3140 mm Höhe der festen Teile 2135 mm Ladefläche 4250 x 2250 mm	7000 x 2445 x 2975 mm Laderaum 4000 x 2200 x 1810 mm
Reifen	11,00–20 eHD verst. M	
Bodenfreiheit	320 mm	
Watfähigkeit	1100 mm	
Spurkreis-⌀	19,9 Meter	
Wendekreis-⌀	21,2 Meter	
Fahrzeuggewicht	4550 kg	4780 kg
Zuläss. Gesamtgewicht	7480 kg	7480 kg
Höchstgeschwindigkeit	80 km/h	
Mindestgeschwindigkeit	3,5 km/h	
Verbrauch/100 km	38 Liter	
Kraftstofftank	108 Liter	
Fahrbereich	280 km	

▲ **Lkw 5 t MAN 630 L 2 A**
(Hinterräder mit Zwillingsreifen)

▲ **Lkw 5 t MAN 630 L 2 AE**
(alle Räder einfachbereift)

Lkw 5 t MAN 630 L 2 A
▼ **mit Koffer-Aufbau**

Motor

Zylinderzahl
Bohrung x Hub
Hubraum
Leistung
Drehmoment
Verdichtung
Einspritzpumpe
Ventile
Kurbelwellenlager
Kühlung
Schmierung
Batterie
Lichtmaschine
Anlasser

Kraftübertragung

Kupplung
Schaltung
Getriebe

Synchronisierung
Übersetzungen Getriebe

Übersetzungen Vorgelege

Antriebsübersetzung

Fahrwerk
Vorderradaufhängung
Hinterradaufhängung
Lenkung
Fußbremse
Handbremse
Motorbremse

Allgemeine Daten
Radstand
Spur
Gesamtmaße

Ladefläche
Reifen

Bodenfreiheit
Watfähigkeit
Spurkreis-Ø
Wendekreis-Ø
Fahrzeuggewicht

Zuläss. Gesamtgewicht
Höchstgeschwindigkeit
Mindestgeschwindigkeit
Verbrauch/100 km
Kraftstofftank
Fahrbereich

<table>
<tr>
<th>Lkw 5 t gl (4 x 4)
MAN 630 L 2 A
ab 1958</th>
<th>Lkw 5 t gl (4 x 4)
MAN 630 L 2 A
Sattelschlepper und Kipper
ab 1958</th>
<th>Lkw 5 t gl (4 x 4)
MAN 630 L 2 AE
ab 1958</th>
<th>Lkw 5 t gl (4 x 4)
Mercedes-Benz LG 315/46
1958–1964</th>
</tr>
<tr>
<td colspan="3">Vielstoff-Dieselmotor
MAN D 1246 MV3A/W
6
112 x 140 mm
8276 ccm
130 PS bei 2000 U/min
52 mkg bei 1600 U/min
1:23

Hängend

Wasser/Pumpe
Druckumlaufschmierung
2 x 12 V 100 Ah
600 W
4 PS
Allrad-Antrieb
Vorderrad-Antrieb abschaltbar
Ohne Sperrdifferential
Einscheibentrockenkupplung
2 Schalthebel/Wagenmitte
6 Gang (ZF AK 6–55)
+ Vorgelege
12 Vorwärts-, 2 Rückwärtsgänge
Ohne
I. 9,35
II. 5,47
III. 3,74
IV. 2,42
V. 1,59
VI. 1,00
Straße 1,00
Gelände 1,755

6,175 (mit Laufradvorgelegen)
U-Profil-Rahmen
starr, Halbfedern
starr, Halb- + Zusatzfedern
ZF-Gemmer-Hydrolenkung
Zweikreis-Druckluft, 4 Räder
Mechanisch, Hinterräder
Druckluft
Klappe am Auspuffkrümmer</td>
<td>Vielstoff-Dieselmotor
Daimler-Benz OM 315 V
6
112 x 140 mm
8276 ccm
145 PS bei 2100 U/min
56 mkg bei 1400 U/min

Bosch
Hängend
7
Wasser/Pumpe
Druckumlaufschmierung
2 x 12 V 100 Ah
600 W

Allrad-Antrieb
Vorderrad-Antrieb abschalt-
bar
Ohne Sperrdifferential
Einscheibentrockenkupplung
2 Schalthebel/Wagenmitte
6 Gang (ZF AK 6–55)
+Vorgelege
12 Vorwärts-, 2 R.wärtsgänge
Ohne
I. 9,35
II. 5,47
III. 3,74
IV. 2,42
V. 1,59
VI. 1,00
Straße 1,00 (Hinterrad-An-
trieb)
Gelände 1,52 (Allrad-Antrieb)
6,67 (mit Laufradvorgelegen)
U-Profil-Rahmen
starr, Halbfedern
starr, Halb- + Zusatzfedern
ZF-Gemmer-Hydrolenkung
Zweikreis-Druckluft, 4 Räder
Mechanisch, Hinterräder
Druckluft,
Klappe am Auspuffkrümmer</td>
</tr>
<tr>
<td>4600 mm
1922/1763 mm
Pritsche:
7900 x 2500 x 2845 mm
Höhe der festen Teile 2200 mm
Koffer:
7730 x 2500 x 2845 mm
Pritsche 5000 x 2350 mm
11,00–20 eHD verst. M
Hinterräder zwillingsbereift
350 mm
850 mm
18 Meter
19,1 Meter
7 515 kg

13 000 kg
66 km/h
3 km/h
26 Liter Diesel
110 Liter (seitlich am Rahmen)
420 km</td>
<td>4100 mm
1922/1763 mm
Sattelschlepper:
6810 x 2500 x 2600 mm
Höhe der festen Teile 2200 mm
Kipper:
7500 x 2500 x 2600 mm
Kipper 4000 x 2240 mm
11,00–20 eHD verst. M
Hinterräder zwillingsbereift
350 mm
850 mm
16,4 Meter
17,5 Meter
Sattelschlepper 6900 kg
Kipper 7800 kg
13 300 kg
66 km/h
3 km/h
26 Liter Diesel
110 Liter (seitlich am Rahmen)
420 km</td>
<td>4600 mm
2056/2056 mm
Pritsche:
8280 x 2500 x 3120 mm

Pritsche 5000 x 2350 mm
14,00–20 eHD verst. M
Hinterräder einfachbereift
408 mm
850 mm
18,7 Meter
19,8 Meter
7 700 kg

13 200 kg
66 km/h
3 km/h
26 Liter Diesel
110 Liter (seitlich am Rahmen)
420 km</td>
<td>4600 mm
2005/2005 mm
Pritsche:
8140 x 2500 x 3100 mm
Höhe der festen Teile
2680 mm

Pritsche 5000 x 2350 mm
14,00–20 eHD verst. M
Hinterräder einfachbereift
408 mm
850 mm
19,2 Meter
21,4 Meter
7600 kg

12850 kg
70 km/h
3 km/h
27 Liter Diesel
140 Liter (seitlich am Rahmen)
510 km</td>
</tr>
</table>

MAN 630 L 2 A
Sattelzug mit Kühlaufbau

MAN 630 L 2 AE
Betankungsfahrzeug

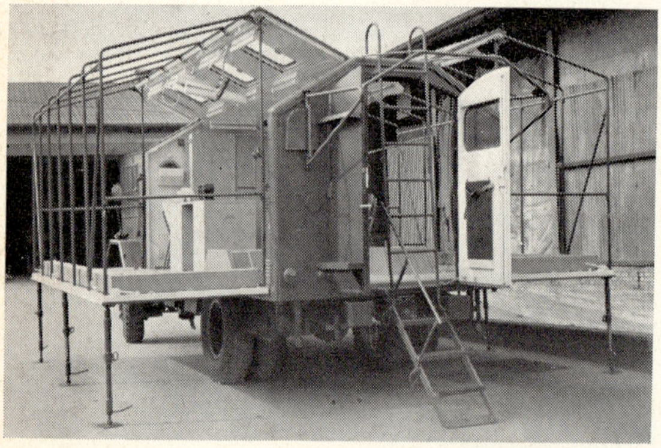

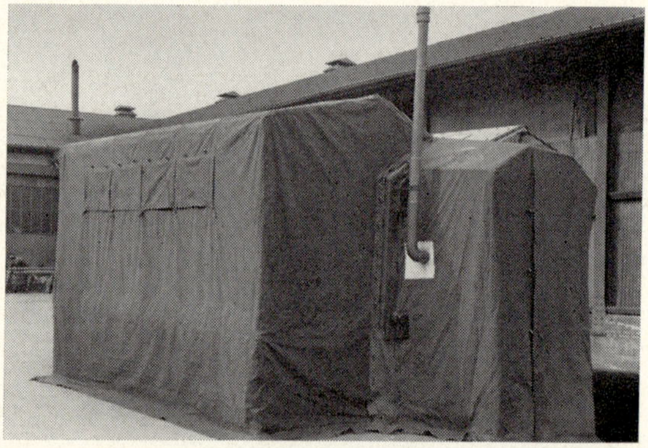

Das Fahrzeugwerk Blumhardt (Wuppertal-Vohwinkel) liefert den MAN 630 L 2 A mit diesem Aufbau als Geschäftszimmer-, Lage-, Zeichen- oder Befehls-Kfz. Dach und Seitenwände können aufgeklappt werden. Das Umbauzelt verfügt über eine Lichtschleuse.

Lkw 5 t
Mercedes-Benz LG 315/46

Mercedes-Benz LG 315/46
mit Drehkran 4 t Tragkraft

Von 1956 bis 1961 beschaffte die Bundeswehr als 7 t-Lkw den zweiachsigen Magirus-Deutz A 6500. Das geschlossene Stahl-Fahrerhaus besaßen jedoch nur die ersten 500 Wagen.

Magirus-Deutz A 6500 als Abschleppwagen mit kurzem Radstand und Seilwinde

Lkw 7 t Magirus-Deutz A 6500 Fahrerhaus mit Klappverdeck

Lkw 7 t gl (4 x 4)
Magirus-Deutz A 6500
1956–1961

Motor	Dieselmotor Deutz F 8 L 614
Zylinderzahl	8 (90°-V-Form)
Bohrung x Hub	110 x 140 mm
Hubraum	10644 ccm
Leistung	170 PS bei 2300 U/min
Drehmoment	62 mkg bei 1200 U/min
Verdichtung	1:19
Einspritzpumpe	Bosch
Ventile	Hängend, Zentrale Nockenwelle, Antrieb durch Stirnräder
Kurbelwellenlager	5
Kühlung	Luft/Gebläse
Schmierung	Druckumlaufschmierung, 20 Liter Öl
Batterie	2 x 12 V 100 Ah
Lichtmaschine	600 W
Anlasser	6 PS
Kraftübertragung	Allrad-Antrieb (4 x 4), nicht abschaltbar
	Sperrdifferential im Verteilergetriebe
Kupplung	Einscheibentrockenkupplung
Schaltung	Lenkradschaltung
Getriebe	6 Gang (ZF) AK 6–55) + Vorgelege
Synchronisierung	Ohne
Übersetzungen Getriebe	I. 6,63, II. 3,88, III. 2,43, IV. 1,55, V. 1,00, VI. 0,71
Übersetzungen Vorgelege	Straße 1,128, Gelände 1,515
Antriebs-Übersetzung	7,68
Fahrwerk	U-Profil-Rahmen
Vorderradaufhängung	Starrachse, Halbfedern
Hinterradaufhängung	Starrachse, Halbfedern
Lenkung	ZF-Gemmer-Lenkung
Fußbremse	Zweikreis-Druckluft, 4 Räder
Handbremse	Mechanisch, Hinterräder
Motorbremse	Druckluft, Klappe im Auspuffkrümmer

Allgemeine Daten	**Lkw (Pritsche)**	**Abschleppwagen**	**Sattelzugmaschine**
Radstand	4815 mm	3615 mm	4415 mm
Spur	1926/1780 mm	1926/1780 mm	1926/1780 mm
Gesamtmaße	8000 x 2500 x 2950 mm (Länge ohne Seilwinde, Höhe über Plane)	7370 x 2500 x 2930 mm (Länge einschl. Seilwinde, Höhe über Plane)	7160 x 2500 x 2600 mm (Länge einschl. Seilwinde, Höhe über Fahrerhaus)
Ladefläche	5000 x 2350 mm	3200 x 2350 mm	–
Reifen	11,00–20 eHD verst. M 2 Hinterräder zwillingsbereift	11,00–20 eHD verst. M 2 Hinterräder zwillingsbereift	11,00–20 eHD verst. M 2 Hinterräder zwillingsbereift
Bodenfreiheit	315 mm	315 mm	315 mm
Watfähigkeit	850 mm	850 mm	850 mm
Spurkreis-⌀	18 Meter	14 Meter	16,5 Meter
Wendekreis-⌀	19 Meter	15 Meter	17,5 Meter
Fahrzeuggewicht	7000 kg (ohne Seilwinde) 7400 kg (mit Seilwinde)	7500 kg (mit Seilwinde)	7200 kg (mit Seilwinde)
Zuläss. Gesamtgewicht	14 600 kg	14 600 kg	14 600 kg
Anhängelast	10 000 kg		Sattellast 7400 kg
Gesamtzuggewicht	24 600 kg		24 600 kg
Höchstgeschwindigkeit	74 km/h	74 km/h	74 km/h
Mindestgeschwindigkeit	3 km/h	3 km/h	3 km/h
Verbrauch/100 km	Straße 30 Liter Diesel	Straße 30 Liter Diesel	Straße 30 Liter Diesel
Kraftstofftank	150 Liter (rechts am Rahmen)	150 Liter (rechts am Rahmen)	150 Liter (rechts am Rahmen
Fahrbereich	Straße 500 km	Straße 500 km	Straße 500 km

Lkw 7 t Magirus-Deutz Jupiter
mit Vorbau-Seilwinde

Lkw 7 t Magirus-Deutz Jupiter
Dreiseiten-Kipper
mit Vorbau-Seilwinde

Magirus-Deutz Jupiter
Sattelzugmaschine

Lkw 7 t gl (6 x 6)
Magirus-Deutz Jupiter bzw. (ab 1964) Typ 178 D 15 A
Ab 1961

Motor	Vielstoff-Dieselmotor Deutz F 8 L 714 A
Zylinderzahl	8 (90°-V-Form)
Bohrung x Hub	120 x 140 mm
Hubraum	12667 ccm
Leistung	178 PS bei 2300 U/min
Drehmoment	65 mkg bei 1200 U/min
Verdichtung	1:23
Einspritzpumpe	Bosch
Ventile	Hängend, Zentrale Nockenwelle, Antrieb durch Stirnräder
Kurbelwellenlager	5
Kühlung	Luft/Gebläse
Schmierung	Druckumlaufschmierung, 20 Liter Öl
Batterie	2 x 12 V 100 Ah
Lichtmaschine	600 W
Anlasser	6 PS
Kraftübertragung	Allrad-Antrieb (6 x 6), nicht abschaltbar Sperrdifferential im Verteilergetriebe
Kupplung	Einscheibentrockenkupplung
Schaltung	2 Schalthebel/Wagenmitte
Getriebe	6 Gang (ZF AK 6–55) + Vorgelege
Synchronisierung	Ohne
Übersetzungen Getriebe	I. 6,63, II. 3,88, III. 2,43, IV. 1,55, V. 1,00, VI. 0,71
Übersetzungen Vorgelege	Straße 1,28, Gelände 1,515
Antriebs-Übersetzungen	7,68
Fahrwerk	U-Profil-Rahmen
Vorderradaufhängung	Starrachse, Halbfedern
Hinterradaufhängung	2 Starrachsen, beiderseits gemeinsam je 1 Halbfeder
Lenkung	ZF-Gemmer-Hydrolenkung
Fußbremse	Zweikreis-Druckluft/Hydraulisch, 6 Räder
Handbremse	Mechanisch, 4 Hinterräder
Motorbremse	Druckluft, Klappe im Auspuffkrümmer

Allgemeine Daten	**Lkw (Pritsche)**	**Zugkraftwagen**	**Sattelzugmaschine**
Radstand	4160 + 1280 mm	3760 + 1280 mm	3760 + 1280 mm
Spur	1927/1915/1915 mm	1927/1915/1915 mm	1927/1915/1915 mm
Gesamtmaße	8000 x 2500 x 3240 mm (Länge mit Seilwinde 8450 mm, Höhe über Plane, Plane um 350 mm einziehbar)	7700 x 2500 x 3190 mm (Länge einschl. Seilwinde, Höhe über Plane, Plane um 350 mm einziehbar)	6900 x 2500 x 2550 mm (Länge mit Seilwinde 7350 mm Höhe über Fahrerhaus)
Ladefläche	5000 x 2350 mm	4250 x 2350 mm	–
Reifen	11,00–20 (14 PR) M 4 Hinterräder einfachbereift	11,00–20 (14 PR) M 4 Hinterräder einfachbereift	11,00–20 (14 PR) M 4 Hinterräder einfachbereift
Bodenfreiheit	315 mm	315 mm	315 mm
Watfähigkeit	850 mm	850 mm	850 mm
Spurkreis-⌀	19,5 Meter	18 Meter	18 Meter
Wendekreis-⌀	20,5 Meter	19 Meter	19 Meter
Fahrzeuggewicht	7450 kg (ohne Seilwinde) 7850 kg (mit Seilwinde)	10 000 kg (einschl. 43 x 47,5 kg Belastungsgewichte)	7300 kg (ohne Seilwinde) 7700 kg (mit Seilwinde)
Zuläss. Gesamtgewicht	14750 kg (ohne Seilwinde) 15150 kg (mit Seilwinde)	15 150 kg	14 600 kg (ohne Seilwinde) 15 050 kg (mit Seilwinde)
Anhängelast	10 000 kg	27 400 kg	10 000 kg
Gesamtzuggewicht	25 000 kg	42 550 kg	25 000 kg
Höchstgeschwindigkeit	74 km/h	74 km/h	74 km/h
Mindestgeschwindigkeit	3 km/h	3 km/h	3 km/h
Verbrauch/100 km	Straße 35 Liter Diesel	Straße 35 Liter Diesel	Straße 35 Liter Diesel
Kraftstofftank	150 Liter (rechts am Rahmen)	150 Liter (rechts am Rahmen)	150 Liter (rechts am Rahmen)
Fahrbereich	Straße 420 km	Straße 420 km	Straße 420 km

▲ Magirus-Deutz Jupiter mit 4 t Wilhag-Kran

▼ Magirus-Deutz Jupiter Pipeline-Lkw mit Stadler-Aufbau und -Kran

Wer an der Ostfront war, kennt die russische Stalinorgel und wird sie sein Leben lang nicht vergessen. Die Nebelwerfer der Wehrmacht waren eine ähnliche Waffe, sicherlich drüben ebenso gefürchtet wie jene bei uns. Die Bundeswehr mußte 15 Jahre lang warten, bis sie ebenfalls einen modernen Raketenwerfer erhielt. Nach ausgiebiger Erprobung von je 8 Musterexemplaren der Systeme Oerlikon und Wegmann, aufgebaut auf das Fahrgestell des mit geschütztem Fahrerhaus versehenen 7 t Lkw Magirus-Deutz 6 x 6, wurden 1970/71 von Wegmann insgesamt 200 Stück dieser neuen, enorm wirksamen Flächenfeuer-Waffe beschafft. Ein kompletter Mehrfach-Raketenwerfer 110 SF mit allem Drum und Dran kostet etwa 400 000 DM, alle miteinander kosten also rund 80 Millionen. Die im Zeitraum von 15 Jahren hierfür benötigten Raketen hingegen verschlingen den Betrag von 900 Millionen DM! Aus 36 Rohren verschießt das Gerät einzeln, in Teilserien oder Salven 110 mm Raketen, die mit verschiedenen konventionellen Gefechtsköpfen versehen werden können.

Y-878 409

Das relativ kleinste unter den schweren Bundeswehr-Fahrzeugen dieser Marke ist der Lkw 10 t Faun L 908/425 A, der hauptsächlich als Abschlepp- oder (mit 10 t-Kran) als Bergewagen eingesetzt wird. Es ist der gleiche Motor eingebaut wie beim Magirus-Deutz 7 t-Lkw.

Motor

Zylinderzahl
Bohrung x Hub
Hubraum
Leistung
Drehmoment
Verdichtung
Einspritzpumpe
Ventile
Kurbelwellenlager
Kühlung
Schmierung
Batterie
Lichtmaschine
Anlasser

Kraftübertragung

Kupplung
Schaltung
Getriebe
Synchronisierung
Übersetzungen Getriebe
Übersetzungen Vorgelege
Antriebs-Übersetzung

Fahrwerk
Vorderradaufhängung
Hinterradaufhängung
Lenkung
Fußbremse
Handbremse
Motorbremse

Allgemeine Daten
Radstand
Spur
Gesamtmaße

Ladefläche
Reifen

Bodenfreiheit
Watfähigkeit
Spurkreis-∅
Wendekreis-∅
Fahrzeuggewicht
Zuläss. Gesamtgewicht
Sattellast
Seilwinde Zugkraft
Höchstgeschwindigkeit
Mindestgeschwindigkeit
Verbrauch/100 km
Kraftstofftank
Fahrbereich

	Lkw 10 t (6 x 6) Faun L 908/425 A 1957–1960	Sattelzugmaschine 10 t (6 x 6) Faun L 908/SA 1957–1963	Flugfeld-Tank-Lkw 12 t (6 x 6) Straßen-Tank-Lkw 15 t (6 x 6) Faun L 908/ATW 1957–1971	Sattelzugmaschine 10 t (6 x 6) Faun L 908/SAT 1957–1959

	Bis 1961	Ab 1961
Mot	Bis 1961: Dieselmotor	Ab 1961: Vielstoff-Dieselmotor
	Deutz F 8 L 614	Deutz F 8 L 714 a
Zyli	8 (90°-V-Form)	8 (90°-V-Form)
Boh	110 x 140 mm	120 x 140 mm
Hub	10 644 ccm	12 667 ccm
Leis	170 PS bei 2300 U/min	178 PS bei 2300 U/min
Dre	61 mkg bei 1200 U/min	65 mkg bei 1200 U/min
Ver	1:19	1:23

	Alle Modelle
Ein	Bosch
Ven	Hängend
Kur	5
Küh	Luft/Gebläse
Sch	Druckumlaufschmierung, 20 Liter Öl
Bat	anfangs 2 x 12 V 100 Ah, dann 2 x 12 V 180 Ah, dann 4 x 12 V 100 Ah
Lich	600 W
Anl	6 PS
Kra	Allrad-Antrieb (6 x 6), Vorderrad-Antrieb abschaltbar
	Ohne Sperrdifferential
Kup	Einscheibentrockenkupplung
Sch	2 Schalthebel/Wagenmitte
Ge	6 Gang (ZF AK 6–55) + Vorgelege
Syr	Ohne
Üb	I. 7,75, II. 4,54, III. 3,10, IV. 2,01, V. 1,32, VI. 1,00
Üb	Straße 1,00, Gelände 2,47
An	7,536
Fal	U-Profil-Rahmen
Vo	Starrachse, Halbfedern
Hir	2 Starrachsen, Halbfedern
Le	ZF-Gemmer-Hydrolenkung
Fu	Zweikreis-Druckluft, 6 Räder
Ha	Mechanisch/Druckluft, 4 Hinterräder
Mc	Mechanisch, Klappe im Auspuffkrümmer

	L 908/425 A	L 908/SA	L 908/ATW	L 908/SAT
All				
Ra	3550 + 1400 mm	3550 + 1400 mm	4990 + 1320 mm	3550 + 1400 mm
Sp	2047/1944/1944 mm	2047/1944/1944 mm	2055/1800/1800 mm	2055/1810/1810 mm
Ge	7210 x 2500 x 3350 mm	7160 x 2500 x 2800 mm	9500 x 2500 x 2750 mm	7160 x 2500 x 2750 mm
	(Höhe über Plane)	(Höhe über Fahrerhaus)	(Höhe über Fahrerhaus)	(Höhe über Fahrerhaus)
La	3250 x 2350 mm	–	12 000 bzw. 15 000 Liter-Tank	–
Re	14,00–20 (PR 18) M	14,00–20 (PR 18) M	11,00–20 (PR 14) M	11,00–20 (PR 14) M
	4 Hinterräder einfachbereift	4 Hinterräder einfachbereift	4 Hinterräder zwillingsbereift	4 Hinterräder zwillingsbereift
Bo	370 mm	370 mm	310 mm	310 mm
W	900 mm	900 mm	650 mm	500 mm
Sp	20 Meter	20 Meter	22,4 Meter	20 Meter
W	22 Meter	22 Meter	24 Meter	22 Meter
Fa	9 600 kg	9 600 kg	13 100 bzw. 14 200 kg	9 360 kg
Zu	20 000 kg	21 500 kg	25 400 kg	21 200 kg
Sa	–	10 400 kg	–	10 000 kg
G	–	8 000 kg	–	–
S	65 km/h	65 km/h	63 km/h	60 km/h
H	2,4 km/h	2,4 km/h	2,4 km/h	2 km/h
M	35 Liter Diesel	38 Liter Diesel	38 Liter Diesel	38 Liter Diesel
V	200 Liter	200 Liter	200 Liter	200 Liter
K	570 km	520 km	520 km	520 km
F				

Der Faun L 912/45 A ist ein schwerer Lkw für 15 t Nutzlast, ausgerüstet mit V 12 Deutz-Dieselmotor.

Die Sattelzugmaschine Faun L 912/SA entspricht dem Lkw 15 t, ebenfalls mit Zwillingsreifen, aber mit stärkerer Seilwinde.

Der Gleitkipper 10 t Faun L 912/5050 A besitzt Einfachbereifung sowie eine Plattform, die nicht nur gekippt, sondern auch nach hinten auf die Fahrbahn abgesenkt werden kann. Schwere Geräte lassen sich damit ohne Umstände auf- und abladen.

Die leichte Planierraupe, die zur Ausrüstung aller Pionierbataillone gehört, arbeitet als Flachbagger auf einem Kettenfahrgestell. Sie begleitet auf einem Faun Gleitkipper die Truppe und soll leichten oder mittelschweren Boden räumen sowie bis zu 30 Meter verschieben.

Der dreiachsige Faun Frontlenker-Lkw L 908/54 VA für 10 t Nutzlast verfügt über eine sehr lange Ladepritsche und kann mit Teha-Ladekran geliefert werden (1 t Hebekraft bei 4 Meter Ausladung).

Die zwillingsbereifte Schwerlast-Sattelzugmaschine Faun L 912/VSA ist, wie auch die noch stärkere L 1212/45 VSA, vor allem für den Transport von Kampfpanzern auf entsprechenden Tieflade-Sattelanhängern bestimmt.

Der überschwere 15 t Kranwagen Faun LK 1212/485 ist für Reparatureinheiten sowie beispielsweise für die Bergung von Flugzeugen vorgesehen.

Faun Sattelzugmaschine L 1212/45 VSA mit Panzer auf Tiefladeanhänger

Motor

Zylinderzahl
Bohrung x Hub
Hubraum
Leistung
Drehmoment
Verdichtung
Einspritzpumpe
Ventile
Kurbelwellenlager
Kühlung
Batterie
Lichtmaschine

Kraftübertragung

Kupplung

Getriebe

Übersetzungen Getriebe

Übersetzungen Vorgelege
Antriebs-Übersetzung

Fahrwerk
Vorderradaufhängung
Hinterradaufhängung

Lenkung
Fußbremse
Handbremse
Motorbremse

Allgemeine Daten
Radstand
Spur
Gesamtmaße
Ladefläche
Reifen

Bodenfreiheit
Watfähigkeit
Spurkreis-Ø
Wendekreis-Ø
Fahrzeuggewicht
Zuläss. Gesamtgewicht
Sattellast
Gesamtzuggewicht
Seilwinde Zugkraft
Höchstgeschwindigkeit
Mindestgeschwindigkeit
Verbrauch/100 km
Kraftstofftank
Fahrbereich

Lkw 10 t (6 x 6) Faun L 908/54 VA Ab 1960	**Sattelzugmaschine 24 t (6 x 6) Faun L 912/VSA 1957**	**Sattelzugmaschine 25 t (6 x 6) Faun L 1212/45 VSA 1962–1966**	**Kranwagen 10 t (6 x 6) Faun LK 1212/485 1959–1968**
Vielstoff-Dieselmotor	Dieselmotor	Dieselmotor	Vielstoff-Dieselmotor
Deutz F 8 L 714 a	Deutz BF 12 L 614	Deutz BF 12 L 714	Deutz F 12 L 714 a
8 (90°-V-Form)	12 (90°-V-Form)	12 (90°-V-Form)	12 (90°-V-Form)
120 x 140 mm	110 x 140 mm	120 x 140 mm	120 x 140 mm
12 667 ccm	15 966 ccm	19 000 ccm	19 000 ccm
178 PS bei 2300 U/min	300 PS bei 2300 U/min	340 PS bei 2300 U/min	265 PS bei 2300 U/min
65 mkg bei 1200 U/min	103 mkg bei 1400 U/min	118 mkg bei 1400 U/min	96 mkg bei 1200 U/min
1:23	1:17,8	1:17,6	1:21,5
Bosch	Bosch	Bosch	Bosch
Hängend	Hängend	Hängend	Hängend
5	7	7	7
Luft/Gebläse	Luft/Gebläse	Luft/Gebläse	Luft/Gebläse
4 x 12 V 100 Ah	4 x 12 V 100 Ah	4 x 12 V 100 Ah	4 x 12 V 100 Ah
600 W	600 W	600 W	600 W
Allrad-Antrieb (6 x 6)	Allrad-Antrieb (6 x 6)	Allrad-Antrieb (6 x 6)	Allrad-Antrieb (6 x 6)
nicht abschaltbar	nicht abschaltbar	nicht abschaltbar	nicht abschaltbar
Sperrdifferential	Sperrdifferential	Sperrdifferential	Sperrdifferential
im Verteilergetriebe	im Verteilergetriebe	im Verteilergetriebe	im Verteilergetriebe
Einscheiben-trockenkupplung	Zweischeiben-trockenkupplung	Zweischeiben-trockenkupplung	Zweischeiben-trockenkupplung
6 Gang (ZF AK 6–55)	6 Gang (ZF AK 6–75)	6 Gang (ZF AK 6–75)	6 Gang (ZF AK 6–75)
+ Vorgelege	+ Vorgelege	+ Vorgelege	+ Vorgelege
I. 7,75, II. 4,54, III. 3,10, IV. 2,01, V. 1,32, VI. 1,00	I. 6,44, II. 4,10, III. 2,61, IV. 1,62, V. 1,00, VI. 0,72	I. 6,44, II. 4,10, III. 2,61, IV. 1,62, V. 1,00, VI. 0,72	I. 6,44, II. 4,10, III. 2,61, IV. 1,62, V. 1,00, VI. 0,72
Straße 1,00, Gelände 2,47	Straße 1,35, Gelände 1,76	Straße 1,35, Gelände 1,76	Straße 1,35, Gelände 1,76
7,536	10,24	10,24	10,24
U-Profil-Rahmen	U-Profil-Rahmen	U-Profil-Rahmen	U-Profil-Rahmen
Starrachse, Halbfedern	Starrachse, Halbfedern	Starrachse, Halbfedern	Starrachse, Halbfedern
2 Starrachsen, Halbfedern	2 Starrachsen, Halbfedern	2 Starrachsen, Halbfedern	2 Starrachsen
			Starre Schwingen
ZF-Gemmer-Hydrolenkung	ZF-Gemmer-Hydrolenkung	ZF-Gemmer-Hydrolenkung	ZF-Hydroß-Lenkung
Zweikreis-Druckluft, 6 Räder	Zweikreis-Druckluft, 6 Räder	Zweikreis-Druckluft, 6 Räder	Zweikreis-Druckluft, 6 Räder
4 Hinterräder	4 Hinterräder	4 Hinterräder	4 Hinterräder
Auspuffklappe	Auspuffklappe	Auspuffklappe	Auspuffklappe
4700+1400 mm	3750+1500 mm	3750+1500 mm	4000+1700 mm
2046/1944/1944 mm	2124/2007/2007 mm	2133/2071/2071 mm	1980/1991/1991 mm
9750 x 2500 x 3350 mm	7740 x 2900 x 3065 mm	7838 x 2900 x 3040 mm	9140 x 2500 x 3000 mm
6700 x 2350 mm	–	–	–
14,00–20 (PR 18) M	14,00–24 (PR 18) M	14,00–24 (PR 18) M	16,00–25 (PR 24) M
4 Hinterräder einfachbereift	4 Hinterräder zwillingsbereift	4 Hinterräder zwillingsbereift	Hinterräder einfachbereift
370 mm	380 mm	390 mm	420 mm
1000 mm	900 mm	900 mm	900 mm
22 Meter	21 Meter	21 Meter	24 Meter
24 Meter	23 Meter	23 Meter	26 Meter
11 500 kg	17 000 kg	18 100 kg	17 000 kg
21 500 kg	42 600 kg	43 000 kg	33 000 kg
–	24 000 kg	25 000 kg	–
	bis 80 000 kg		
10 000 kg	Zwilling, je 20 000 kg	Zwilling, je 20 000 kg	10 000 kg
72 km/h	57 km/h	57 km/h	60 km/h
2 km/h	2,5 km/h	2,1 km/h	2,6 km/h
38 Liter Diesel	50 Liter Diesel	55 Liter Diesel	50 Liter Diesel
200 Liter	2 x 200 Liter	2 x 200 Liter	300 Liter
520 km	800 km	720 km	600 km

Der Geräteträger Faun GT 8/15 besitzt eine Spezialbrücke für die 105 mm Feldhaubitze. Das Fahrzeug dient zum Transport, zum Ablasten und zum Wiederaufladen des Geschützes. Sowohl die vorgebaute Planierschaufel als auch die Auf- und Absetzvorrichtung werden motorhydraulisch betätigt. Das Geschütz kann auch vom Fahrzeug aus feuern.

Die Z 12 ist die einzige reine Zugmaschine im Programm der Faun Bundeswehr-Fahrzeuge. Es wurden jedoch nur 2 Stück dieses Modells im Jahre 1958 geliefert. Alle anderen Zugmaschinen sind für Sattelanhänger bestimmt.

	Geräteträger (4 x 4) Faun GT 8/15 1959–1961	**Zugmaschine (4 x 4) Faun Z 12/31 A 1958**
Motor	Vielstoff-Dieselmotor Deutz F 8 L 714 a	Dieselmotor Deutz F 12 L 614
Zylinderzahl	8 (90°-V-Form)	12 (90°-V-Form)
Bohrung x Hub	110 x 140 mm	110 x 140 mm
Hubraum	12 667 ccm	15 996 ccm
Leistung	178 PS bei 2300 U/min	250 PS bei 2300 U/min
Drehmoment	65 mkg bei 1200 U/min	92 mkg bei 1200 U/min
Verdichtung	1:23	1:19
Einspritzpumpe	Bosch	Bosch
Ventile	Hängend	Hängend
Kurbelwellenlager	5	7
Kühlung	Luft/Gebläse	Luft/Gebläse
Schmierung	Druckumlaufschmierung	Druckumlaufschmierung
Batterie	4 x 12 V 100 Ah	2 x 12 V 180 Ah
Lichtmaschine	600 W	600 W
Anlasser	6 PS	10 PS
Kraftübertragung	Allrad-Antrieb (4 x 4) nicht abschaltbar Sperrdifferential im Verteilergetriebe	Allrad-Antrieb (4 x 4) nicht abschaltbar Ohne Sperrdifferential
Kupplung	Zweischeibentrockenkupplung	Zweischeibentrockenkupplung
Schaltung	2 Schalthebel/Wagenmitte	2 Schalthebel/Wagenmitte
Getriebe	6 Gang (ZF AK 6–55) + Vorgelege	6 Gang (ZF AK 6–75) + Vorgelege
Synchronisierung	Ohne	Ohne
Übersetzungen Getriebe	I. 7,35, II. 4,54, III. 3,10, IV. 2,01, V. 1,32, VI. 1,00	I. 6,44, II. 4,10, III. 2,61, IV. 1,62, V. 1,00, VI. 0,72
Übersetzungen Vorgelege	Straße 1,07, Gelände 1,867	Straße 1,07, Gelände 2,46
Übersetzung Umkehrgetriebe	–	1,375
Antriebs-Übersetzung	10,24	8,69
Fahrwerk	U-Profil-Rahmen	U-Profil-Rahmen
Vorderradaufhängung	starr, Halbfedern, Gummihohlfedern	starr, Halbfedern
Hinterradaufhängung	starr, Halbfedern, Gummihohlfedern	starr, Halbfedern
Lenkung	ZF-Hydroß-Lenkung	ZF-Gemmer-Hydrolenkung
Fußbremse	Druckluft, 4 Räder	Druckluft, 4 Räder
Handbremse	Mechanisch/Druckluft, Hinterräder	Mechanisch/Druckluft, Hinterräder
Motorbremse	Mechanisch/Druckluft, Klappe im Auspuffkrümmer	Mechanisch/Druckluft, Klappe im Auspuffkrümmer
Allgemeine Daten		
Radstand	3400 mm	3100 mm
Spur	1990/1995 mm	1980/1980 mm
Gesamtmaße	7400 x 2800 x 3220 mm	6790 x 2500 x 2800 mm
Reifen	16,00–24 (PR 16) M alle Räder einfachbereift	16,00–24 (PR 16) M alle Räder einfachbereift
Bodenfreiheit	440 mm	450 mm
Watfähigkeit	1400 mm	1100 mm
Spurkreis-∅	15,3 Meter	13,5 Meter
Wendekreis-∅	18 Meter	16,2 Meter
Fahrzeuggewicht	15 250 kg	11 250 kg + Ballast 3 150 kg
Zuläss. Gesamtgewicht	20 000 kg	20 000 kg
Gesamtzuggewicht	–	bis 80 000 kg
Seilwinde Zugkraft	10 000 kg	10 000 kg
Höchstgeschwindigkeit	67,5 km/h	65 km/h
Mindestgeschwindigkeit	2 km/h	3 km/h
Verbrauch/100 km	35 Liter Diesel	50 Liter Diesel
Kraftstofftank	185 Liter	290 Liter
Fahrbereich	520 km	580 km

Der Faun 912/21-203 als dritte Version des 10 t-Lkw verfügt über den wesentlich stärkeren V 12-Vielstoffmotor sowie vor allem über zwei gelenkte Vorderachsen.

Der Faun L 912/21-MUN ist der gleiche 10 t Lkw, jedoch mit einem 1 t Teha-Ladekran auf der Pritsche.

Als Geräteträger und Zugmaschine dient der Faun Z 912/21 A 1. Er verfügt über eine vordere Planierschaufel sowie eine Auf- und Absetzvorrichtung, beide motorhydraulisch betätigt.

Zu dieser Modellreihe gehört auch der Kranwagen 10 t Faun LK 12/21-400, der ebenfalls mit einer Planierschaufel sowie vor allem mit einem Wilhag Drehkran-Aufbau ausgerüstet ist. Von diesem Modell wurden allerdings nur 20 Fahrzeuge gebaut.

	Lkw 10 t (6 x 6) Faun Z 912/21–203 1961–1969	Kranwagen 10 t (6 x 6) Faun LK 12/21–400 1959–1961	Geräteträger 10 t (6 x 6) Faun Z 912/21 A 1 1958–1962
Motor	Vielstoff-Dieselmotor Deutz F 12 L 714 a		
Zylinderzahl	12 (90°-V-Form)		
Bohrung x Hub	120 x 140 mm		
Hubraum	19 000 ccm		
Leistung	265 PS bei 2300 U/min		
Drehmoment	96 mkg bei 1200 U/min		
Verdichtung	1:21,5		
Einspritzpumpe	Bosch		
Ventile	Hängend		
Kurbelwellenlager	7		
Kühlung	Luft/Gebläse		
Schmierung	Druckumlaufschmierung		
Batterie	4 x 12 V 100 Ah		
Lichtmaschine	600 W		
Anlasser	10 PS		
Kraftübertragung	Allrad-Antrieb (6 x 6) vorn oder hinten abschaltbar Sperrdifferential im Verteilergetriebe	Allrad-Antrieb (6 x 6) vorn oder hinten abschaltbar Sperrdifferential im Verteilergetriebe	Allrad-Antrieb (6 x 6) nicht abschaltbar Sperrdifferential im Verteilergetriebe
Kupplung	Zweischeiben-trockenkupplung	Zweischeiben-trockenkupplung	Zweischeiben-trockenkupplung
Getriebe	6 Gang (ZF AK 6–75) + Vorgelege	6 Gang (ZF AK 6–75) + Vorgelege	6 Gang (ZF AK 6–75) + Vorgelege
Synchronisierung	Ohne	Ohne	Ohne
Übersetzungen Getriebe	I. 6,44, II. 4,10, III. 2,61, IV. 1,62, V. 1,00, VI. 0,72	I. 6,44, II. 4,10, III. 2,61, IV. 1,62, V. 1,00, VI. 0,72	I. 6,44, II. 4,10, III. 2,61, IV. 1,62, V. 1,00, VI. 0,72
Übersetzungen Vorgelege	Straße 1,353, Gelände 1,758	Straße 1,353, Gelände 1,758	Straße 1,353, Gelände 1,758
Übersetzung Umkehrgetriebe	–	–	1,15
Antriebs-Übersetzung	10,24	10,24	10,24
Fahrwerk	U-Profil-Rahmen		
Vorderradaufhängung	2 Starrachsen Halbfedern Gummihohlfedern		
Hinterradaufhängung	Starrachse, Halbfedern, Gummihohlfedern		
Lenkung	ZF-Hydroß-Vierrad-Lenkung		
Fußbremse	Druckluft, 6 Räder		
Handbremse	Mechanisch/Druckluft, Mittel- und Hinterräder		
Motorbremse	Mechanisch/Druckluft, Klappe im Auspuffkrümmer		
Allgemeine Daten			
Radstand	1780 + 3110 mm	1780 + 3110 mm	1780 + 2610 mm
Spur	1990/1990/1995 mm	1980/1980/1991 mm	1990/1990/1995 mm
Gesamtmaße	8400 x 2500 x 3450 mm	8840 x 2500 x 3150 mm	9000 x 2500 x 2900 mm
Ladefläche	5000 x 2350 mm	–	1800 x 2350 mm + Laderaum für Generator
Reifen	16,00–25 (PR 20) M alle Räder einfachbereift	16,00–24 (PR 20) M alle Räder einfachbereift	16,00–24 (PR 16) M alle Räder einfachbereift
Bodenfreiheit	440 mm	420 mm	440 mm
Watfähigkeit	1400 mm	900 mm	1400 mm
Spurkreis-∅	20 Meter	22,2 Meter	19,5 Meter
Wendekreis-∅	22,8 Meter	24,5 Meter	22,5 Meter
Fahrzeuggewicht	16 400 kg	27 700 kg	16 800 kg
Zuläss. Gesamtgewicht	26 400 kg	29 000 kg	22 000 kg
Seilwinde Zugkraft	10 000 kg	10 000 kg	10 000 kg
Höchstgeschwindigkeit	60 km/h	60 km/h	60 km/h
Mindestgeschwindigkeit	3 km/h	3 km/h	3 km/h
Verbrauch/100 km	45 Liter Diesel	55 Liter Diesel	45 Liter Diesel
Kraftstofftank	300 Liter	300 Liter	325 Liter
Fahrbereich	660 km	540 km	720 km

In den Jahren der deutsch-amerikanischen Gemeinschaftsentwicklung eines Kampfpanzers 70 (Gewicht 50 t) wurde in ähnlicher Zusammenarbeit zwischen beiden Ländern der Schwerlast-Transporter HET 70 (Heavy Equipment Transporter 1970) für den geplanten Panzer sowie ähnlich gewichtige Lasten geschaffen. Auf Grund des Ende 1965 festgelegten Gesamtkonzepts bauten Faun in Deutschland und Chrysler in Amerika entsprechende Prototypen. Doch genau wie beim Kampfpanzer 70 wurde auch für den Sattelzug HET 70 die Zusammenarbeit aufgegeben, so daß inzwischen jedes Land seine eigene Ausführung des Schwerlast-Transporters weiterentwickelt. Das deutsche Modell trägt nunmehr die Bezeichnung SLT 50-2 (Schwerlast-Transporter für 50 t), wobei Faun für die Zugmaschine und Krupp für den Sattelaufleger verantwortlich zeichnet. Von der derzeitigen Ausführung, die hier abgebildet ist, bestehen 2 Prototypen.

Schwerlast-Transporter SLT 50-2
Faun Sattelzugmaschine (8 x 8)
+ Krupp Vierachs-Sattelanhänger
Prototyp 1971

Motor	Dieselmotor Daimler-Benz MB 837 Ea 500
Zylinderzahl	V8
Hubraum	29 920 ccm
Leistung	730 PS bei 2100 U/min
Drehmoment	264 mkg bei 1600 U/min
Kraftübertragung	
	Allrad-Antrieb (8 x 8)
Getriebe	Sperrdifferential im Verteilergetriebe Drehmomentwandler + Schaltgetriebe (4 Vorwärts-, 2 Rückwärtsgänge) + Vorgelege
Übersetzungen Getriebe	I. 4,64, II. 2,60, III. 1,67, IV. 1,00
Übersetzungen Vorgelege	Straße 0,622, Gelände 1,18
Antriebs-Übersetzung	10,24
Fahrwerk	
Vorderradaufhängung	2 Starrachsen, Tandem-Halbfedern
Hinterradaufhängung	2 Starrachsen, Tandem-Halbfedern
Lenkung	Hydraulische Servolenkung (25,1:1) für 2 Vorderachsen der Zugmaschine und alle 4 Achsen des Sattelanhängers
Fußbremse	Druckluft, 16 Räder
Handbremse	Je 1 Achsenpaar der Zugmaschine und des Anhängers
Getriebebremse	Hydraulische Verzögerer (Retarder) Dauerbremsleistung 262 PS, Kurzbremsleistung bis 1000 PS Elektr. Verbindung zur Betriebsbremse des Anhängers
Allgemeine Daten der Sattelzugmaschine	
Radstand	1500 + 2700 + 1500 mm
Spur	1535/1535/1593/1593 mm
Gesamtmaße	8850 x 3050 x 3235 mm
Bodenfreiheit	283 mm
Watfähigkeit	1500 mm
Wendekreis-Ø	22,4 Meter
Fahrzeuggewicht	22 500 kg
Seilwinde Zugkraft	Zwilling, 2 x 17 000 kg
Allgemeine Daten des Sattelanhängers	
Radstand	1300 + 1300 + 1300 mm
Spur	2650/2650/2650/2650 mm
Gesamtmaße	13 100 x 3150 x 3285 mm
Ladelänge	8000 mm
Ladeflächenhöhe	1300 mm
Bodenfreiheit	315 mm
Fahrzeuggewicht	16 160 kg
Sattellast	leer 2690, beladen 18 000 kg
Allgemeine Daten des Gesamtzuges	
Gesamtmaße	18 970 x 3150 x 3285 mm
Reifen	18 x 22,5 X (PR 20), alle Räder einfachbereift
Gewicht des Zuges	38 840 kg
Zuläss. Gesamtgewicht	86 540 kg
Nutzlast	47 700 kg
Höchstgeschwindigkeit	70 km/h
Mindestgeschwindigkeit	2,5 km/h
Verbrauch/100 km	120 Liter Diesel
Kraftstofftank	800 Liter
Fahrbereich	660 km

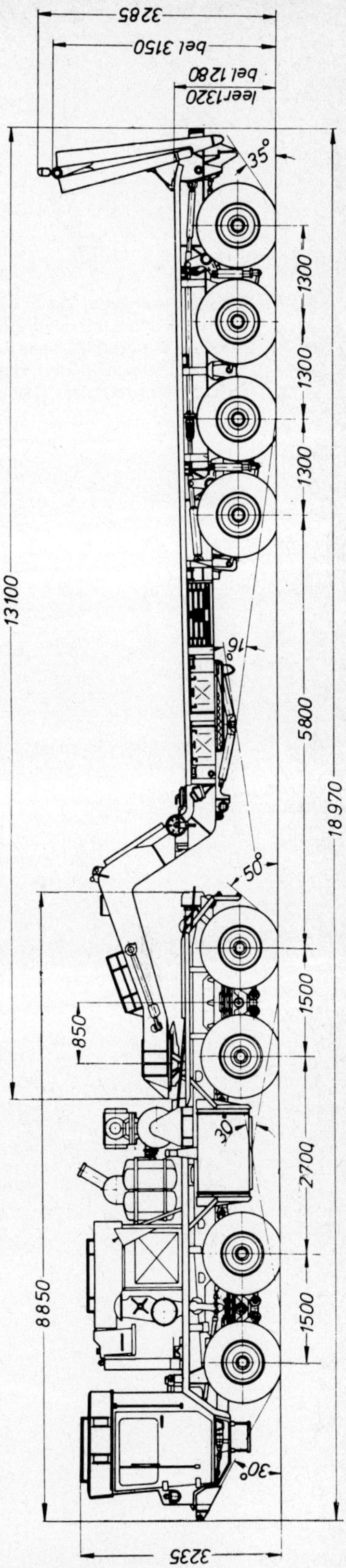

Zweirad-Anhänger 1,5 t, von allen Seiten zugängliche Pritsche mit niedriger Ladefläche und Radkästen, Druckluftbremse, in der Höhe verstellbare Zugöse, Gesamtmaße 4110 x 2090 x 1070 mm, Gewicht 980 kg, Nutzlast 1720 kg.

Vierrad-Anhänger 6 t, von allen Seiten zugängliche Pritsche mit niedriger Ladefläche, keine Radkästen, Druckluftbremse, Gesamtmaße 6960 x 2500 x 1270 mm, Gewicht 3510 kg, Nutzlast 6190 kg, Lieferung ab 1957 durch Firma Kässbohrer (Ulm).

Vierrad-Anhänger 3 t mit absetzbarer Tragbrücke für den Transport eines Stromerzeugers, Radstand 3700 mm, Spur 1900 mm, Gewicht 2750 kg, Nutzlast 3050 kg, Fabrikat Blumhardt (Wuppertal).

Vierrad-Anhänger 7 t für den Transport von Hohlplatten oder M-Booten, Radstand 5700 mm, Spur 1880 mm, Gewicht 5365 kg, Nutzlast 7435 kg, Fabrikat Blumhardt (Wuppertal).

Vierrad-Tieflade-Anhänger 12 t mit ausfahrbarer Hinterachse und hinten hydraulisch absenkbarer Plattform, Baujahr 1959, Fabrikat Kässbohrer (Ulm).

Sattelanhänger 4 t, Koffer-Aufbau mit Topo-Ausstattung, Gesamtmaße 7900 x 2450 x 3480 mm, Gewicht 4550 kg, Nutzlast 4150 kg, Fabrikat Blumhardt (Wuppertal).

Achtrad-Tieflader-Sattelaufleger 25 t für den Transport von Kettenfahrzeugen, Auffahrrampen und Rampen zum seitlichen Beladen, Gesamtmaße 13715 x 2900 x 3060 mm, Gewicht 14 200 kg, Nutzlast 25 300 kg, Sattelgewicht 15 000 kg, Zugmittel Faun Sattelzugmaschine 25 t, Fabrikat Blumhardt (Wuppertal).

16 Rad-Tieflader-Anhänger 25 t mit absetzbarer Aufbauplattform für den Transport von Kettenfahrzeugen oder schweren Pioniergeräten, Allrad-Lenkung, Gesamtmaße 14740 x 2500 x 2000 mm, Gewicht 15 200 kg, Nutzlast 25 000 kg, Zugmittel Lkw 12 t mit Winde oder Faun Zugmaschine, Baujahr 1958 bis 1970, Fabrikat Kässbohrer (Ulm).

Achtrad-Tieflader-Sattelanhänger 50 t für den Transport von Kettenfahrzeugen oder schwerem Gerät, Auffahrrampen, Gesamtmaße 14750 x 3150 x 2650 mm, Gewicht 19 500 km, Nutzlast 50 300 kg, Sattelgewicht 25 000 kg, Zugmittel Faun Sattelzugmaschine 25 t, Fabrikat Blumhardt (Wuppertal).

Raketenwerfer Honest John (M-386) ist auf dem amerikanischen Lkw M-139 F. Gesamtmaße 9890 x 2900 x 2670 mm, Gewicht etwa 16,4 t, Kaliber 762 mm, Schußentfernung etwa 38 km.

▼ Ausgehend von früheren Entwicklungen (Seite 316/317) baute die Firma Erhard Lauster (Stuttgart) im Auftrag der Bundeswehr 1969 den Typ FML als Funktionsmodell mit Wechselfahrwerk, dieselelektrischem Antrieb (615 PS), Knicklenkung und hydrodynamischer Federung. Wesentliches Kennzeichen des Wechselfahrwerks ist die Lauster-Achse, wobei die angetriebene Trommel zwischen den Rädern mitbenützt werden kann.

Für spezielle Zwecke, hauptsächlich für Fallschirmtruppen, verwendet die Bundeswehr den sogenannten „Kraka" (= Kraftkarren) als Lkw 0,75 t gl Pritsche zusammenklappbar. Dieses eigentümliche Fortbewegungsmittel war ursprünglich mit dem 250 ccm Zweitaktmotor aus dem Goggomobil ausgerüstet, fährt aber beim nunmehrigen Produktionsmodell mit einem 700 ccm BMW Zweizylinder-Viertakt-Boxermotor. Gesamtmaße 2760 x 1510 x 1355 mm, Gewicht 700 kg, Nutzlast 900 kg oder bis 6 Mann Besatzung, Höchstgeschwindigkeit 50 km/h. Hersteller des Kraka ist die Firma Faun. Jüngste Errungenschaft ist ein kleines, auf der Basis des Kraka entwickeltes Panzerfahrzeug „Terrier I".

Bilder oben: Der VW Transporter und der Ford Transit 900 sind als Mannschafts- oder Sanitäts-Kraftwagen zwar häufig zu sehen, doch gehören sie nicht zur Feldausrüstung, sondern ausschließlich zu bodenständigen Dienststellen der Bundeswehr.

Bild links: 35 Stück des Magirus-Deutz Bundeswehr-Omnibusses vom Typ M 150 L 10 wurden im Dezember 1968 und Januar 1969 geliefert.

Von 1958 bis 1964 wurden zahlreiche Omnibus Mercedes-Benz Typ 0 321 H in Bundeswehr-Ausführung angekauft. Einschließlich dem Fahrer haben 40 Mann darin Platz.

An die Stelle des älteren Modells trat ab Januar 1965 der Omnibus Mercedes-Benz Typ 0 302 KR mit 38 Sitzplätzen (einschl. Fahrersitz). Besondere Kennzeichen dieses Modells sind die verbesserte Sicht dank der großen Fenster an der Fahrzeugfront sowie die Falttüre auf der rechten Seite, welche rascheren Ein- und Ausstieg erlaubt.

Büssing lieferte 1959 rund 200 Stück der Omnibus-Typen OLU 55 und TU 55 mit 30 bzw. 38 Sitzplätzen sowie 110 PS Unterflur-Dieselmotor an die Bundeswehr. In den Jahren 1966 bis 1968 folgten 200 Stück des hier abgebildeten Typs Konsul 11 K, der hauptsächlich als Krankentransport-Fahrzeug mit 7 Sitzplätzen und 10 Krankentragen Verwendung findet.

	Bundeswehr-Omnibus Mercedes-Benz O 321 H 1958–1964	Bundeswehr-Omnibus Mercedes-Benz O 302 KR Ab 1965	Bundeswehr-Omnibus Büssing Konsul 11 K 1966–1968
Motor	Dieselmotor Daimler-Benz OM 321	Dieselmotor Daimler-Benz OM 352	Dieselmotor Büssing U 5–125
Zylinderzahl	6	6	6
Bohrung x Hub	95 x 120 mm	97 x 128 mm	100 x 125 mm
Hubraum	5100 ccm	5675 ccm	5890 ccm
Leistung	110 PS bei 3000 U/min	126 PS bei 2800 U/min	126 PS bei 2800 U/min
Drehmoment	30,5 mkg bei 1600 U/min	36 mkg bei 1600 U/min	38 mkg bei 1400 U/min
Verdichtung	1:20,8	1:17	1:21
Einspritzpumpe	Bosch	Bosch	Bosch
Ventile	Hängend	Hängend	Hängend
Kurbelwellenlager	7	7	7
Kühlung	Wasser/Pumpe	Wasser/Pumpe	Wasser/Pumpe
Batterie	1 x 12 V 180 Ah	2 x 12 V 88 Ah	2 x 12 V 88 Ah
Lichtmaschine	240 W	Drehstrom 1500 W	300 W
Anlasser	4 PS	4 PS	4 PS
Kraftübertragung	Heckmotor Antrieb auf Hinterräder	Heckmotor Antrieb auf Hinterräder	Unterflurmotor Antrieb auf Hinterräder
Kupplung	Einscheibentrockenkupplung	Einscheibentrockenkupplung	Einscheibentrockenkupplung
Schaltung	Schalthebel/Wagenmitte	Schalthebel/Wagenmitte	Schalthebel/Wagenmitte
Getriebe	5 Gang	5 Gang	5 Gang + Vorgelege
Synchronisierung	I–V	I–V	I–V
Übersetzungen Getriebe	I. 8,02 II. 4,769 III. 2,754 IV. 1,66 V. 1,00	I. 6,106 II. 3,242 III. 2,192 IV. 1,467 V. 1,00	I. 5,64 II. 2,98 III. 1,66 IV. 1,00 V. 0,70
Übersetzungen Vorgelege	–	–	1,00 und 1,32
Antriebs-Übersetzung	6,857	6,857	5,13
Fahrwerk	Selbsttragender Aufbau	Selbsttragender Aufbau	U-Profil-Rahmen
Vorderradaufhängung	starr, Schraubenfedern	starr, Schraubenfedern	starr, Halbfedern
Hinterradaufhängung	starr, Halbfedern	starr, Halbfedern	starr, Halbfedern
Lenkung	Kugelumlauf	Kugelumlauf	ZF-Gemmer
Fußbremse	Hydraulisch, 4 Räder mit Druckluftunterstützung	Zweikreis-hydraulisch, 4 Räder mit Druckluftunterstützung	Zweikreis-hydraulisch, 4 Räder mit Druckluftunterstützung
Handbremse	Mechanisch, Hinterräder	Mechanisch, Hinterräder	Mechanisch, Hinterräder
Motorbremse	Auspuffklappe	Auspuffklappe	Auspuffklappe
Allgemeine Daten			
Radstand	4180 mm	4685 mm	4500 mm
Spur	1875/1745 mm	1905/1748 mm	1785/1695 mm
Gesamtmaße	9225 x 2500 x 2955 mm	9618 x 2500 x 3026 mm	9697 x 2500 x 3180 mm
Sitzplätze	1+39	1+37	1+38 oder 1+6+10 Krankentragen
Reifen	8,25–20 Super Hinterräder zwillingsbereift	8,25–20 Super Hinterräder zwillingsbereift	8,25–20 Super Hinterräder zwillingsbereift
Bodenfreiheit	230 mm	195 mm	243 mm
Spurkreis-Ø	13,2 Meter	14,5 Meter	15,6 Meter
Wendekreis-Ø	16 Meter	17,3 Meter	18,5 Meter
Fahrzeuggewicht			7 375 kg
Zuläss. Gesamtgewicht	10 150 kg	12 750 kg	11 800 kg
Höchstgeschwindigkeit	70 km/h	70 km/h	
Verbrauch/100 km	20 Liter Diesel	20 Liter Diesel	20 Liter Diesel
Kraftstofftank	100 Liter	110 Liter	150 Liter
Fahrbereich	500 km	550 km	750 km

Folgegeneration der Räderkraftfahrzeuge (Mittelklasse)

Kfz-Typ	Antrieb	Motor L = Luftkühlung W = Wasserkühlung	Verwendungszweck und Merkmale	Einführungs-entscheidung	Serien-anlauf
Lkw 4 t gl Lkw 7 t gl (s) Lkw 10 t gl	4 x 4 6 x 6 8 x 8	V8 -265 PS „L" V10-330 PS „L" V10-330 PS „L"	Geländegängige, taktische Lkw zur Versorgung der kämpfenden Truppe auf dem Gefechtsfeld. Bei Lkw 6 x 6 Austausch der Lade- gegen Schwimmpritsche möglich.	1972	1975/76
Lkw 7 t Lkw 10 t	4 x 4 6 x 6	V8 -265 PS „L" V10-330 PS „L"	Transport-Lkw für den rückwärtigen Bereich. Radstand und Pritsche länger, Nutzlast höher.	1972	1975/76
TPz 1,5 t TPz 2 t	4 x 4 6 x 6	V8 -310 PS „W" V10-390 PS „W"	Gepanzerte, geländegängige und schwimmfähige Fahrzeuge (mit ABC-Schutz) für Mannschafts- und Materialtransport sowie Führungs-, Nachrichten- und Sanitätsdienste.	1973	1975
Spähpanzer	4 x 4	V8 -310 PS „W"	Geländegängiger, schwimmfähiger Rad-Spähpanzer (mit ABC-Schutz) für Aufklärung.	1974	1976
Spähpanzer	8 x 8	V10-390 PS „W"	Geländegängiger, schwimmfähiger Rad-Spähpanzer (mit ABC-Schutz) für Aufklärung.	1972	1974

Lkw 4 t gl (4 x 4), Folgegeneration-Prototyp 1972

Lkw 7 t gl bzw. gl s (6 x 6), Folgegeneration-Prototyp 1972

Lkw 10 t gl (8 x 8), Folgegeneration-Prototyp 1972

	Lkw 4 t gl (4 x 4) MAN / Magirus-Deutz Prototyp 1972	Lkw 7 t gl bzw. gl s (6 x 6) MAN / Magirus-Deutz Prototyp 1972	Lkw 10 t gl (8 x 8) MAN / Magirus-Deutz Prototyp 1972
Motor	Vielstoff-Dieselmotor	Vielstoff-Dieselmotor	Vielstoff-Dieselmotor
	Deutz BF 8 L 413 ASY	Deutz BF 10 L 413 ASY	Deutz BF 10 L 413 ASY
Zylinderzahl	8 (90°-V-Form)	10 (90°-V-Form)	10 (90°-V-Form)
Bohrung x Hub	120 x 125 mm	120 x 125 mm	120 x 125 mm
Hubraum	11 300 ccm	14 100 ccm	14 100 ccm
Leistung	265 PS bei 2650 U/min	330 PS bei 2650 U/min	330 PS bei 2650 U/min
Drehmoment	80 mkg bei 2000 U/min	102 mkg bei 2000 U/min	102 mkg bei 2000 U/min
Verdichtung	1:17	1:17	1:17
Arbeitsverfahren	Direkteinspritzung	Direkteinspritzung	Direkteinspritzung
	Abgas-Turbolader	Abgas-Turbolader	Abgas-Turbolader
	Vielstoff:	Vielstoff:	Vielstoff:
	Fremdzündung bis ROZ 100	Fremdzündung bis ROZ 100	Fremdzündung bis ROZ 100
Ventile	Hängend	Hängend	Hängend
	Zentrale Nockenwelle	Zentrale Nockenwelle	Zentrale Nockenwelle
Kurbelwellenlager	5	6	6
Kühlung	Luft/Gebläse	Luft/Gebläse	Luft/Gebläse
Schmierung	Druckumlaufschmierung	Druckumlaufschmierung	Druckumlaufschmierung
Batterie	4 x 12 V 100 Ah	4 x 12 V 100 Ah	4 x 12 V 100 Ah
Lichtmaschine	Drehstrom 24 V 35 A	Drehstrom 24 V 35 A	Drehstrom 24 V 35 A
Anlasser	24 V 9 PS	24 V 9 PS	24 V 9 PS
Kraftübertragung	Motor hinter Fahrerhaus	Motor hinter Fahrerhaus	Motor hinter Fahrerhaus
	Allrad-Antrieb (4 x 4)	Allrad-Antrieb (6 x 6)	Allrad-Antrieb (8 x 8)
	Differentialsperren	Differentialsperren	Differentialsperren
Kupplung	Wandler-Schaltkupplung	Wandler-Schaltkupplung	Wandler-Schaltkupplung
Getriebe	6 Gang (ZF S 6–90)	6 Gang (ZF S 6–90)	6 Gang (ZF S 6–90)
	+ Vorgelege	+ Vorgelege	+ Vorgelege
Synchronisierung	I–VI	I–VI	I–VI
Antriebs-Übersetzung	6,743 (einschl. Radvorgelege)	6,743 (einschl. Radvorgelege)	6,743 (einschl. Radvorgelege)
Fahrwerk	Kastenprofil-Rahmen	Kastenprofil-Rahmen	Kastenprofil-Rahmen
Vorderradaufhängung	1 Starrachse	1 Starrachse	2 Starrachsen
	Schraubenfedern	Schraubenfedern	Schraubenfedern
Hinterradaufhängung	1 Starrachse	2 Starrachsen	2 Starrachsen
	Schraubenfedern	Schraubenfedern	Schraubenfedern
Lenkung	Kugelumlauf-Hydro	Kugelumlauf-Hydro	Kugelumlauf-Hydro
Fußbremse	Druckluft/Hydraulisch	Druckluft/Hydraulisch	Druckluft/Hydraulisch
	Zweikreis, 4 Räder	Zweikreis, 6 Räder	Zweikreis, 8 Räder
Handbremse	Federspeicher an Hinterachse	Federspeicher a. Hinterachsen	Federspeicher a. Hinterachsen
Motorbremse	ja	ja	ja
Allgemeine Daten (Taktischer Lkw)			
Radstand	4300 mm	3800 + 1400 mm	1900 + 3700 + 1400 mm
Spur	2066/2066 mm	2066/2066/2066 mm	2066/2066/2066/2066 mm
Gesamtmaße	7400 x 2490 x 2810 mm	8500 x 2490 x 2810 mm	10 000 x 2490 x 2810 mm
	(Höhe über Fahrerhaus)	(Höhe über Fahrerhaus)	(Höhe über Fahrerhaus)
Ladefläche	4500 x 2350 mm	5600 x 2350 mm	7100 x 2350 mm
Reifen	Radial 14,00–20 M-Profil	Radial 14,00–20 M-Profil	Radial 14,00–20 M-Profil
	Alle Räder einfachbereift	Alle Räder einfachbereift	Alle Räder einfachbereift
Bodenfreiheit	405 mm	405 mm	405 mm
Watfähigkeit	1200 mm	1200 mm	1200 mm
		oder Schwimmpritsche	
Wendekreis-Ø	18,5 Meter	19,5 Meter	23 Meter
Fahrzeuggewicht	8500 kg	10 500 kg	12 500 kg
Zuläss. Gesamtgewicht	13 500 kg	18 500 kg	23 500 kg
Nutzlast (abzügl. mil. Zub.)	5000 kg (–1000 kg)	8000 kg (–1000 kg)	11 000 kg (–1000 kg)
Höchstgeschwindigkeit	90 km/h	90 km/h	90 km/h
		Auf Wasser mit Schwimm-pritsche 8 km/h	
Verbrauch/100 km	ca. 35 Liter Diesel	ca. 40 Liter Diesel	ca. 42 Liter Diesel
Fahrbereich	ca. 800 km	ca. 800 km	ca. 800 km
Abweichende Daten für Transport-Lkw			
Radstand	5160 mm	4700 + 1400 mm	1900 + 3700 + 1400 mm
Gesamtmaße	8500 x 2490 x 2810 mm	10 000 x 2490 x 2810 mm	10 000 x 2490 x 2810 mm
Ladefläche	5600 x 2350 mm	7100 x 2350 mm	7100 x 2350 mm
Wendekreis-Ø	20 Meter	22 Meter	23 Meter
Zuläss. Gesamtgewicht	14 500 kg	20 800 kg	24 000 kg
Nutzlast	6000 kg	10 000 kg	13 000 kg

Büssing entwickelte und baute 1966/67 Prototypen eines Vierrad-Amphibien-Lkw. Wichtigste Daten: 200 PS-Unterflur-Dieselmotor, Radstand 3500 mm, Spur 2300 mm, Gesamtmaße 8000 x 2950 x 2200 mm, Reifen 16,00-20 XL.

Vom Schwimm-Gelände-Lkw 5 t „Stalwart“ der englischen Firma Alvis beabsichtigte die Bundeswehr 100 Stück zu kaufen. 1966/67 wurden zwei Musterexemplare erprobt, woraufhin man von der Einführung dieses Modells absah. Wichtigste Daten: 200 PS Achtzylinder Rolls-Royce Vergasermotor, Radstand 1520 + 1520 mm, Spur 2110 mm, Gesamtmaße 6270 x 2540 x 2540 mm, Gewicht 8400 kg, Reifen 14,00-20, Höchstgeschwindigkeit 67 km/h, im Wasser 9 km/h.

Als Erstausstattung bekamen die Amphibischen Transportverbände der Bundesmarine den 2,5 t Schwimm-Lkw Typ DUKW von General Motors. Diese noch aus dem zweiten Weltkrieg stammenden Veteranen sind inzwischen längst ausgesondert.

Heutiges Standardmodell der Amphibischen Transporteinheiten der Bundesmarine ist der amerikanische LARC-5 für eine Nutzlast von 4500 kg. Diese Fahrzeuge sind dafür bestimmt, die Verbindung zwischen der Küste und solchen Versorgungsschiffen herzustellen, die vor der Küste ankern müssen.

▲ Noch größer als der LARC-5 ist der bei der Bundesmarine ebenfalls vorhandene LARC-15 für eine Nutzlast von 13 400 kg. Der Verwendungszweck ist für beide Modelle gleich. Es sei bemerkt, daß diese Fahrzeuge nicht nur schwimmen können, sondern sich auch durch eine beträchtliche Geländegängigkeit auszeichnen.

▼ Größtes dieser Amphibischen Transportfahrzeuge ist der LARC-60 (BARC-19), von welchen die Bundesmarine aber nur über einige wenige Exemplare verfügt, weil man sie für die hiesigen Gegebenheiten für zu groß hält. Wichtigste Daten: 4 Motoren mit je 165 PS, Gesamtlänge 18600 mm, Gewicht 98 t, Nutzlast 60 t, Geschwindigkeit 25 km/h, im Wasser 12 km/h.

	Lkw 2,5 t gl schwimm (6 x 6) DUKW 1942–1945	Amphibisches Transportfahrzeug LARC-5 5 t (4 x 4) 1965/66	Amphibisches Transportfahrzeug LARC 15 15 t (4 x 4) 1965/66
Motor	Vergasermotor GMC (General Motors)	Dieselmotor Cummins	2 x Dieselmotor Cummins
Zylinderzahl	6 (Reihe)	V8	2 x V8
Hubraum	4410 ccm	12 874 ccm	2 x 12 874 ccm
Leistung	90 PS bei 2750 U/min	270 PS bei 3000 U/min	2 x 270 PS bei 3000 U/min
Kühlung	Wasser	Wasser	Wasser
Batterie		4 x 12 V 100 Ah	4 x 12 V 100 Ah
Kraftübertragung	Allrad-Antrieb (6 x 6) Motor vorn	Allrad-Antrieb (4 x 4) Heckmotor	Allrad-Antrieb (4 x 4) Motor unter Fahrerhaus
Antrieb/Wasserfahrt	Propeller	4 Blatt-Propeller (762 mm ∅) + Steuerruder	Propeller + Steuerruder
Getriebe	5 Gang + Vorgelege	Drehmomentwandler + Vorgelege + Wendegetriebe	Drehmomentwandler + Vorgelege + Wendegetriebe
Fahrwerk und Aufbau	Rahmen + Aufbau	Schwimmkörper aus Aluminium	Schwimmkörper aus Aluminium
Vorderradaufhängung		starr, ohne Federn	starr, ohne Federn
Hinterradaufhängung		starr, ohne Federn	starr, ohne Federn
Lenkung	Vorderräder	Vorderräder bzw. Ruderblatt	4 Räder bzw. Schrauben
Fußbremse	Druckluft/hydraulisch 6 Räder	Druckluft/hydraulisch Doppel-Scheibenbremsen am Verteilergetriebe	Druckluft/hydraulisch Doppel-Scheibenbremsen am Verteilergetriebe
Allgemeine Daten			
Radstand	3610 + 1120 mm	4875 mm	6360 mm
Spur	1590/1620/1620 mm		
Gesamtmaße	9450 x 2500 x 3330 mm	10 670 x 3050 x 3100 mm	13 720 x 4450 x 4670 mm
Ladefläche	3780 x 2080 mm	4875 x 3000 mm	7315 x 4120 mm
Reifen	11,00–18 (PR 10)	18,00–25 (PR 12)	24,00–19 (PR 16)
Bodenfreiheit	285 mm		
Freibord			
Tiefgang			
Wendekreis-∅		22,5 Meter	35,5 Meter
Fahrzeuggewicht	6810 kg	8 620 kg	20 700 kg
Zuläss. Gesamtgewicht	9100 kg	13 610 kg	34 100 kg
Nutzlast	2500 kg	4500 kg	13 400 kg
Höchstgeschwindigkeit	Land 80, Wasser 10 km/h	Land 45, Wasser 15 km/h	Land 40, Wasser 15 km/h
Verbrauch	Land 21 Liter/100 km Wasser 26 Liter/Stunde	Land 165 Liter/100 km Wasser 130 Liter/Stunde	Land 340 Liter/100 km Wasser 220 Liter/Stunde
Kraftstofftank	150 Liter	2 x 273 Liter	2 x 684 Liter
Fahrbereich	Land 320, Wasser 60 km	Land 330, Wasser 85 km	Land 400, Wasser 90 km
Besatzung	2 Mann	3 Mann	4 Mann
Mannschaftstransport	bis 30 Mann	20 Mann	

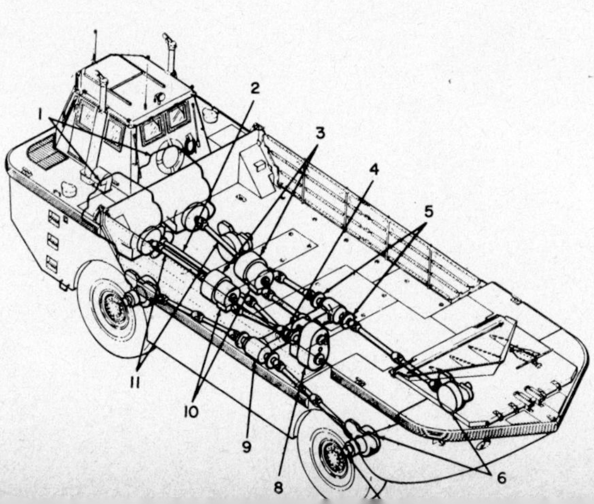

Kraftübertragung des Amphibischen Transportfahrzeugs LARC-15

1 **Motoren**
2 **Welle für Schiffsschraube**
3 **Drehmomentwandler**
4 **Differentialgetriebe**
5 **Bremsen**
6 **Winkeltrieb**
7 **Laufradvorgelege**
8 **Reduktionsgetriebe**
9 **Verteilergetriebe**
10 **Wendegetriebe**
11 **Antriebswelle**

Amphibisches Brücke

bersetzfahrzeug M-2

Amphibisches
Brücken- und
Übersetzfahrzeug
M-2

Amphibisches Brücken- und Übersetzfahrzeug (4 x 4)
M-2
Ab 1967

Motor	2 x Vielstoff-Dieselmotor Deutz F 8 L 714 A
Zylinderzahl	je 8 (90° V)
Bohrung x Hub	120 x 140 mm
Hubraum	je 12 667 ccm
Leistung	je 178 PS bei 2300 U/min
Drehmoment	je 65 mkg bei 1200 U/min
Verdichtung	1:23
Einspritzpumpe	Bosch
Ventile	Hängend
Kurbelwellenlager	5
Kühlung	Luft/Gebläse
Schmierung	Druckumlaufschmierung (mit Ölkühler je 27 Liter Öl)
Batterie	2 x 12 V 100 Ah
Lichtmaschine	Gleichstrom 600 W, ab Fahrzeug Nr. 85 Drehstrom
Kraftübertragung	2 Motoren im Heck, Landfahrt mit 1 Motor
	Allrad-Antrieb (4 x 4) über Sammel-, Schalt-, Verteiler- und Radnabengetriebe
	Wasserfahrt: 2 Dreiblatt-Schrauben 600 mm ⌀ + 1 Vierblatt-Ruderschraube 650 mm ⌀
Kupplung	Einscheibentrockenkupplung
Getriebe	6 Gang
Synchronisierung	III–VI
Übersetzungen	I. 6,63, II. 3,88, III. 2,43, IV. 1,55, V. 1,00, VI. 0,71
	Sammelgetriebe 1,0
	Zweigang-Verteilergetriebe (mit Differentialsperre)
	Straße 1,128, Gelände 1,515
Antriebs-Übersetzung	3,545 + Radvorgelege 3,285
Fahrwerk und Aufbau	Schwimmkörper und Seitenschwimmer aus Leichtmetall
Vorder- und	Hydraulisch verstellbare, bei Wasserfahrt und Bahnverladung einziehbare Kurbelachsen
Hinterradaufhängung	Je 1 Federbein mit mehreren Tellerfedern und 1 Wickelreibungsfeder
Lenkung	ZF Spindel-Hydrolenkung
Fußbremse	Zweikreis-Druckluft/Hydraulisch, 4 Räder
Handbremse	Mechanisch/Servo, Hinterräder
Motorbremse	Druckluft, Auspuffklappe
Allgemeine Daten	
Radstand	5350 mm
Spur	2130/2161 mm
Gesamtlänge	11 350 mm, ohne Ankereinrichtung 11 005 mm
Gesamtbreite	2995 mm
	Fährenbreite mit Seitenschwimmern 5870 mm
	Fährenbreite mit Seitenschwimmern und Rampenplatten 14 160 mm
	Nutzbare Fahrbahnbreite 5600 mm
Gesamthöhe	Normalstellung der Räder 3916 mm
	Räder voll ausgefahren 4156 mm
	Räder voll eingezogen 3356 mm
Reifen	16,00–20 Michelin XL
Bodenfreiheit	normal 510, maximal 750 mm
Watfähigkeit	schwimmt
Spurkreis-⌀	21,9 Meter
Wendekreis-⌀	25,4 Meter
Fahrzeuggewicht	21 500 kg (einschl. 4 Mann Besatzung je 110 kg)
Seilwinde Zugleistung	2000 kg
Bordkran	600 kg bei 2 Meter Ausladung
Höchstgeschwindigkeit	Straße 60, Wasser 15 km/h
Verbrauch	Straße 50 Liter Diesel/100 km
	Wasser 85 Liter Diesel/Stunde
Kraftstofftank	500 Liter
Fahrbereich	Straße 1000 km
	Wasser 6 Stunden

Leichte Planierraupe 60 PS
auf Faun Gleitkipper

Die schwere Planierraupe wird auf einem 25 t Tieflader verlastet und von einem Lkw gezogen, wenn sie den schweren Pioniereinheiten folgen muß, denen sie gliederungsmäßig gehört. Diese Raupe wird im Erdbau zum Bewegen von Böden bis 50 Meter und zu Grobplanierungen eingesetzt. Daten: 160 PS Dieselmotor, Gesamtmaße 5970 x 4180 x 3200 mm, Gewicht 20500 kg, Geschwindigkeit 8 km/h.

Sehr geschätzt wegen seiner vielseitigen Verwendbarkeit ist bei der Bundeswehr das Feldarbeitsgerät (FAG), früher Feldumschlaggerät (FUG) genannt. Es handelt sich um den Schwenklader SL 225 der Firma Hatra (Lübeck). Seine Einführung bei der Bundeswehr erfolgte ab 1961. Derzeit sind dort etwa 60 Stück vorhanden. Zum Antrieb des Geräts dient ein luftgekühlter 130 PS Deutz Dieselmotor. Der Schwenklader wiegt über 14 t, er hat eine Hubkraft von 4 und eine Schubkraft von 11 t. Allrad-Antrieb, Allrad-Lenkung, 55 km/h Geschwindigkeit, also kolonnenmarschfähig.

Der Erdhobel, in allen Pionierbataillonen vorhanden, kann Schotter und Erde verteilen, Entwässerungsgräben ziehen, Böschungen schneiden, Schnee räumen und alle Geländearten planieren. Seine Hauptaufgabe ist die Erhaltung von Straßen und Feldflugplätzen. Gesamtmaße 8060 x 2400 x 3010 mm, Gewicht 12 500 kg, Geschwindigkeit 45 km/h, 10 Betriebsstunden.

Der Grabenbagger besteht aus einem zweiachsigen Räderfahrgestell und einem Baggerkopf, der beim Marsch auf das Fahrzeug gelegt wird. Grabtiefe 1,80 Meter, Grabenbreite bis 85 cm, seitlicher Auswurf des Erdaushubes, Wattiefe 90 cm, Gesamtmaße 8300 x 2500 x 3700 mm, Gewicht 18 t, Höchstgeschwindigkeit 60 km/h.

Panzer-Kaleidoskop

Amerikanische Panzer und Selbstfahrlafetten

Die Aufstellung der Bundeswehr um die Mitte der fünfziger Jahre sollte so rasch wie möglich erfolgen. Dabei ließ es sich die damalige Regierung sehr angelegen sein, die Kosten wenigstens während der Anlaufperiode einigermaßen niedrig zu halten, weil es dem Wählervolk – noch unter dem Eindruck eines schrecklichen und überdies schrecklich unnötigen Krieges – sehr schwer fiel, die von den Politikern behauptete Notwendigkeit einer Wiederaufrüstung einzusehen. So staffierte man die neue Bundeswehr für's erste mit einer stattlichen Menge amerikanischer Kampfpanzer vom Typ M-47 aus. Diese waren zwar zu jener Zeit bereits veraltet, aber sofort und zu Ausverkaufspreisen verfügbar. Als Kehrseite des billigen Einkaufs kam es bald zu beträchtlichen Ersatzteilschwierigkeiten. Sie bildeten den Hintergrund des spektakulären Prozesses gegen den damaligen Henschel-Generaldirektor Goergen, ein Fall, der sich allerdings nicht als Rüstungs-, sondern als Justizskandal erwiesen hat.

Die M-47 wurden später durch eine noch größere Zahl der Typen M-48 A 1 und M-48 A 2 ergänzt. Diese hochentwickelten, spielend leicht zu bedienenden, dafür aber arg komplizierten Fahrzeuge, welche einen immensen Instandhaltungsaufwand erfordern, stellten bis etwa 1964 die Standardausrüstung sowohl der amerikanischen als auch der Nato-Panzereinheiten dar. Sie zeichnen sich zwar durch hohe Feuerkraft aus, gelten aber nach den Vorstellungen kriegserfahrener Europäer als zu langsam und unbeweglich. Der 48 t schwere M-48 war zum Zeitpunkt seines Erscheinens und ist heute noch mit einer Höchstgeschwindigkeit von 48 km/h nicht schneller als der damals 10 und inzwischen 25 Jahre ältere, etwa gleich schwere „Panther" der früheren deutschen Wehrmacht. Auch beim derzeitigen amerikanischen Hauptmodell, dem M-60, gab man der Bewaffnung und Panzerung den Vorrang vor der Beweglichkeit. Das mag für die US-Streitkräfte richtig sein, die ohnehin normalerweise nur im Schutze einer erdrückenden Materialüberlegenheit operieren. So lassen sich die Anforderungen an den einzelnen Soldaten und dessen persönliches Risiko beträchtlich verringern, doch anderen Ländern fehlen eben die rohstoffmäßigen und industriellen Voraussetzungen, um auf amerikanische Weise Krieg zu führen. Der M-60 löste übrigens bei der US-Armee den M-48 ab. Bei der Bundeswehr ersetzte ab Ende 1965 der „Leopard" den M-47, von dem 1968/69 etwa 1000 Stück über eine italienische Firma ins Ausland und 1970 weitere 350 Stück an eine Schrottfirma in Konstanz verkauft wurden, und außerdem gingen für an die 12 Millionen DM etwa 1000 Waggonladungen Ersatzteile für den M-47 an die griechische Armee. Vom M-48 befinden sich rund 1500 im Gebrauch, welche nach 1975 durch den in der Entwicklung befindlichen „Leopard II" ersetzt werden sollen. Nach den ursprünglichen, inzwischen aufgegebenen Plänen war der gemeinsam projektierte Kampfpanzer 70 als Nachfolger des M-60 bei der amerikanischen Armee und des M-48 bei der Bundeswehr ausersehen.

Als Bergepanzer bekam die Bundeswehr in den Anfangsjahren etwa 300 Stück des Typs M-74. Seine wichtigsten Daten: 525 PS, Gewicht 43 t, Gesamtmaße 7950×3090×3390 mm, Höchstgeschwindigkeit 34 km/h, Fahrbereich 160 km. Dieses Fahrzeug war schon für die mit dem Kampfpanzer M-47 ausgerüsteten Verbände zu schwach und zu langsam, und es machte sich überdies durch seine Störanfälligkeit unbeliebt. Die M-74 wurden durch den neuen deutschen Bergepanzer Standard ersetzt und zusammen mit dem alten M-47 verkauft.

Die mit dem M-48 ausgerüsteten Einheiten führen den 1961 herausgekommenen, auf der Basis des M-48 A 2 entwickelten Bergepanzer M-88, der leistungsfähig sowie zweckmäßig gestaltet und ausgerüstet ist. Seine wichtigsten Daten: 1000 PS, Gewicht 51 t, Gesamtmaße 8260×3420×3120 mm, Höchstgeschwindigkeit 50 km/h, Fahrbereich 360 km.

Von einer weiteren Abart des M-48 befinden sich einige wenige Exemplare bei der Bundeswehr, nämlich dem Brückenlegepanzer M-48 A 2 AVLB. Er kann eine 19 Meter lange, zweispurige 50 t-Brücke mittels einer hydraulischen Vorrichtung verlegen und wieder aufnehmen. Das Gefechtsgewicht des Fahrzeugs beträgt 58,3 t, seine Geschwindigkeit 50 km/h. Im Rahmen der Bundeswehr ist es als Vorläufer des Brückenlegepanzers Leopard zu betrachten.

Aber auch leichte Panzerfahrzeuge übernahm die neue Bundeswehr aus amerikanischen Beständen. Als Schützenpanzerwagen verwendete sie den M-39, um die unvorhergesehen lange Zeit bis zur Ankunft der ominösen HS 30 zu überbrücken. Der leichte Kampfpanzer M-41 andererseits war der Vorläufer des heutigen Kanonenjagdpanzers. Während diese M-41 „Walker Bulldog“ inzwischen ausgemustert sind, ist deren Schwestermodell, der Flakpanzer M-42 mit 40 mm Zwillings-Flak im oben offenen Drehturm noch zahlreich vorhanden. Diese Fahrzeuge werden vermutlich noch auf Jahre hinaus unentbehrlich bleiben, nämlich so lange, bis der Truppe endlich der Flakpanzer Leopard zur Verfügung gestellt werden wird.

Aus dem derzeit aktuellen Angebot kleiner amerikanischer Panzerfahrzeuge führt die Bundeswehr nur einen Typ, diesen aber mit insgesamt über 4000 Stück in beträchtlicher Zahl, nämlich den gepanzerten Mannschaftstransportwagen M-113. Er ist seit 1962 vorhanden, und seine technische Besonderheit besteht darin, daß sowohl die Wanne als auch der Aufbau hauptsächlich aus einer Leichtmetallpanzerung bestehen, die sich (auch in Vietnam) hervorragend bewährt hat. Das Fahrzeug ist wasserdicht und schwimmfähig, wobei allerdings nur die Überquerung stiller oder ruhiger Gewässer in Betracht kommt, weil auch beim Schwimmen Antrieb und Lenkung lediglich durch die Gleisketten erfolgen. Der kastenförmige Aufbau mit senkrechten Wänden ist ein Zugeständnis an die bessere Schwimmfähigkeit und außerdem mit ein Grund für den relativ niedrigen Preis (etwa 250000 DM) des in Großserie gebauten Modells. Während der M-113 bei den Amerikanern und bei zahlreichen anderen Armeen als Späh- oder Schützenpanzer läuft, gilt er bei der Bundeswehr lediglich als Transporter für Mannschaften und andere Zwecke, weil die Besatzung nicht vom allseits umpanzerten Fahrzeug aus kämpfen kann. Der Zugang erfolgt über eine rückwärtige, nach unten abklappbare Tür, die man als Rampe benützen kann. Bei der Bundeswehr läßt man den M-113 als MTW bei den Panzergrenadieren und Panzerpionieren laufen, ferner als Transport-, Funk- und Feuerleitpanzer. Neuestes Modell ist der seit März 1970 ausgelieferte 120 mm Panzermörser M-113, der bei Henschel in Kassel umgerüstet wird und von dem etwa 250 Stück zur Infanterie-Truppe kommen sollen.

Eine spezielle Abart des M-113 ist das Transportfahrzeug XM-474, das die Luftwaffe zum Einsatz der Mittelstrecken-Rakete Pershing benützt.

Damit kommen wir zur Artillerie, die bei der Bundeswehr seit Anbeginn, heute und auch weiterhin fast ausschließlich aus amerikanischen Geschützen besteht. Das gilt für die Feldartillerie ebenso wie für die uns in diesem Buch interessierende Panzerartillerie. Der Aufbau dieser Waffe begann bei der Bundeswehr mit 105 mm Panzerhaubitzen M-7, die aus dem zweiten Weltkrieg stammten und damals das wichtigste Geschütz der amerikanischen und der britischen Panzerartillerie darstellten. Diese unförmigen und mittlerweile auch verschlissenen Veteranen wurden ab 1957/58 durch die schon passableren Panzerhaubitzen M-52, M-44 und M-55 mit 105, 155 und 203 mm Kaliber ersetzt. Rein versorgungsmäßig war dies insofern zweckmäßig, weil es sich bei den zwei leichteren Fahrzeugen um Schwestermodelle des Panzers M-41 und des Flakpanzers M-42, bei der schweren Haubitze um eine Abart des Kampfpanzers M-48 handelte. Zum Unterschied von den Ursprungstypen waren bei den gepanzerten Selbstfahrlafetten jedoch – entsprechend früheren deutschen Beispielen – Motor und Antrieb nach vorn, der Kampfraum nach hinten verlegt worden. Außerdem hat man jeweils die hinteren Leiträder tiefgesetzt, um einem Kippen nach rückwärts vorzubeugen. Diese drei Panzerhaubitzen waren zwar nicht veraltet, denn sie entsprachen dem damaligen amerikanischen Standard, doch vermochten sie weder in ihrer ungefügen Form noch in mancher anderen Hinsicht jemals voll zu befriedigen.

1961/62 führte die amerikanische Armee eine neue Generation mittlerer und schwerer Selbstfahrlafetten-Geschütze ein, welche ab 1965 auch die deutsche Bundeswehr erhielt. Es handelt sich um die Baumuster M-109 (mittlere Panzerhaubitze 155 mm), M-110 (schwere Feldhaubitze 203 mm) und M-107 (schwere Feldkanone 175 mm). Diese drei hochmodernen Fahrzeuge wurden von der gleichen Firma F. C. M. entwickelt wie der Mannschaftstransportwagen M-113, und sie bestehen wie diese weitgehend aus Leichtmetall. Beim M-109 sind Wanne und Fahrwerk sogar unmittelbar aus dem M-113 abgeleitet. Diese Haubitze M-109 ist für die Bundeswehr das wichtigste der drei neuen Baumuster, wobei übrigens die in Deutschland eingesetzten Geschütze im Hinblick auf einige hier vorgenommenen Änderungen M-109 G heißen. Insgesamt sollen für die Bundeswehr 570 Stück davon angeschafft werden, von welchen bisher etwa 400 Stück vorhanden sein dürften. Bei den Modellen M-110 und M-107 stimmen Unterbau und Lafette völlig überein, wobei insbesondere das Ketten-Laufwerk durch seine einfache und robuste Konstruktion auffällt. Allerdings bleibt bei diesen beiden großen Kalibern der Kampfraum ungeschützt, weshalb sie zur Feld- und nicht zur Panzerartillerie zählen. Immerhin gehört die Kanone mit ihrem etwa 12 Meter langen Rohr zu den optisch eindruckvollsten Schaustücken der heutigen Bundeswehr, worin möglicherweise auch ihre wichtigste Aufgabe besteht, denn schon im zweiten Weltkrieg spielten Kanonen kaum mehr eine Rolle, und künftig wird dies angesichts moderner Raketenentwicklungen erst recht der Fall sein. Die Reichweite der 175 mm-Kanone beträgt maximal 32 km, wobei aber bedacht sei, daß das Geschütz mindestens 5, wenn nicht 10 km hinter der Hauptkampflinie steht. Das modernste und wichtigste Geschütz der heutigen Baureihe ist, wie gesagt, die Panzerhaubitze M-109, die in Abmessungen und Form günstig erscheint, einen allseits geschlossenen Kampfraum besitzt, schwimmfähig ist und über eine Reichweite von bis zu 18,5 km verfügt, wobei nötigenfalls die Feuerstellung bis in die vorderen Linien verlegt werden kann.

Die Schützen- und Jagdpanzer-Familien

Das erste, speziell für die Bundeswehr entwickelte und gebaute Panzerfahrzeug war der Schützenpanzer HS 30. Veranlassung dazu gab der Umstand, daß es bis dahin zwar auf russischer Seite, nicht aber in den westlichen Ländern Schützenpanzer gab, die einigermaßen den Vorstellungen der deutschen Bundeswehrführung entsprochen hätten. Auf Grund der ausgezeichneten Erfahrungen, welche die Wehrmacht im Rußlandkrieg mit dem Einsatz von Mot. Schützen und Panzergrenadieren gemacht und woraus die Rote Armee entsprechende Folgerungen gezogen hatte, wollte die neue Bundeswehr unbedingt Schützenpanzerwagen haben, die es einer vollzähligen Mannschaftsgruppe ermöglichen sollten, auch vom fahrenden oder stehenden Fahrzeug aus zu kämpfen. Bei den Schützenpanzern amerikanischer oder sonstiger westlicher Herkunft handelt es sich nach deutschen Begriffen um gepanzerte Mannschaftstransportwagen, denn sie dienen lediglich dazu, die Schützen in das Kampfgebiet zu befördern, wo sie ihr Fahrzeug verlassen und unabhängig von diesem das Gefecht aufnehmen.

So war die Anschaffung eines auf die speziellen Wünsche der Bundeswehr zugeschnittenen Schützenpanzerwagens durchaus sinnvoll und berechtigt. Die Art und Weise aber, wie dieses Geschäft über die politische Bühne ging, machte daraus eine undurchsichtige und skandalumwitterte Affäre. Deren spätere Untersuchung durch die Staatsanwaltschaft und durch einen Ausschuß des Bundestages blieben praktisch ergebnislos. Es wird sich wohl auch nie mehr zufriedenstellend klären lassen, was damals gespielt wurde, denn die maßgebenden Beteiligten leben nicht mehr oder sind prominent genug, um nur das sagen zu müssen, was sie wollen. Bemerkt sei jedoch, daß hier zwar vornehmlich Politiker mauschelten, daß aber auch hohe Offiziere und für sachverständig gehaltene Ex-Generale insofern eine blamable Mitschuld tragen, als sie sich für die Brauchbarkeit und Reife einer Konstruktion verbürgten, die eben damals weder brauchbar noch reif war.

Die Firma Hispano-Suiza erhielt den Auftrag zur Konstruktion des neuen Schützenpanzerwagens, obwohl sie niemals zuvor ein Panzerfahrzeug entwickelt oder gebaut hatte. Und sie erhielt, verbunden mit Millionen-Vorschüssen, den Auftrag zum Bau von zunächst 4400 und im ganzen 10 680 Fahrzeugen, bevor auch nur ein einziger fahrbereiter Prototyp existierte. 1956 kam es zum Vertragsabschluß, 1957 wollte man die bis dahin versprochenen Prototypen erproben, und ab Februar 1958 sollte die Serienlieferung beginnen. Dieser Zeitplan erwies sich als völlig illusorisch, was immerhin dazu führte, daß der Auftrag im Jahre 1958 drastisch auf 2176 Stück gekürzt wurde. Die Herstellung der Fahrzeuge erfolgte dann auch nicht etwa bei Hispano-Suiza, sondern bei der englischen Firma Leyland (1119 Stück), bei Rheinstahl-Hanomag (547 Stück) und bei Henschel (510 Stück). Diese Werke arbeiteten zwar an Hand der von Hispana-Suiza gelieferten Konstruktionspläne, mußten sie aber erst für die Produktion verwendbar machen.

Vom September 1959 bis Februar 1962 lieferten die drei genannten Firmen den Schützenpanzer HS 30 an die Bundeswehr. Die mit zahlreichen Konstruktionsmängeln behafteten Fahrzeuge wurden nachträglich in vieler Hinsicht verbessert und umgerüstet, was weitere erhebliche Kosten verursachte, ohne jemals zu einem voll befriedigenden Ergebnis zu führen. Zwar war die Gesamtkonzeption des HS 30 durchaus zweckmäßig, insbesondere auch in bezug auf die Formgebung, die niedrige Bauart und die Bewaffnung, doch die hohe Ausfallquote infolge technischer Unzulänglichkeiten bereiteten schrecklich viel Verdruß. Außerdem nimmt man es heute nicht mehr hin, daß die Besatzung über die Bordwand hinweg kämpfen sowie auf- und absitzen muß.

Neben dem „Schützenpanzer lang“, wie der als Gruppenfahrzeug vorgesehene HS 30 offiziell hieß, war von vornherein auch die Einführung eines „Schützenpanzer kurz“ vorgesehen, bestimmt als Halbgruppenfahrzeug für Aufklärungs- und ähnliche Zwecke. Bei dessen Anschaffung hatte die Bundeswehr mehr Glück als mit dem HS 30. Man entschied sich hier für ein bereits vorhandenes Modell, nämlich den französischen Schützenpanzer Hotchkiss TT 6, ließ allerdings das Fahrwerk um ein Laufrad verlängern und den Antrieb verstärken. Ab 1958 wurde der „Schützenpanzer kurz“ bei der Bundeswehr eingeführt. Die Anlieferung erfolgte zum Teil unmittelbar durch die Firma Hotchkiss, zu einem großen Teil aber auch per Montage im Werk Mainz von Klöckner-Deutz. Der Schützenpanzer kurz läuft als Aufklärungs-, Beobachtungs-, Funk-, Radar- und Krankenpanzer, außerdem als Träger für den inzwischen nicht mehr gebauten Panzermörser (Granatwerfer) 81 mm. Es gab ferner eine Ausführung als Nachschubpanzer („Cargo"), der aber entsprechend dem französischen Original nur 4 Laufräder und 2 Stützrollen besaß. Der Hotchkiss-Schützenpanzer hat sich bewährt und gilt bei den Soldaten als zuverlässiges, sehr bewegliches Fahrzeug.

Inzwischen ist der Hotchkiss bereits zum großen Teil durch entsprechende Ausführungen des M-113 abgelöst, und die letzten Fahrzeuge dieses Typs werden mit der Einführung des Achtrad-Spähpanzers aus der Truppe verschwinden. Ebenso sind die Tage des HS 30 gezählt. An seine Stelle tritt mehr und mehr die neue Schützen- und Jagdpanzer-Familie, deren Entwicklung unmittelbar nach Einführung des HS 30 begann. Dabei ging es jedoch nicht nur um einen Nachfolger für das Gruppenfahrzeug, sondern um die Planung von zwei kompletten Serien leichter Panzerfahrzeuge, nämlich

a) **Schützenpanzer-Serie mit Frontantrieb:**
Schützenpanzer Gruppe
Schützenpanzer Führung/Funk
Schützenpanzer Mörserträger
Schützenpanzer Fla-Waffensystem „Roland"
Schützenpanzer Luftraumüberwachung
Schützenpanzer Krankentransport
Schützenpanzer Transport

b) **Jagdpanzer-Serie mit Heckantrieb**
Jagdpanzer Kanone
Jagdpanzer Rakete SS-11
Jagdpanzer Rakete Hot
Spähpanzer mit Turm und 90 mm Kanone

Ab 1960 entstanden bei Henschel und bei Rheinstahl-Hanomag, die bis 1964 noch nicht zusammengehörten, verschiedene Prototypen, ferner einige weitere bei der schweizerischen Firma Mowag. Mit Vorrang und besonderer Dringlichkeit wurde zunächst die Entwicklung des Kanonen-

Ungefähre Preise heutiger Panzerfahrzeuge

Gep. Mannschaftstransportwagen M-113	ca. 250 000 DM
Schützenpanzer HS 30	ca. 350 000 DM
155 mm Panzerhaubitze M-109 G	ca. 470 000 DM
Kampfpanzer M-48	ca. 600 000 DM
Bergepanzer Standard	ca. 750 000 DM
Radspähpanzer 8 x 8	ca. 760 000 DM
Schützenpanzer Marder	ca. 800 000 DM
Kampfpanzer Leopard	ca. 1 100 000 DM
(Kampfpanzer 70 war veranschlagt auf	ca. 2 300 000 DM)

Bestand im Juli 1970

1840 Kampfpanzer Leopard
1460 Kampfpanzer M-48 A 2
1100 Kanonen- und Raketen-Jagdpanzer
1770 Schützenpanzer HS 30
3140 Mannschaftstransportwagen M-113
500 Flakpanzer M-42
270 Geschütze 105 mm
350 Geschütze 155 mm (M-109 G)
150 Geschütze 175 mm (M-107)
75 Geschütze 203 mm (M-110)
11 Btl. Honest John Boden-Boden-Flugkörper
4 Btl. Sergeant Boden-Boden-Flugkörper

jagdpanzers betrieben, weil sich ein Fahrzeug dieser Art auf der Basis des HS 30 nicht hatte verwirklichen lassen. 1966/67 wurden 750 Kanonenjagdpanzer und anschließend 375 Raketenjagdpanzer der neuen Baureihe gefertigt, und zwar beide je zur Hälfte bei Hanomag und bei Henschel. Der eigentliche Grundtyp, nämlich der „Schützenpanzer neu" als Gruppenfahrzeug, wurde im Mai 1969 in seiner endgültigen Ausführung vorgestellt und auf den Namen „Marder" getauft. Die Serienproduktion dieses Modells läuft seit Herbst 1970 im Kasseler Henschel-Werk der Firma Rheinstahl und außerdem zum kleineren Teil bei der zum Krupp-Bereich gehörenden Atlas-MaK in Kiel. Bis 1974 will die Bundeswehr insgesamt 1916 Gruppenfahrzeuge und dann anschließend 245 Panzermörser 120 mm beschaffen. Weitere Ausführungen sowohl des Schützen- als auch des Jagdpanzers werden im Laufe der Zeit hinzukommen.

Diese neuen Fahrzeuge zeichnen sich durch überlegene Motorleistung, hervorragende Geländetüchtigkeit, leichte Bedienbarkeit und immense Feuerkraft aus. Ihre Grundform macht einen günstigen Eindruck, obschon die Höhe des Schützenpanzers infolge des auf einer Scheitellafette über dem Drehturm angebrachten Geschützes mehr Ver- als Bewunderung herausfordert, während andererseits der Kanonenjagdpanzer unter einer gewissen Kopflastigkeit leidet. Unbestreitbar hatte der HS 30 die günstigere Form, ansonsten aber dürfte diesem der Marder in jeder Beziehung überlegen sein, wobei allerdings nicht außer acht bleiben darf, daß er auch zwei- bis dreimal so teuer ist. Die neuen Schützen- und Jagdpanzer haben doppelt so große Motoren wie der einstige Panzer IV und gleich große wie der Panther und der Tiger. Auch das Geschütz des Kanonenjagdpanzers läßt sich in etwa mit der Hauptwaffe des Panther vergleichen. So viel Aufwand beansprucht man heutzutage für ein leichtes Panzerfahrzeug! Geradezu armselig, ja mitleiderregend wirkt da vergleichsweise der einstige Schützenpanzer, also der mittlere SPW der Wehrmacht. Für den Preis eines Marder könnte man 35 bzw. unter Berücksichtigung des zwischenzeitlichen Geldwertverlustes noch wenigstens 15 bis 20 solcher SPW kaufen. Die ständige Perfektionierung aller Waffensysteme, Geräte und Fahrzeuge führt interessanterweise lediglich zu einer rapiden Kostensteigerung, demgegenüber aber zu keiner oder einer nur unwesentlichen Verbesserung des Gesamtwirkungsgrades.

Späh- und Transportpanzer Rad-Schwimm

Der Schützenpanzer kurz wird in Bälde durch den Achtrad-Spähpanzer abgelöst, der im Rahmen der Mittelklasse-Lkw-Folgegeneration entwickelt wurde und als erstes Modell der neuen Fahrzeug-Familie voraussichtlich 1974 in Serie geht. Es sollen 380 Stück dieses hochmodernen schnellen, wendigen und schwimmfähigen Achtrad-Spähwagens an die Panzeraufklärungseinheiten der Bundeswehr geliefert werden. Als billigere Alternativlösung will man voraussichtlich 1976 etwa 500 Stück des im gleichen Programm entwickelten Vierrad-Spähpanzers folgen lassen, welcher dieselbe Bewaffnung wie der Achtradwagen tragen sowie ebenfalls schwimmfähig, aber nicht ganz so geländegängig sein wird.

Zwei weitere Modelle, die parallel zur neuen Lastwagen-Generation entstanden, sind die Transportpanzer (TPz) 4 x 4 und 6 x 6. Diese Fahrzeuge, von denen allerdings möglicherweise nur der 4 x 4 tatsächlich zur Einführung gelangt, werden voraussichtlich ab 1975 in Erscheinung treten. Etwa 1500 Stück sind jenen motorisierten Grenadieren zugedacht, die seither mit 1,5 t Unimog-Lkw oder mit den amerikanischen M-113 Mannschaftstransportwagen ausgerüstet sind. Die voll geländegängigen und schwimmfähigen TPz gelten als die idealen Mannschaftstransportwagen der nächsten Zukunft, und möglicherweise werden sie eines Tages auch so eingerichtet und bewaffnet sein, daß die Besatzung wie beim Schützenpanzer auch vom Fahrzeug aus kämpfen kann, obschon die naturgemäß schwächere Panzerung derartige Möglichkeiten nur in beschränktem Maße zuläßt. Alle Radpanzer, sowohl die Späh- als auch die Transportwagen, bieten ABC-Schutz.

Leopard

Für eine Streitmacht von der Größe und der Bedeutung der Bundeswehr konnte die Ausstattung mit den schweren, wenig beweglichen amerikanischen Kampfpanzern nur für eine gewisse Anlaufzeit gut und zweckmäßig sein. Schon ab Ende 1956 machte sich der Führungsstab des Heeres darüber Gedanken, welche Forderungen an einen künftigen 30 t-Panzer der Bundeswehr zu stellen seien. Eine entsprechende Planung begann damals auch in Frankreich, weil im November 1958 beschlossen worden war, daß sich beide Länder sowie Italien zu gegebener Zeit auf einen gemeinsamen europäischen Standardpanzer einigen.

Das Bundesamt für Wehrtechnik und Beschaffung beauftragte 1959 zwei Firmengruppen, in Konkurrenz miteinander ein deutsches Modell des künftigen Standardpanzers zu entwickeln und je 2 Prototypen zu liefern. In der einen Gruppe arbeiteten die Firmen Porsche, Atlas-MaK, Luther und Jung, in der anderen die Firmen Ruhrstahl, Henschel, Rheinstahl-Hanomag, Rheinmetall und Wegmann zusammen. Die beiderseitigen Prototypen kamen 1961 zur Erprobung, woraufhin 1962 die Entscheidung zugunsten des von der Porsche KG. als Typ 714 konstruierten Modells fiel. Den Ausschlag hierfür gab zum einen die besonders gut gelungene Form dieses Fahrzeugs, zum anderen der hierfür verwendete Mercedes-Benz Zehnzylinder-Dieselmotor, der bereits serienreif war und dank seiner Baukasten-Konstruktion als Sechs- und Achtzylinder auch für künftige leichtere Panzerfahrzeuge in Frage kam. Die bei der anderen Firmengruppe angebotene Zweitakt-Motorenbaureihe von Rheinstahl-Hanomag erschien vergleichsweise weniger erfolgversprechend. Im übrigen fiel 1962 auch die Entscheidung, daß der künftige Standardpanzer mit der englischen 105 mm Kanone L 7 A 3 bestückt würde, die bereits für die Umrüstung des britischen Centurion und für die Bewaffnung des amerikanischen M-60 vorgesehen war. Somit trug die Bundeswehr zur Standardisierung der Panzermunition innerhalb der Nato bei, und zudem bot sich hier eine weitere Gelegenheit, entsprechend dem ständigen Drängen der englischen Regierung zur Entlastung der Zahlungsbilanz ihres Landes noch mehr beizutragen. Mit dieser Beschaffung war die Auflage verbunden, im Hinblick auf die Waffe später für eventuelle Exportlieferungen des Standardpanzers fallweise das Einverständnis der britischen Regierung einzuholen. So schien schon zu diesem Zeitpunkt das Projekt einer deutsch-französischen Gemeinschaftsentwicklung in Frage gestellt, weil Frankreich auf der Verwendung einer eigenen Kanone bestand. Im August 1963 wurde die vereinbarte Vergleichserprobung zwischen dem deutschen und dem französischen Modell unter italienischer Leitung durchgeführt. Diese Veranstaltung sowie ihr Ergebnis waren freilich nur noch von technischem Interesse. Einerseits hatte sich der damalige Bundesverteidigungsminister schon im Februar 1963 auf den deutschen Standardpanzer festgelegt und im Sommer 1963 war bereits die Krauss-Maffei AG. in München-Allach als Generalunternehmer mit dem Management und der Vorbereitung zur Serienmontage dieses Fahrzeugs betraut worden. Andererseits stellte die französische Regierung im Hinblick auf ihre zwischenzeitlich geänderte Wehrkonzeption bis 1965 keine Haushaltsmittel für die Serienfertigung von Panzern in Aussicht. So lange wollte und konnte die Bundesrepublik nicht warten, zumal die alten M-47 zur Ausmusterung heranstanden. Das Vergleichstreffen hatte übrigens eine weitgehende Gleichwertigkeit des deutschen (Leopard) und des französischen (AMX 30) Baumusters ergeben. Sie gingen später beide in Serie, und beide sind, wie man heute weiß, ganz ausgezeichnet konstruierte Kampfpanzer. Die Gemeinsamkeit freilich scheiterte wieder einmal.

Die Bundeswehr unterzog den deutschen Standardpanzer erweiterten Truppenversuchen, bis die Serienfertigung anlaufen konnte. Im September 1965 lieferte Krauss-Maffei den ersten „Leopard", wie er nun auch amtlich hieß, in der endgültigen Produktionsausführung. Vorangegangen war in den Jahren 1960 bis 1962 der Bau von 28 Prototypen (bei der Firma Luther & Jordan) und 1962/63 eine 50 Stück umfassende Null-Serie (bei Jung, MaK und Luther).

Der Kampfpanzer Leopard hat sich seither hervorragend bewährt und gehört heute anerkanntermaßen in seiner Art und Größe zu den besten der Welt. 1500 Stück sollten uspründlich für die Bundeswehr gebaut werden, doch inzwischen rechnet man bereits mit einer Serie von mindestens 4500 Exemplaren. Bis Mitte Mai 1970 waren bereits 2200 Fahrzeuge ausgeliefert, und für 600 weitere lagen feste Aufträge vor. Im einzelnen wurden folgende Stückzahlen bis Mai 1972 abgenommen oder bestellt:

	Kampfpanzer Leopard	Bergepanzer Standard	Pionierpanzer Standard
Bundeswehr	2187	444	36
Italien	800	69	12
Niederlande	468	30	–
Belgien	334	42	–
Norwegen	78	6	–

Zu den Exportlieferungen sei allerdings vermerkt, daß sie zum größten Teil von erheblichen Kompensationsgeschäften abhängen, so daß die deutsche Wirtschaft im Endeffekt davon keinen Gewinn hat. Lediglich Italien bestand nicht auf Ausgleichskäufen, will aber 600 der 800 bestellten Fahrzeuge im eigenen Land montieren bzw. die Motoren bei Fiat in Lizenz bauen.

Im Herbst 1966, also bereits ein Jahr später, folgte dem Kampfpanzer Leopard als erstes von ihm abgeleitetes Modell der Bergepanzer Standard. Als Generalunternehmer für dessen Serienfertigung fungiert die Atlas-MaK Maschinenbau GmbH. in Kiel, die zum Krupp-Bereich gehört.

Vom normalen Leopard unterscheidet sich der Bergepanzer dadurch, daß er anstelle des Turmes mit der Kanone einen Kran-Ausleger, zwei Winden und eine Räumschaufel besitzt. Auch der Bergepanzer gilt infolge seiner außerordentlich zweckmäßigen Ausrüstung und Gestaltung als eines der modernsten Fahrzeuge seiner Art. Fahrleistungen, Geländegängigkeit und ABC-Schutz entsprechen dem Kampfpanzer, mit dem 75 % aller Baugruppen ausgetauscht werden können.

Als zweite Abart erschien Ende 1968 der Pionierpanzer Standard, welcher mit dem Bergepanzer weitgehend übereinstimmt. Diesem gegenüber wurde die Räumschaufel vergrößert, ein Erdbohrgerät für das rasche Graben von Deckungslöchern kam hinzu, und die Dauerleistung der hydraulischen Anlage erfuhr durch den Einbau eines Ölwärmetauschers einen beträchtlichen Zuwachs.

Im Versuch befindet sich ein seit 1965 geplanter Brückenlegepanzer, dessen Hydraulikanlage weitgehend mit der des Berge- und Pionierpanzers übereinstimmt. Dieser Panzer muß eine 22 Meter lange und 4 Meter breite 50 t-Brücke verlegen und wieder aufnehmen können. Während bisherige Fahrzeuge dieser Art ihre Brücken stets hoch- und aufklappten, verlangte die Bundeswehr erstmalig ein flaches Auslegen. Zur Erprobung stellten sich zwei Systeme, das eine mit teleskopartigem, das andere mit freiem Vorbau. Die letztere Auslegeart, von Porsche entwickelt, hat sich als die zweckmäßigere erwiesen. 1973/74 sollen 105 Brückenpanzer Leopard bei Atlas-MaK für die Bundeswehr gebaut werden.

Dringlichst wartet die Truppe auf die Einführung eines neuen Flakpanzers. Seit 1966 laufen zwei einschlägige Entwicklungen, nämlich das vom Bund finanzierte Waffensystem „Matador" der Firma Rheinmetall sowie das schweizerische Projekt Oerlikon-Contraves. Für das letztere System, ausgerüstet mit 35 mm Zwillings-Kanone, entschied sich das Bundesverteidigungsministerium im Sommer 1970. Zu den vier bereits vorhandenen Prototypen kommt nun eine Vorserie von 12 Stück. Die für 1974/75 vorgesehene Reihenfertigung von voraussichtlich 450 Flakpanzern Leopard wird bei deutschen Firmen erfolgen.

Vergangenheit und Zukunft: Kampfpanzer 70, Leopard 2 und Kampfpanzer 80

Am 1. August 1963, wenige Monate nach dem Scheitern der deutsch-französischen Gemeinschaftsentwicklung eines europäischen Standardpanzers, schlossen die Bundesrepublik Deutschland und die Vereinigten Staaten einen Vertrag, der die Entwicklung eines gemeinsamen Kampfpanzers für die 70er Jahre festlegte. Der MBT-70, auf deutsch: Kampfpanzer 70, sollte bei der amerikanischen Armee den M-60 und bei der Bundeswehr den M-48 ersetzen. Grundgedanke auf deutscher Seite war, daß erstens der damals noch in der Entwicklung befindliche Kampfpanzer Leopard in den 70er Jahren schon nicht mehr dem neuesten Stand der Kriegstechnik entsprechen würde und daß zweitens die Panzertruppe laufend nach dem Prinzip des halbierten Generationswechsels neu ausgerüstet werden sollte. Die Bundeswehr möchte zwei Typen etwa gleich großer Kampfpanzer halten (wie derzeit den M-48 und den Leopard), wobei dann der jeweils ältere durch einen der fortgeschrittenen Kriegstechnik angepaßten Nachfolgetyp abgelöst wird. Diese Methode stellt zwar einen Kompromiß zum Nachteil der Logistik und der Ausbildung dar, doch ist sie realistisch im Hinblick auf die letzten Endes doch stets recht entscheidende Kostenfrage und den sich daraus ergebenden Möglichkeiten, den Kampfwert der Panzerwaffe auf einem einigermaßen gleich hohen Stand zu halten.

Mit der Gemeinschaftsentwicklung des Kampfpanzers 70 war in Amerika die zum General Motors-Konzern gehörende Firma Allison beauftragt, während sich auf deutscher Seite die Rheinischen Stahlwerke (Röchling), Keller & Knappich (Quandt), Krauss-Maffei (Flick), Atlas-MaK (Krupp) und einige kleinere Firmen zu einer in Augsburg ansässigen Entwicklungsgesellschaft zusammenschlossen. Die Summierung der von den Amerikanern und von der Bundeswehr gestellten Forderungen ließ von vornherein erkennen, daß der geplante Kampfpanzer einer außerordentlich anspruchsvollen Konstruktion bedürfen würde. Die Zusammenarbeit zwischen allen Beteiligten klappte offenbar recht gut, kostete aber auch ganz erheblich mehr Geld, als ursprünglich dafür vorgesehen war.

Im Oktober 1967 wurden Prototypen des neuen Kampfpanzers 70 erstmalig und gleichzeitig in Amerika und in Augsburg (bei Keller & Knappich) der Öffentlichkeit vorgeführt. Die gesamte Fachwelt zeigte sich äußerst beeindruckt von den erstaunlichen Leistungen und Fähigkeiten dieses neu entwickelten Modells, aber auch betroffen wegen der hochkomplizierten Technik, der dadurch zu erwartenden Schwierigkeiten inbezug auf Bedienung und Wartung sowie nicht zuletzt auch wegen der enormen Kosten, mit welchen nicht nur bei der Anschaffung, sondern auch beim Betrieb dieses Wunderpanzers zu rechnen war. Überdies bestanden die Amerikaner auf der Verwendung einer Kombinationswaffe mit 152 mm Rohr, aus welchem sowohl Panzerabwehr-Raketen als auch herkömmliche Munition verschossen werden könnte, weil sie den neuen Panzer in der Hauptsache auf kilometerweite Entfernungen einzusetzen gedenken, welche bei den in Mitteleuropa gegebenen Geländebedingungen kaum in Betracht kommen. Deutscherseits strebte man nach einer 120 mm Schnellfeuerkanone eigener Herkunft. Ebenso halten die Amerikaner ihren luftgekühlten Continental-Leichtmetall-Motor für fortschrittlicher und würden wohl am liebsten eine Turbine einbauen, während die deutschen Fachleute den wassergekühlten Mehrstoffmotor von Daimler-Benz als leistungsfähiger, dauerhafter und insgesamt als viel geeigneter einschätzen.

Nach dem zwiespältigen Eindruck, den die Vorstellung der Prototypen hinterließ, bekamen die Beschaffungsstrategen beiderseits des Ozean zunehmend kalte Füße, obschon dies lange Zeit niemand zugeben wollte. Zum Jahresende 1969 kam man schließlich überein, die Gemeinschaftsentwicklung des MBT. 70 einzustellen, nachdem die USA bis dahin in dieses Projekt 140 und die Bundesrepublik 75 Mill. Dollar investiert hatten.

Die US-Armee führte die Entwicklung eines vereinfachten MBT-70 unter der neuen Bezeichnung MBZ-XM-803 weiter. Ein Unterausschuß des amerikanischen Kongresses lieferte im Herbst 1971 einen Untersuchungsbericht über den bis dahin erreichten Entwicklungsstand des Projekts. Dieser Bericht kam zu dem geradezu vernichtenden Ergebnis, daß auch die „abgemagerte Version" des früheren Kampfpanzers 70 noch als viel zu kompliziert, als technisch längst nicht ausgereift und weiterhin als viel zu kostspielig zu beurteilen sei. Damit war das Ende dieses ehrgeizigen Vorhabens besiegelt, denn im Dezember 1971 verweigerte der amerikanische Kongreß hierfür die Bewilligung weiterer Gelder.

Die Bundesrepublik betreibt inzwischen die Entwicklung des Kampfpanzers Leopard 2, der nach 1975 zur Truppe kommen soll. Federführend hierfür ist die Firma Krauss-Maffei, die sich bereits mit dem Bau mehrerer Prototypen beschäftigt. Von diesem Modell der Zwischengeneration, das den M-48 A 3 ablösen wird, dürften allerdings voraussichtlich kaum mehr als 700 bis 900 Einheiten beschafft werden.

Die derzeitigen Leoparden sollen bis Mitte der 80er Jahre Dienst tun und dann durch den Kampfpanzer 80 (Kampfpanzer 3) ersetzt werden. Man befindet sich damit noch in der Definitionsphase, wobei dieses Mal eine Zusammenarbeit mit England angestrebt wird, offenbar ungeachtet der überwiegend negativen Erfahrungen, die seither mit größeren Gemeinschaftsprojekten gemacht wurden, wie die Beispiele des Standardpanzers, des Europa-Jeep und des Kampfpanzers 70 zeigen mögen.

Bundeswehr-übliche Abkürzungen

gl	=	geländegängig
s	=	schwimmfähig
gep	=	gepanzert
KPz	=	Kampfpanzer
JPz	=	Jagdpanzer
SPz	=	Schützenpanzer
SpähPz	=	Spähpanzer
BeobPz	=	Beobachtungspanzer
TPz	=	Transportpanzer
FlakPz	=	Flakpanzer

Als Halbkettenfahrzeug einzigartig war und blieb bisher in der Bundeswehr die 20 mm Vierlings-Flak M-16, bis Ende der fünfziger Jahre in den Heeres-Fla-Verbänden vorhanden. Dieses amerikanische Modell basierte auf dem während des zweiten Weltkriegs in großer Zahl gebauten Schützenpanzer M-2. Wichtigste Daten des M-16: Gefechtsgewicht 9850 kg, Besatzung 5 Mann, Gesamtmaße 6500 x 1980 x 2240 mm, Panzerung 10 mm, 130 PS-Vergasermotor, 70 km/h, 227 Liter-Tank, Verbrauch 80 Liter/100 km. Form und Geländegängigkeit dieser Fahrzeuge waren unbefriedigend und in keiner Weise den Halbketten-SPW der früheren Wehrmacht ebenbürtig.

Schützenpanzerwagen (SPW) M-39, in der Bundeswehr bis zu deren Ausrüstung mit dem HS 30 eingesetzt.

◀

Als leichter Kampfpanzer bzw. Panzerjäger war der M-41 „Walker Bulldog“ in der Bundeswehr der Vorläufer des Kanonenjagdpanzers.

▶

Panzerflak 40 mm-Zwilling M-42 A 1, bisher und trotz seines betagten Alters immer noch einziger Flakpanzer der westdeutschen Bundeswehr.

<table>
<tr><th></th><th>Schützen-Panzerwagen (SPW) M-39
1945–1952
(Bundeswehr ab 1956)</th><th>Leichter Kampfpanzer M-41 „Walker Bulldog“
1950–ca. 1958
(Bundeswehr ab 1956)</th><th>Panzerflak 40 mm Zwilling M-42 A 1
1953–ca. 1958
(Bundeswehr ab 1956)</th></tr>
<tr><td>Motor</td><td></td><td colspan="2">Vergasermotor Continental</td></tr>
<tr><td>Zylinderzahl</td><td></td><td colspan="2">6 (Boxer)</td></tr>
<tr><td>Hubraum</td><td></td><td colspan="2">14 680 ccm</td></tr>
<tr><td>Leistung</td><td>400 SAE-PS (= ca. 350 DIN-PS)</td><td colspan="2">500 SAE-PS (= ca. 430 DIN-PS) bei 2800 U/min</td></tr>
<tr><td>Verdichtung</td><td></td><td colspan="2">1:5,5</td></tr>
<tr><td>Kühlung</td><td></td><td colspan="2">Luft/Gebläse</td></tr>
<tr><td>Elektr. Anlage</td><td></td><td colspan="2">24 V</td></tr>
<tr><td>Kraftübertragung</td><td>Motor im Heck
Antrieb auf Ketten-Laufwerk</td><td colspan="2">Motor im Heck
Antrieb auf Ketten-Laufwerk</td></tr>
<tr><td>Getriebe</td><td></td><td colspan="2">Allison CD 500-3
Hydraulischer Drehmomentwandler +
Planeten-Schalt- und Lenkgetriebe
2 Vorwärtsgänge, 1 Rückwärtsgang</td></tr>
<tr><td>Fahrwerk und Aufbau</td><td>Selbsttragende Panzerwanne
Kampfraum umpanzert, oben offen</td><td colspan="2">Selbsttragende Panzerwanne</td></tr>
<tr><td></td><td></td><td>Panzer-Aufbau
mit Drehturm</td><td>Panzer-Aufbau
mit offenem Drehturm</td></tr>
<tr><td>Ketten-Laufwerk</td><td>2 gummigepolsterte Gleisketten mit je
Antriebsrad vorn,
Leitrad hinten
5 mittelgroße Doppel-Laufräder in Reihe
3 Stützrollen
1 Federstab je Doppel-Laufrad</td><td colspan="2">2 gummigepolsterte Gleisketten
mit je 74 Glieder
Antriebsrad hinten, Leitrad vorn
5 mittelgroße Doppel-Laufräder
in Reihe
3 Stützrollen
1 Federstab je Doppel-Laufrad</td></tr>
<tr><td>Lenkung</td><td></td><td colspan="2">Überlagerungslenkung</td></tr>
<tr><td>Allgemeine Daten</td><td></td><td></td><td></td></tr>
<tr><td>Kettenauflage</td><td></td><td>3230 mm</td><td>3230 mm</td></tr>
<tr><td>Spur</td><td></td><td>2220 mm</td><td>2220 mm</td></tr>
<tr><td>Kettenbreite</td><td></td><td>532 mm</td><td>532 mm</td></tr>
<tr><td>Gesamtmaße</td><td>5450 x 2880 x 1990 mm
(Höhe ohne Fla-MG)</td><td>5600 x 3260 x 2850 mm
Länge mit Rohr: 8080 mm</td><td>5210 x 3260 x 2860 mm
Länge mit Rohr: 5810 mm</td></tr>
<tr><td>Panzerung</td><td>bis 40 mm</td><td>20 bis 30 mm</td><td>bis 30 mm</td></tr>
<tr><td>Bodenfreiheit</td><td>370 mm</td><td>450 mm</td><td>440 mm</td></tr>
<tr><td>Watfähigkeit</td><td>1200 mm</td><td>1200 mm</td><td>1020 mm</td></tr>
<tr><td>Wendekreis-⌀</td><td>10 Meter</td><td>auf der Stelle</td><td>auf der Stelle</td></tr>
<tr><td>Gefechtsgewicht</td><td>16100 kg</td><td>25400 kg</td><td>21700 kg</td></tr>
<tr><td>Höchstgeschwindigkeit</td><td>90 km/h</td><td>65 km/h</td><td>65 km/h</td></tr>
<tr><td>Verbrauch/100 km</td><td></td><td>Straße 350 Liter</td><td>Straße 340 Liter</td></tr>
<tr><td>Kraftstoffvorrat</td><td></td><td>530 Liter</td><td>530 Liter</td></tr>
<tr><td>Fahrbereich</td><td>Straße 250 km</td><td>Straße 150 km</td><td>Straße 150 km</td></tr>
<tr><td>Besatzung</td><td>10 Mann</td><td>4 Mann</td><td>5 bis 6 Mann</td></tr>
<tr><td>Bewaffnung</td><td>1 MG</td><td>76,2 mm Kanone L/60+2 MG</td><td>40 mm Zwillings-Flak L/60
+1 MG</td></tr>
</table>

▲ Mittl. Kampfpanzer M-47 „Patton"

▼ Mittl. Kampfpanzer M-48 „Patton II"

	Mittl. Kampfpanzer M-47 „Patton“ (General Motors, USA) 1952–1953	Mittl. Kampfpanzer M-48 A 1 „Patton II“ (General Motors, USA) 1954–1955	Mittl. Kampfpanzer M-48 A 2 „Patton II“ (General Motors, USA) 1955–1960
Motor	Vergasermotor Continental AV-1790-5 B	Vergasermotor Continental AV-1790-7 C	Otto-Einspritzmotor Continental AVI-1790-8
Zylinderzahl	12 (90°-V-Form)	12 (90°-V-Form)	12 (90°-V-Form)
Hubraum	29360 ccm	29360 ccm	29360 ccm
Leistung	810 SAE-PS = ca. 700 DIN-PS bei 2800 U/min	810 SAE-PS = ca. 700 DIN-PS bei 2800 U/min	865 SAE-PS = ca. 750 DIN-PS bei 2800 U/min
Verdichtung	1:6,5	1:6,5	1:6,35
Kühlung	Luft/Gebläse	Luft/Gebläse	Luft/Gebläse
Elektrische Anlage	24 V	24 V	24 V
Kraftübertragung	Motor im Heck, Antrieb auf Ketten-Laufwerk		
Getriebe	Allison CD 850 Hydraulischer Drehmomentwandler + Planeten-Schalt- und Lenkgetriebe 2 Vorwärtsgänge, 1 Rückwärtsgang		
Fahrwerk und Aufbau	Selbsttragende Panzerwanne Panzer-Aufbau mit Drehturm (Cadillac-Hydraulik)		
Ketten-Laufwerk	2 gummigepolsterte Gleisketten mit je Antriebsrad hinten, Leitrad vorn 6 mittelgroße Doppel-Laufräder in Reihe		
	3 Stützrollen	5 Stützrollen	3 Stützrollen
	1 Federstab je Doppel-Laufrad		
Lenkung und Bremsen	Einradien-Überlagerungs-Lenkgetriebe mit eingebauter Mehrscheiben-Betriebsbremse		
Allgemeine Daten			
Kettenauflage	4100 mm	3980 mm	3980 mm
Spur	2800 mm		
Kettenbreite	580 mm	700 mm	700 mm
Gesamtmaße	7100 x 3510 x 2960 mm Mit Rohr: 8460 x 3510 x 2960 mm	6870 x 3630 x 3220 mm Mit Rohr: 8460 x 3630 x 3220 mm	6870 x 3630 x 3220 mm Mit Rohr: 8680 x 3630 x 3220 mm
Panzerung	50 bis 100 mm	50 bis 110 mm	50 bis 110 mm
Bodenfreiheit	470 mm	390 mm	390 mm
Watfähigkeit	1200 mm	1200 mm	1200 mm
Wendekreis-Ø	auf der Stelle	auf der Stelle	auf der Stelle
Gefechtsgewicht	46200 kg	47000 kg	47600 kg
Höchstgeschwindigkeit	48 km/h	45 km/h	48 km/h
Verbrauch/100 km	Straße 700 Liter	Straße 700, Gelände 1400 Liter	Straße 600, Gelände 1200 Liter
Kraftstoffvorrat	880 Liter	757 Liter	1230 Liter
Fahrbereich	Straße 125 km	Straße 100, Gelände 50 km	Straße 200, Gelände 100 km
Besatzung	4 Mann	4 Mann	4 Mann
Bewaffnung	90 mm Kanone L/48 + 2 MG	90 mm Kanone L/48 + 2 MG	90 mm Kanone L/48 + 2 MG

Bergepanzer M-88

Brückenlegepanzer
bzw. Panzerschnellbrücke
M-48 A 2 AVLB

Leichte Panzer-Haubitze
105 mm Selbstfahrlafette
M-7
Gefechtsgewicht 42 500 kg
Maße 6300 x 2890 x 2600 mm
635 Liter-Tank
340 Liter/100 km

Leichte Panzer-Haubitze
105 mm Selbstfahrlafette
M-52

Mittl. Panzer-Haubitze
155 mm Selbstfahrlafette
M-44

Schwere Panzer-Haubitze
203 mm Selbstfahrlafette
M-55

Mittl. Panzer-Haubitze
155 mm Selbstfahrlafette
M-109 G

Schwere Feldhaubitze
203 mm Selbstfahrlafette
M-110

Schwere Feldkanone
175 mm Selbstfahrlafette
M-107

<table>
<tr><th></th><th>Leichte Pz.Haubitze 105 mm Sf
M-52
1953–ca. 1960
(Bundeswehr 1957–ca. 1965)</th><th>Mittl. Pz.Haubitze 155 mm Sf
M-44
1953–ca. 1960
(Bundeswehr 1958–ca. 1966)</th><th>Schw. Pz.Haubitze 203 mm Sf
M-55
1955–ca. 1960
(Bundeswehr 1958–1966)</th></tr>
<tr><td>Motor</td><td colspan="2">Vergasermotor
Continental</td><td>Vergasermotor
Continental</td></tr>
<tr><td>Zylinderzahl</td><td colspan="2">6 (Boxer)</td><td>12 (90°-V-Form)</td></tr>
<tr><td>Hubraum</td><td colspan="2">14 680 ccm</td><td>29360 ccm</td></tr>
<tr><td>Leistung</td><td colspan="2">500 SAE-PS = ca. 430 DIN-PS
bei 2800 U/min</td><td>810 SAE-PS = ca. 700 DIN-PS
bei 2800 U/min</td></tr>
<tr><td>Verdichtung</td><td colspan="2">1:5,5</td><td>1:6,5</td></tr>
<tr><td>Kühlung</td><td colspan="2">Luft/Gebläse</td><td>Luft/Gebläse</td></tr>
<tr><td>Elektr. Anlage</td><td colspan="2">24 V</td><td>24 V</td></tr>
<tr><td>Kraftübertragung</td><td colspan="2">Motor vorn
Antrieb auf Ketten-Laufwerk</td><td>Motor vorn
Antrieb auf Ketten-Laufwerk</td></tr>
<tr><td>Getriebe</td><td colspan="2">Allison CD 850
Hydraulischer Drehmomentwandler
+ Planeten-Schalt-
und Lenkgetriebe
2 Vorwärtsgänge
1 Rückwärtsgang</td><td>Allison CD 850
Hydraulischer Drehmoment-
wandler + Planeten-Schalt-
und Lenkgetriebe
2 Vorwärtsgänge
1 Rückwärtsgang</td></tr>
<tr><td>Fahrwerk und Aufbau</td><td>Selbsttragende Panzerwanne
Panzer-Aufbau mit
um 60° drehbarem Turm</td><td>Selbsttragende Panzerwanne
Umpanzerter,
oben offener Kampfraum</td><td>Selbsttragende Panzerwanne
Panzer-Aufbau mit
um 60° drehbarem Turm</td></tr>
<tr><td>Ketten-Laufwerk</td><td colspan="2">2 gummigepolsterte Gleisketten
mit je
Antriebsrad vorn
Leitrad hinten tiefliegend
5 mittelgroße Doppel-Laufräder
in Reihe
4 Stützrollen
1 Federstab je Doppel-Laufrad</td><td>2 gummigepolsterte Gleis-
ketten mit je
Antriebsrad vorn
Leitrad hinten tiefliegend
6 mittelgroße Doppel-
Laufräder in Reihe
3 Stützrollen
1 Federstab je Doppel-
Laufrad</td></tr>
<tr><td>Lenkung</td><td colspan="2">Überlagerungslenkung</td><td>Überlagerungslenkung</td></tr>
<tr><td>Allgemeine Daten</td><td></td><td></td><td></td></tr>
<tr><td>Kettenauflage</td><td>3790 mm</td><td>3790 mm</td><td></td></tr>
<tr><td>Spur</td><td></td><td></td><td></td></tr>
<tr><td>Kettenbreite</td><td>532 mm</td><td>532 mm</td><td></td></tr>
<tr><td>Gesamtmaße</td><td>5800 x 3150 x 3400 mm</td><td>6030 x 3230 x 3220 mm
Länge mit Rohr: 6170 mm</td><td>7020 x 3600 x 3500 mm
Länge mit Rohr: 7900 mm</td></tr>
<tr><td>Panzerung</td><td>bis 15 mm</td><td>bis 15 mm</td><td>bis 15 mm</td></tr>
<tr><td>Bodenfreiheit</td><td>510 mm</td><td>470 mm</td><td></td></tr>
<tr><td>Watfähigkeit</td><td>1220 mm</td><td>1070 mm</td><td></td></tr>
<tr><td>Wendekreis-∅</td><td>auf der Stelle</td><td>auf der Stelle</td><td></td></tr>
<tr><td>Gefechtsgewicht</td><td>24500 kg</td><td>28400 kg</td><td>49000 kg</td></tr>
<tr><td>Nutzlast</td><td></td><td></td><td></td></tr>
<tr><td>Anhängelast</td><td></td><td></td><td></td></tr>
<tr><td>Höchstgeschwindigkeit</td><td>56 km/h</td><td>56 km/h</td><td>56 km/h</td></tr>
<tr><td>Verbrauch/100 km</td><td>Straße 400 Liter</td><td>Straße 420 Liter</td><td></td></tr>
<tr><td>Kraftstoffvorrat</td><td>660 Liter</td><td>600 Liter</td><td></td></tr>
<tr><td>Fahrbereich</td><td>Straße 160 km</td><td>Straße 140 km</td><td>Straße 250 km</td></tr>
<tr><td>Besatzung</td><td>5 Mann</td><td>5 bis 6 Mann</td><td>6 Mann</td></tr>
<tr><td>Bewaffnung</td><td>105 mm Haubitze + 1 MG</td><td>155 mm Haubitze L/23 + 1 MG</td><td>203 mm Haubitze L/25 + 1 MG</td></tr>
</table>

Mannschaftstransportwagen M-113 Ab 1959 (Bundeswehr ab 1962)	**Mittl. Pz.Haubitze 155 mm Sf M-109 Ab 1961 (Bundeswehr M-109 G ab 1965)**	**Schw. Feldhaubitze 203 mm Sf M-110 Ab 1962 (Bundeswehr ab 1965)**	**Schw. Feldkanone 175 mm Sf M-107 Ab 1962 (Bundeswehr ab 1965)**
Vergasermotor Chrysler A 710 B V8 5920 ccm 280 SAE-PS = ca. 190 DIN-PS bei 4000 U/min 1:7,8 Wasser/Pumpe 24 V	Zweitakt-Dieselmotor Detroit (General Motors) V8 9300 ccm 405 PS (DIN)	Zweitakt-Dieselmotor mit Abgas-Turbolader Detroit (General Motors) V8 9300 ccm 425 PS (DIN)	
Motor vorn rechts Antrieb auf Ketten-Laufwerk Allison TX 200-2 A Hydraulischer Drehmoment- wandler + Planeten-Schalt- getriebe 6 Vorwärtsgänge 1 Rückwärtsgang	Motor vorn Antrieb auf Ketten-Laufwerk Allison XTG-411-2 A Hydraulischer Drehmoment- wandler + Planeten-Schalt- und Lenkgetriebe 4 Vorwärtsgänge 2 Rückwärtsgänge	Motor vorn rechts Antrieb auf Ketten-Laufwerk Allison XTG-411-2 A Hydraulischer Drehmomentwandler + Planeten-Schalt- und Lenkgetriebe 4 Vorwärtsgänge 2 Rückwärtsgänge	
Leichtmetall-Panzerwanne Leichtmetall-Panzer-Aufbau ohne Turm 2 gummigepolsterte Gleis- ketten links 63, rechts 64 Glieder mit je Antriebsrad vorn Leitrad hinten 5 mittelgroße Doppel-Lauf- räder in Reihe keine Stützrollen 1 Federstab je Doppel-Laufrad Cletrac Ausgleichs-Lenk- getriebe + mechanische Lenkbremsen Betätigung durch 2 Lenkhebel	Leichtmetall-Panzerwanne Leichtmetall-Panzer-Aufbau mit großem Drehturm hinten 2 gummigepolsterte Gleis- ketten mit je Antriebsrad vorn Leitrad hinten 7 mittelgroße Doppel-Lauf- räder in Reihe keine Stützrollen 1 Federstab je Doppel-Laufrad Überlagerungslenkung Betätigung durch Lenkhalbrad	Leichtmetall-Panzerwanne Leichtmetall-Aufbau teilgepanzert, Kampfraum ungeschützt Hydraulisch schwenkbarer Erdsporn am Heck 2 gummigepolsterte Gleisketten mit je Antriebsrad vorn kein Leitrad 5 große Einfach-Laufräder in Reihe keine Stützrollen Hydraulische + Drehstab-Federung, feststellbar Überlagerungslenkung	
2670 mm	3960 mm		
2160 mm	2770 mm		
380 mm	380 mm		
4870 x 2690 x 2500 mm	6110 x 3150 x 3050 mm	6460 x 3150 x 2940 mm	6460 x 3150 x 3470 mm
	Länge mit Rohr: 6620 mm	Länge mit Rohr: 7480 mm	Länge mit Rohr: 11300 mm
Leichtmetall, bis 35 mm	Leichtmetall, bis 35 mm		
410 mm	450 mm	440 mm	440 mm
schwimmfähig	schwimmfähig	1070 mm	1070 mm
13,9 Meter			
10400 kg	24600 kg	26500 kg	28500 kg
1750 kg			
6600 kg			
64 km/h, Wasser 6 km/h	56 km/h	55 km/h	55 km/h
Straße 100 Liter			
305 Liter			
Straße 300 km	Straße 350 km	Straße 700 km	Straße 700 km
13 Mann	8 Mann	5 bis 6 Mann	6 Mann
1 MG oder 20 mm Kanone	155 mm Haubitze L/23+1 MG	203 mm Haubitze L/25	175 mm Kanone L/60
		Hydraulischer Erdsporn	Hydraulischer Erdsporn

Gepanzerter Mannschaftstransportwagen M-113

Impulsradargerät („Green Archer“) auf M-113 für Ortung schwerer Steilfeuer-Waffen und Schießen mit Radarmeßbeobachtung

HOT-Waffensystem zur Panzerabwehr großer Reichweite auf MTW M-113

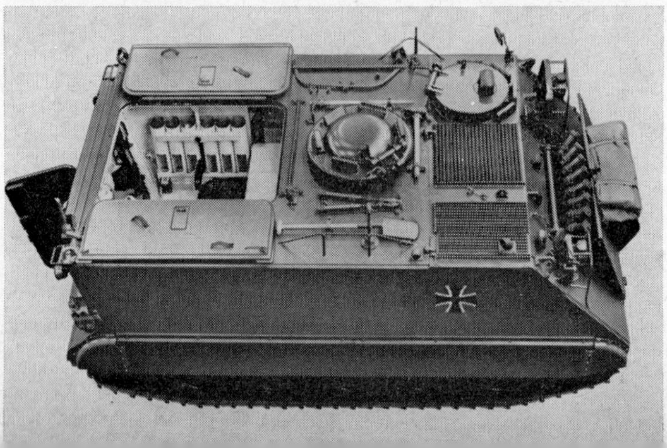

Panzermörser 120 mm (schw. Granatwerfer) auf M-113

MTW M-113
Krankenkraftwagen
(Krkw)

Schützenpanzer kurz
Halbgruppe und Funk
(Hotchkiss)

Impulsradargerät für
Gefechtsfeldüberwachung
auf SPz kurz (Hotchkiss)

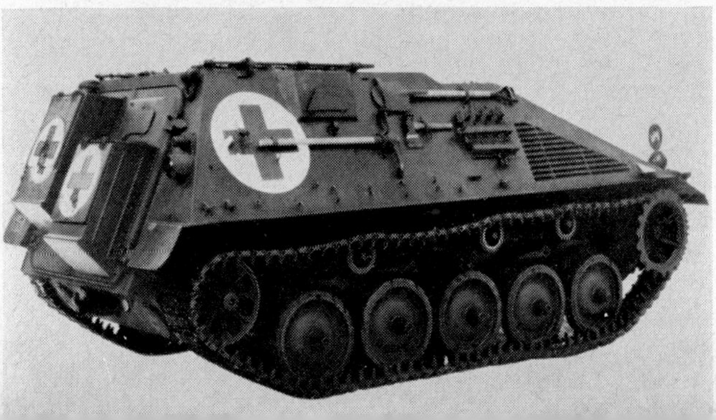

Schützenpanzer kurz
als Krankenkraftwagen,
inzwischen bereits
ersetzt durch
M-113 Krkw

Ein historisches Bilddokument: Bundeskanzler Adenauer besichtigt mit Minister Strauß sowie den Generalen Heusinger und Speidel das Holzmodell des HS 30. Das war am 25. 9. 1958 auf dem Truppenübungsplatz Bergen-Hohne.

Schützenpanzer lang HS 30

	Aufklärungspanzer Schützenpanzer kurz (Hotchkiss, Klöckner-Deutz) 1958–1962	Schützenpanzer lang HS 30 (Henschel, Hanomag, Leyland) 1959–1962	Raketen-Jagdpanzer HS 30 (Henschel, Hanomag) 1962
Motor	Vergasermotor Hotchkiss	Vergasermotor Rolls-Royce B 81 Mk 80 F	
Zylinderzahl	6 (Reihe)	8 (Reihe)	
Bohrung x Hub	95 x 110 mm	95 x 114 mm	
Hubraum	4678 ccm	6516 ccm	
Leistung	164 PS bei 3900 U/min	220 PS bei 4000 U/min	
Drehmoment	33 mkg bei 2500 U/min	46 mkg bei 2400 U/min	
Verdichtung	1:7,25	1:6,5	
Vergaser	1 Solex	1 Solex 48 NNIP	
Ventile	Hängend 2 obenliegende Nockenwellen	Einlaß hängend, Auslaß stehend Seitliche Nockenwelle	
Kurbelwellenlager	7	9	
Kühlung	32 Liter Wasser, Pumpe	48 Liter Wasser, Pumpe	
Schmierung	Trockensumpf, 22 Liter Öl	Trockensumpf, 18 Liter Öl	
Batterie	4 x 12 V 100 Ah	4 x 12 V 100 Ah	
Lichtmaschine	2 x 600 W	2 x 600 W	
Kraftübertragung	Motor vorn rechts Antrieb auf Ketten-Laufwerk	Motor im Heck Antrieb auf Ketten-Laufwerk	
Getriebe	Einscheibentrockenkupplung + Synchron-Schaltgetriebe 4 Vorwärtsgänge 1 Rückwärtsgang II.-IV. synchronisiert	Trennkupplung + Sidebi-Planeten-Getriebe Elektrische Schaltung, 8 Vorwärtsgänge, 1 Rückwärtsgang Oder auch: Hydraulischer Drehmomentwandler + Wilson Planeten-Getriebe Elektrische Schaltung, 4 Vorwärtsgänge, 1 Rückwärtsgang Oder auch: Hydraulischer Drehmomentwandler + Allison TX 200-2 Planetengetriebe, halbautomatische Schaltung, 6 Vorwärtsgänge, 1 Rückwärtsgang	
Fahrwerk und Aufbau	Selbsttragende Panzerwanne Panzer-Aufbau mit Drehturm	Selbsttragende Panzerwanne Panzer-Aufbau mit Drehturm	Selbsttragende Panzerwanne Panzer-Aufbau ohne Turm 2 Raketen-Abschuß- und Lenkeinrichtungen
Ketten-Laufwerk	2 gummigepolsterte Gleis- ketten mit je Antriebsrad vorn, Leitrad hinten 5 mittelgroße Einfach-Lauf- räder in Reihe 3 Stützrollen 1 Federstab je Laufrad	2 gummigepolsterte Gleisketten mit je Antriebsrad hinten, Leitrad vorn 5 mittelgroße Doppel-Laufräder in Reihe 3 Stützrollen Gummifederung	
Lenkung und Bremsen	Cletrac Ausgleichs-Lenk- getriebe + mechanische Lenkbremsen Betätigung durch 2 Lenkhebel	Cletrac Ausgleichs-Lenkgetriebe + mechanische Lenkbremsen Betätigung durch 2 Lenkhebel	
Allgemeine Daten			
Kettenauflage	2300 mm	3030 mm	3030 mm
Spur	1920 mm	2160 mm	2160 mm
Kettenbreite	305 mm	380 mm	380 mm
Gesamtmaße	4510 x 2340 x 2020 mm Höhe ohne Turm: 1600 mm	5560 x 2550 x 1850 mm Länge mit Rohr: ca. 6530 mm	5560 x 2550 x 1710 mm Höhe mit Rakete: ca. 2600 mm
Panzerung	Wanne 8 bis 15 mm Turm 20 bis 30 mm	15 bis 30 mm	15 bis 30 mm
Bodenfreiheit	350 mm	330 mm	330 mm
Watfähigkeit	700 mm	700 mm	700 mm
Wendekreis-ϕ	16 Meter		
Gefechtsgewicht	8400 kg	14600 kg	13000 kg
Höchstgeschwindigkeit	58 km/h	55 km/h	55 km/h
Verbrauch/100 km	Straße 85 Liter	Straße 125 Liter	Straße 125 Liter
Kraftstoffvorrat	330 Liter	340 Liter	340 Liter
Fahrbereich	Straße 380 km	Straße 270 km	Straße 270 km
Besatzung	4 bis 5 Mann	7 bis 8 Mann	3 Mann
Bewaffnung	Kanone 20 mm L/85	Kanone 20 mm L/85 +1 MG	Lenkrakete (PAL) SS-11

Raketen-Jagdpanzer HS 30 bei einer Parade der 11. Panzergrenadier-Division vor Minister Strauß und General Speidel, veranstaltet am 19. Mai 1962 in Oldenburg.

Raketen-Jagdpanzer HS 30 beim Abschuß einer Panzerabwehr-Lenkrakete vom Typ SS-11.

Panzermörser HS 30

Kanonen-Jagdpanzer
(90 mm Kanone)
der neuen
Schützenpanzer-Familie

▲ **Schützenpanzer neu „Marder“ Ab 1970**

Spähpanzer mit Turm und 90 mm Kanone Prototyp 1963 ▼

Motor

Zylinderzahl
Bohrung x Hub
Hubraum
Leistung
Drehmoment
Verdichtung

Einspritzpumpe
Ventile

Kurbelwellenlager

Kühlung
Schmierung
Batterie

Kraftübertragung

Getriebe

Fahrwerk und Aufbau

Ketten-Laufwerk

Lenkung und Bremsen

Allgemeine Daten
Kettenauflage
Spur
Kettenbreite
Gesamtmaße

Panzerung
Bodenfreiheit
Watfähigkeit
Wendekreis-∅
Gefechtsgewicht
Höchstgeschwindigkeit
Verbrauch/100 km
Kraftstoffvorrat
Fahrbereich
Besatzung
Bewaffnung

<table>
<tr><th>Schützenpanzer neu „Marder“
(Rheinstahl-Henschel,
Atlas-MaK)
Ab 1970</th><th>Kanonenjagdpanzer
(Rheinstahl-Hanomag,
Rheinstahl-Henschel)
1966–1967</th><th>Raketenjagdpanzer neu
(Rheinstahl-Hanomag,
Rheinstahl-Henschel)
1967–1968</th></tr>
<tr><td>Mehrstoff-Vorkammer-Dieselmotor mit Aufladung</td><td colspan="2">Mehrstoff-Vorkammer-Dieselmotor</td></tr>
<tr><td>Daimler-Benz MB 833 Ea-500</td><td colspan="2">Daimler-Benz MB 837 Aa</td></tr>
<tr><td>6 (90°-V-Form)</td><td colspan="2">6 (90°-V-Form)</td></tr>
<tr><td>165 x 175 mm</td><td colspan="2">165 x 175 mm</td></tr>
<tr><td>22 440 ccm</td><td colspan="2">22 440 ccm</td></tr>
<tr><td>600 PS bei 2200 U/min</td><td colspan="2">500 PS bei 2200 U/min</td></tr>
<tr><td>206 mkg bei 1600 U/min</td><td colspan="2"></td></tr>
<tr><td>1:19,5. Vorverdichtung durch</td><td colspan="2">1:19,5</td></tr>
<tr><td>2 Lader mit mechanischem Antrieb</td><td colspan="2"></td></tr>
<tr><td>Bosch</td><td colspan="2">Bosch</td></tr>
<tr><td>Hängend, 4 je Zylinder</td><td colspan="2">Hängend, 4 je Zylinder</td></tr>
<tr><td>2 zentrale Nockenwellen</td><td colspan="2">2 zentrale Nockenwellen</td></tr>
<tr><td>4</td><td colspan="2">4</td></tr>
<tr><td>Auswechselbare Zylinderbüchsen</td><td colspan="2">Auswechselbare Zylinderbüchsen</td></tr>
<tr><td>Wasser/Pumpe</td><td colspan="2">Wasser/Pumpe</td></tr>
<tr><td>Trockensumpf</td><td colspan="2">Trockensumpf</td></tr>
<tr><td>6 x 12 V 100 Ah</td><td colspan="2"></td></tr>
<tr><td>Motor vorn rechts</td><td colspan="2">Motor im Heck</td></tr>
<tr><td>Antrieb auf Ketten-Laufwerk</td><td colspan="2">Antrieb auf Ketten-Laufwerk</td></tr>
<tr><td>Renk HSWL 194</td><td colspan="2">Renk HSWL 123</td></tr>
<tr><td>Hydraulischer Drehmomentwandler +</td><td colspan="2">Hydraulischer Drehmomentwandler +</td></tr>
<tr><td>Planeten-Schalt- und Lenkgetriebe</td><td colspan="2">Planeten-Schalt- und Lenkgetriebe</td></tr>
<tr><td>4 Vorwärts-, 4 Rückwärtsgänge</td><td colspan="2">3 Vorwärts-, 3 Rückwärtsgänge</td></tr>
<tr><td>Halbautomatische Vorwählschaltung</td><td colspan="2">Halbautomatische Vorwählschaltung</td></tr>
<tr><td>Selbsttragende Panzerwanne</td><td>Selbsttragende Panzerwanne</td><td>Selbsttragende Panzerwanne</td></tr>
<tr><td>Panzer-Aufbau mit Drehturm</td><td>Panzer-Aufbau ohne Turm</td><td>Panzer-Aufbau ohne Turm</td></tr>
<tr><td>mit Scheitellafette</td><td></td><td>2 Raketen-Abschuß- und</td></tr>
<tr><td></td><td></td><td>Lenkvorrichtungen</td></tr>
<tr><td>2 gummigepolsterte Gleisketten mit je</td><td colspan="2">2 gummigepolsterte Gleisketten mit je</td></tr>
<tr><td>Antriebsrad vorn, Leitrad hinten</td><td colspan="2">Antriebsrad hinten, Leitrad vorn</td></tr>
<tr><td>6 mittelgroße Doppel-Laufräder in Reihe</td><td colspan="2">5 mittelgroße Doppel-Laufräder in Reihe</td></tr>
<tr><td>3 Stützrollen</td><td colspan="2">3 Stützrollen</td></tr>
<tr><td>1 Federstab je Doppel-Laufrad</td><td colspan="2">1 Federstab je Doppel-Laufrad</td></tr>
<tr><td>Stufenloses hydrostatisches Überlagerungs-Lenkgetriebe</td><td colspan="2">Stufenloses hydrostatisches Überlagerungs-Lenkgetriebe</td></tr>
<tr><td>Betätigung durch Lenkrad</td><td colspan="2">Betätigung durch Lenkrad</td></tr>
<tr><td>Hydraulische Zweischeibenbremsen</td><td colspan="2">Hydraulische Zweischeibenbremsen</td></tr>
<tr><td>und mechanische Feststellbremsen</td><td colspan="2">und mechanische Feststellbremsen</td></tr>
<tr><td>am Seitenvorgelege</td><td colspan="2">am Seitenvorgelege</td></tr>
<tr><td>3900 mm</td><td>3800 mm</td><td>3800 mm</td></tr>
<tr><td>2620 mm</td><td></td><td></td></tr>
<tr><td>450 mm</td><td>450 mm</td><td>450 mm</td></tr>
<tr><td>6790 x 3240 x 2860 mm</td><td>6230 x 2980 x 2080 mm</td><td>6430 x 2980 x 1980 mm</td></tr>
<tr><td>Höhe mit Rundumleuchte: 3300 mm</td><td>Länge mit Rohr: 8750 mm</td><td>Höhe mit Rakete: ca. 2500 mm</td></tr>
<tr><td>8 bis 30 mm</td><td>8 bis 30 mm</td><td>8 bis 30 mm</td></tr>
<tr><td>440 mm</td><td>430 mm</td><td>430 mm</td></tr>
<tr><td>1500 mm</td><td>1500 mm</td><td>1500 mm</td></tr>
<tr><td>auf der Stelle</td><td>auf der Stelle</td><td>auf der Stelle</td></tr>
<tr><td>28 200 kg</td><td>25 700 kg</td><td>23 000 kg</td></tr>
<tr><td>70 km/h</td><td>70 km/h</td><td>70 km/h</td></tr>
<tr><td>Straße 120 Liter Diesel</td><td>Straße 120 Liter Diesel</td><td>Straße 110 Liter Diesel</td></tr>
<tr><td>650 Liter (3 Behälter)</td><td>470 Liter</td><td>470 Liter</td></tr>
<tr><td>Straße 540 km</td><td>Straße 390 km</td><td>Straße 420 km</td></tr>
<tr><td>10 Mann</td><td>4 Mann</td><td>4 Mann</td></tr>
<tr><td>Kanone 20 mm L/85 + 2 MG</td><td>Kanone 90 mm L/40,4+2 MG</td><td>2 x 7 Lenkraketen (PAL)
SS 11 + 2 MG</td></tr>
</table>

Panzermörser
(schw. Granatwerfer)
auf SPz „Marder“
(Prototyp)

Raketenjagdpanzer
(Lenkrakete SS-11)
der neuen
Schützenpanzer-Familie

Waffensystem HOT
zur Panzerabwehr
großer Reichweite
auf Jpz Rakete neu
(Versuchsausführung
der Firma Bölkow)

Bei der Messerschmitt-Bölkow-Blohm GmbH. in Ottobrunn bei München befindet sich das gemeinsam mit der französischen Firma Nord-Aviation entwikkelte Waffensystem „Roland“ in der Erprobung. Es dient zur Abwehr von Tieffliegern und ist mit Überschall-Flugkörpern bestückt. Dieses mobile Waffensystem, versuchsweise aufgebaut auf einem SPz „Marder“, besteht aus den beiden rohrförmigen Transport- und Startbehältern für die Flugkörper, der Ortungsanlage mit Rundsuchradar und Kennungsgerät, dem Kommandorechner und der Energieversorgung.

Auch die Bundeswehr benützt zu Übungszwecken Panzer-Attrappen. Es gibt zwei Ausführungen. Den Übungs-Schützenpanzer auf Unimog-Fahrgestell, den die beiden oberen Bilder zeigen, lieferte Kässbohrer (Ulm) in den Jahren 1959/60. Dieses Fahrzeug hat einen Radstand von 2900 mm, besitzt eine drehbare Kuppel und ermöglicht den Transport von 6 Schützen. Die andere Attrappe, den Übungs-Kampfpanzer auf Unimog-Fahrgestell, lieferte ebenfalls Kässbohrer in den Jahren 1957/58. Auch hier beträgt der Radstand 2900 mm, Kuppel und Kanonenrohr sind schwenkbar (Fahrtstellung der Kanone auf 6 Uhr) und eine komplette Funkeinrichtung ist eingebaut. Die beiden mittleren Bilder wurden 1965 auf der Autobahn bei Fulda aufgenommen.

Spähpanzer
Rad-Schwimm
8 x 8
Prototyp 1972

▲ Transportpanzer
TPz 1,5 t (4 x 4)
Prototyp 1972

Transportpanzer
TPz 2 t (6 × 6)
▼ Prototyp 1972

Motor

Zylinderzahl
Bohrung x Hub
Hubraum
Leistung
Drehmoment
Verdichtung
Arbeitsverfahren

Ventile
Kurbelwellenlager
Kühlung
Schmierung
Batterie
Anlasser

Kraftübertragung

Getriebe

Übersetzungen

Antriebs-Übersetzung

Fahrwerk

Vorderradaufhängung

Hinterradaufhängung

Lenkung

Fußbremse
Handbremse

Allgemeine Daten
Radstand
Spur
Gesamtmaße

Laderaum
Reifen
Bodenfreiheit
Watfähigkeit
Wendekreis-∅

Fahrzeuggewicht
Zuläss. Gesamtgewicht
Nutzlast
Höchstgeschwindigkeit
Mindestgeschwindigkeit
Schwimmgeschwindigkeit
Verbrauch/100 km
Fahrbereich
Panzerung
Besatzung
Bewaffnung

Transportpanzer 1,5 t (4 x 4) **Daimler-Benz LG 496** **Prototyp 1972**	**Transportpanzer 2 t (6 x 6)** **Daimler-Benz LG 493** **Prototyp 1972**	**Spähpanzer-Rad-Schwimm (8 x 8)** **Daimler-Benz LG 494** **Prototyp 1972**
Vielstoff-Dieselmotor	Vielstoff-Dieselmotor	Vielstoff-Dieselmotor
Daimler-Benz OM 402 VA	Daimler-Benz OM 403 VA	Daimler-Benz OM 403 VA
8 (90°-V-Form)	10 (90°-V-Form)	10 (90°-V-Form)
125 x 130 mm	125 x 130 mm	125 x 130 mm
12 700 ccm	16 000 ccm	16 000 ccm
310 PS bei 2500 U/min	390 PS bei 2500 U/min	390 PS bei 2500 U/min
108 mkg bei 1800 U/min	135 mkg bei 1800 U/min	135 mkg bei 1800 U/min
1:20,5	1:20,5	1:20,5
Direkteinspritzung,Abgas-Turbolader	Direkteinspritzung,Abgas-Turbolader	Direkteinspritzung,Abgas-Turbolader
Vielstoff: Selbstzündung bis ROZ 92	Vielstoff: Selbstzündung bis ROZ 92	Vielstoff: Selbstzündung bis ROZ 92
Hängend, zentrale Nockenwelle	Hängend, zentrale Nockenwelle	Hängend, zentrale Nockenwelle
5	6	6
Wasser/Pumpe	Wasser/Pumpe	Wasser/Pumpe
Druckumlaufschmierung	Druckumlaufschmierung	Druckumlaufschmierung
4 x 12 V 100 Ah	4 x 12 V 100 Ah	4 x 12 V 100 Ah
24 V 9 PS	24 V 9 PS	24 V 9 PS
Motor hinter Fahrer	Motor hinter Fahrer	Motor im Heck
Allrad-Antrieb (4 x 4)	Allrad-Antrieb (6 x 6)	Allrad-Antrieb (8 x 8)
Differentialsperren	Differentialsperren	Differentialsperren
ZF 4 PW 95 H 1	ZF 4 PW 95 H 1	ZF 4 PW 95 H 1
Drehmomentwandler + 4 Gang-Planetengetriebe + Wendegetriebe	Drehmomentwandler + 4 Gang-Planetengetriebe + Wendegetriebe	Drehmomentwandler + 4 Gang-Planetengetriebe + Wendegetriebe
I. 5,990, rückwärts 5,870	I. 5,990, rückwärts 5,870	I. 5,990, rückwärts 5,870
II. 3,315, rückwärts 3,235	II. 3,315, rückwärts 3,235	II. 3,315, rückwärts 3,235
III. 1,930, rückwärts 1,895	III. 1,930, rückwärts 1,895	III. 1,930, rückwärts 1,895
IV. 1,135, rückwärts 1,111	IV. 1,135, rückwärts 1,111	IV. 1,135, rückwärts 1,111
6,734 (einschl. Radvorgelege)	6,734 (einschl. Radvorgelege)	6,734 (einschl. Radvorgelege)
Selbsttragende Panzerstahlblech-Wanne	Selbsttragende Panzerstahlblech-Wanne	Selbsttragende Panzerstahlblech-Wanne
1 Starrachse	2 Starrachsen	2 Starrachsen
Längs- und Querlenker, Schraubenfedern	Längs- und Querlenker, Schraubenfedern	Längs- und Querlenker, Schraubenfedern
1 Starrachse	1 Starrachse	2 Starrachsen
Längs- und Querlenker, Schraubenfedern	Längs- und Querlenker, Schraubenfedern	Längs- und Querlenker, Schraubenfedern
Kugelumlauf-Hydro	Kugelumlauf-Hydro mit Servohilfe	Kugelumlauf-Hydro mit Servohilfe
	Lenkbar 2 Vorder- oder 3 Achsen	Lenkbar 2 Vorder- oder 4 Achsen
Hydraulisch, Zweikreis, 4 Räder	Hydraulisch, Zweikreis, 6 Räder	Hydraulisch, Zweikreis, 8 Räder
Getriebe-Federspeicher	Getriebe-Federspeicher	Getriebe-Federspeicher
3350 mm	1400 + 2700 mm	1400 + 2365 + 1400 mm
2500/2500 mm	2500/2500/2500 mm	2500/2500/2500/2500 mm
5890 x 2917 x 2150 mm (Höhe über Panzerkasten)	6740 x 2940 x 2300 mm (Höhe über Panzerkasten)	7810 x 2980 x 2050 mm (Höhe über Panzerkasten, Höhe über Turm-MG 2500 mm)
3000 x 1450 x 1260 mm	3790 x 1450 x 1260 mm	—
Notlauf oder Radial 14,00–20 M-Profil	Notlauf oder Radial 14,00–20 M-Profil	Notlauf oder Radial 14,00–20 M-Profil
405 mm	405 mm	405 mm
schwimmt	schwimmt	schwimmt
15,3 Meter	Zweiachs-Lenkung 17,75 Meter Dreiachs-Lenkung 11,60 Meter	Zweiachs-Lenkung 19,0 Meter Vierachs-Lenkung 11,5 Meter
10 000 kg (mit milit. Zubehör)	13 500 kg (mit milit. Zubehör)	18 700 kg
12 000 kg	16 400 kg	—
2000 kg (auf Ladefläche)	2900 kg (auf Ladefläche)	
90 km/h	90 km/h	90 km/h
4 km/h	4 km/h	4 km/h
9 km/h	über 10 km/h	über 10 km/h
ca. 43 Liter Diesel	ca. 45 Liter Diesel	ca. 50 Liter Diesel
ca. 800 km	ca. 800 km	ca. 800 km
SmK-sicher	SmK-sicher	SmK-sicher, Front 2 cm-sicher
bis 12 Mann	bis 14 Mann	4 Mann
1 MG 3	1 MG 3	20 mm MK 20 Rh 202 + 1 MG 3

Mittl. Kampfpanzer „Leopard“

<table>
<tr><th></th><th>Mittl. Kampfpanzer
„Leopard“
(Krauss-Maffei)
Ab 1965</th><th>Bergepanzer
Standard
(Atlas-MaK)
Ab 1966</th><th>Pionierpanzer
Standard
(Atlas-MaK)
Ab 1968</th></tr>
<tr><td>Motor</td><td colspan="3">Mehrstoff-Vorkammer-Dieselmotor mit Aufladung
Daimler-Benz MB 838 Ca M-500</td></tr>
<tr><td>Zylinderzahl</td><td colspan="3">10 (90°-V-Form)
Geteiltes Kurbelgehäuse und Einzel-Zylinderköpfe aus Leichtmetall</td></tr>
<tr><td>Bohrung x Hub</td><td colspan="3">165 x 175 mm</td></tr>
<tr><td>Hubraum</td><td colspan="3">37 400 ccm</td></tr>
<tr><td>Leistung</td><td colspan="3">830 PS bei 2200 U/min</td></tr>
<tr><td>Drehmoment</td><td colspan="3">275 mkg bei 1200 U/min</td></tr>
<tr><td>Verdichtung</td><td colspan="3">1:19,5. Vorverdichtung durch 2 Radialgebläse mit elastischem Antrieb</td></tr>
<tr><td>Einspritzpumpe</td><td colspan="3">Bosch PE 10</td></tr>
<tr><td>Ventile</td><td colspan="3">Hängend, 4 je Zylinder
2 zentrale Nockenwellen</td></tr>
<tr><td>Kurbelwellenlager</td><td colspan="3">6
Auswechselbare Zylinderbüchsen</td></tr>
<tr><td>Kühlung</td><td colspan="3">Wasser (65 Liter)/Pumpe</td></tr>
<tr><td>Schmierung</td><td colspan="3">Trockensumpf-Druckumlauf, 66 Liter Öl</td></tr>
<tr><td>Batterie</td><td>8 x 12 V 100 Ah</td><td colspan="2">6 x 12 V 100 Ah</td></tr>
<tr><td>Lichtmaschine</td><td colspan="3">Drehstrom, 9 kW</td></tr>
<tr><td>Kraftübertragung</td><td colspan="3">Motor im Heck, Antrieb auf Ketten-Laufwerk</td></tr>
<tr><td>Getriebe</td><td colspan="3">Hydraulischer Drehmomentwandler (mechanisch überbrückbar) +
4 Gang-Planeten-Schalt- und Lenkgetriebe ZF Hydromedia 4 HP 250
4 Vorwärts-, 2 Rückwärtsgänge</td></tr>
<tr><td>Übersetzungen</td><td colspan="3">I. 4,64, II. 2,60, III. 1,67, IV. 1,00</td></tr>
<tr><td>Antriebs-Übersetzung</td><td colspan="3">3,8</td></tr>
<tr><td>Fahrwerk und Aufbau</td><td>Selbsttragende Panzerwanne (Ruhrstahl)
Panzer-Aufbau mit Drehturm
(Wegmann bzw. Rheinmetall)</td><td colspan="2">Selbsttragende Panzerwanne (Ruhrstahl)
Turmloser Panzer-Aufbau mit
Kran-Ausleger, Räumschaufel und 2 Winden</td></tr>
<tr><td>Ketten-Laufwerk</td><td colspan="3">2 gummigepolsterte Gleisketten mit je
Antriebsrad hinten, Leitrad vorn
7 mittelgroße Doppel-Laufräder in Reihe
4 Stützrollen
1 Federstab quer je Doppel-Laufrad</td></tr>
<tr><td>Lenkung</td><td colspan="3">Zweiradien-Überlagerungs-Lenkgetriebe
Betätigung mit Lenkrad</td></tr>
<tr><td>Bremsen</td><td colspan="3">Scheibenbremsen zwischen Getriebe und Seitenvorgelegen
als Fahrbremse hydraulisch, als Feststellbremse mechanisch betätigt</td></tr>
<tr><td>Allgemeine Daten</td><td></td><td colspan="2"></td></tr>
<tr><td>Kettenauflage</td><td>4236 mm</td><td colspan="2">4236 mm</td></tr>
<tr><td>Spur</td><td>2700 mm</td><td colspan="2">2700 mm</td></tr>
<tr><td>Gesamtmaße</td><td>6940 x 3250 x 2380 (2650) mm
Länge mit Rohr in Fahrstellung: 8170 mm
Länge mit Rohr in Kampfstellung: 9540 mm</td><td colspan="2">Bergepanzer: 7570 x 3250 x 2700 mm
Pionierpanzer: 7980 x 3250 x 2700 mm
(jeweils mit Räumschaufel und Kran
in Fahrstellung, Höhe, einschl. Fla-MG</td></tr>
<tr><td>Panzerung</td><td>Front 60 bis 70 mm</td><td colspan="2"></td></tr>
<tr><td>Bodenfreiheit</td><td>450 mm</td><td colspan="2">440 mm</td></tr>
<tr><td>Watfähigkeit</td><td>1200 mm
mit Tauchschacht bis 3000 mm</td><td colspan="2">1200 mm
mit Tauchschacht bis 3000 mm</td></tr>
<tr><td>Wendekreis-∅</td><td>auf der Stelle</td><td colspan="2">auf der Stelle</td></tr>
<tr><td>Gefechtsgewicht</td><td>40 000 kg</td><td colspan="2">Bergepanzer: 39 800 kg
Pionierpanzer: 40 800 kg</td></tr>
<tr><td>Verbrauch/100 km</td><td>Straße 180 Liter Diesel</td><td colspan="2">Straße 180 Liter Diesel</td></tr>
<tr><td>Kraftstoffvorrat</td><td>985 Liter</td><td colspan="2">1500 Liter</td></tr>
<tr><td>Fahrbereich</td><td>Straße 550 km</td><td colspan="2">Straße 830 km</td></tr>
<tr><td>Besatzung</td><td>4 Mann</td><td colspan="2">4 Mann</td></tr>
<tr><td>Bewaffnung</td><td>105 mm Pz.-Kanone L/51 + 2 MG</td><td colspan="2">2 MG</td></tr>
<tr><td>Berge- bzw. Pioniergerät</td><td>–</td><td colspan="2">1 Kran 20 t bei 2 m Ausladung
1 Seilwinde 35 t (Seil doppelt 70 t)
1 Hubwinde 13 t
Nur Pionierpanzer: 1 Bohrgerät</td></tr>
</table>

Bergepanzer Standard

**Panzerflak 35 mm Zwilling
Oerlikon-Contraves
auf Kampfpanzer Leopard
Prototyp 1970**

Der Pionierpanzer des Heeres ist neben der Panzerschnellbrücke das wichtigste Einsatzmittel der Panzerpioniere. Das vom Bergepanzer abgeleitete Fahrzeug wird bei den Kampftruppen zum Überwinden und Anlegen von Hindernissen sowie zum Herstellen von Deckungen eingesetzt. Besondere Merkmale: 20 t-Kran, Räumschild, Erdbohrer, 35 t-Seilwinde, Reißzähne.

Die Panzerschnellbrücke, bestehend aus Brückenlegepanzer und Faltbrückenvorrichtung, ist dreimal in jeder Brigadepionierkompanie zur schnelleren Überwindung von schmalen Gewässern, Gräben, Sprengtrichtern und Hindernissen einsatzbereit. Typisch für dieses Modell ist der freie Vorbau, wobei die zusammengelegte Brücke nicht hoch- und vorgeklappt zu werden braucht.

	Kampfpanzer 70 (Bundesrepublik Deutschland) Prototyp 1967	Main-Battle-Tank MBT-70 (USA) Prototyp 1967
Motor	Mehrstoff-Viertakt-Dieselmotor Daimler-Benz MB 873	Mehrstoff-Viertakt-Dieselmotor Continental
Zylinderzahl	12 (90°-V-Form)	12 (120°-V-Form)
Leistung	1500 PS bei 2600 U/min	1475 PS bei 2800 U/min
Kühlung	Wasser	Luft
Kraftübertragung	Motor im Heck, Antrieb auf Ketten-Laufwerk	
Getriebe	Hydraulischer Drehmomentwandler + 4 Gang-Planeten-Schalt- und Lenkgetriebe 4 Vorwärts-, 4 Rückwärtsgänge	
Fahrwerk und Aufbau	Selbsttragende Panzerwanne Panzer-Aufbau mit Drehturm	
Ketten-Laufwerk	2 gummigepolsterte Gleisketten mit je Antriebsrad hinten, Leitrad vorn 6 mittelgroße Doppel-Laufräder in Reihe 3 Stützrollen Hydropneumatische Federung	
Lenkung	Stufenloses, hydrostatisches Überlagerungs-Lenkgetriebe	
Allgemeine Daten		
Kettenauflage	4650 mm	
Kettenbreite	640 mm	
Gesamtmaße	6990 x 3510 x 2290 mm Länge mit Rohr: 9100 mm Höhe abgesenkt: 1990 mm Höhe angehoben: 2590 mm	
Bodenfreiheit	Abgesenkt 140 mm, normal 440 mm, angehoben 740 mm	
Watfähigkeit	2550 mm, mit Schnorchel 5500 mm	
Gefechtsgewicht	50 000 kg	
Höchstgeschwindigkeit	70 km/h	
Fahrbereich	ca. 650 km	
Besatzung	3 Mann	
Bewaffnung	Kanone 120 mm + 20 mm Flak + 1 MG	Werfer/Kanone 152 mm + 20 mm Flak + 1 MG

Zum Vergleich:
Kampfpanzer 70
(Prototyp 1967) und
Kampfpanzer „Leopard“

Kampfpanzer 70
(Prototyp 1967)
von oben

Kampfpanzer 70
(Prototyp 1967)
aufgerichtet zu
größter Höhe

Kampfpanzer 70
(Prototyp 1967)
abgesenkt zu
niedrigster Höhe

Kampfpanzer 70
(Prototyp 1967)
vorn abgesenkt

Literaturverzeichnis

Oberstleutnant a. D. Otfried Layriz
„Der mechanische Zug mittels Dampf-Straßen-Lokomotiven"
Seine Verwendbarkeit für die Armee im Kriege und im Frieden
Verlag E. S. Mittler & Sohn, Berlin 1906

„Daimler Motoren-Gesellschaft 1890–1915"
Verlag Braunbeck, Berlin 1915

Ing. R. Krüger
„Tanks – Entstehung, Bauart und Verwendung im Kriege"
Automobiltechnische Bibliothek, Band 66
Verlag Richard Carl Schmidt & Co., Berlin 1921

Generalleutnant Max Schwarte
„Der Weltkampf um Ehre und Recht"
7. Abschnitt: Hauptmann Walter Nußdorf „Das Feldkraftfahrwesen"
Verlag Barth, Leipzig, etwa 1925

Festschrift zum 25jährigen Bestehen des
Reichsverbandes der Automobilindustrie e. V.
Berlin 1926

„25 Jahre NAG 1901–1926"
Berlin 1926

„Heinrich Büssing und sein Werk"
25 Jahre Automobilwerke H. Büssing
Braunschweig 1927

Heinrich Hauser
„Opel – ein deutsches Tor zur Welt"
Verlag Hauserpresse, Frankfurt 1937

„Heigl's Taschenbuch der Tanks"
Teil I, Verlag Lehmann, München 1935, Neuauflage 1970
Teil II, Verlag Lehmann, München 1935, Neuauflage 1971
Teil III, Verlag Lehmann, München 1938, Neuauflage 1971

Generalmajor Heinz Guderian
„Achtung – Panzer!"
Union Deutsche Verlagsgesellschaft, Stuttgart, 3. Auflage 1939

■

Dr. F. M. von Senger und Etterlin
„Die deutschen Panzer 1926–1945"
Verlag Lehmann, 3. Auflage, München 1967

Dr. F. M. von Senger und Etterlin
„Die deutschen Geschütze 1939–1945"
Verlag Lehmann, München 1960

Walter J. Spielberger, Dr. Friedrich Wiener
„Die deutschen Panzerkampfwagen III und IV mit ihren Abarten"
Verlag Lehmann, München 1968

Heinz J. Nowarra, Uwe Feist, Edward T. Maloney
„The Tiger Tanks"
Armor Series Vol. 1, Aero Publishers, USA 1966
„The German Panzers from Mark I to Mark V Panther"
Armor Series Vol. 2, Aero Publishers, USA 1966

Walter J. Spielberger, Uwe Feist
Armor Series Vol. 3 „Sturmartillerie"
Armor Series Vol. 4 „Sturmartillerie"
Armor Series Vol. 5 „Straßen-Panzer"
Armor Series Vol. 6 „Armor in the Eastern Front"
Armor Series Vol. 7 „Armor in the Western Desert"
Armor Series Vol. 8 „Halbkettenfahrzeuge"
Armor Series Vol. 9 „Sonderpanzer"
Aero Publishers, USA 1967/1968/1969

Walter J. Spielberger, Uwe Feist
„Panzerkampfwagen IV“
„Panzerkampfwagen V Panther“
„Panzerkampfwagen VI Tiger I und II Königstiger“
Feist Publications, USA 1968

Bellona Handbook
No. 1 Part 1 „Deutsche Selbstfahrlafetten-Geschütze
auf deutschen Panzerfahrgestellen, 1939–1945“
No. 1 Part 2 „Deutsche Selbstfahrlafetten-Geschütze
auf ausländischen Panzerfahrgestellen, 1939–1945“
No. 2 Part 1 „Deutsche Zugkraftwagen
und Selbstfahrlafetten, 1939–1945“
Bellona, England 1967/1968

E. J. Hoffschmidt, W. H. Tantum IV
„German Tank and Antitank“
„Tank Data“
„Tank Data 2“
W. E. Inc. Publishers, USA 1968/1969

R. T. White
„German Tanks and Armoured Vehicles 1914–1945“
Jan Allan, 3. Auflage, England 1968

Bart H. Vanderveen
„Fighting Vehicles Directory World War II“
F. Warne & Co., London und New York 1969

Rudolf Lusar
„Die deutschen Waffen und Geheimwaffen des 2. Weltkriegs“
Verlag Lehmann, 5. Auflage, München 1964

v. Tlaskal, Keil, Beranek
„Die Entwicklung des Militär-Kraftfahrwesens
in Österreich von März 1898 bis März 1938“
Bundesministerium für Landesverteidigung, Wien 1968

General Nehring
„Die Geschichte der deutschen Panzerwaffe 1916 bis 1945“
Propyläen-Verlag, Berlin 1969

Gregor Janssen
„Das Ministerium Speer“
Verlag Ullstein, Berlin 1968

Albert Speer
„Erinnerungen“
Propyläen-Verlag, Berlin 1969

Kovacik, Cerny, Kacer
„Automobil v terénu“
Nase Vojsko, Prag 1961

Dr. Sáda, Dr. Durdík, Major Holub, Dr. Karlicky
„Umlcené Zbrane 1918–1939“
Nase Vojsko, Prag 1966

Col. Robert J. Icks
„Tanks & Armored Vehicles 1900–1945“
W. E. Inc. Publishers, USA 1970

Burkhart Mueller-Hillebrand
„Das Heer 1933–1945“
Band I: Das Heer bis zum Kriegsbeginn
Band II: Die Blitzfeldzüge 1939–1941
Band III: Der Zweifrontenkrieg
Verlag Mittler & Sohn, Frankfurt 1954, 1956 und 1969

Hans-Heinrich von Fersen
„Autos in Deutschland 1920–1939“
Motorbuch-Verlag, 2. Auflage, Stuttgart 1964

Werner Oswald
„Autos in Deutschland 1945–1966"
Motorbuch-Verlag, Stuttgart 1966

■

Dr. F. M. von Senger und Etterlin
„Taschenbuch der Panzer 1960"
„Taschenbuch der Panzer 1969"
Verlag Lehmann, München 1960 und 1969

Dr. Friedrich Wiener
„Die Armeen der Nato-Staaten"
Verlag Carl Ueberreuter, Wien 1966

F. M. von Senger und Etterlin
„Panzer der Bundeswehr und ihrer Verbündeten"
Athenäum-Verlag, Bonn 1958

Bernt Engelmann
„Schützenpanzer HS 30 – Starfighter F 104 G"
Verlag Kurt Desch, München 1967

Helmut Wolfgang Kahn
„Die Russen kommen nicht"
Rütten + Loening, Scherz-Verlag, München 1969

„Amphibian Vehicles"
U. S. Marine Corps, Washington 1964

Ulrich Wacker
„Technisches Lehrbuch über Kettenfahrzeuge"
Verlag Mittler & Sohn, Frankfurt 1959

ZDv 43/8
„Kraftfahrzeugkunde Kettenfahrzeuge"
Verlag Heinrich Vogel, München 1967

Carlo Demand, Werner Oswald
Bildmappe „Panzerkampfwagen 1942–1971"
Motorbuch-Verlag, Stuttgart 1971

Armin Halle, Carlo Demand
„Panzer", Illustrierte Geschichte der Kampfwagen
Edita Lausanne 1971

Bundeswehramt Bonn
„Unser Heer", Waffen, Fahrzeuge, Flugzeuge
Verlag Carl Schünemann, Bremen, Ausgabe 1970 und 1971

■

Zeitschriften und Periodica

„Soldat+Technik", Frankfurt 1966–1972
„Wehr und Wirtschaft", München 1964–1972
„Jahrbuch der Wehrtechnik", Darmstadt 1966–1971
„Panzer", „Kampftruppen", Herford 1960–1968
„Feldgrau", Burgdorf/Han. 1962–1966
„Militärtechnik", Berlin (DDR) 1968–1972
„Internationale Wehr-Revue", Genf 1969–1972
„Truppendienst", Wien 1969–1972
„Bellona Military Vehicle Prints", England 1966–1972
„Armour in Profile", England 1967
„AFV", England 1969–1972

Fragen! – Wer hilft?

● Wer hat ein Foto oder ein gutes Bild folgender Fahrzeuge:
Kübelwagen Adler Favorit, Standard 6, 3 Gd
Kübelwagen Wanderer W 11, W 14, W 24
Kübelwagen Phänomen Granit 25, 1500 A
Kfz. 17 Funkwagen (geschlossener Aufbau) Steyr 1500 A
Kfz. 19 Funkwagen (geschlossener Aufbau) Krupp-Protze
Kfz. 63 Fernsprechbauwagen (offener Aufbau mit Gerätekasten) Einheits-Diesel
Bundeswehr-Kraftrad DKW RT 175 VS (1955–1958)
Bundeswehr-Kraftrad Triumph 250 SL (1955–1957)

● Wer besitzt Bilder von zu behelfsmäßigen Kfz. 15 umgebauten Ford V8 Limousinen? (Zwei Exemplare derselben sind im Hintergrund des Bildes auf Seite 135 unten zu erkennen.)

● Wer besitzt Fotos vom Opel-Blitz 3 to mit Einheits-Fahrerhaus? (Es handelt sich um das 1944/45 lizenzweise von der Daimler-Benz AG. in Mannheim nachgebaute Modell.)

● Wer besitzt Fotos vom NSU Ketten-Krad im Kriegseinsatz?

● Wer kennt Namen und Anschriften von ehemaligen Angehörigen der Firma Borgward, welche im Werk die Kriegs- und vielleicht sogar noch die Vorkriegszeit miterlebt haben und einigermaßen Bescheid wissen könnten, welche Fahrzeugtypen wann und in welcher Stückzahl an die Wehrmacht geliefert wurden? Oder wer kennt die Anschrift von Personen, die sich als Hobby oder aus sonstigem speziellen Interesse mit der Werksgeschichte von Borgward beschäftigen und deshalb Unterlagen, Fotos usw. gesammelt haben, und zwar insbesondere solche aus der Kriegs- und Vorkriegszeit?

● Wer weiß Bescheid über die Kriegsproduktion und damalige Größe der Kraftfahrzeugfabrik Fross-Büssing in Wien? Dort wurden dem Vernehmen nach in den Jahren 1940 bis 1942 lizenzweise 3 to Lkw. MAN E 3000, 3 to Omnibusse MAN E 3000 und 5,5 to Lkw. MAN F 4 gebaut. Von bis wann lief der genaue Produktionszeitraum der einzelnen Modelle? Was war die genaue oder ungefähre Produktionszahl für die einzelnen Modelle? Hat Fross-Büssing während der Kriegsjahre auch noch andere Fahrzeuge oder sonstige Dinge für die Wehrmacht geliefert?

● Wer weiß, ob die Firma Nowack in Bautzen/Sachsen noch existiert, welche früher u. a. Aufbauten für Wehrmacht-Krankenwagen hergestellt hat? Wie lautet die heutige Postanschrift der Firma oder eines eventuellen Nachfolgebetriebs? Ist man dort auch heute noch irgendwie am Automobil- oder Karosseriebau beteiligt?

● Wer weiß, welche Erzeugnisse bei der Karosseriefabrik Gläser in Dresden während des Krieges angefertigt wurden?

● Wer kann die wichtigsten Hersteller für den Einheits-Kofferaufbau nennen, der sehr zahlreich u. a. auf den Fahrgestellen der 3 to Opel-Blitz, Ford V8, Mercedes-Benz und Magirus verwendet wurde?

● Welche Firmen stellten die Einheits-Fahrerhäuser aus Holz her, welche in den letzten Jahren des zweiten Weltkriegs für die Lkw. von Ford und von Daimler-Benz verwendet wurden?

● Wer kennt die Behördenpreise (Wehrmachtpreise) für die schweren BMW- und Zündapp-Gespanne sowie für den Opel-Blitz 3 to S-Typ, für den Opel-Blitz 3 to Allrad-Lkw. und für den Opel-Blitz Maultier-Lkw.?

● In welchen genauen oder ungefähren Stückzahlen wurden a) die Sanitäts-Kraftwagen und b) die Mannschaftswagen (8 Sitze) der Marke Phänomen geliefert? Wer stellte die Aufbauten für die Mannschaftswagen Phänomen 1500 A her?

● Wurden die 55 PS und 100 PS Hanomag Straßen-Zugmaschinen, welche bei der Luftwaffe und bei den Pionieren recht häufig zu sehen waren, auch noch während des Krieges gebaut oder stammten sie ausschließlich aus der Vorkriegsproduktion?

● Wo wurden die mittleren und schweren Einheits-Pkw. zusammengebaut bzw. montiert, nachdem die Firmen Horch, Opel und Ford angeblich nur die Fahrgestelle für diese Fahrzeuge lieferten?

● Der 8 Rad-Panzerspähwagen Typ GS (Büssing) besaß ursprünglich den Büssing L8V-Motor mit 7913 ccm Hubraum (Bohrung x Hub 107 x 110 mm) und 150 PS Leistung. Zu welchem Zeitpunkt erfolgte der Übergang zu dem auf 110 mm aufgebohrten L8V-Motor mit 180 PS Leistung? Welchen Hubraum besaß der 180 PS-Motor, welches max. Drehmoment und wieviel Verdichtung? Blieben die Getriebe- und Antriebsübersetzungen beim 180 PS-Motor die gleichen wie beim 150 PS-Motor?

● Welche Typenbezeichnung hatte der beim späteren 8 Rad-Panzerspähwagen Typ ARK (Büssing) verwendete Tatra Dieselmotor? Behielt der Typ ARK die gleichen Getriebe- und Antriebsübersetzungen wie der vorhergehende Typ GS? Im Schrifttum wird der Kraftstoffvorrat für den Typ ARK unterschiedlich sowohl mit 240 als auch mit 360 Liter angegeben. Welche Angabe stimmt? Oder wurden die Wagen teils mit 240 und teils mit 260 Liter-Tank ausgerüstet?

● Wieviele der großen als Panzertransporter verwendeten 9 to Dreiachser-Lkw. besaß die Wehrmacht vor Kriegsbeginn? Wieviele Faun und wieviele Büssing Typ 9000?

● Wer besitzt Unterlagen oder weiß Bescheid über die Produktion der Kraftfahrzeugindustrie in Frankreich, Belgien und Holland während der Zeit der deutschen Besatzung? Welche Firmen bauten welche Typen wann und in welcher Stückzahl? Wie hießen bei den einzelnen Werken die jeweiligen deutschen Patenfirmen, die Industriebeauftragten (IB) und die Kontrolloffiziere? Lieferten die französischen, belgischen und holländischen Werke unmittelbar an (welche?) Wehrmacht-Dienststellen oder erfolgten die Lieferungen über die deutschen Patenfirmen?

● Wie weit waren die Vorbereitungen für ein Opel-Lastwagenwerk in Riga und ein Ford-Lastwagenwerk in Kiew gediehen?

Antworten, Auskünfte, Fotos, Bilder oder sonstiges Material an folgende Anschrift erbeten:

Ing. Werner Oswald
8024 Deisenhofen bei München
Postfach 126